신경 건드려보기

자아는 뇌라고

패트리샤 처칠랜드 지음

박제윤 옮김

신경 건드려보기

자아는 뇌라고

패트리샤 처칠랜드 지음

박제윤 옮김

철학과현실사

Patricia S. Churchland

TOUCHING A NERVE

The Self as Brain

차 례

역자 서문

 이 책의 저자 패트리샤 처칠랜드(Patricia S. Churchland)는 남편 폴 처칠랜드(Paul Churchland)와 함께 철학 내에 신경철학(neurophiloso-phy)이란 영역을 개척한 창시자라고 할 수 있다. 그녀는 앞서 『신경철학: 마음-뇌의 통합 과학을 향해서(*Neurophilosophy: Toward a Unified Science of the Mind-Brain*)』(1986)란 제목으로 저서를 내놓았으며, 역자는 그 책을 2006년 『뇌과학과 철학』이란 이름으로 번역하였다. 그녀는 이후 신경철학의 교재용으로 『뇌처럼 현명하게: 신경철학연구(*Brain-Wise: Studies in Neurophilosophy*)』(2002)를 저술하였다. 신경철학이란 철학의 여러 문제들에 대하여 신경과학의 측면에서 대답하려는 시도이다. 이 책에서 저자는 1부 형이상학, 2부 인식론, 3부 종교 등의 주제에 대하여 신경학적 측면에서 대답하려는 시도를 보여준다. 역자는 틈틈이 번역해온 이 책을 2013년에 마무리 지으려 하였다. 그런데 갑자기 저자로부터 새로운 책, 『신경 건드려보기 (*Touching a Nerve*)』(2013)를 받았다. 그리고 이 책을 받고 나서 우선 이것부터 세상에 내놓기로 계획을 수정하게 되었다.

역자가 보기에, 저자는 이 책을 누구보다 일반인들을 위해서, 즉 뇌에 관심을 가지는 많은 비전문가들에게 유익할 것을 의도하고 저술하였다. 저자는 아주 최근 연구된 여러 성과들을 선별하여, 쉽게 이해될 수 있도록 쓰려고 노력하였다. 또한 저자는 뇌과학 관련 전문 학자들은 물론, 전문 철학자들도 지금까지 궁금해해온, 여러 핵심 쟁점들에 대해서 도전적인 의견을 과감히 피력하였다. 이 책의 제목, "신경 건드려보기: 자아는 뇌라고"는 그러한 속내를 드러내고 있다. 한편으로는 일상적 혹은 철학적 여러 곤란한 주제들에 대해서 '신경학적 관점에서 설명한다'는 의도를 담으면서도, 다른 한편으로는 (뇌와 분리된) 마음의 존재를 가정하는 이원론자, 혹은 적어도 뇌의 작용으로 마음을 설명할 가능성을 의심하는, 일원론의 반대자들의 '신경을 건드려보겠다'는 의도를 담고 있다.

이 책의 저자에 대해서 견해와 관점을 달리하는 학자들에게, 이 책은 도전적이며 너무 자극적이라서, 이 책의 내용에 반론하거나 반박할 궁리를 모색하게 자극하는 측면이 있다. 그렇지만 일반 독자들에게는 지금까지 궁금해하면서도 손 댈 수 없었던 여러 문제들을 어떻게 통합적으로 이해하고 설명할 수 있을지를 잘 보여주는 흥미진진한 이야기를 담고 있다. 한 가지 더, 이 책은 캐나다 시골 출신의 당찬 소녀가 성장하여, 자신감 넘치는 신경철학자로서 피력하는 이야기이니만큼, 지금까지의 뇌과학의 발전 수준에서 솔직히 어디까지 말할 수 있으며, 어디까지는 말할 수 없는지 등을 솔직하고 정확히 지적해준다. 지금까지 시중에 나온 많은 뇌과학 관련 책들은 이 책의 목차에서 보여주는 여러 주제들에 대해서 마치 뭔가를 말해줄 듯하면서도, 실상은 그렇지 못해서, 그런 책들을 우리가 읽고 나면 아쉬움이 남곤 한다. 이 책은 그렇지 않다. 더구나 뇌과학 지식들과 우리의 일상적 삶의 고민들을 통합적으로 설명해줌으로써, 일반인들이 어떤 지침에 따라서 세상을 살아야 하는지 지혜를 안내하는 측면도 있다.

이 책을 읽고 나서, 독자가 더욱 세부적인 뇌과학 관련 정보와 지식을 얻고자 한다면, 이어서 역자가 내놓을 저자의 다른 책, 『뇌처럼 현명하게』를 기대해도 좋을 것이다. 그렇지만, 독자들이 이 책을 읽으면서 궁금한 의문들은 이미 역자가 번역한 저자의 다른 책, 『뇌과학과 철학』에서 도움을 받을 수 있다. 구체적으로 어떠한 도움을 받을 수 있겠는가? 우선적으로, 이 책은 신경세포(neurons)의 구조와 작용, 뇌의 대응도(maps)의 구조와 작용, 분리-뇌(split-brain) 환자들에 대한 실험, 뇌파검사(EEG)의 실상 등에 대해서 상세한 이야기를 생략하면서 그런 것들을 언급하고 있다. 이러한 부족한 부분을 『뇌과학과 철학』의 2-5장에서 도움 받을 수 있다.

이 책을 읽으면서 전문 학자가 아니더라도 다음과 같은 의문을 가질 수 있다. 마음과 관련된 심리학적 문제들과 철학적 문제들을 물리적인 뇌로 설명한다는 것이 원리적으로 가능하기나 한 것일까? 그뿐만 아니라, 여러 학문 영역들마다 서로 다른 의문을 가지며, 서로 다른 방법론을 채택하지 않는가? 단도직입적으로 말해서, 환원적 설명이 가능할 수 있겠는가? 저자는 이 책에서 이러한 의문들에 대해서 복잡하고 세세한 이야기를 생략한 채 자신의 의견을 피력한다. 이러한 부족한 부분 역시 『뇌과학과 철학』의 7장에서 세밀하게 설명하고 있다. 2011년에 저자가 한국에 아주 잠깐 다녀간 일이 있었다. 대중을 위한 공개 강연에서 청중들은 저자에게 주로 '환원적 설명 불가능성'에 무게를 두고 유사한 질문을 쏟아놓았다. 원리적으로 불가능한 생각이 아니냐고. 그러므로 역자는 여기에서 그런 의심의 시각에 대해 몇 마디 이야기할 필요를 느낀다.

서양의 과학과 철학의 지성사에서 중요한 위치를 차지했던 환원주의(reductionism)를 이끌었던 중심 선구자는 수학자이며 철학자였던 데카르트(R. Descartes)이다. 그는 고대 유클리드 기하학에서 환원주의 사고의 전형을 보았다. 그는 기하학의 지식이 진리성을 가지는 이유를 그 체계성에서 찾았다. 그 지식체계는 자명한 것으로 보이는 공준(postulates)과 공리(axioms)로부터 정리(theorems)를 이끌어내고, 정리로부터 모든 다른 기하학적 지식들을 연역적으로 추론하는 구조이다. 어떤 기하학적 지식들도 자명한 공준들로 설명할 수 있다는 것은, 반대로 말해서, 아무리 복잡한 지식들도 단순한 요소들로 환원시킬 수 있다는 것을 의미했다. 그러한 환원주의적 체계를 뉴턴(I. Newton)은 자신의 학문에 그대로 채용했다. 그는 자신이 보기에 자명한 원리인 세 운동법칙들로부터 케플러(J. Kepler)의 원리를 하나의 정리로 어떻게 이끌어낼 수 있는지를 보여주었다. 이렇게 환원적 체계성을 갖춤으로써, 뉴턴은 자신의 과학지식이 진리성을 갖춘다고 확신하였다. 뉴턴을 공부했던 칸트(I. Kant)는 수학, 기하학, 뉴턴 물리학 등을 진리의 전형으로 보았으며, 그러한 환원주의 전형과 지식체계는 많은 과학자들은 물론 철학자들에게도 크게 영향을 끼쳤다. 그리하여 환원적 체계는 러셀(B. Russell)과 비트겐슈타인(L. Wittgenstein, 전기)의 철학은 물론 많은 언어분석 철학자들의 탐구 주제였으며, 지금도 엄밀한 체계성으로 정당화를 찾으려는 일부 철학자들의 노력은 그 연장선 위에 있다고 보인다.

그러나 20세기에 수학과 기하학 그리고 물리학 등에서 획기적 발전이 있었다. 괴델(K. Gödel)은 수학의 수식체계가 완전할 수 없다는 '불완전성 이론'을 발표하였고, 가우스(C. F. Gauss)를 필두로 일부 학자들이 비유클리드 기하학을 출현시켰으며, 아인슈타인(A. Einstein)의 상대성이론은 실제 공간이 그러한 비유클리드 기하학적 공간임을 계산적으로 보여주었다. 지식의 체계성 자체가 완벽히 증명될 수 없다는 인식에서, 하버드 철학자 콰인(W. V. O. Quine)은 '그물망 의미 이론'을 통해서 전체론(holism)을 내세우며, 환원주의에 제동을 걸었다. 또한 토머스 쿤(T. Kuhn)은 수많은 과학 지식들은 서로 그물망 구조를 이루어 하나의 패러다임(paradigm)을 형성한다는 주장을 내놓았다. 나아가서 콰인은 철학이 엄밀한 체계성을 제시하려는 노력을 이제 그만두고, 철학 내에 자연과학을 끌어들여야 한다는 자연주의(naturalism)를 주장한다. 예를 들어, 철학의 인식론 문제들에 대해서 신경학적 연구 성과를 끌어들여 대답해보자는 제안이다. 이러한 영향을 크게 받은 처칠랜드 부부는 콰인의 지침을 따른다.

이렇게 흘러온 환원주의 논란에 대해서 다음과 같은 의문이 다시 고개를 들 수 있다. 콰인과 처칠랜드가 뇌과학의 성과로 철학적 질문에 대답하려 한다면, 그것은 결국 자신들이 부정한 환원주의를 다시 끌어들이는 것이 아닌가? 콰인은 명확히 데카르트가 꿈꿔온 환원주의 자체에 문제가 있다고 지적하지 않았는가? 그렇다. 그가 부정한 것은 다름 아닌 데카르트식 환원주의이다. 그러나 처칠랜드 부부는 콰인과 쿤을 포용하는 방식에서 새로운 환원주의가 가능하다고 보았다. 그들 부부는 이론들 덩어리와 이론들 덩어리 사이의 통합적 설명 가능성, 즉 '이론간 환원(inter-theoretical reduction)' 가능성이 있다고 주장한다. 그것이 원리적으로 어떻게 가능할 수 있는가? 그 가능성에 대한 철학적 논의가 『뇌과학과 철학』의 7장에 자세히 설명되어 있다. 에드워드 윌슨(Edward Wilson)은 『통섭(Consilience)』(1998)에서 여러 학문 분야들 사이에 대통합을 주장한다. 즉, 여러 분야의 지식들 사이에 통합적 설명을 우리가 할 수 있으며, 그렇게 시도하라고 주장한다. 그것을 통해서 학문 분야들 사이에 공진화(coevolution)가 일어날 수 있기 때문이다. 처칠랜드 부부 역시 학문 분야들 사이의 이론간 환원을 통해서 상호 발전을 기대해볼 수 있다고 말한다. 윌슨은 패트리샤의 저서 『뇌처럼 현명하게』의 표지에 이렇게 추천 말을 올렸다. "건전한 철학은 마음의 본성과 기원에 관한 견실한 이해를 요구하며, 그 이해는 가장 유력한 신경과학에 의존한다. 패트리샤 처칠랜드는, 시적이며 정확하게, 그 양자를 연결시킬 큰 일보를 내딛었다."

끝으로 이 책의 번역과 관련하여 감사의 말을 전해야 할 분들이 있다. 우선 이 책의 저자인 패트리샤 처칠랜드 교수에게 감사하다. 교수님은 이 책이 완성되자 손수 우편으로 전달해주었고, 번역하던 중에 역자가 이해하기 어려운 표현을 물으면 즉시 간결한 설명으로 도움을 주었다. 그리고 처음 이 책을 받아 들었을 때, 이것부터 번역하라고 옆구리를 찔러댄 인천대학교 권혁진 교수(독문학)와, 초고를 읽어주고 오류를 지적해준 최재유(영문학 박사), 강문석(철학 박사) 두 후배들에게 감사한다. 또한 철학과현실사의, 꼼꼼한 원고 교정과 편집을 도와준 편집인들의 노고와, 교정 원고를 여러 번 직접 배달하는 수고로움을 마다하지 않으신 전춘호 사장님께도 감사한다.

2013년 12월 인천 송도에서
박제윤

14

감사의 말

특별한 감사의 말을 전해야 할 여러 동료들이 있다. 그들은 거친 초기 원고를 애써 읽어주는 수고를 감내하였고, 내가 최종 원고의 모습을 갖춰갈 수 있도록 도움을 주었다. 그중에서도 특별히 감사해야 할 친구는 소설가이며 방송작가인 드보라 세라(Deborah Serra)이다. 그녀는 내가 머릿속에서만 맴돌던 나의 어린 시절 농장 이야기를 풀어낼 수 있도록 도움을 주었다. 그녀는 내가 높은 학술적 마상에서 내려와 평지에서 말하도록 옆구리를 찔러대었다. 미국 해군 비행사이며, 시인이고, 서평을 즐기며, 나와 카약 파트너이기도 한 달라스 보그스 박사(Dr. Dallas Boggs)는 나에게 많은 소중한 수정을 할 수 있는 시각을 제공하였고, 더 잘 노를 저을 자세를 가르쳐주었다. 나의 형제들, 마리온(Marion), 윌마(Wilma), 라이레드(Laired) 등은 내가 놓친 많은 과거의 구체적 이야기들을 채워주어서, 내가 그 기억들을 회상할 수 있도록 도와주었다. 나의 이웃인 샤론 부네 박사(Dr. Sharon Boone) 또한 내 원고를 펼쳐보고는, 병리학자들이 어떻게 그리고 무엇을 탐구하는지에 관한 소중한 정보를 제공하였다. 내 학부 시절 철학과 교수이시며, 과묵하신 돈 브라운(Don Brown) 교수님은 아주 초기의 원고를 (결점이 많았음에도) 정중히 읽어주시고, 엄지손가락을 추켜올려 보여주셨다. 나는 그것을 편견이 없으며 타오르는 열정이 있다는 의미로 이해했다. 전전두피질의 신경생물학에서 위대한 개척자인 호아킨 푸스터(Joaquin Fuster)는, 자신의 책에서 면밀히 다루었듯이, 내가 자유의지(free will)와 자기조절(self-control)에 관련된 여러 문제들을 생각해보도록 상당히 용기를 불어넣어주었다. 폴 처칠랜드(Paul Churchland)는, 언제나처럼, 나를 즐겁게 해주면서도, 부끄러운 오류를 지적하고, 심지어 수치스럽다 할 오류도 지적했으며, 보웬 섬(Bowen Island)의 아름다운 곳에서 [책을 쓰도록] 은둔할 수 있게 해주었다. 이 책에서 언급된 자신들의 모습을 친절히 수정해준 신경과학자들로, 리아 크럽처(Leah Krubtzer), 올라프 스폰스(Olaf Sporns), 마르티엔 반 휴벨(Martijn van Heuvel), 켄 키쉬다(Ken Kishida), 스타니슬라스 드엔(Stanislas Dehaene), 레베카 스펜서(Rebecca Spencer), 에드워드 페이스-스콧(Edward Pace-Schott) 등이 있다. 노턴(Norton) 출판사의 선임 편집인이며 부사장인 안젤라 본 데어 리페(Angela von der Lippe)의 현명한 판단과 지원에도 감사한다.

학교 합주단에서 연주하는 시골 아이들에서부터 혹은 여러 운동부에서 훈련하던 아이들까지 우리 모두에게 집에 돌아가는 것은 당시에 문제가 아닐 수 없었다. 왜냐하면 학교 버스는 우리가 돌아갈 준비가 되기 이전에 본래 스케줄대로 운행하였기 때문이다. 이것이 나를 다소 어렵게 만들었다. 그나마 늦게 운행하는 버스는 남쪽으로 향했으며, 나는 인적이 드문 북쪽 지역에서 살았던 유일한 학생이었다. 8학년[한국의 중학교 2학년]에 내가 찾은 해법은 지나가는 차를 얻어 타는 것이었다. 차를 얻어 타고 가려면 필수적인 사회적 요청이 있었는데, 그것은 바로 운전자와 신나는 이야기로 맞장구쳐줘야 하는 일이었다. 나는 나중에 알게 되었지만, 그러한 대화는 단지 나불대는 것이 아니라, 운전자가 흥미로운 대답을 해줄 것이란 기대에서 질문하고, 운전자와 재미있는 주제로 대화를 나누는 일이었다. 대체적으로 나는 그 지역 사람들을 그리 잘 알지는 못했으며, 따라서 내가 알려고 캐물었던 생생한 대화는 이따금 엉뚱한 이야기로 넘어가곤 하였다. 결국 나는 그 지역의 역사를 비롯해서, 농장주들 사이의 정치적 견해 차이, 지역 주민들 중 일부 이상한 방식으로 사는 모습들, 그들이 재미있어 하거나 터무니없어하는 것들 등에 관해서 많은 것을 알게 되었다. 나는 또한 나에게 유익한 다른 많은 것들, 예를 들어, 옛 석면 광산이 어디에 있는지, 매킨타이어 블러프(McIntyre Bluff)에 인디언 그림을 어디에서 볼 수 있는지, 땅굴 파는 올빼미를 어디에서 볼 수 있는지 등도 알게 되었다. 그렇게 나를 길러준 모든 분들께도 감사한다.

농장에 관한 이야기에서 나는 여러 등장인물들에 대한 이름을 가명으로 사용하였으며, 그들의 신상에 관한 이야기도 바꿔 썼다. 그렇지만 각각의 이야기들의 핵심만은 내가 기억한 것 그대로이다.

1장

나, 자아, 나의 뇌

뇌에 질겁하는 사람들

나의 뇌와 나는 분리될 수 없다. 나의 뇌가 지금 이러한 상태인 까닭에 현재의 내가 있기 때문이다. 그렇긴 하지만, 나는 종종, 자아(self)를 떠올리는 방식과 다른 방식으로, 내 뇌(brain)에 대해서 생각하기도 한다. 나는 내 뇌를 하나의 대상처럼 여기지만, 자아를 나라고 생각한다. 나의 뇌는 뉴런을 가진 무엇이지만, 자아는 기억을 가진 무엇이라 여겨진다. 그렇지만, 나는 나의 기억이 전적으로 내 뇌의 뉴런에 의한 것임을 안다. 최근에 나는 (더욱 친숙한 용어가 된) 뇌를 나라고 생각한다.

요즘 뉴스는 뇌에 관해 여러 새로운 소식들을 전해준다. "이것이 바로 마약을 했을 때의 뇌 영상이며, 이것은 음악을 들을 때, 혹은 즐거운 대화를 나눌 때, 혹은 포르노를 볼 경우에 나타나는 뇌 영상입니다." 또는 "이것이 여러분이 물건 값을 흥정하는 중에, 혹은 남을 미워하는 중에, 혹은 성찰하는 중에 나타나는 뇌 영상입니다." 이러한 소식들을 접해보면, 신경과학이 어쩌면 나보다 나에 대해서 더 많이 아는 것처럼 비쳐지기도 한다. 그렇지만, 그러한 영상 자체는 별로 설명해주는 것이 없다. 그러한 영상들은 단지 (느낌이나 생각 같은) 어떤 심리학적 상태와 (아주 조금 높은 활동성을 보이는) 어떤 뇌 영역 사이에 관련이 있음을 보여줄 뿐이다. 그러한 관련은 (자동차에 연료 표시 모듈(module)이 있는 방식으로) 당신이 자신의 돈을 자동으로 생각하는 모듈을 가지고 있다는 것까지 보여주지는 않는다. 그러므로 명확하고 커다란 한 가지 의문을 던지게 된다. 여러 가지 뇌 영상들을 찍는 동안 (활동성을 명확히 보여주지 않는) 뇌의 다른 영역들은 무슨 일을 하는 걸까? 우리는 그 다른 영역들이 **아무것도 하지 않는** 것이 아님을 잘 알고 있다.

분명히 그러한 뇌 영상 연구는 여전히 뇌과학에서 초보적 수준에 불과하다. 훨씬, 아주 **훨씬** 더 많은 것들이 앞으로 밝혀질 전망이다. 그렇게 되면, 앞으로 신경과학은 우리 스스로가 누구인지 이제껏 모르고 있었다고 우리를 깨우쳐줄 것인가? 혹시 그 깨우침이 우리를 곤란하게 만들지는 않을까?

일부 뇌 연구 결과는 우리에게 당혹스럽게 다가올 수 있다. 뇌의 무의식 처리 과정은 의사결정에서 그리고 여러 문제 해결에서 중요한 역할을 담당한다. 심지어 중요한 의사결정조차 뇌의 무의식적 활동에 지배된다. 그러므로 여러분은 이렇게 질문할 수 있다. 내가 알 수조차 없다면, 우리가 어떻게 특정 뇌 영역의 활동을 조절할 수 있겠는가? 아니, 나는 내가 아는 뇌의 활동을 스스로 조절할 수 있기는 할까? 그리고 자아가, 상당 부분 뇌의 무의식 활동인, 나의 뇌에 의해 형성된다면, 내가 자아라고 인정하는 지금의 나는 어떤 존재인가?

우리를 당혹스럽게 만드는 다른 여러 연구 결과들이 있다. 우리의 기억이 뇌 내부의 뉴런들 사이에 이루어진 연결망의 변화 혹은 수정에 의해서 가능하다는 점에 대해서 생각해보자. 기억은 뇌세포, 즉 뉴런이 새로운 가지를 뻗거나 옛 구조로 되돌아가는 등으로, 상호 연결 방식을 변화시켜서 이루어진다. 그러한 신경세포들의 역할은 특정 뉴런이 다른 여러 뉴런들과 연결하는 방식에 변화를 일으킨다. 내 인생에서 일어난 여러 사건들에 대한 것이든, 나를 나로 만들어주는 것이든, 모든 정보는 살아 있는 뇌세포들, 즉 뉴런들 사이의 연결 패턴에 저장된다. 어린 시절의 여러 가지 기억들, 사회적 기술(social skill), 그리고 어떻게 자전거를 타고 자동차를 운전할 줄 아는지 등등의 모든 기억과 능력들이 여러 뉴런들의 연결 방식에 의해서 가능하다.

어쩌면 여러분은 뇌 연구 결과가 함축하는 다음 결과를 받아들이기 어려울 수도 있다. 발작성 질병은 물론, 정상 노화과정에서 뉴런들은 사멸해가며, 따라서 뇌 구조물이 퇴화된다. 뇌세포가 죽고 퇴보하면서, 거대한 정보 손실도 일어난다. 각종 여러 정보들을 담고 있는 뉴런들이 사라지면, 기억 역시 사라지며, 개성도 변화되고, 여러 기술적 능력도 소멸하며, 여러 의욕들 역시 흩어져버린다. 그런데 내가 죽고 나서 남는 것은 무엇일까? 남는 무엇이 있기는 할까? 기억이나 개성이 없이, 의욕과 느낌이 없이 무엇이 남을 수 있는가? 남는다고 하더라도 결코 그것은 나일 수 없다. 그리고 결국 죽음으로 모든 것은 끝난다.

뇌과학에 익숙해진다는 것이 어쩌면 우리의 심기를 불편하게 만들 수도 있어 보인다. 예를 들어, 내가 참석했던 어떤 학회 모임에서 꽤 낭만적으로 보이는 한 유명 철학자가 갑자기 일어서서, 자기 앞에 놓인 의자를 단단히 움켜쥐고는, 조용히 경청하던 청중들을 향해 이렇게 외쳤다. "나는 뇌가 싫어요. 나는 뇌를 싫어합니다!" 그는 도대체 어떤 의도에서 그렇게 외친 것일까?

그는 아마도 여러 가지 다른 의미에서 그렇게 말했을 수도 있다. 그는 어쩌면 자신이 무엇을 의미하는지 확신 없이 그렇게 말했을 수 있다. 그는 그저 한마디 외치고 싶었을 수도 있다. 그는 단순히 자신의 철학적 사고가 낡은 것으로 되고 있는 그 상황에 좌절감을 느꼈을 수도 있다. 좀 더 냉소적인 시각에서 보면, 그는 아마도 자신이 주목받고 싶었을 수도 있다.

그렇지만 그는, 신경과학이 내놓는 여러 결과들이 (평소 자신이 생각하던) 방식과 어떻게 어울릴 수 있을지를 알 수 없다고 말하고 싶어 했을 수도 있다. 나의 합리적 추측에 따르면, 그는 뇌와 분리된 영혼이 존재한다고 믿지는 않을 것이며, 그러므로 그것이 문제가 되지는 않았을 것이다. 그는 자신의 사고와 태도에 기초하는 메커니즘, 즉 세포와 화학물질들이 인과적으로 얽힌 메커니즘에 관해서 배우고 싶지 않다는 것을 의미하였을까? 우리들 각자는 누구보다도 자신에 대해서 더 잘 안다고 여긴다. 그렇지만 만약, 우리가 생각하는 **바로 그 순간** 그리고 우리가 무엇을 느끼는 **바로 그 순간**, 무의식적 뇌가 중요한 어떤 역할을 한다면, 우리가 서 있는 그 믿음의 발판도 사라지게 된다.1) [역자: 왜냐하면, 뇌의 작용이 무의식적으로 일어난 결과로 나의 어떤 생각이 떠올라지고 어떤 느낌이 생겨나는 것이라면, 무엇을 결정하고 느끼는 주체자로서 자아인 나의 존재는 과연 무엇일지, 혹은 있기는 한 것인지 의심하게 된다.]

어쩌면 내 친구는 자신이 반계몽주의(anti-enlightenment) 관점에 이끌려, 뇌의 신비나 뇌가 어떻게 작동하는지 등에 대해 배우지 않는 것이 더 좋다고 생각할 수도 있다. 그래서 그는, 뇌를 거론해야 할 경우에도, 그것을 알지 않는 것이 아는 것보다 더 가치가 있다고 여길 수도 있다. 그러한 그가 뇌를 거부하는 것은 무엇을 걱정하기 때문일까? 그에게 신경과학 지식이란, (선악을 알게 하는) 금단의 과일, (제우스신의 분노를 사게 할) 프로메테우스의 불, (재앙의 씨앗이 될) 판도라의 상자, (영혼을 파는) 파우스트의 거래, (아라비안나이트에서) 단단히 봉인된 병에서 나오는 마귀라도 된단 말인가? 그런 황당한 염려라니, 납득이 되는가?

이렇게, 생각하는 방식 전체를 변화시킬 것 같은, 어떤 지식에 대한 깊은 저항은 오랜 역사 속에서도 있어왔다. 그러한 저항을 갈릴레오(Galileo)의 발견에 대한 로마 추기경들의 태도에서 찾아볼 수 있다. 갈릴레오가 놀라운 새로운 도구, 즉 망원경으로 목성의 달을 발견하자, 로마 추기경들이 어떤 두려움을 느꼈을지 상상해보라. 그 추기경들은 망원경을 들여다보는 것조차 거부했다. 갈릴레오는 이렇게 생각했다. 목성의 달이 목성의 주위를 돌고, 금성은 태양 주위를 돌고 등등 … 아하 그렇다면, … 아마도 코페르니쿠스가 옳았구나! 지구 역시 태양 주위를 돌고 있으며, 그렇다는 것은 지구가 우주의 중심이 아니라는 것을 의미한다.

그러한 갈릴레오의 발견이 알려지고 얼마 되지 않아서, 그는 자신의 집에 감금되었으며, 강요에 의해서 "지구가 태양의 주위를 돈다"는 자신의 가설을 철회해야만 했다. 그가 철회하기로 결정했던 것은 그에게 "고문 도구들을 보여준" 사건 때문이었다. 그런데 지구가 태양의 주위를 돈다는 사실이 추기경들에게 뭐 그리 큰 대수이었던가? 그 사실을 지금은 모든 어린이들이 학교에서 배우며, 그러므로 그것에 대해서 전혀 유별나게 떠들어댈 일도 아니다.[2]

추기경들은 그 사실을 왜 그리 심각하게 여겼는가? 그들은 지구가 태양 주위를 공전한다는 것을 "싫어했기" 때문인가? 보통 알려진 대답은 이렇다. 그들이 자신들의 우주론에 관해 믿었던 것들을 염려했기 때문이었다. 당시 관습적 지혜는 지구가 우주의 중심이라는 믿음이었다. 달 아래의 모든 것들은 부패될 수 있으며, 변화될 수 있고, 세속적이며, 불완전하다. 그것이 바로 세속의 물리학(sublunar physics) 영역이다. 달보다 높은 곳에 있는 모든 것들은 완전하며, 신성하고, 불변하며 등등이다. 이것은 천상의 물리학(supralunar physics) 영역이다. 그러므로 서로 다른 법칙들이 적용되어야 했다. 별은 우주를 감싸고 있는 거대한 (말 그대로 수정으로 만들어진) 천구(sphere)에 뚫린 구멍이라고 널리 알려져 있었으며, 따라서 지구는 그 천구의 중심이라고 알려져 있었다. 이러한 우주론은 성경의 문헌에서 도출된 것이다.

코페르니쿠스와 갈릴레오는 그러한 우주론을 내던져버렸다. 목성의 달은 우리 지구의 달과 아주 닮아 보였으며, 그러한 점에서 그것이 둥근 흙덩어리임을 의미한다. 그러한 측면에서, 목성 역시 어쩌면 지구와 같을 것이다. 그렇다면 신이 지구를 우주의 중심으로 창조하지는 **않은 것인가**? 이것은 천구가 존재하지 않는다는 것을 의미하는가? 만약 천국이 단지 달의 위쪽이 아니라면, 어디에 있다는 것인가? 예수가 부활하여 하늘로 올라간다면 어디로 갔겠는가? 이렇게, 특별한 지위에서 오랫동안 유지되어온 세계관이 근본적으로 도전을 받았고, 그 도전은 과거 세계관을 무엇으로 교체해야 할지 두려움을 낳았다. 기독교 단체는 예수가 (실제로 존재하는) 천국으로 부활했다는 믿음에 근거한다. 그 믿음에 따르면, 그러한 실제의 장소가 달 위쪽에 있으며, 어쩌면 별보다도 더 위에 있을 수도 있다. 만약 당신이 무엇을 절대적으로 확신하며, 근본적인 것이라고 믿는다면, 당신의 그 "진리"가 아마도 흐릿해지거나, (더 안 좋게는) 거짓일 것 같다고 알게 되는 사건은 가히 충격일 수 있다.

영국의 과학자 윌리엄 하비(William Harvey)가 1628년 발견했던 사실, 즉 심장이 실제로는 근육으로 된 펌프라는, 그 사실이 제공했을 충격을 생각해보자. 큰일 날 소리였다. 그렇지 않다고 말했어야! 단지 살덩어리 펌프에 불과하지 않다고! 심장에 대해서 무엇이 그리 큰 문제였던가?

하비가 살던 과거 시대에 관습적 지혜는, 로마 물리학자이며 철학자인 갈렌(Galen, 129-199 CE)에 의해서 제안된 (아주 다른) 이야기를 받아들였다. 갈렌의 생각은 이러했다. 살아 있는 것들은 반드시 신체를 활력 있게 해줄 생기(animal spirits, 혹은 활기(vital spirit))를 가져야만 한다. 그렇다면 생기는 어디로부터 나오는가? 그것은 심장에서 지속적으로 만들어진다. 그것이 바로 심장이 하는 일이다. 심장은 생기를 조제해낸다. **활력을 갖는다는 것은 무슨 의미인가?** 그것은 살아 있게 한다는 의미이다. 이렇게 그 설명은 순환적이며, 결국 도움이 되는 설명은 아니다.3) 하여튼, 그러한 생각에 따르면, 생기가 심장에서 혈액으로 지속적으로 공급되며, 심장은 계속해서 새로운 혈액을 만들어낸다.

심장이 실제로는 펌프라는 하비의 발견은 다음을 인정했다. 살아 있는 동물은 정말로 죽은 동물과 다르지만, 생기가 그러한 차이를 만드는 것이 아닐 수 있다. 혈액은 심장이 아닌 다른 곳에서 만들어지며, 심장은 단지 혈액을 순환시킬 뿐이다.4)

물론 하비의 동료들은 갈렌의 (생기에 의한) 설명을 의심할 여지없는 "진리"로 깊이 확신하고 있었다. 그러던 중에 하비의 연구 결과를 보게 되자, 그들은 실제로 고통스럽게 외친 셈이다. "나는 심장이 싫어, 나는 심장이 싫다고!" 그들이 실제로 했던 말은 어떤 의미에서 이보다 더 좋지 않다. 그들은 이렇게 말했다. 우리는 "하비와 같이 진실을 주장하기보다 차라리 갈렌을 따라서 틀리겠어."5) 이것은 친숙한 '~인 척하기(let's pretend)' 전략이다. 우리가 믿고 싶은 것을 믿도록 하자. 그렇지만 지구가 태양 주위를 돈다는 발견에 대해 거부했던 경우처럼, 심장에 대한 '~인 척하기' 전략도 그리 오래가지는 못했다.

심장이 펌프라는 하비의 발견에 대해서 사람들은 왜 염려했던 것일까? 그것은 그 발견이 단지 당신의 가슴 내부 기관에 관한 작은 사실을 발견한 것만이 아니었기 때문이다. 18세기에 생존했던 사람들에게 그 발견은, 대략 기원 후 150년 무렵 이후로 이제까지 진실로 받아들여졌던 영혼과 삶을 숙고하는 전체 (사고)체계에 대한 도전이었다. 그 발견은 (영혼의 문제로서 삶의) 종교체계와 (그 영혼의 본성을 탐구했던) 과학체계 사이의 단단한 결속을 위협했다. 코페르니쿠스와 갈릴레오의 발견 이후로, 그리고 하비의 발견 이후로, 그 연결은 더 이상 탄탄한 관습으로 유지되기 어렵게 되었다. 종교는 독단으로 추락하든지, 아니면 과학적이 되든지, 이도 저도 아니라면 종교와 과학은 분리되어야 했다.

하비의 발견은 광범위한 새로운 질문의 문을 다음과 같이 활짝 열었다. 혈액은 왜 순환하는가? 혈액이 어디에서 만들어지는가? 실제로 혈액은 무엇인가? 어떤 혈액은 다른 혈액에 비해서 왜 훨씬 더 선명한 붉은색을 보이는가? 죽은 자와 산 자 사이의 차이는 무엇인가? 갑작스럽게 모든 이들이 알고 있었다고 가정되었던 것이, 대답이 아니라, 질문으로 돌변하였으며, 그 질문은 궁극적으로 훨씬 더 깊은 대답을 요구하였고, 그뿐만 아니라 더 많은 질문을 하게 만들었다. 그 불확실성은 누군가에게 보약일 수 있지만, 다른 이에게는 독약이 되기도 한다. 날조된 확실성은 쉽게 믿는 이에게 위안일 수 있지만, 회의론자에게는 끔찍하리만큼 싫은 것이기도 하다.

하비의 발견은 지금의 우리에겐 전혀 위협이 아닐 듯싶다. 왜냐하면 우리는 지금 심장이 혈액을 순환시키는 펌프라는 생각에 전적으로 익숙하기 때문이다. 더구나 누구도 이제 갈렌이 의미했던 생기에 관해서 더 이상 말하지 않는다. [역자: 또한 오늘날 생물학자들은 생기가 어떻게 그리고 어디에서 생겨나는지를 실험적으로 연구하지 않는다.] 살아 있나는 것은 생기를 불어넣는 일과 전혀 무관한 생물학적 기반이다. 그럼에도 이러한 사례는 우리에게 교훈적인데, 그 이유는 이러하다. 지금 우리가 당면한 큰 문제는, 현재 우리가 자신에 대한 이해를 뇌에 대한 실험적 연구에 의해서 이해하려 한다는 데에 있다. 이런 뇌과학의 발견 역시 한 세계관에 도전하고 있으며, 일부 사람들이 참이라고 믿고 싶은 진실을 폐기하게 만드는 측면이 있다. 그 (폐기될) 입장을 지지하는 사람들은 뇌를 싫어한다.

뇌를 이해하기 시작하면 필히 우리는 자신에 대해서 다른 방식으로 생각하게 된다. 예를 들어, 그것은 다음과 같은 것들을 깨우쳐 우리를 놀라게 할 것이다. 우리가 바로 그런 생물학적 존재이며, 우리의 심리적 과정 역시 그러한 생물학적 존재이며, 따라서 그러한 심리적 과정은 호르몬과 신경전달물질에 의해 영향 받는다. 모든 포유류들이 우리 인간의 심장과 아주 유사한 심장을 갖는 것처럼, 모든 포유류들이 인간 뇌와 상당히 유사한 기관과 해부학적 뇌를 갖는다. 심장이 살덩어리 펌프라는 발견에 대한 17세기의 저항을 우리가 지금 바라보는 입장과 동일하게, 지금부터 수백 년 후 지금 시대를 역사로 공부하게 될 학생들은 지금 우리 시대의 뇌과학에 대한 저항을 어이없어 하며 바라볼 것이다.6)

우리에게 경종을 울리는 새로운 과학 발견이 무엇이든, 그 발견을 외면하는 전략은 그리 오래가지 못한다. 헝가리 외과의사 제멜바이스 (Ignaz Semmelweise, 1818-1865)의 연구는 다음을 보여주었다. 의사들이 시체 해부를 한 후에 조산원 병동의 임산부를 검사하려면, 그 전에 석회수로 손을 씻어 소독해야 한다. 그러면 당시 35퍼센트에 달했던 임산부의 (임신중독) 감염 사망률을 1퍼센트로 낮출 수 있다. 당시의 많은 동료 의사들은 자신들이 손을 씻어야 한다는 그의 충고를 불쾌하게 받아들였다. 제멜바이스는 동료 의사들에게 간단히 손을 씻는 것만으로도 효과가 있는지 확인만 좀 해보라고 설득하였지만, 동료 의사들은 그를 괴짜로 조롱했으며, 그를 의료 공동체에 아주 부적절한 인물로 취급하였다. 그가 47세에 죽은 이후 여러 해가 지나서, 파스퇴르(Pasteur)와 리스터(Lister)의 연구는 그가 옳았음을 확인해주는 실험 결과를 보여주었으며, 이후로 손을 소독하는 것은 의사들의 규범이 되었다. 또한 감염을 일으키는 미생물은 맨눈으로 보이지 않지만 현미경으로는 보인다는 발견 역시 (당시 의사들이 그의 생각을 따르도록) 중요하게 도움이 되었다. 미생물이 있다는 사실은 손을 씻는 것으로 왜 병원균의 감염을 막을 수 있는지를 설명해주었다. 보이지 않는 미생물도 손을 씻어서 떨쳐낼 수 있기 때문이다.

갈릴레오가 감금된 이후로 대략 400년이 지나서, 기독교회는 모든 현대 교육을 받는 사람들이 진실을 알도록 허락하였다. 지구는 우주의 중심이 아니다. 지구는 태양계에 속해 있으며, 태양계 역시 작은 은하계 주변에 놓여 있다. '~인 척하기' 전략은 다음의 헉슬리(T. H. Huxley)의 전략과 대조된다. "내가 해야 할 일은 나의 열망이 사실에 일치하도록 훈육하는 것이지, 사실이 나의 열망에 조화되도록 만드는 것이 아니다."7)

만약 당신이 '자아'를 신비로 포장하고 싶다면, 아마도 다음 사실이 위안이 될 듯싶다. 여러 근본적 물음을 포함하여, 엄청난 의문들이 대답되지 않은 채 남아 있다. 왜냐하면, 우리가 자전적 기억 회상, 문제 해결, 의사결정, 의식 등등을 어떻게 할 수 있으며, 우리가 왜 수면을 취하고 꿈을 꾸는지 등을 포함하여, 뇌의 여러 상위 기능들에 대해서, 우리는 완전하고 만족스러운 신경학적 설명에 다가서지 못하고 있기 때문이다. 우리는 다음의 신경생물학적 차이를 알지 못한다. 누구는 검소하지만, 다른 사람은 왜 낭비벽이 심한가? 어떤 이는 수학을 쉽게 하지만, 다른 사람은 왜 수학에 고군분투해야 하는가? 누구는 복수심을 불태우지만, 왜 다른 이는 쉽게 용서가 되는가? 신경과학이 설명해야 할 것들이 수를 헤아릴 수 없을 정도로 널려 있지만, 뇌의 많은 기능들은 너무 복잡해서 우리를 좌절하게 만든다. 어떤 이는 이렇게 말한다. 인간의 뇌는 우주에서 가장 복잡하다. 비록 어찌어찌하여 우리가 지금보다 조금 더 우주를 알게 되더라도, 그 말은 아마도 참일 듯싶다. 우주는 광대하여 수천억 개의 은하를 포함한다. 나는 물론 누구라도 짐작하듯이, 어느 다른 은하계엔가 인간의 뇌보다 훨씬 더 복잡한 것들이 있을 수도 있다.

내 친구들의 진심 어린 철학적 외침(?)으로 돌아가서, 한 가지 나를 낙심하게 만드는 것이 있다. 새로운 지식이 우리를 사실 공간으로 데려간다면, 그것도 우리가 안다고 느끼는 편안한 세계에서 도저히 동화되기 어려운, 즉 알지도 못하며 지금껏 가본 적이 없는 사실 공간으로 우리가 내몰린다면, 아주 높은 교육수준을 가졌으며 폭넓은 독서를 한 사람조차 저항감을 느낄 수 있다. 우리는 그러한 반응을 갈릴레오와 하비의 사례에서 찾아볼 수 있다. 이것은, 분명 생물학적 진화를 고려할 때, 참이다. 많은 사람들에게 생물학적 진화는 충격이었으며, 어떤 측면에서 지금도 다윈 진화론은 그러하다. 다윈 진화론을 수용한다는 것이 하비의 발견을 수용하는 것만큼 그리 멀리 나가는 것은 결코 아니다. 그럼에도 불구하고, 당신이 비록 인지적으로 그것을 이해한다고 하더라도, 그것을 정서적으로도 수용하기란 여전히 힘든 일이다. 우리 뇌가 그러한 방식으로 회로 연결을 이루고 있기 때문이다.

사람들을 성가시게 하고 명확히 나를 걱정시키는 것이 있다. 뇌에 관한 어떤 가설들은 우리가 실제로 아는 것을 과장하는 뻥쟁이 작가들에 의해 홍보되곤 한다. 그들은 어떤 연구 결과에 대해서 그것이 획기적인 성과라고 주장하며, "와우, 이 정도야!" 하며 치켜세운다. 우리는 다음과 같은 말잔치를 즐기기도 한다. "자유로운 선택은 환상이다." "자아란 허상이다." "사랑은 단지 화학적 반응에 불과하다." 이러한 주장들이 얼마나 잘 지지될 수 있겠는가? 그리고 얼마나 많이 광고되고 조작되는 것들인가?

내가 판단하건대, 그렇게 우리를 놀라게 하는 여러 주장들은 좋은 과학이라기보다 단지 인기에 영합한 것들에 불과하다. 그러한 주장들이 진실 된 증거의 핵심을 포함하기는 하지만, 실제 이루어진 성과를 뺑튀기한 것들이며, 그 진실의 핵심은 과대광고에 함몰되고 만다. 생물학적 진화는, 필히 당신의 할아버지가 원숭이였다는 것을 말해준다고 당신을 오해시키듯이, 마찬가지로 많은 신경학적 쓰레기들이 당신을 오해시킬 수도 있다. 그러한 주장들은 우리가 생물학적 진화에 관해 참으로 아는 것들을 곡해하며, 엉뚱한 말을 쏟아낸다. 만약 우리가 그러한 광고들을 조금 더 자세히 살펴본다면, 뇌에 관한 일부 그러한 과장들이 (치켜세워지는 광고 문구가 암시하는 것과 반대로) 겸손하게 말해졌어야 하고, 애매하여 해석되기 어려운 실험 자료들이었음이 드러난다.

"나는 뇌를 싫어한다"고 표현하는 몇몇의 철학자들은 실은 전혀 다른 염려를 토로한다. 그들은 신경과학과 심리학의 발달에 의해서 격앙되어 있다. 왜냐하면 그러한 분야들이, 철학자들이 지금껏 자신들의 영역이라고 생각해온 것들을 침식하기 때문이다. 미국이든 유럽이든 많은 현대 철학자들은, 전혀 신경과학을 배운 적이 없으면서도, 의식, 지식, 의사결정 등등의 본성에 대한 여러 질문들을 대답하도록 교육받아왔다. 혹은 어느 과학 분야의 학자라도 그러한 문제들을 위해 훈련해왔다. 그들은 저명한 저서들과 자신들의 반성만으로 통찰력을 발휘한다. 그것이 "철학적 방법"임은 사실이다. 그들은 이렇게 불평한다. "왜 우리가 뇌에 신경을 써야 하는가? 우리가 뇌에 관해서 생각하지 않고서 깊은 여러 의문들을 다룰 수 없단 말인가?"

이러한 반응은 크게 보아서 자신들의 일거리를 잃을 두려움에서 나온다. 비록 당신이 과거로 돌아가기를 희망하지 않는다고 하더라도, 당신은 그러한 반응에 기꺼이 동정심을 가질 수 있다. 많은 도시들에 전선이 깔리게 되자 램프에 불을 켜는 이들은 다른 일을 찾아야 했으며, 많은 말들은 자동차에 자리를 내주었고, 대장장이들은 내연기관을 수리하는 일을 배워야만 했다. 과학자들과 협력하고 위대한 저서들의 내용을 지금 시대에 전달해야 하는 일을 포함하여, 철학자들이 해야 할 많은 일들이 남아 있다.8) 그러나 만약 마음이 어떻게 작동하는지에 관해서 철학자들이 말하고 싶다면, 그들은 뇌에 관해서도 알아야만 한다.

신경학적 쓰레기 이야기를 떠나서, 그리고 지엽적인 두려움 이야기를 떠나서, 실질적인 신경과학은 우리가 누구라고 생각해온 생각과 정면으로 충돌하며, 우리가 지금까지 생각해온 것과 어쩌면 약간 다르다는 것을 의미하기도 한다. 이것이 바로 내가 말하고 싶은 이야기이다.

나는 캘리포니아 주립대학교 샌디에이고(UCSD)에서 여러 해 동안 학부 학생들을 가르치면서, 마음/뇌 과학이 아직 정착되지 않았다는 것을 확실히 파악하게 되었다. 내가 지금까지 주장했듯이, 신경철학(neurophilosophy)은, 선택과 학습 그리고 도덕성 등에 관한 철학의 거대하고 오래된 여러 질문들과, 우리가 자신에 관해 어떻게 생각해야 하는지에 관한 진화생물학적 설명 사이의 만나는 지점에 있다. 그 지점이 바로, 우리가 스스로를 어떻게 생각해야 할지에 대해서, 신경과학과 심리학 그리고 진화생물학이 함께 타격하는 지점이다. 그 지점이 바로 뇌에 관한 지식을 통해서 우리 자신에 대한 개념을 **확장하고 수정하려는** 곳이다.

나의 학부 학생들은 매우 자주 뇌과학에 **빠져들어**, 그 이야기 숲에서 모닥불을 피우곤 하였다. 동시에 그들은 지금까지 가지고 살아온 이해의 관점에 어떤 변화가 일어나고 있는지를 우려하곤 하였다. 그것은 긴장이었다. 그것은 불안정이었다. 우리가 가지게 될 새로운 이해를 우리가 좋아하지 않게 되면 어쩌나? 그 새로운 지식이 우리를 참담하게 만들지는 않을까? 우리가 그 모닥불에 타버리는 것은 아닐지? 변화란 본질적으로 정해져 있지 않다. 신경과학에 자극된 그 부동성이 오웬 플래너건(Owen Flanagan)과 데이비드 버락(David Barack)이 신경실존주의(neuroexistentialism)라 부른 것은 아닐지.9)

다른 사람들과 마찬가지로, 나 역시 삶의 균형을 잃게 만들고, 부조화로 낙심하게 되는 많은 일들을 경험한다. 그렇지만 전체적으로 나는 신경과학을 탐구함에 있어 흔들리지 않는다. 자주 놀라기도 하고, 경계되지는 않느냐고? 과학이 견고한 학문이라는 점에서, 그러한 것들이 그리 오래 가지는 않는다.

생물학은 나에게 확신을 제공한다. 진화론은 살아 있는 모든 것들을 연결시키며, 그것은 나 자신 역시 진화에 귀속된 존재임을 재확인시켜주었다. 내가 반드시 그리 생각해야만 한다고 가정하지는 않지만, 나는 그렇게 확신한다. 생물학은 내가 우주 내에 서 있는 위치를 알려주었다. 나는 초파리를 보면서 이렇게 생각한다. 그 초파리의 앞뒤 부분(a front and a rear)을 구성시켜주는 유전자는 본질적으로 나의 앞뒤 부분을 구성시키는 유전자와 동일하다. 나는 어치(jays)가 땅콩 조각을 물고 숲 속 둥지로 날아가는 것을 보며 이렇게 생각한다. 그 어치가 (자신의 먹이를 숨겨둔) 공간 기억을 유지하는 뇌는, 내 공간 기억과 매우 유사한 방식으로 작동한다. 나는 암퇘지가 자기 새끼를 돌보는 것을 보면서 이렇게 생각한다. 상당히 유사한 체계로 나 역시 나의 아이들을 돌본다. 나는 여러 날 동안 곰곰이 생각해왔던 (많은 요소들을 고려한) 결정이 어느 날 아침, 더운물로 샤워하려는 순간에,

32

갑자기 의식적으로 떠오르는 일과 같은, 평범한 심적 사건들에서 즐거움을 찾는다. 나의 뇌가 비로소 하나의 선택을 한 것이며, 그렇게 하여 나는 무엇을 해야 할지를 알게 된다. 그래, 나의 뇌가 그리했다!

그렇다면 나는 어떻게 하여 그렇게 할 수 있었는가? 나는 어떤 경로를 통해서 마침내 뇌에 대해 편안함을 느끼게 된 것일까, 혹은 좀 더 엄밀히 말해서, 신경과학이 나의 뇌에 대해서 가르쳐주는 것에 편안함을 느끼게 된 것인가? 두 가지로 나누어 이야기할 수 있겠다. 그 중에 한 가지 이유는 간결하며, 기초 배경 논리를 포함한다. 나는 이 이야기가 전부이고 실질적인 내 대답이라고 생각하지는 않는다. 그러나 가늠하여 전망해보건대, 이 이야기는 내가 (더욱 직접적이며 상당히 잡다한) 나의 대답에 어떻게 의미를 부여할 수 있을지를 설명해준다. 그 잡다한 이야기들은, 나의 느린 인지, 기질, 성장, 학습, 롤 모델, 삶의 경험, 성공, 실패, 행운 등등으로 채워진다. 배경 논리는 여기에 중요치 않지만, 관련된 부분이기도 하다.

내가 어떻게 모든 문제들을 신경생물학의 관점에서 생각하게 된 것인지와 관련하여, 나는 (교과서식의 이야기가 아닌) 다소 개인적인 이야기를 하려 한다. 신경계에 대해서 (소개하는 책들을 포함하여) 놀라운 저술이면서 과학적으로 탁월한 많은 교과서들이 있었다.10) 나는 그러한 저술들의 내용을 여기에서 소개하지는 않겠다. 그보다 나는 무언가 좀 말랑말랑한 것들을 다루어, 독자들이 나의 전망과 같은 시각에서 뇌의 세계를 바라보도록 안내하겠다. 뇌에 관해서 다루면서도, 나의 개인적인 이야기와 관련된 과학도 이따금 섞어 말할 필요도 있을 듯싶다. 내가 성장한 농장에서의 삶은 내가 사물들을 어떻게 대하게 되었는지를 여러분들이 이해하는 데 도움이 될 것이므로, 앞으로의 많은 이야기들은 그 농장의 생활과 관련된다.

내가 성장했던 농장에서, 사물들이 어떻게 작동하는지를 배우는 일은 단순한 취미활동 정도는 아니었다. 우리는 물건들을 자주 수리해야 했고, 심지어 새로 고안하기도 하였다. 어떻게 고치고 고안해야 하는지를 알면 시간을 절약하고 고된 노동을 줄일 수 있었다. 폭풍이 부는 밤에 등유 램프를 들고 어떻게 밖으로 나갈 수 있는지 아는 것은 밤길을 밝히기 위해 유용했으며, 적절한 해충 포집망을 어떻게 설치할 수 있을지 아는 것은 해충을 퇴치하기 위해서 매우 유용했다. 한 전략의 실패는 더 좋은 방식을 탐색해야 함을 의미했다. 그렇게 해서 해답을 찾게 되면, 자부심을 갖게 되었다. 나는 종종 아버지를 따라 마을 주변을 돌아볼 기회를 가졌다. 시골 양철장이가 새 난로 연통을 만들고, 주스 공장에서 사과 주스 병이 만들어지는 것을 나는 흥미롭게 지켜볼 수 있었다. 내가 뇌에 관해서 체계적으로 공부하기 시작했을 때, 뇌 연구 프로젝트는 (사물들이 어떻게 작동하는지를 찾아내던) 그 일과 아주 흡사하였다.

배경 논리에는 세 가지 주요 논점이 있으며, 그 본질적 성격은 이렇다. 첫째로, 실재는 우리가 원하는 바에 따라 존재하지 않는다. 사실은 사실일 뿐이다. 실재는 우리가 그렇게 존재하는 방식을 좋아할지 안 할지에 관심 두지 않는다. 여하튼 사실은 실재에 따라 존재할 뿐이다. 우리가 심장, 또는 뇌, 또는 에이즈의 원인 등에 관해 사실을 믿고 싶은지 아닌지에 실재는 관심이 없다. 실재를 따라서 탐구함으로써만, 우리는 이따금 새로운 백신을 찾아내거나 혹은 (전기를 이용하는) 새로운 기계를 만들어내어, 그 실재를 변화시킬 수 있다. 사실을 실험하고, 사실에 의해 안내되고, 다시 바꿔서 그것을 실험해보는 과학은 우리가 실재라는 진주를 얻기 위한 최선의 방책이다. 그리고 그 방책이 나의 농장이나 숲 속에서 참이었듯이, 실험실에서도 참이다.

둘째로, 무엇이 참이었으면 좋을지는 심리학적 상태이다. 당신은 실재와 싸울 수 있으며, 그래서 당신의 환상을 꿈꿀 수 있거나, 혹은 실재에 자신의 평온을 찾고 그것을 좋아하게 될 수도 있다. 그렇게 되면 비로소 진실로 그것을 좋아하게 된다. 그렇게 되기 위해 기독교회는 400년이 걸렸지만, 마침내 갈릴레오가 목성의 달을 발견한 것에 평온을 찾게 되었고, 지금은 그러한 실재를 상당 부분 좋아하는 것 같다. 일반적으로 말해서, 실재에 관한 한에서 진실과 대적하여 결코 승리하지 못한다. 얼굴의 주근깨가 그러할 것이다. 만약 당신이 주근깨를 가지고 있으면서 그것을 미워하는 삶을 살아간다면, 자기 스스로를 비천하게 만들 뿐이다. 만약 당신이 자신의 주근깨에 평온을 찾는다면, 그리고 만약 그런 것에서 무엇이 매력적인지를 발견할 수 있다면, 훨씬 더 나은 생활을 할 수 있다.

셋째로, 우리는 과학을 어떻게 사용해야 할지를 제어할 수 있다. 옛날이 실제로 좋은 날이었다고 주장하며 낭만을 쌓을 필요는 없다. 옛 시절 역시 역병이 있었으며, 고통을 줄여줄 어떤 마취약조차 없었다. 또한 우리가 너무 많이 알기 때문에 아마겟돈(Armageddon, 지구의 종말)이 올 것이라고 말하면서 우리를 두렵게 하려 경종을 울릴 필요도 없다. 허튼 소리이다. 그 두 가지 태도 모두, 계몽에 반하는, 오해이다. 워싱턴 D.C.의 한 생명윤리학(bioethics) 모임에서 반계몽주의 회원은 나에게 손가락을 휘저으며 이렇게 말했다. "당신은 낙천주의자요!" 그의 음색과 휘젓는 손가락은 분명히 비난하려는 의도였지만, 나를 납득시키지 못하는 비난이었다. 우선 첫째로, 나는 스스로에 대해서 생각 없이 세상을 바라보는 낙천주의자라기보다 고집 센 실재론자로 여기기 때문이며, 둘째로 실재론적 낙관주의에 결함이 있다고 보지 않기 때문이다.[11] 나의 태도는 애완동물을 돌보지 않거나 도박에 지나치게 빠지거나, 혹은 어린이를 채근하는 일과 같은 결함을 갖지 않는다. 그리고 계몽주의를 깎아내리지도 않는다.

그의 행동과 태도는 아마도 아래와 같은 정도까지는 옳다고 보아줄 수 있다. 어느 과학이라도, 그 분야가 화학이든 고고학이든 혹은 야금학이든, 악의 목적에 이용될 수 있다. 예를 들어, 불은 남의 집을 태우는 데에 이용될 수 있다. 그리고 종교 역시 악의 목적에 이용될 수 있다. 그렇지만, 우리는 자신이 어떤 선택을 해야 할지를 통제할 수도 있다. 새로운 과학 발견이 이루어질 경우에, 우리는 그 발견을 어떻게 활용할지를 규정할 수 있다. 내가 낙천주의자일 수 있었던 것은 명백히 우리의 삶을 개선시킨 많은 과학 발견들이 있었기 때문이다. 예를 들어, 척수성 소아마비(polio, poliomyelitis)와 천연두(smallpox)에 대한 백신이 그렇고, 프로작(Prozoc, 우울증 처방약)과 리튬(lithium, 소형 배터리 등에 활용되는 금속 물질)이 그러하며, 수술 후에 손 씻기와 치과의사에 의한 국소 마취가 그러하다. 손가락을 휘젓던 그 생명윤리학자는 이러한 발달에 관해서 전혀 몰랐을까? 아니, 그는 분명히 알고 있지만, 그러한 진보에 대해서 이중적이었다. 나는 이렇게 추정한다. 그는 생명의 안락함을 단지 세속적인 일로 낮춰 보려 한다. 그렇지만 나처럼 만약 당신이 가난한 농장에서 고생해야 하는 입장이라면, 진보와 생명의 안락함과 독서할 시간에 대해서 콧대를 세울 수 없다. 영하 25도의 기온에 눈이 60센티미터 쌓인 추운 겨울 아침에 화장실이 실내에 있다는 것이 얼마나 안심되는 일인가?

발견을 서술한 논리를 간략히 살펴보는 것으로, 우리는 자신과 세계를 이해하는 중요하고 새로운 방법이 무엇인지 명확히 밝혀내기 어렵다. 그 논리가 결국 어떤 결과를 내놓을지, 그리고 그 제안된 주장에 반대하는 논증이 나타날지 등을 알아보려면 시간을 두고 지켜보아야 한다. (그 결과에 따른) 새로운 체계가 정합적인지 아닌지, 그리고 거친 풍파에서도 견디어낼 수 있을지를 알아보려면 역시 시간을 두고 지켜봐야 한다. 그러므로 언제나 경계하고 의심하는 태도를 가질 필요가 있다. 그 논리는 씨앗과 같으며, 오직 씨앗에 불과하다. 우리가 알고 싶은 것은, 그 가설이 뿌리를 내리고 훨씬 더 관계성을 이루며, 믿을 만하고, 견고한 무엇으로 성장하게 될지, 아니면 그 가설이 이내 시들어버리고, 따라서 많은 것들을 설명하거나 예측하지 못하며, 더욱 풍성한 가설들과 경쟁에서 성공적으로 이겨내지 못하는지 등이다.

여러 깊은 믿음들을 갑자기 변화시키는 것은 너무 성급한 행동일 수 있다. 나에게 아주머니 한 분이 계셨는데, 공산주의자(communist) 이셨다가, 몇 년 후에 그것을 버리고 모르몬교도(Mormon)가 되었다. 그러는 사이에 크리스천 사이언스(Christian Science)로 갑자기 개종하기도 하였고, 염증이 발생된 지혜(?)의 이빨이 기도에 응답하지 않자 치과의사로 관심을 돌렸다. 그녀는 모르몬주의를 짧은 기간 유지했으며, 여호와의 증인(Jehovah's Witness)에 신념을 가지게 되어 그 종교로 허둥지둥 달려갔다. 매번 새로운 신념에 대한 그녀의 열정은 한계가 없었으며, 그녀의 신념과 확신은 (변화될 때까지는) 흔들리지 않았다. 우리 모두를 개종시키려는 추진력이 그녀에게 해가 된 것 말고는, 그녀의 그러한 변화는 우리를 즐겁게 하였다. 자신의 삶을 지도하는 이데올로기를 불안정하게 만든 그녀의 행동은 특이하며 현명치 못하였다.

뇌는 매우 느리게 작동하며, 지성 혹은 세계관의 변화에 깊이 관련된다. 인간의 뇌는 이따금, 여러 해 동안 깊은 생각과 숙성 시간을 거친 후에야, 그리고 의미를 부여한 것을 알고 나서야, 무엇을 알아볼 수 있게 된다. 뉴턴(I. Newton)이 중력의 개념을 얻어낸 것에 대해서, 어느 화창한 날 오후, 사과가 그의 머리 위로 뚝 떨어지는 것을 보고 영감을 얻었다는 식으로 꾸며낸 이야기는 엉터리이다. 그는 운동의 본성에 대해서, 즉 행성의 본성과 지구에 대해서, 수십 년 동안 곱씹고 곱씹어 생각하고, 그리고 또 **곱씹어** 생각하였다. 신경과학의 발달 과정에서도 그렇게 상당한 숙고가 있었으며, 인간들은 (뇌과학이 인간

성을 말살할 정도로) 자신의 삶을 통제하지 못한다고 결론 내리는, 거슬리고 사소한 논증은, 그것이 우리의 믿음 체계 내에 형성되기 전에, 어느 정도 의심할 필요가 있다.

인간 뇌에 의해서 느리게 떠오르는 깊은 생각들은 전자 컴퓨터와 극적으로 대조된다. 컴퓨터는 (계산과 같은) 많은 것들을 우리보다 훨씬 빠르게 처리할 수 있다. 그렇지만 컴퓨터는 인간 뇌가 느리게 하는 깊은 사고와 같은 것을 (아직은, 하여튼) 할 수 없다. 컴퓨터는 물질의 본성이나 DNA의 기원에 대한 새로운 가설을 세우지 못한다.12)

오차드 런

오차드 런(orchard run)이란 과수원의 나무에서 바로 따서 운송되는 과일을 가리킨다. 다시 말해서 시장에 진열되기 위한 예쁜 포장이 안된 상태의 과일이다. 그러므로 오차드 런 사과는 크기와 색깔이 다양하고 나뭇가지나 우박과 같은 것에 의해 생긴 상처도 있다. 그 사과는 깨끗이 닦지 않은 상태이지만 맛은 아주 좋다. 오차드주의자이셨던 나의 아버지는 마을 신문사에서 주간 칼럼을 기고했다. 그는 그 칼럼을 '오차드 런'이라 불렀는데, 그것은 그가 자신의 관점에서 자유롭게 습작할 의도를 가졌기 때문이다. 그러므로 그는 그 칼럼에서 예를 들어, 야생 꿀을 채집하는 가장 효과적인 방법을 위한 농약 사용 문제에서부터 인근의 황무지 사막에 물을 공급하는 정책에 대해서까지, 다양한 주제를 사색적으로 다루었다.

그런 나의 아버지, 월리 스미스(Wally Smith)의 행보와 함께 여러 가지 이유에서, 나는 오차드 런의 개념을 다음과 같이 이해했다. 오차드 런이란 개념은 나의 뇌가 편안해하도록 상당히 자유롭고 편안한 방식으로 사색하게 이끈다. 예를 들어, 나는 내 뇌가 작동하는 방식에 관해 놀라운 것들을 알려주는 새로운 발견에 대해서도 편안함을 느끼는 방식으로 깊이 사색할 수 있었다. 나는 나에게 유연한 사고를 가능하게 해주어, 내게 불완전하게 다가오거나 혹은 심지어 이런저런 문제에 대한 당혹스러운 발견에 대해서도 지나친 걱정 없이 나의 심적 오차드 방식으로 깊이 사색하게 되었다.

나의 뇌에 대해서 거부감이 없이 받아들이게 된 나의 이러한 이야기는, 내가 뇌를 체계적으로 공부하게 되기 오래전부터 시작된 일이다. 나의 아이들도 그러하듯이, 나 또한 할아버지와 할머니가 (세상 사람들과 내가 보기에) 적절하며 매력적이고 사랑스러운 인간으로부터, 불명확하고 혼란스러우며 매력적이지 않은 인간으로, 점차 변화해 가는 것을 보며 성장했다. 나의 어머니는 간호사 교육을 받았으며, 비록 자신의 지식이 짧은 경우에도 내 질문에 가능한 한 최선으로 대답하는 분이셨다. 그녀의 설명은 온통 뇌에 관한 이야기였으며, 뇌의 퇴화와 손상에 관한 이야기였다. 나의 할머니, 매켄지(MacKenzie)의 기억, 피아노 연주 능력, 뜨개질하기, 채소 가꾸기 등등 모든 능력들이 뇌에 의해서이다. 물론 나의 어머니는 **어떻게** 그렇다는 것인지 정확히 설명하지는 못했다.

나는 뇌에 관해 거의 아는 것이 없었다. 브리티시컬럼비아(British Columbia, 캐나다 서부의 주)의 고립된 산골마을 한 농장에서 살았던 나는 여러 동물들의 내부에 무엇이 들어 있는지 아주 모를 수는 없었다. 당연히 닭의 내부에 무엇이 있는지 상당히 알았다. 닭을 먹기 위해서는 깨끗이 씻어야 했기 때문이다. 나는 이따금 계란으로 발달되는 중의 여러 단계의 알을 볼 기회도 있었다. 심장, 기름 덩어리, 모래주머니 등을 떼어내고 그 안에 무엇이 있는지 볼 수 있었다. 척수(spinal cord)는 우리가 닭의 목을 비틀어 죽일 때에 끊어지는 바로 그것이다. 나는 닭의 목을 살펴보아 척수가 무엇처럼 생겼는지 알고 있었다. 칠면조 목은 조금 더 컸기 때문에 더 잘 살펴볼 수 있었다. 나는 우리 집 소, 골디(Goldie)가 주저앉게 되자 사람들은 고통 없이 죽게 하기 위해서 총으로 그 소의 머리를 쏘아 죽이는 것도 보았으며, 푸줏간에 들렀을 때 양의 머리 안이 어떻게 생겼는지도 보았다. 푸줏간에서 기울어진 유리창 너머에 놓인 쟁반 위의 물컹거리는 덩어리 모두가 뇌 피질이었다. 그리고 그것이 바로 뇌란 것도 알았다.

할머니께서 돌아가실 때 어떤 일이 있었던가? 실천적인 기독교인이셨던 어머니는 돌직구를 날리는[즉, 직설적으로 말하는] 분이셨다. 할머니는, 항생제나 통증을 가라앉히는 어떤 약도 없는, 북쪽 외곽의 한 병원에서 간병을 받으면서, 선별된 종교적 처방을 특별히 강조하여 선택하셨다. 그것은 "소용없어서" 지금은 사람들에 의해 외면되는 생각이다. 그렇지만 어머니는 그러한 천당의 문제에 대해서 확고한 의견을 내놓았다. "지금 당장을 걱정하는 것이 더 중요한 문제입니다. 어머니는 지금 당장 자기 삶을 지옥으로 만들고 계십니다." 어머니는 이렇게 힘주어 말했다. 할머니는 좋은 삶을 살아왔으며, 우리 모두 언젠가 죽는다고. 이런 말은 내 친구들이 각자의 (부모에게 할 말이라기보다) 부모들로부터 명심하도록 들었음직한 말이며, 그러므로 부모들은 우리들이 언제나 명심하도록, 위험이 항시 대문 밖에 도사리고 있는 세상에서 살아가기 위해 간직해야 할 말이기도 하다.

시골에 사는 거주민들에게는 언제나 놀라운 일이 벌어지곤 하며, 내 친구들과 나는 속칭 이상한 사람들에 대해서 호기심을 가졌다. [그리고 이렇게 말했다.] 그 이상한 사람들은 다락방에 숨지 않고(다락방이 있는 집에 살긴 했을까?), 휴식하지도 않고 계속 일만 한다고. 우리는 말끄러미 쳐다보거나 불경스럽게 말하지 않도록 훈육받았지만, 그럼에도 우리들은 그들을 신중히 탐색하곤 하였다. 메건(Megan)에 대해서 우리들은 오랫동안 혼란스러워했으며, 어느 정도 걱정스럽게 바라보기도 했다. 그녀는 보통 면도를 하면서도 꽃무늬 옷을 입었고 턱수염과 콧수염을 가졌다. 나는 교회에서 그녀의 뒷좌석에 앉아 설교보다 나를 사로잡는 그 부조화에 주목하곤 했다. 메건의 상태, 그리고 그녀의 성별과 개성 그리고 우리 소년 소녀들의 관심을 끄는 많은 것들에 대해서 항상 의문을 가졌다.

다운 증후군(Down's syndrome)이 어린 나이에 임신하는 산모에서 나타날 수 있다고 알려졌던 과거에, 아주 드물게 몇 명의 아이들이 그런 상황에서 태어나기도 했다. [역자: 지금은 21번 염색체 이상이 다운 증후군의 원인이라고 밝혀졌다.] 루이스(Louise)는 나와 동갑이었는데, 우리 반 친구들과 그녀를 비교해보면, 나는 놀라지 않을 수 없었다. 루이스는 어떻게 읽고, 우유를 짜는지 등을 배울 수 없었다. 시골 생활은 나에게 많은 혼란스러운 의문을 갖게 했다. 허버트 부인(Mrs. Herbert)은 그녀의 남편과 아들이 교회에 간 부활절 아침에 왜 쥐약을 먹고 자살했는가? 로비 프랭클린(Robbie Franklin)은 어른인데도 왜 보이지 않는 누군가와 중얼중얼 이야기하며 걸어가는가? 피츠제럴드 씨(Mr. Fitzgerald)의 손은 왜 언제나 떨리는가?

내 부모님들이 삶을 바라보는 접근법은 (비록 별로 아는 것은 없었지만) 그러한 문제의 중심에 자연적 원인이 있음을 의미했다. 심지어 자살도 (당시 말로) "신경 고장(a nervous breakdown)" 때문이며, 이런 설명은 뇌에서 무언가 고장 났다는 것 이외에 아주 특별한 어떤 것도 의미하지 않는다. 정신분열증(schizophrenia)이 로비 프랭클린의 다양한 망상 증세의 원인으로 보이는데, 당시에 내 부모님들은 그의 증세를 그렇게 부르지는 않았지만, 그가 그러한 행동을 보이는 것이 뇌의 질병 때문이라고 간주하였다. 우리에게 동정심을 유발하였으며, (확실히 말하건대) 우리가 놀림거리로 대하진 않았던, 그 희생자들은 우리가 어찌해볼 수 없었던 질병 때문이었다. 그리고 부모님은 피츠 제럴드 씨의 손 떨림을 어떻게 설명했던가? 어머니는 많은 유사한 경우들을 보았으며, 그렇게 떨리는 것이 뇌의 어떤 질병 때문이며, 어떤 요행이 있지 않고는 결국 그 질병으로 그는 죽게 될 것이라고 슬프게 설명하였다.

나는 철학자의 인생을 걷기 시작한 이후로, 1970년대 중반부터 신경과학을 공부하기 시작하였다. 이러한 전환은 다음과 같은 인식에서이다. 만약 심적 과정(mental processes)이 실제로 뇌의 과정(brain processes)이라면, 뇌가 어떻게 작동하는지를 이해하지 않고서, 내가 마음을 이해할 수는 없다. 뇌를 공부하고 뇌가 어떻게 작동하는지를 생각하는 일은 즐거운 강박증이었다. 뇌에 관한 거의 모든 것들, 즉 뉴런들 사이의 작은 분자들(신경전달물질)의 이동에서부터 전체 신경계에 대해서까지, 나를 매혹시키지 않는 것이 없었다. 지금까지 모든 이야기들이 바로 나에 관한 것들이다. 그리고 이와 관련하여, 이 모든 이야기들은, 바로 우리, 즉 내 남편 폴(Paul)과 내가 경이롭게 여기는 부분이다.

왜냐하면 우리 모두는 철학자이며, 신경과학에서 나온 무수한 논문들을 우리가 아무리 많이 함께 흡수하고 서로 설명해주더라도, 종국에 우리 마음에 몇 가지 큰 질문들이 나타나기 때문이다. 많은 다른 동료 철학자들이 우리에게 격앙됨에도 불구하고, 우리는 의식의 본성, 언어 사용, 사고, 느낌 등등이 뇌에 대한 이해에 근거해서 해명될 것이라는 생각을 실천에 옮겼다. 그렇지만 우리에게는, 신경과학의 체계 내에서 고대 전통 철학의 여러 문제들을 묻는 것이, 과일을 따려면 사다리에 올라서야 하는 것처럼, 당연한 일로 여겨졌다. 우리는 특별히 신경과학이 등장한 시기에 생존하는 행운을 가졌다.

실용주의 전망

마법이 기계론보다 우리를 더 편안하게 해주는가? 대체적으로 그렇지는 않다. 명확한 무지에 의한 편안함이란, 신경계에 어떤 문제가 발생될 경우, 이내 증발되고 만다. 다발성 경화증(multiple sclerosis, 신경세포의 마엘린이 파괴되는 질병)이나 노인성 치매(senile dementia)와 같은 퇴행성 질환을 대면할 경우에, 그 신비감(혹은 편안함)이 우리로 하여금 그 질환을 이해하기 매우 어렵게 만들며, 따라서 할 수 있는 치료를 못하게 만드는 방해물임을 우리는 알게 된다. 만약 이 세계가 기계론보다 마법에 더 지배된다면, 당신이 이 세상을 더 잘 통제할 수 있을 것처럼 느낄지 모르지만, 사실상 그 반대가 진실이다.

인과관계를 통찰함으로써 우리는 상당한 위안을 얻기도 한다. 나는 남동생이 하나 있는데, 어린 시기에 그의 근육 발달은 남성보다 여성에 가까웠으며, 그의 사춘기는 정상적인 남성다움을 보여주지 않았다. 25세가 되어서 마침내 동생은 클라인펠터 증후군(Klinefelter's syndrome)이란 진단을 받았다. 이것은 그가 여성의 성염색체(XX)와 남성의 성염색체(XY)를 함께 가지고 있음을 의미했다. 그런 결과 그는 보통의 (XY) 두 개의 성염색체 대신, 세 개의 성염색체(XXY)를 가졌다. 그런 최종의 진단은 그에게 대단한 위안이 되었다. 그는 마침내 자신이 남과 왜 다른지를 이해할 수 있게 되었고, 왜 자신이 충동 조절을 하기 어려우며, 계획을 잘 세우지 못하는지, 콧수염은 왜 거의 나지 않는지, 그러면서도 여전히 여성들에게 왜 관심이 가는지 등을 이해할 수 있게 되었다. 그가 그러한 잔인한 운명을 저주하지 않는 것에 대해서, 나는 처음에는 적지 않게 놀랐다. 그렇지만 그는 절대적으로 자신의 운명을 탓하지 않았다. 오히려 그는 그러한 신체적 설명에 엄청난 위안을 찾았다. 어쨌든 자신이 (비참하게 책임져야 할) 성격장애 때문일지 모른다는 두려움에서 해방되었다. 그 진단은 아마도, 그에게 자신이 누구라는 것을 알게 해주고, 스스로 조화로운 삶의 방법을 발견하게 해준, 은혜로운 평결이었다. 그리고 그 평결 속에서 그는 놀라울 정도로 잘 살아가고 있다.

지난 60년 정도의 기간 동안에 우리는 소아마비(polio)와 백일해(whooping cough) 같은 여러 질병들을 통제할 수 있게 되었으며, 당뇨(diabetes)와 간질(epilepsy) 등의 여러 질병들을 다스릴 수 있게 되었고, 척추뼈갈림증(spina bifida)과 괴저(gangrene)와 같은 환경들을 저지할 수 있게 되었다. 나의 일생 동안에 놀라운 변화가 이루어졌다. 우리 마을에 어느 시계 수리공(실제 수리를 하였던)은 한쪽 다리만 있었다. 그의 바지는 중간쯤 꿰매어 있었고, 돌아다닐 때에는 목발을 짚었다. 내가 아버지 시계를 돌려받기 위해 하루 종일 기다린 적이 있었는데, 그 수리공 시릴(Cyril)은 자신에 대해 설명해주었다. 15년 전에 그는 먼 산으로 하이킹을 떠났는데, 스라소니(bobcat)를 보고 주의하지 못하여, 그만 방울뱀을 밟았고, 그놈이 다리를 물었다. 독을 빼야 한다는 생각에서, 시릴은 자기 다리를 칼로 베어 그 독을 빨아내려 하였다. 날씨는 무더웠고, 조치를 받을 방법을 찾으려 애썼다. 하이킹에서 돌아와 하루가 지나자 상처가 감염되었으며, 그 무렵 그는 마을에 도달하였고, 괴저가 퍼져나갔다. 결국 그 다리를 절단하게 되었다. 나는 집으로 돌아오는 길에 자전거 페달을 밟으면서 항생제에 경외심을 가졌다.

비록 우리의 생애 동안에 의학적 발전이 충격적일 만큼 훌륭하다고 하지만, 신경계 질병에 대해서만큼은 지금까지 거의 어떤 처방도 찾지 못한 채 대부분 손대지 못하고 있다. 나의 절친했던 친구는 다발성경화증으로 괴로워하였다. 그녀는 천천히, 가장 잔혹한 방식으로, 근육을 쓰지 못하게 되었다. 심지어 우리의 존엄성에 고려되는 (용변 보기와 같은 일에 필요한) 근육까지도 무력화된다. 그 질병이 천천히 진행되는 동안 우리가 할 수 있는 것이란 거의 없다. 용감했지만, 현실을 강하게 긍정하는 간호사였던 그녀는 결말이 무엇인지 잘 알고 있었다. 그 원인은 아직 밝혀지지 않았으며, 처방은 명확히 고려되지도 못하고 있다.

내 논리학 수업을 들은 한 아름다운 청춘은 처음에 명랑하고 명석했지만, 정신분열증에 걸린 것으로 확인된 후로 망상과 혼란에 시달리게 되었다. 그녀가 확신을 가지고 믿는 바는 이랬다. 토끼만한 크기의 한 남자가 자신의 아파트 위에 살고 있으며, 그녀가 잠자리에 들려고 하면 욕설을 해대면서 나팔소리로 시끄럽게 소음을 낸다. 신경계 질환은 우리 자신의 존재 자체를 괴멸시키기 때문에, 우리는 매우 시급하게 그것을 이해한 후에, 그 질병을 어떻게 멈추게 할 것인지 밝혀내야 한다. 신경계 질병에 걸리면, 우리가 물리적/사회적 세계 속에 살아갈, 뇌의 도식이 (마치 컴퓨터가 깨지듯이) 산산조각 난다.

지난 세기 동안 신경학적 장애를 대하는 인류의 태도는 극적으로 달라졌다. 과거에 (현재 만성 우울증(chronic depression)이라 불리는) 우울증(melancholia) 혹은 공황장애(phobias) 등은 종종 성격 결함 때문에 나타나는 것으로 추정되었으며, 따라서 (일부 의견에 따르면) 그 결함은, 자신이 충분히 적극적이도록 열심히 노력만 하면 고쳐질 것으로 추정되었다. 그리고 여러 세기 전에는 신경학적 장애가 초자연적 원인에 의한 결과라고 치부되었다. 월경전증후군(premenstrual syndrome, PMS, 월경 전 여성에게 나타나는 정신불안증)에 대해서 우리 마을 치과의사는 (모든 마을 사람들 역시) 나에게 이렇게 설명하였다. 그것은 그 여성이 임신되지 못한 슬픔 때문이다. 그렇지만 월경전증후군을 가진 여성에게 만약 임신되지 않은 것이 오히려 상당한 위안이 되는 경우라면, 그 슬픔(즉, 월경전증후군)은 … 글쎄, 우리가 아직 모르는 슬픔이 여전히 남아 있기 때문이라고 해야 할까? (그의 그러한 설명은 당시에도 폭넓게 인정된 견해가 아닐 수 있으며, 솔직히 말해서, 그는 몇 가지 다른 이상한 확신도 가지고 있었다. 그는 환자 입안에 각종 도구들을 가득 넣은 상태에서 매우 즐겁게 온갖 이야기를 해댔다. 그 마을에서 유일한 치과의사이다 보니, 그와 그의 이상한 의견은 그 병원 내에서 관용되었지만, 집에서는 점잖게 비난받기도 했다.) [최근까지] 자폐(autism)는 상당히 "냉정한 어머니" 때문이라고 여겨졌다. 강박적으로 손 씻는 증세는, 단지 80년 전까지만 하더라도, 억압된 성을 드러내는 증세라고 널리 인정되었으며[역자: 특히 프로이트 심리학에서], 많은 행동 기벽에 대해서 (그때그때마다 달라지는) 손쉬운 엉터리 설명이 붙여졌다. 널리 알려진 것으로, 말더듬이, 수줍음, 오줌싸개, 상습적인 거짓말, 불면증, 수음, 안면 경련증, 이성에 과도한 집중 등등이 (유아기의) 몇 가지 용변 훈련 양상에 따른 것으로 설명되기도 하였다.

일반적으로 참일 것 같은 이야기로, 월경전증후군 혹은 심한 부끄럼증과 같은 특정 문제가 생물학적 기반에 의해서 일어난다고 이해함에 따라서, 우리는 위안을 얻는다. 우리 자신의 나쁜 성격이 결국은 그러한 엉터리 원인 때문이 아니라는 위안을 얻게 되며, 그리고 그 새로운 원인을 제거하면 그 나쁜 성격이 변화될 수 있다는 위안도 얻는다. 만약 우리가 행운을 가져 현재 과학이 그 인과적 사항들을 이해하게 된다면, 그 증세를 개선할 처방도 알아낼 수 있다. 심지어 어떤 의료 처방이 효과적이지 않다면, 이따금 그 환경의 생물학적 본성을 그저 알아보기만 해도, 고칠 수 없는 그 질병의 방향을 바꾸게 하거나 견뎌낼 수 있게 해주기도 한다. 예를 들어, 양극성 장애(bipolar disorder, 조울증)와 만성 우울증 같은 몇 가지 문제들에 대해서는, 정신분열증과 다양한 형태의 치매와 같은 다른 문제들에 비해 커다란 의학적 발전이 있었다. 그러한 질병들이 일어날 조건들에 대한 복잡하고 구체적인 사항들이 밝혀짐에 따라서 효과적인 처방이 나타날 것이다. 뇌에 관해 (느리긴 하지만) 깊이 이해함에 따라서 그리고 신경학적 장애의 여러 원인들을 밝혀냄에 따라서, 우리는 스스로 악마의 영지 혹은 마법의 잔혹함에서 점차 벗어나게 되었다.

이 책은, 뇌를 이해한다는 것이 어떤 의미를 제공하는지를, 우리가 사색하며 걸을 때, 우리로 하여금 잠시 멈춰 서게 만드는 여러 쟁점들을 다룰 의도에서 구성되었다. 다소 여유가 주어진다면, 그 각각의 쟁점들이 어떤 힘의 장[즉, 어떤 분야]에서 꽤 중심 역할을 하므로, 나는 그 쟁점에 맞춰서 여러 자료들과 이야기들 그리고 나의 반성적 생각들을 특별한 방식으로 전개할 것이다. 자아에 대한 자기 느낌, 통제(조절)에 대한 자기 느낌, 도덕적 가치에 대한 자기 선택, 의식, 수면, 꿈 등등은 우리에게 특별히 민감한 주제이다. 우리 뇌가 자신의 자서전적(생애의) 기억을 어떻게 운영하는지에 대한 주제보다는, 우리 뇌가 자신의 신체 온도를 어떻게 조절하는지에 대한 주제에 대해서 (비록 신체 온도 조절이 분명히 중요한 기능이긴 하지만) 우리는 덜 민감하게 여긴다. 우리가 민감하게 느끼는 특정 부분이 있는 것은, 자기조절과 의식 등의 기능들이 자기 존재 자체의 핵심이기 때문이다. 부분적으로 그리고 당연히, 그것은 자신의 세계관과 자아관(self-view)을 바꿔놓을지 모른다는 (알지 못하는) 두려움 때문이다. 그것은 정확히 무엇이 달라질지, 그리고 어떻게 달라질지 확신할 수 없기 때문이다.

그 민감한 쟁점들의 목록을 나는 이렇게 선택했다. 비록 신경계에 관해서 그리고 신경계가 어떻게 작동하는지에 대해서 여전히 알려진 것이 그리 많지 않지만, 이미 알려진 지식이 우리를 허술한 무지의 족쇄로부터 풀려나게 만들기 시작했다. 그러한 지식은 우리가 허튼소리에 그리고 거짓말 나열에 나약하지 않게 해준다. 그러한 지식은, 무용한 임의적 생각보다는, 이해의 길로 우리를 인도한다. 그러한 지식은, 우리의 일상적 삶과 (사물들에 관한) 과학 사이의 연결을 강화시켜주어, 삶을 의미 있게 만든다. 그러한 연결에 의해서 우리의 삶은 더욱 깊고 단단하게 조화와 균형을 이루게 된다.

나는 나의 이야기를 다음과 같이 시작하련다. 영혼이 아니라, 내 뇌가 (내 방식대로인) 나를 만들어주는 핵심이다. 이러한 나의 주장은 과학에 의해서, 신경과학만이 아니라 다른 많은 분야의 과학에 의해서 실제로 지지된다. 그럼에도 다음 질문은 정당하다. 영혼이란 관념이 실제로 팽개쳐질 만한 것인가? 마치, 먼지에서 저절로 쥐가 발생한다는 옛날 생각이나, 천동설(지구중심설) 또는 생기(animal spirits)라는 관념처럼 그렇게 묵살되어도 되는가? 혹시 우리는 뇌**뿐만** 아니라 영혼도 갖는 것은 아닐까? 다음 장에서, '영혼이 우리에게 정신적 삶을 준다'는 가설이 한창이었던 시절과 추락한 시기에 대해서, 조금 더 면밀히 알아보려 한다.

2장

영혼 찾아보기

인류의 아득한 역사 속에서 최근까지, 우리 자신들이 걷고, 보고, 잠자며, 짝을 찾고, 먹을 것을 구할 수 있게 하는 것이 바로 뇌라는 것을, 아무도 알지 못했다. 우리는 그저 걸었고, 보았으며, 잠을 잤으며, 짝을 찾았고, 먹이를 구했다. 우리가 뇌를 가지고 있다는 것을 안다고 해서, 그 뇌가 우리로 하여금 이 혹성을 효율적으로 돌아다니게 해주거나, 삶을 더 잘 영위하게 해주지는 않는다. 당신이 자신의 뇌를 북돋우고 안내할 필요는 없다. 뇌는 스스로를 북돋우며 당신을 안내하기 때문이다.

인간의 뇌는 수백만 년의 진화를 통해서 지금의 모습을 갖추었다. 뇌를 진화시킨 강력한 추진력은 신체를 움직이고 예측하는 (신체 운동 안내) 능력이 중요하다는 사실에서 나온다. 동물이 무엇이든 필요한 것을 얻으려면, 예를 들어, 먹이와 물을 구하고, 포식자를 피하며, 짝을 찾으려면, 신체를 움직여야만 한다. 동물들이 번성하려면, 고통과 추위, 목마름과 욕망 등에 대해서 뇌가 적절한 방식으로 반응해야만 하며, 그러한 반응에 따라서 (전형적으로) 신체 동작을 조직화해야만 한다. 더 잘 예측할 줄 아는 뇌를 가져야만, 동물은 더 성공적으로 움직일 수 있고, 더 성공적으로 움직일 수 있는 동물이 더 잘 생존하여 복제할 기회를 더 많이 가져서, 그 결과로 더 좋은 뇌를 만들게 할 유전자를 더 많이 퍼뜨릴 수 있다. 이러한 일들을 더욱 효과적으로 수행하기 위해서, 그리고 거친 세상에서 더욱 성공적으로 경쟁하기 위해서, 복잡한 뇌는, 자신과 관련된 외부 세계에 따라서 (사지, 근육, 내부 장기 등과 같은) 신체를 모방하게 만드는, 신경회로(neural circuitry)를 진화시켰다.1)

첫째, 뇌 회로가 뇌 밖의 세계에 따라서 신경 모델(neural model)을 만들도록 조직화되었음을 생각해보자. 이러한 신경조직의 작용(processes)은, 지도(map)의 특징이 주변 상황의 특징을 모방하듯이, 거의 같은 방식으로 사건들을 모방한다. 전형적인 지도는 그 모든 형태의 특징들을 닮지는 않는다. 예를 들어, 지도에서 굽이치는 강의 특징은 실제로 축축하지 않으며, 단지 1밀리미터의 폭으로, 그것도 완전히 마른 종이 위에 표현된다. 그렇지만 그 지도는 특정의 관련 주변 상황에 대한 **표상**(representation, 표현, 표시)을 구성적으로 보여준다. 특별히 지도 내의 여러 특징들은, 실제 세계의 지리학적 특징들이 서로 관계 맺듯이, 서로 동일한 공간적 관계를 이룬다. 이것이 바로 지도가 신뢰되는 모델일 수 있는 기반이며, 이것이 바로 지도가 방향을 찾기에 유용한 기반이기도 하다. 그러므로 지도와 실제 세계 모두에서 강의 발원지는 바다에서 떨어진 산 쪽에 있으며, 그 강이 바다로 흘러들어가기 전에 동일한 방향으로 굽어졌다가, 산에서 멀어질수록 강폭이 넓어진다. 어느 정도 유사한 방식으로, 지구의 위성 카메라 영상은 대양과 육지 사이에 여러 다른 색깔로 지구를 표현한다. 그 영상이 실제로 젖어 있거나 구름이 낀 것은 아니지만, 대양과 구름을 표현한다. [역

자: 뇌의 신경 그물망은 외부 환경에 적절하게 반응하는 기능의 'topographic maps'을 형성한다. 이것이 적절한 대응을 위한 계산 역할도 수행하므로, 역자는 이것을 일상적 지도와 구분하여 '국소 대응도'라고 번역하며, 간단히 줄여서 '대응도(map)'라 번역한다. 다시 말해서, 대응도는 지형을 나타내는 일상의 지도와 달리 동물이 환경을 적절히 표상하는 역할만이 아니라, 환경에 적절히 반응하는 기능도 갖는다. 그러므로 역자는 동일한 영어, 'maps'을 맥락에 따라서 '지도'와 '대응도'로 각각 구분하여 번역하였다. 대응도에 대한 상세한 이야기를 『뇌과학과 철학』, 3장, 4장에서 볼 수 있다.]

주의: 독자가 지도 비유에 지나치게 밀착되기 전에, [뇌의 대응도(brain's maps)와 일상적 지도(maps)가 어떤 점에서 차이가 나는지] 명확히 밝혀둘 필요가 있겠다. 내가 도로 지도(road maps)를 참고할 때, 그리고 내가 손에 지도를 들게 되면, 아주 분명히 나는 지도와 나 자신을 구분한다. 그렇지만 뇌의 경우에, 오직 뇌의 대응도(brain's maps)만이 있을 뿐이다. 뇌의 대응도와 나는 구분되지 않으며, 내 뇌와 구분되어 존재하는 별개의 대응도는 존재하지 않는다.2) 나의 뇌는 뇌가 하는 것을 그저 수행할 뿐이다. 한마디로, 내 뇌의 대응도를 해독하는 별도의 내가 존재하지는 않는다. 도로 지도를 이용하는 경우와 반대되는, 이러한 반-비유는 뇌를 이해하기 아주 어렵게 만드는 부분이다. 특별히 내 뇌의 대응도를 독해하는 누군가가 내 머릿속에 있다는 생각이 내 사고 속에 슬그머니 자리 잡을 가능성이 있기 때문이다. 그렇지만 역설적으로 바로 그러한 반-비유는 신경과학을 매우 흥미롭게 만들어주는 요소이기도 하다. 어느 정도 우리는 자신이 도로 지도를 어떻게 독해하는지 알고 있다. 그렇지만 우리는 내가 어떻게 똑똑한지 전혀 이해하지 못한다. 왜냐하면, 내 뇌는 나의 내적, 외적 세계와 대응하며, 그러한 대응도를 독해할 분리된 내(자아)가 별도로

있지 않기 때문이다. 나는 뇌가 갖는 그러한 능력, 즉 세계를 그려보기(world mapping)와 나를 그려보기(me mapping) 모두가 어떻게 가능할지 알아보려 한다.

그러한 주의와 흥미를 잘 명심하고서, 우리는 이제 뇌 모델 이야기로 돌아가보자. 그 모델에 따르면, 우리 뇌 안에서 대응도를 독해하거나 뇌 모델을 이용하는 분리된 어떤 자신이 별도로 존재하지 않는다. 그러한 뇌는 외부 세계의 여러 모습들을 모방하며, 따라서 외부 세계의 사물들과 우리가 생산적으로 상호작용하게 해주는 정보 구조물(informational structure)을 창조한다. 이것은 대략적으로 다음을 의미한다. 뇌 기관 덕분에 외부 사건들과 개별 뇌 활동 사이의 관계가 형성되며, 그 관계는 뇌가 세계를 돌아다니며 동물들이 생존하기 위해 필요한 것을 찾아 나설 수 있게 해준다. 뇌 내부의 감각표상(sensory representations)이 운동 시스템(motor system)으로 곧장 연결되면, 그 결과 동물이 자기 통제와 같은 성공적 행동을 할 수 있다. 그러므로 예를 들어, 동물들은 포식자로부터 도망가거나, 먹이를 쫓아가고, 혹은 정액(sperm)을 축적한다.

뇌 기관의 "설계자"는 인간 지도 제작자가 아니라, 생물학적 진화이다. 만약 동물의 뇌가 자신의 영역을 잘못 표상하여, (내가 언젠가 스탠턴의 그리스 레스토랑(Stanton's Greek)을 4번가 골목길로 착각했듯이) 방울뱀을 막대기로 잘못 파악한다면, 혹은 만약 대응 기능(mapping functions)이 운동 시스템으로 하여금 적절한 행동을 하도록 지휘하지 못하여, 도망쳐야 하는 상황에서 포식자에게 다가선다면, 그 동물은 분명 복제할 기회를 갖지 못하고 죽는다.

집 앞에서 까마귀가 깍깍거리는 소리를 당신이 듣게 되는 상황을 가정해보자. 물론, 당신의 청각 시스템(auditory system)의 뉴런 활동은 그 소리 파장을 그대로 모방하지는 못한다. 그렇지만 적어도 그 뉴런 활동은, 까마귀가 깍깍거리는 소리와 같은, 세상의 여러 전형적인 소리들을 (이미 학습된) 대응도 내의 적절한 위치로 집결(연결)시킬 수는 있다. 휘파람 소리, 사람의 비명 소리, 총소리 등등에 의해서 형성된, (여러 다른 소리 파장들에 대한) 서로 다른 여러 신체적 행동 패턴들이 자기 신경 모델에 표현(표시)되는데, 그것이 내적 신경 대응도(internal neural maps)의 서로 다른 위치로 표현(표시)된다.3)

각각의 종마다 뇌가 서로 다르게 전문화된다는 점을 고려해본다면, 종마다 서로 다른 감각과 운동 메커니즘을 가지며, 각자의 진화에 따라서 뇌는 자신들의 세계에 대응하도록(map) 진화한다는 것은 분명하다. 더 정확히 말해서, 뇌의 설비와 신체의 설비는 서로 공진화(coevolution)해왔다. 박쥐는 청각 신호를 처리하는 특별히 큰 피질 영역을 가지는데, 그 영역은 밤에 목표물을 찾아내고, 확인하며, 포획하기 위한, 일종의 소나 시스템(sonar system, 음파탐지장치)이다. 밤에 잠을 자는 경향을 가진 원숭이와 인간은 시각 정보를 처리하는 일에 특별히 큰 피질 영역을 활용한다.

쥐는, 자신의 신체 크기에 비하여, 상대적으로 큰 체성감각피질(somatosensory cortex)을 자신의 콧수염 활동에 대응하도록 사용한다. 이것은 쥐들이 대부분 어둠 속에서 활동하기 때문이며, 그런 곳에서 시각은 거의 무용하지만 냄새와 접촉은 매우 소중한 정보가 된다. 쥐와 그 밖의 다른 설치류는 콧수염을, 구멍과 틈새의 넓이에 관한 정보를 얻고 사물을 더듬어 확인하는 등 환경 적응에 사용한다. 그놈들은 콧수염을 1초에 앞뒤로 5-25회 정도 율동적으로 스캔하며(수염 더듬기(whisking)로 알려진), 뇌가 반복해서 그 많은 신호들을 통합함으로써, 쥐는 사물을 확인할 수 있다.4) 이러한 쥐의 활동과 인간의 안구 활동은 유사하다. 우리의 눈은 일정 주변에 대해 안구를 부지런히 움직여서 장면을 스캔한다. 인간은 외부 세계를 탐색하기 위해, 콧수염

이 아니라 눈을 이용하는데, 1초에 약 3회 정도 안구단속운동
(saccadic eye movements, 짧고 빠르게 동작하고 멈추는 운동)을 한
다. 이 시점에서 나는 불가피하게 다음과 같이 의문하게 된다. 만약
우리가 시각 스캔 대신에 수염 더듬기로 다른 사람을 확인한다면, 그
것은 무엇과 같을까? 어쩌면, 점자를 읽는 선천적 맹인은 수염 더듬기
가 무엇과 같을지에 대해서 좋은 대답을 줄 수 있을 듯싶다.5)

강조하건대 동물의 뇌는 자신의 세계만을 대응시킬 뿐이다. 어떤
뇌도 세상에 벌어지는 모든 것들 전체를 대응시킬 수 없기 때문이다.
뇌는 동물들이 살아가는 방식에 적절한 것들을 대응시킨다. 따라서
뇌 모델은, 동물들 자신의 필요와 욕구 그리고 인지적 양태는 물론,
자신들의 감각 장비와 운동 메커니즘에 따라서 형성된다. 그러므로
일부 새들은 지구의 자기장에 민감한 시스템을 가져서, 밤에 이동할
경우에도 방향을 잡을 수 있으며, 어떤 물고기 종류, 예를 들어 상어
는 전자장을 감지하는 수용기를 가져서, 전기뱀장어를 피할 수 있다.
전기뱀장어가 전기 충격을 일으켜, 먹이를 기절시키고 죽일 수 있기
때문이다. 인간의 뇌는 자기장이나 전기장을 대응시킬 수 없다. 그렇
지만 우리에게는 다행스럽게 다른 수단, 즉 시각을 가지고 공간적 세
계를 대응시킬 수 있다. 더구나 우리의 유연하며 문제풀이를 할 수 있
는 뇌는 마침내 나침반과 같은 장비를 고안하였다. 그것으로 우리는
지구의 자기장에 대한 정보를 얻을 수 있다. 자석 바늘은 지구의 자기
장과 인과적 관계가 있어서, 우리는 나침반 바늘과 북극 사이의 관계
를 대응시킬 수 있다.

더구나, 서로 다른 종들에서 뇌가 갖는 대응도의 **해상도**(resolution,
조밀도) 역시 각자 다르다.6) 여기에서 내가 의미하는 바는 이렇다. 나
는 당신에게 냅킨에다 유콘 강 유역의 조잡한 지도를 그려줄 수 있으
며, 어쩌면 당신이 그 강과 주변에 대한 상세 지도를 직접 구입할 수

54

도 있다. 이러한 대략적인 비유에서 알 수 있듯이, 상대적으로 단순한 뇌가 조잡한 대응도를 가지고, 그보다 훨씬 복잡한 뇌는 훨씬 높은 해상도의 대응도를 갖는다.

예를 들어, 박쥐는 청각 환경에 대해 매우 높은 해상도의 대응도를 가진다. 앞서 이야기했듯이, 박쥐는 사물들을 감지하고 확인하기 위해 소나 시스템을 사용하기 때문이다. (많은 맹인들 또한 길을 찾기 위해 유사한 전략을 사용한다. 그들은 입천장에 혀를 부딪쳐서 소리를 내며, 그 반향 소리를 활용한다.) 다음을 주목해보자. 유콘 강에 대한 상업 지도는, 나지막한 언덕과 계곡을 사실대로 그리지 않고서도, **추상적 특징**(등고선)으로 고도를 표현할(나타낼) 수 있다. 뇌 역시, 신경계가 언덕과 계곡을 사실대로 그려내지 않은 채, 여러 추상적 특징들을 면밀히 대응시킬(map) 수 있다. 중요한 것으로, 뇌는 추상적 인과관계도 면밀히 대응시킬 수 있다. 비교적 단순한 인과관계로, 개울에 흰 물살과 송어가 있다는 것 사이의 관계, 혹은 더 복잡한 관계로, 달의 형태와 조수의 상승과 하강 사이의 관계, 혹은 맨눈으로 보이지 않는 무엇, 즉 바이러스와 천연두 같은 질병 사이의 인과관계가 있다. 후자의 추상적인 인과적 지식을 뇌가 표상하려면, 경험을 통해서 얻어지고 후대에 전달되는, 인과적 지식의 층들을 여러 층으로 축적한, 문화적 맥락을 가질 수 있어야 한다.

복잡 미묘한 사회적 행동 역시, 마치 먹이를 빼앗아 먹는 까마귀의 다음 사례에서처럼, 대응도에 담아질 수 있다. 까마귀 한 마리가 허스키(husky) 개가 저녁 시간에 곡물 사료를 먹는 것을 목격했다. 그 까마귀는 사료를 먹기 시작한 허스키 개에게 접근한다. 그 까마귀는 개 뒤쪽으로 은밀히 날아가서 개의 꼬리를 물어 잡아챈다. 그러면 개가 돌아보게 되고, 까마귀는 날아 도망가지만, 딱 위험한 경계선 바로 너머에서 (잡힐 듯 말 듯) 낮게 날아가, 개가 감질나서 마당 밖으로 그리고 길거리까지 따라오게 만든다. 흥분된 개는 뒤를 쫓는다. 몇 분 정도 도망가다가, 그 영리한 까마귀는 개의 먹이통으로 단번에 되날아와 사료를 먹는다.7) 이러한 까마귀의 행동은 다음을 시사한다. 까마귀는 이렇게 예측하였다. 자신이 개의 꼬리를 잡아채고 낮게 도망가면, 개가 자기 뒤를 따라오게 만들 수 있다. 따라서 개는 자기 먹이통에서 멀리 유인될 수 있다.

뇌 회로는 또한 내적 세계를 그려내는 신경 모델을 지원한다. 뇌 회로는 근육, 피부, 내장 등등을 대응도에 담아낸다. 이러한 수단에 의해서, 당신은 자신의 사지(팔다리) 위치를 알며, 불쾌한 어떤 것이 당신의 콧등에 있는지, 혹은 당신이 무엇을 토해야 할지 등등을 알게 된다. 우리는 자기 뇌의 매끄러운 작용에 익숙하여, 자기 다리가 어디에 있는지를 아는 것이 그저 명확하고 단순하다고, 심지어 뇌의 관점에서도, 당연하게 받아들인다. 그렇지만, 그러한 일이 그리 단순한 작용은 아니다. 이따금 상해나 질병에 의해서 그 대응 기능이 엉망으로 망가지기도 한다. 그렇게 되면 뇌가 대응하는 일이 얼마나 복잡한 일인지가 드러난다. 이것을 앞으로 살펴보려 한다.

나는 어린 시절 어느 날 집안일을 돕고 난 후 여가를 보낼 좋은 방안으로, 친구와 함께 계곡 너머 언덕 뒷길로 자전거로 내달렸다. 꽤나 멀리까지 왔을 때, 우리는 아무도 없다는 것을 알게 되었다. 도로는 진창이었다. 만약 진창에 자전거 바퀴가 빠지기라도 하면, 균형을 잡기도 어려웠다. 나는 내 친구 크리스틴(Christine)과 함께 언덕 꼭대기를 향해서 페달을 열심히 밟았다. 그런 후에 언덕 위에서 아래로, 샛강을 가로지르는 다리까지 빠르게 내달렸다. 우리는 미끄러지듯 속도를 올렸다. 그러다가 나는 샛강에서 넘어져 다리에 상당한 찰과상을 입었다. 그런데 크리스틴은 머리를 부딪쳤다.

단지 열두 살이었던 나는, 지금껏 그렇게 심각한 증세를 본 적이 없었는데, 몇 분가량 지나서 크리스틴의 오른쪽 귀 위에 계란 크기의 혹이 부풀었고, 이어서 그녀의 머리에 뭔가 잘못되었다는 것을 간파할 수 있었다. 그녀는 자신이 어디에 있는지 혹은 어떻게 왔는지 등을 알지 못했다. 샛강 어귀에 앉아서, 그녀는 자기 다리를 멍하니 바라보면서, 그 다리가 누구 것이냐고 물었다. 그녀는 약 30초마다 계속해서 같은 질문을 했다. "너는 어떻게 자기 다리가 네 것인지 알지 못하느냐? 그 다리가 남의 것이 될 수 있기라도 하나?" 나는 마침내 물었다. 그녀는 "어떤 여행자의 것일 수 있지"라고 대답했다. 그것은 이해하기 난감한 대답이었다. 그 지역에 여행자들이 흔치 않았기 때문이다. 분명히 그녀가 다시 자전거를 타고 집에 돌아가게 할 수는 없었다. 그렇게 명확히 인식했던 만큼, 나는 도움을 청하기 위해 그녀를 그 자리에 놓아둘 수도 없다고 생각했다.

약 한 시간쯤 지나 벌목 트럭 한 대가 그 길로 털컹거리며 내려왔기 때문에 상황이 종료될 수 있었다. 나는 운전자가 내리도록 손을 흔들었고, 소나무 목재 위에 자전거를 함께 싣고, 그녀를 집에 데려다주었다. 의사가 침착하게 예측한 그대로, 수일 휴식을 취한 후에 크리스틴은 회복되었다. 그녀는 자기 다리가 자기 것임을 알았고, 자신이 알지 못했던 짧은 시간에 대해서 말해주자 깜짝 놀랐다. 그녀는 그 전체 이야기에 대해서 근본적으로 아무것도 기억하지 못했다.

나중에 나는 우측 반구 두정 피질(parietal lob)에 손상을 입은 환자는 좌측 팔다리가 자기 것이 아니라고 믿는다는 것을 알게 되었다. 이런 상태는 **신체분열증**(somatoparaphrenia)으로 알려져 있다. 이러한 증세에서 그 환자는 이따금 그 팔다리를 움직이지 못하거나 느낌을 갖지 못하기도 한다. 그렇지 않은 명민한 환자는 그리 된 팔다리에 대해서 기괴하게 말한다. 예를 들어, 자기 팔이 마비된 한 환자는 자기 팔을 움직일 수 있다고 말하기도 한다. 그 팔로 자기 코를 짚어보라고 하면, 할 수 없었음에도 불구하고, "그러죠"라고 말하며 자신이 실제로 자기 코를 짚었다고 주장한다.[8] 다른 환자는 자신의 왼쪽 팔이 자기 남동생의 것이라고 말했다.

신경과학자 가브리엘라 보토니(Gabriella Bottini)와 연구원들은, 2002년 우반구 뇌졸중으로 (전형적으로) 왼쪽 팔을 움직일 수 없었던 한 여성 환자에 관한 놀라운 보고를 하였다. 그 환자는 뇌졸중으로 자신의 왼쪽 팔이 자기 조카의 것이라고 확고하게 믿었다. 또한 그녀는 그 팔에 대한 접촉 느낌을 갖지 못했는데, 이것은 그러한 환자로서 특별한 증세는 아니었다. 실험적 연구를 위해서, 그 의사는 그녀에게 이렇게 설명해주었다. 그 의사가 처음에는 그녀의 (마비되지 않은) 오른손을 만지고, 다음에는 (마비된) 왼손을 만진 후에, 그 다음에는 (실제로는 그녀의 손을 만지면서) 그녀의 조카 손을 만졌다고 말해주었다. 그러면서 의사는 그 환자에게 물었다. 각각의 경우에 느낌이 어떠했느냐고. 그녀는 오른손을 만지는 느낌을 알았고, 왼손에 대한 느낌은 없었지만, 놀랍게도 의사가 "조카 손"을 만졌다고 말할 때에 왼손에 접촉 느낌을 가졌다고 대답했다.[9] [즉, 그 환자는 마비된 왼손에 대한 감각을 갖지만, 그것을 자신의 것으로 알지 못한다.] 그 환자는 의사가 조카 손을 만질 때에 자신이 접촉 느낌을 갖는 것이 이상하다고 동의했지만, 그 기괴함으로 특별히 혼란스러워하지는 않았다.

나는 신체분열증 망상을 곰곰이 생각해보았다. 왜냐하면 그런 망상이 신체 지식에 관한 우리의 가장 강력한 직관(intuition)을 정말로 밀어내어, 우리로 하여금 직관이란 단지 직관일 뿐이라고 생각하게 만들기 때문이다. 직관은 언제나 신뢰를 주지 않으며, 결코 진리에 대한 보증이 아니다. 당신의 다리가 자기 것이라는, 혹은 당신의 다리에 대한 감각이 자기 느낌임을 아는 것은 그다지 명확한 것이 아니다. 왜냐하면 그러한 직관적 지식은 전형적으로 당신이 의식적으로 파악할 수 있는 무엇이 아니기 때문이다. 그러한 직관적 지식은 비트겐슈타인 (Ludwig Wittgenstein) 같은 철학자들이, 당신이 자신의 다리가 바로 그것임을 언제라도 틀릴 수 없다고 가정하게 만드는 동기가 되었다. 그들은 단지 비정규적이거나 평소와 달라서가 아니라, 전적으로 틀릴 수 없는 것이라고 이제까지 생각해왔다. 그러한 사고의 문제점은 바로, 스스로가 매우 참일 듯싶은 직관에만 오직 관심을 두었던 데에 있다. 그러한 철학자들은, 틀릴 가능성이 있기도 하고 없기도 하다고 말해줄 증거 자료들을 전혀 고려하지 않았다.

정상적으로 당신은 자신의 다리나 팔에 대해서 틀리지 않는다. 그러나 실제로, 당신의 뇌는, 의식 이하 수준에서, 바로 다음과 같은 방식으로, 즉 당신 자신이 바라보는 다리가 정말 자신의 다리이며 당신의 다리에 대한 느낌이 자신의 느낌임을 아는 방식으로, 작동해야만 한다. 뇌손상에 의해서, 특별히 우반구(right hemisphere)의 두정 영역 (parietal area)에 손상이 생겨서, 그 처리 과정에 혼란이 생기면, 이따금 우리는 틀린다.[10] 아무리 환자의 직관이 그렇다고 치더라도, 침대 위에 놓인 팔은 환자의 조카 것은 아니다.

뇌는 자기 신체를 본뜨는 것은 물론, 뇌의 일부분은 뇌의 다른 부분이 하는 일을 계속 추적한다. 다시 말해서, 일부 신경회로는 뇌의 다른 부분의 활동을 본뜨고 추적(모니터링)한다. 당신이 (예를 들어, 자전거 타는 법 등의) 기술을 배울 때에, 피질하 구조(subcortical structures, 기저핵(basal ganglia))는, 대뇌피질(cortex)에서 나오는 현재 운동 명령을 복사하는 방식으로, 당신의 현재 운동 목표를 복사한다. [역자: 이 점에 대해서 9장에 더 자세한 설명이 있다.] 당신이 적절한 운동을 실행할 때, 당신의 목표가 주어지면, 기저핵 뉴런은 신경화학 물질인 도파민(dopamine)을 방출하여, "그렇게 하라!"는 신호를 효과적으로 지시한다. 정확한 시점에 맞추어 도파민을 방출한 결과, 뇌의 여러 다양한 부분에서 연결성이 변화되어, 올바른 운동을 지원하는 회로를 견고하게 만든다. 다음 기회에 만약 당신이 자전거를 타려고 한다면, 그러한 동작, 바로 그 올바른 동작이 당신의 운동피질(motor cortex)에서 발생하게 된다. 그렇지만, 만약 기저핵이 현재 목표를 복사하지 못하거나 또는 그 운동신호를 복사하지 못한다면, 혹은 만약 그 신호 방출 시점이 정확하지 못하다면, 뇌는 학습하지 못한다. 그러한 이유는, 지시된 많은 여러 동작들 중에, 어느 것이 올바른 동작을 일으킬 것인지, 즉 '승자(winning one)'일지 뇌가 알 방법이 없기 때문이다.11) [다시 말해서, 여러 무의식적으로 이루어지는 지시된 동작들 중에 뇌 내부에서 경합이 벌어져 그 최종 결정된 운동신호가 기저핵에 되먹임되도록 복사가 이루어지지 않으면, 뇌 스스로 그 결정된 운동신호를 출력했다고 뇌 자신이 알지 못하기 때문이다.]

뇌가 실제로 스스로 시각에 변화를 일으킬 것임을, 뇌 스스로 추적한다는 다른 사례가 있다. 당신이 돌연 "쾅" 하는 소리를 듣고 그 방향을 보기 위해 고개를 돌리는 경우를 상상해보라. 당신이 그곳을 바라보니 선반에서 떨어진 그릇이 보였다. 그 쾅 소리에 대한 반응으로, 운동피질 뉴런은 소리가 난 방향으로 향하도록 머리를 돌리는 결정을 내렸다. 주변의 변화된 환경에 대한 불빛 정보 패턴이, 당신이 머리를 돌릴 때에, 망막으로 쏟아져 들어온다. 거기에다가, 머리가 움직이라는 신호의 복사가, 시각피질(visual cortex)을 포함하여, 뇌의 여러 다른 영역에서 이루어진다. 이러한 동작 신호 복사(원심성 복사(efference copy), 즉 출력 신호의 피드백 정보)는 매우 유용한데, 그것이 (세상의 어느 것도 아닌) 자신의 **머리가** 움직이고 있다는 내부 정보를 자기 뇌에 알려주기 때문이다. 그러한 원심성 복사가 없다면, 당신의 시각 시스템은, 저기 **밖에** 움직이는 외부 정보만으로, 이동하는 패턴을 망막에 표상해야 한다. 그렇게 되면 당신의 지각에 일대 혼란이 일어난다.

이러한 원심성 복사 기관은 동물에게 매우 영리한 전략이다. 왜냐하면, 그 전략으로 인해서, 당신은 자기 머리를 움직일 때, 혹은 안구를 움직일 때, 혹은 신체를 움직일 때, 자신의 망막으로 들어오는 '이동하는 정보'가 무엇에 의한 것인지를[즉, 내가 움직였기 때문인지, 아니면 사물이 움직였기 때문인지, 그것도 아니면 양쪽 모두가 움직여서 일어난 것인지를] 틀리지 않게 알 수 있다. 나의 가정에 따르면, 뇌는 원심성 복사를 이용하여 '내 것'과 '내가 아닌 것'에 의한 감각을 구분하는 복잡한 과제를 수행하므로, 그것은 매우 중요한 기능이다. 분명히 당신은 자신의 머리를 움직일 때에, 그 동작에 의한 움직임의 불빛 패턴을 의식하지 못한다. 당신의 뇌는, 그런 불빛 움직임 패턴을 의식하지 말아야 하는, 일을 극히 잘 수행해야 한다. 왜냐하면, 외부 세계에 대한 해석과 관련된 한에서, 그러한 자신의 망막운동은 자기에게 불필요하기 때문이다.

이따금 당신의 뇌는 스스로 농락되기도 한다. 당신이 붉은색 신호등에서 갑자기 멈추면서 옆에서 나란히 달리던 차를 바라보면, 그 차가 이상하게 뒤로 달리는 것처럼 보이는 경우를 가정해보자. 자기 눈의 관점에서 벗어나 그 움직임 자체만을 고려해보자. 그러한 상황에서 누구라도 그렇게 생각하듯이, 처음에 당신은 **자신이 앞으로** 달리고 있다고 생각하기 쉽다. 그렇지만 추가적인 정보에 의해서, 뇌는 그 오류를 수정한다. 있을 법하지 않게, 당신 옆의 차는 뒤로 달리는 것처럼 보인다. 여기에 영혼이 어떤 역할을 하는가? [즉, 당신이 영혼에 의해서 그 현상을 어떻게든 설명할 수 있는가?] 아니다. 놀라운 일이긴 하지만, 물론 그러한 현상은, 뇌 생물학에 의해서, 즉 화려하며 효과적인 생물학에 의해서, 결함 없이 설명된다.

신경과학을 연구하던 어떤 친구가 원심성 복사에 매료되어, 만약 자신의 안구 근육을 (약물을 주사하여, 일시적으로) 마비시켜서 "안구를 오른쪽으로 움직이라"는 의도(intention)가 형성되도록 한다면, 자신의 시각 경험이 어떠할지 궁금해하였다. 이러한 조건에서 움직이라는 의도의 복사는 시각 시스템으로 보내질 것이지만, 시각 시스템은 안구 근육의 마비를 알지 못한다. 여러 해 전에 그는 자신에 대해서 이 실험을 실행하였다. 그의 실험적 경험은 어떠하였는가?12)

그의 시각 경험은 전체 세계가 오른쪽으로 펄쩍펄쩍 옮겨가는 것을 보여주었다. 본질적으로, 뇌는, 안구 동작이 실제로 작동한다는 가정에서, 망막으로 들어오는 시각 입력을 해석하므로, 결국 "안구를 오른쪽으로 움직이라"는 의도만이 등록된다(registered). 그렇지만, [안구 근육이 마비되어 실제 망막의] 시각 입력 정보는 변화되지 않으므로, 뇌는 세계가 움직였다고 결론 내린다. 그렇게 뇌는 합리적 추정을 하는 똑똑한 놈이다.

이러한 실험은 영웅적이긴 하지만, 위험하여 출판되지 못했다. 분명 감시망에 탐지되었기 때문이다. 더구나 그 실험에서 실험자가 바로 피검자이며, 오직 피검자뿐이었다. 그럼에도 불구하고, 지금까지 살펴보았듯이, 그 실험은, 내가 나의 이론에서 숙고했던 모습 그대로, 즉 자신의 안구 동작을 억제할 경우, 시각 자체에 충격적 효과를 보여준다. 분명히 뇌는, 안구를 움직이라는 **의도**와, 실제 안구 동작을 긴밀히 연결시켜 합산한다. 그 연결을 실험적 마비를 통해서 고장 나게 만들면, 나의 움직임과 외부 움직임을 구분하는 기관에 그 영향이 미친다.

원심성 복사를 반영함으로써, 나는 다시금 새롭게 인식한다. **나의 세계와 타자의 세계**를 구분하는 것이 뇌의 기본적 역할이다. 원심성 복사는, 중요한 기능이기는 하지만, **나와 타자**를 구분하기 위한 많은 수단들 중에 단지 하나일 뿐이다.

중심 주제인 **표상**과 **대응도**에 관한 이야기로 돌아가서, 다음을 주목해보자. 뇌의 일부분이 자신의 상태를 다른 뇌 부분으로 "보고"할 때에, 당신은 그러한 보고를, 느낌, 사고, 지각, 혹은 정서 등으로 경험하게 된다. 당신은 일부 뇌의 상태를 뉴런(신경세포), 시냅스, 신경전달물질 등으로 경험하지 않는다. 마찬가지로, 내가 내일 낚시하러 갈 것을 생각하는 도중에, 나는 내 생각을 뇌 활동으로 직접 알지 못한다. 나는, 분명 침묵의 독백[즉, 무의식적 뇌의 작용]에 의해서 성취되는, 시각과 동작 이미지를 알 뿐이다. 그것은 다음과 같다. 나는 샛강변에 있는 나를 상상하며, 통 속에 담긴 채 트럭에 실려 있는 야행성 동물을 상상하고, 차가운 어둠 속에서 먹이를 먹는 점박이 송어를 상상한다. 나는 이러한 것들을 뇌의 작용이라고 [의식적으로] 알지 못한다. **어떤 계획을 세우면서**(making a plan), 나는 그것을 그냥 알 뿐이다. 나는 그러한 어느 것에 대해서도 어떻게 해야 할지를 내 뇌에 말해줄 필요는 없다. 그러한 일이 바로 뇌가 하는 일이기 때문이다. 내가 배고파할 때에, 나는 뇌가 그러한 느낌을 어떻게 만드는지 의식적으로 알지 못한다. 내가 졸음이 온다고 느낄 때에, 나는 그저 졸음을 느낄 뿐이다. 그런데 나의 뇌간(brainstem)은 나에게 졸음을 느끼게 하기 위해 바쁘게 작동해야 한다. 무엇보다 특별히 노르에피네프린(norepinephrine)과 세로토닌(serotonin) 같은 신경전달물질의 양을 줄인다.

뇌는 이러한 모든 것들이 어떻게 이루어지는지를 왜 자명하게(self-evident) 알지 못하는가, 즉 스스로 다음과 같이 명확히 알지 못하는가? "아, 그런데 말이야, 나는 여기 너의 뇌 안에 있는 바로 나, 뇌돌이야. 내가 너의 몸의 균형을 유지하게 하고, 음식물을 씹게 해준다. 내가 너를 잠들게 해주고 사랑에 빠지게 하는 원인이다." 뇌 진화의 과거 어떤 환경에서 어느 것도 뇌가 자신을 스스로 드러낼 수 있게 선택되지 않았다. 마찬가지로, 자신이 처한 어느 환경도, 신장(kid-neys)과 간(livers)이 자신의 존재와 그 작동 방식(modus operandi)을 설명해주도록, 선택하지 않았다.

반면에, 동물들은 자신들의 뇌가 세계와 자기를 대응시키고, 자신의 이웃들과 먹이 자원을 공간적 위치로 기억하는 유리함을 증가시켰다. 결국, 많은 동물들은 신경계를 가져서, 놀라운 공간 학습을 할 수 있었다. 동물들은 어디에 자기 집이 있으며, 어디에서 먹이를 잡을 수 있고, 어디에 포식자가 숨어 있는지 등을 알게 되었다. 만약 과일을 먹고 살아야 한다면, 익은 과일과 덜 익은 과일을 구분할 수 있도록 해주는 색깔 지각 능력은 생존에 유리함이 된다. 만약 어둠 속에서 쥐를 잡아야 하는 올빼미라면, 뛰어난 소리 위치 파악 능력은 생존에 유리함이 된다. 만약 사회적 생활을 하는 포유류 혹은 조류라면, 다른 동료들이 어떤 목표와 느낌을 갖는지 알고서, 그들의 행동을 예측할 수 있는 능력을 갖는 것이 생존에 유리함이 된다.

뇌가 채용하는 모델은 스스로 뇌의 기초 메커니즘의 본성을 드러내지 않으므로, 뇌를 이해하기란 극히 어렵다. 사람의 뇌를 두 손바닥 위에 올려놓고 처음 보았을 때, 나는 혼잣말로 이렇게 중얼거렸다. "이것이 정말 나를 나로 만들어주는 것인가? 어떻게 그럴 수 있을까?"

육체와 영혼

뇌가 사고와 행동의 기반으로서 중요하다는 것을 인간이 처음 이해하기 시작한 것이 언제부터인지는 정확하지 않다. 그렇다는 사실이 확립되거나 폭넓게 믿어진 것이 옛날부터는 분명 아니다. 반면에, 첫

물에 탄소를 첨가하면 놀라울 정도로 단단한 강철이 된다는 것은 오랜 옛날에 이미 발견되었다. 지금도 그러하지만, 선사시대 이래로 전쟁 중에 혹은 사고로 머리를 심하게 다쳤을 경우에 심각한 결과가 나타나는 것을 목격하고서, 일반적으로 사람들은 머리에 상해를 입지 않도록 보호하는 것이 매우 중요하다고 생각하게 되었다.

그러한 증거들을 깊이 생각하고서, 위대한 그리스 외과의사 히포크라테스(Hippocrates, 460-377 BCE)는 뇌가 모든 우리의 사고, 느낌, 관념 등의 기반이라는 의견을 내놓았다. 그 옛날에 그가 그런 의견을 어떻게 내놓을 수 있었는지는 정확히 알려지지 않았다. 아마도 그는 외과의사로서 분명히 뇌졸중(stroke)으로 사망한 사람들을 해부해보았으며, 일부 머리를 다친 군인들이 시각 혹은 언어 등의 특정 기능을 상실한다는 것을 보았을 것이라고 추정된다. 난산(difficult births)이 어린아이에게 심각한 장애를 입힌다는 것도 분명히 그는 보았을 것이다. 다른 고대 그리스 사상가들처럼, 히포크라테스 역시 자연주의자(naturalist)[즉, 실험적 연구를 중시하는 연구자]였으며, 초자연주의를 신뢰하지 않았다. 따라서 많은 사물들이 어떻게 작동하는지에 대한 설명을 그는 자연 세계 속에서 찾았다. 당연히 그는 영혼, 신, 그리고 다른 통속적인 것들이 그것을 설명하는 데 거의 도움이 되지 않는다고 평가했다. 반면에, 플라톤(Plato, 428-348 BCE)은 신비주의 성향을 가졌다. 그의 추정에 따르면, 우리 각자는 영혼을 가지고 살아가며, 그 영혼은 우리가 태어나기 전부터 독립적으로 살아 있다가, 태어난 이후로는 신체 속에서 살아가며, 죽고 나서는 다시 신체를 떠나 (모든 절대적 진리가 존재하는) 영혼의 나라에서 행복하게 살게 된다. 그러한 종류의 믿음은 마치, 당신의 컴퓨터 모니터에 나타난 휴지통(trash can)이 그 컴퓨터가 망가진 이후에도 살아 있다고 믿는 것과 같다. 그것은 가상실재의 휴지통(Virtual Reality Trash Can) 속에서나 있을 법한 이야기이다. 그러한 플라톤식의 사고는 적어도 서양철학의 전통에서 비물리적 영혼(nonphysical soul)을 가정하는 이원론(dualism)의 시작이었다. 그보다 훨씬 이전에 힌두교 사상가들도 유사한 생각을 가졌다.

플라톤식 심리이론의 관점에서, 이해와 추리는 영혼이 맡아서 하는 일이지만, 지각에 기초한 운동은 물리적인, 즉 신체가 담당하는 일이다. 그러므로 플라톤은 이렇게 주장하였다. 우리가 진정한 지식을 반성을 통해서 얻어낼 수 있지만, 영혼의 숭고한 노력에도 불구하고, 물리적 신체의 부적절한 방해가 있어서, 영혼의 나라에 거주할 당시에 보았지만 지금은 잊혀진, 절대적 진리를 아주 조금씩만 기억해낼 수 있다.

아리스토텔레스(Aristotle, 384-322 BCE)는, 플라톤이 아끼던 학생이었음에도 불구하고, 물리적 세계에 확고히 근거를 두었다. 그는, 히포크라테스처럼, 자연주의를 선호했다. 그는 세상의 사물들이 어떻게 작동하는지를 설명해줄 물질적 체계에 관심을 돌렸다. 비록, 심리적 상태에 대한 아리스토텔레스의 생각이 복잡하며 논란의 여지가 있기는 하지만, 그는 명확히 이렇게 생각했다. (화남, 두려움, 즐거움, 동정심, 사랑, 미움 등) 모든 정서적 상태는 실제로 신체적 상태이다. 물론, 지성이 (예를 들어, 수학을 할 때에도) 실제로 신체적 기능인지에 대해서는 그리 명확히 밝히지 않았다. 이러한 측면에서 다음과 같이 말할 수 있다. 아리스토텔레스는 여러 생물학적 문제들에 대해서 아주 세련된 이론을 펼쳤으며, 추론의 복잡성을 민감하게 다루었다. 그가 겸손하게 말했듯이, "영혼과 관련하여 믿을 만한 것을 파악하기란 전적으로 그리고 어느 방식으로든 극히 어려운 일 중에 하나이다."13)

신비주의자 플라톤과 자연주의자 아리스토텔레스, 두 철학자로부터 서양의 두 전통, 즉 (영혼 그리고 뇌를 모두 인정하는) 이원론과 (오직 뇌만 인정하는)[즉, 일원론(monism)의] 자연주의(naturalism)가 출현하였다. 대략 300여 년이 지나서, 서역 기원(Christian Era, Common Era 이라고도 불리는)이 시작되었다. 기원 초반부터 유명한 사고가 등장하였다. 그 사고에 따르면, 기독교인이 죽은 후에는 신체가 부활하며 달 위의 어느 곳으로 (물리적으로) 보내어진다. 이러한 생각에서 플라톤의 영혼이란 관념은 필요치 않으며, 단지 육신만 있으면 되었다.

약속된 부활과 사후 세계에 대한 구체적인 사항들을 고려하면, 당연히 많은 문제들이 제기된다. 사람들은 어느 나이로(유아로, 어린아이로, 아니면 늙은이로?) 자신들의 신체가 부활할 수 있을지, 길게 뻗은 팔다리도 [만약 죽을 당시에 잘라졌다면] 다시 붙을 수 있을지, 상처는 아물게 되는지 혹은 곪은 채로 남아 있게 될지, [두 번 결혼했다면] 첫 남편과 둘째 남편 중에 누가 그곳에서 남편이 될지(혹은 그곳에서 사람들이 결혼하는지 안 하는지) 등등이다. 영원은 긴 시간이며, 인생에 비해 아주 긴 시간이라서, 이러한 의문들은 사소하거나 혹은 단지 진부하다고 여겨질 수 없었다.

명백히, 죽은 후에 사체가 썩어서 분해된다는 것은 잘 알려져 있으므로, 신체의 부활이란 관념에는 일관성이 없었다. 인간 사체가 부패되고도 온전히 부활하는 한 가지 방법은 오직, 천국에 있는 구세주가 부패되는 우리의 신체를 영적이며 불멸의 신체로 바꿔준다고 주장하는 것뿐이다.14) 이러한 주장은, 죽은 후에 영혼은 영혼의 나라로 돌아간다는, 플라톤의 생각을 조금 빌려오는 측면이 있긴 하지만, 동시에 그 주장은 예수가 자신의 신체를 하늘로 올려갈 때 모든 것을 변화시켰다는 기독교의 믿음을 반영하기도 한다. 더 좋아진 신체, 은총을 받은 신체는 예수를 믿은 것에 대한 천국의 보상이다. 영적 신체라는 관념은 "둥근 사각형"이란 관념과 약간 닮았으며, 어떻게 그럴 수 있을지에 대한 구체적 사항은 편리하게 모호한 채로 남겨두었다. [즉,

둥글면서도 동시에 사각형인 존재는 논리적으로 존재할 수 없다. 기독교의 영적 신체는 그것과 마찬가지다.]

훨씬 훗날인 17세기에 데카르트(René Descartes, 1596-1650)는 마음의 본성에 관해서 오랫동안 그리고 깊이 고심하였다.15) 그는 뇌가 매우 중요하다는 것을 알았지만, 뇌가 하는 역할은 본질적으로 다음 두 가지 기초 기능뿐이라고 믿었다. (1) 영혼이 지시한 것을 실행하는 운동, 그리고 (2) 피부 접촉 혹은 빛이 눈으로 들어갈 경우와 같은, 외부 자극들에 따라서 반응하기이다. 그는 플라톤식의 영혼이란 관념에 동의하면서, 영혼이란 인간이 어떻게 언어를 사용하며 이성적 판단을 할 수 있는지를 설명해줄 요체라고 생각했다. 그러므로 언어 사용과 이성적 판단은 물리적 장치로는 결코 성취될 수 없는 것들이었다. 데카르트의 상상력이 그렇게 제한적이었던 이유는 무엇이었을까? 글쎄, 당시는 17세기였으며, 그가 친숙했던 가장 멋진 물리적 장치란 단지 시계와 분수대 정도였다. 비록, 그러한 장치가 놀랄 만했겠지만, 새로움을 창조하지는 못한다. 반면에 인간의 마음은 놀라울 정도로 새로움을 창조한다. 특별히 언어가 그러한데, [우리가 언어를 말하는 매 순간마다 우리는 새로움을 창조한다.] 만약 데카르트가 내 맥북(MacBook Pro)을 사용할 기회를 가졌다면, 그는 분명히 자신의 상상력을 훨씬 더 확장시켰을 것이다.

아무튼 데카르트는 이렇게 결론 내렸다. 모든 심적 기능들, 즉 지각하고, 생각하고, 희망하고, 결정하고, 꿈꾸고, 느끼는 등등의 모든 기능들이 비물리적 영혼의 작용이며, 뇌의 작용은 아니다. 그렇다면 뇌와 영혼 사이에 정보의 교환이 어느 곳에서 일어난다고 그는 가정했는가? 그는 조심스럽게 뇌의 중앙에 위치한 송과선(pineal gland)이라고 생각했다. 현재 밝혀진 바에 따르면, 송과선의 주요 기능은, 수면/깨어남을 조절하는, 멜라토닌(melatonin) 생산이다. 그렇다면 결국, 송과선의 주요 기능은 신체와 영혼 사이에 신호를 은밀히 주고받는 것이 아니다. 데카르트는 멍청이가 아니었으므로, 그러한 이야기는 그의 잘못은 아니다. 오히려, 그는 총명했으며, 특별히 기하학 분야에서 그러했다. 그는 당시에 자신이 살던 시기에 뇌에 관해서 아는 것이 거의 없었기 때문에, 그렇게 틀린 생각을 할 수밖에 없었다.

19세기 무렵에서야, 일부 과학자들, 특별히 헬름홀츠(Hermann von Helmholtz)는 이렇게 인식했다. 예를 들어, 지각, 생각하기, 느낌 등과 같은 여러 심적 기능들을 설명하기 위해서 이제 우리는 영혼, 특별한 에너지, 신비로운 힘, 또는 다른 어떤 비물리적인 것을 끌어들일 필요가 없다. 위대한 통찰력을 가졌던, 헬름홀츠는, 많은 뇌의 작용들이 의식적 앎과 무관하게 일어난다는, 가설을 내놓았다. 그가 그러한 가설을 제안했던 것은 다음과 같은 여러 사실들을 깊이 생각한 때문이다. 당신이 주위를 돌아볼 때, 당신은 복잡한 시각 장면을 보고, 전혀 아무런 의식적 생각도 없이, 즉각적으로 (500밀리 초 내에, 즉 0.5초 내에) 판단한다. 어떤 장면을 판단한다는 것은 매우 복잡한 일이다. 당신의 망막을 자극하는 불빛 하나만 해도 많은 패턴들이 관련되기 때문이다. 그렇지만, 당신은 색깔, 모양, 동작, 공간의 상대적 위치 등등을 보면서, 순간적으로 아는 얼굴과 그렇지 못한 얼굴을 알아챌 수 있다. 그렇다면, 뇌는 그러한 여러 불빛 패턴들을 보고서, "여보게, 저쪽이 바로 엘리자베스 여왕이야"라고 어떻게 알아보는가?

헬름홀츠는 이렇게 추론하였다. 당신이 친숙한 얼굴을 보고 알아채는 순간에, 수많은 무의식적 처리 과정이 이미 이루어진다. 그것도 놀라운 속도와 경이로운 정확성을 가진 채 처리된다. 그는 그러한 처리 과정에 대한 정확한 본성에 관해 어떤 단서도 갖지 못했다. 당시에는 신경세포의 기능에 대해 알려진 것이 거의 없었기 때문이다. 그럼에도 불구하고, 그러한 처리 과정이 병렬 경로를 통해서 그리고 의식 이하 수준에서 일어난다는 것은 전적으로 옳았다. (나는 지금 맥락에서 nonconscious와 unconscious란 말을 구분하지 않고 사용한다. 뇌의 무의식적 기능의 범위와 관련된 충분한 논의를 8장에서 보라.) [역자: 역자 역시 두 용어를 구분하지 않고 '무의식'으로 번역한다.]

그러므로 헬름홀츠의 올바른 인식에 따르면, 뇌는 많은 무의식 처리 과정을 가져야만 하며, 그러한 처리 과정을 이해하려면 의식 활동에 집중하는 것이 적절치 않다. 더구나 만약 의식 처리 과정과 무의식 처리 과정이 상호 의존적이라면, 비물리적 영혼만이 오직 의식 활동을 갖는 것으로 규정하는 것은 억지스럽다. 그것은 마치 누군가의 코를 신체 전체로 규정하는 것에 비유된다.

20세기 중반 무렵에, 사고, 지각, 의사결정 등을 이원론으로 설명해야 한다고 가정하는 것은 김빠진 일이 되고 말았다. 그것은 너무 당연한 결과였다. 무엇을 바라보고 의사를 결정하는 것과 같은 심적 과제를, '뇌가 한다'고 보여주는 결정적 실험이 있었기 때문이다. 마땅히, 그러한 여러 증거들이 쌓여갔다. 신경계의 여러 차원들에 대한 연구 증거들로부터, 그리고 전체 신경계의 신경화학물질에 대한 증거들로부터, 축적된 이야기들은 유령 같은 영혼이란 관념의 신뢰를 끌어내렸다. 이것은 일반적으로 과학의 전형적인 모습이다. 과학에서 튼튼히 구축된 패러다임은 하룻밤에 무너지지 않지만, 우리가 느끼지 못할 정도로 조금씩 그것을 반박하는 증거들이 축적됨에 따라서, 그 증거의 무게에 의해서 우리의 마음은 천천히 새로운 모습을 갖추게 된다. 그렇지만, 특별히 종교에서 이원론은 모호한 모습으로 여전히 호소력을 유지하기도 한다.

[이원론을 반박하는] 많은 증거들이 여러 방면에서 축적되었다. 뇌의 물리적 변화는, 예를 들어, (영혼의 기능이라고 가정되었던) 의식, 사고, 추론 등과 같은 것에 변화를 일으킨다. 에테르(ether)와 같은 마

취제를 흡입하면 사람들은 의식을 상실한다. 메스칼린(mescaline) 혹은 페이오트(peyote, 아메리카 선인장에서 채취한 환각제) 등을 먹으면 사람들은 선명한 환각(망상)을 경험한다. 많은 신경학자들의 보고에 따르면, 특정 뇌 부위의 손상은 아주 특별한 심리적 기능의 상실을 초래한다. 방추상(fusiform) 대뇌피질의 아주 특별한 위치에 뇌졸중이 발생하면 잘 알던 얼굴을 알아보지 못하게 된다. 다른 어떤 영역[베르니케 영역]에서의 뇌졸중은 언어를 이해하는 능력을 상실하게 한다. 이마 바로 뒤의 전전두피질(prefrontal cortex)에 뇌졸중이 오면, 사회적 억제 능력을 상실하게 만든다. 모든 이러한 현상들은 신경계를 지목하고 있으며, 비물리적인 어떤 유령 같은 것도 가리키지 않는다.

한 실험은, 특별히 남아서 지금까지 완강히 저항하는, 이원론자들 사이에 야단법석이 나도록 만들었다. 1960년대에 로저 스페리(Roger Sperry)와 칼텍(Cal Tech)의 연구원들은, 간질 발작(epileptic seizures)을 약화시킬 마지막 방편으로, 외과적으로 두 반구(hemisphere)를 분리시킨 환자들을 대상으로 실험하였다. 그러한 환자들은 분리-뇌(split-brain) 환자로 불렸다. 주의 깊은 실험은 다음을 보여주었다. 뇌의 두 반구를 연결하는 신경 다발이 외과적으로 절단되면, 환자의 두 반구는 인지적으로도 상당히 독립적이 된다. 하부의 구조, 즉 시상하부와 뇌간의 구조는 분리되지 않았으며, 따라서 "독립적인 **어떤**" 소질은 그대로 있다. [역자: 분리-뇌 연구에 관한 상세한 내용을 『뇌과학과 철학』, 5장에서 볼 수 있다.]

분리-뇌 환자들의 뇌 반구 각각은 아마도 배타적으로 제공된 자극을 분리하여 경험할 것이다. 예를 들어, 만약 왼손 손바닥에 열쇠를 놓아두고, 오른손으로는 종을 들게 하고서, 그 환자에게 자기가 느낀 느낌과 같은 그림을 손으로 가리켜보라고 요청하면, 왼손으로 열쇠의 그림을 가리키고, 오른손으로 종의 그림을 가리킨다.16) [역자: 오른손의 느낌이 좌뇌에 등록되므로, 좌뇌는 오른손으로 그것을 가리킨다. 반대로 왼손의 느낌은 우뇌에 등록되어, 우뇌의 지배에 의해서 왼손으로 그것을 가리킨다. 좌뇌와 우뇌가 서로 정보를 교류하지 못한 때문이다.] 분리-뇌 환자는 아마도 손으로 그렇지 않은 동작을 할 수도 있었을 것이다. [만약 뇌에서 두 손의 정보가 통합되었다면, 어느 손으로든, 예를 들어, 오른손으로 열쇠를 가리킬 수 있어야 한다. 그렇지만 두 반구를 절제하는 외과적 뇌수술에 의해서 그렇게 하지 못한다.] 즉, 왼손으로는 전화기를 집어 들고, 오른손으로는 그것을 내려놓을 수도 있다. 혹은, 예를 들어, 만약 오직 한쪽 반구에만 어떤 시각자극을 보여주면, 다른 쪽 반구는 그것에 관해서 아무것도 알지 못한다. 그것은 완전히 이상한 결과였다. 뇌를 분리한 결과 영혼도 따라서 나눠진 것인가? 지금까지 영혼은 나눠질 수 없는 것으로, 호두처럼 나눠질 수는 없다고 가정되어왔다. 그렇지만 분리-뇌 환자에 대한 실험은, 살펴본 바와 같이, 영혼이 분리된 듯한 모습을 보여주었다. 만약 뇌의 반구가 단절된다면, 심적 상태 역시 단절된다. 이러한 결과는 심적 상태가 실제로 물리적 뇌 자체의 상태라는 가정을 강력히 지지하며, 비물리적 영혼의 상태라는 가정을 지지하지 않는다.17)

데카르트의 영혼에 대한 개념은 또한 물리학적으로도 매우 문제가 된다. 그 문제는 이렇다. 만약 비물리적 영혼이 물리적 신체에 어떤 일이 발생하도록 인과적으로 작용한다면, 혹은 반대로, 물리적 신체가 비물리적 영혼에 어떤 영향을 미친다면, 그러한 이야기는 질량에너지 보존 법칙을 위배하는 주장이다. 지금까지 그러한 주장은 하여튼 문제가 된다. 물론, 법칙이란 모든 새로운 현상들에 대해서 매우 유연성이 있을 듯싶다. 글쎄, 그럴지도, 단지 그럴 수도 있겠다. 그러나 어떻게 그럴 수 있을까? 아주, 아주 대충이라도 **어떻게** 그럴 수 있을까? 에너지가 어떻게 온전히 비물리적인 것으로부터 물리적인 것으로 전달될 수 있겠는가? 영혼이 그러한 효과를 발휘할 묘책은 무엇일까? 영혼이 어떤 종류의 에너지를 갖는다는 것인가? 그러한 에너지는 측정 가능한 것인가? 만약 아니라면, 왜 아닌가? 흥미롭게도 데카르트는 이러한 특별한 곤경에 대해서 전혀 생각조차 하지 못했으며, 그러한 문제에 대답할 방도 역시 없었다.

비물리적 영혼이 실제로 어떤 종류의 것일지 찬찬히 생각해보기만 해도, 불편한 진실은 영혼이란 관념의 그럴듯함을 깎아내리기 시작한다. 예를 들어, 치과의사가 내 사랑니의 신경을 "마비"시켜서, 내 "영혼"이 그 치아의 통증을 느끼지 못하게 된다면, 무슨 일이 일어난 것일지 생각해보라. 신경과학자는 내가 통증을 느끼지 못하게 되는 이유에 대해서 잘 확립된 설명을 내놓을 수 있다. 그 치아 근처에 뻗은 뉴런 가까이에 프로카인(procaine, 상품명 노보카인(Novocain))과 같은 물질이 주사되면, 그 뉴런이 반응할 능력을 상실하기 때문이다. 그 결과 그 뉴런에서 발생하는 어떤 통증 신호도 뇌로 전달되지 못한다. 더구나 우리는 프로카인이 그러한 작용을 어떻게 할 수 있는지 정확히 안다. 활동성의 뉴런에 있는, 소듐 이온(sodium ions, 나트륨 이온)이 처음에 그 세포 밖으로 퍼내어지다가, 그 뉴런에 자극이 미치면, 소듐 채널(통로)이 열리고 이온들이 뉴런 내부로 쏟아져 들어간다. 그런데 만약 프로카인이 일시적으로 소듐 채널을 차단하면, 그 결과로 통증 신호가 뉴런을 통해서 전달되지 못한다. 시간이 지나면, 프로카인이 변질되고, 따라서 그 효과도 사라진다. 그러면, 자극에 반응하는 뉴런의 능력은 회복되며, 다시 통증 감각을 느낄 수 있게 된다.

어떻게 프로카인이 통증 신호 전달을 막는지에 대한 설명은 만족스럽다. 왜냐하면, 그 설명은 구체적인 메커니즘을 제시하며, 그것이 쉽게 실험될 수 있고, 그 구체적 사항들이 그 밖에 통증과 뉴런에 대해서 실험적으로 이미 우리가 아는 것들과 잘 어울리기 때문이다. 그렇

게 "다른 지식들 덩어리에 어울린다"는 것을 우리는 **부합**(consilience)
이라 부른다. 더 큰 부합이 될수록, 여러 현상들과 사실들에 대해서,
더 큰 정합성과 통합이 이루어진다. 그렇지만, 그러한 부합이 그 설명
이 옳다는 것을 **보증**하는 것은 아니다. 왜냐하면, 부분과 조각들이 우
연히 일치하지만, 전체적으로 틀린 이론을 당신이 가질 수도 있기 때
문이다.

그러한 일이 뉴턴의 주장에서도 일어났던 적이 있다. 뉴턴의 주장
에 따르면, 공간은 절대적이며, 마치 빈 용기와 같으며, 어디에서든
동일하다. 그의 이론은 거대한 증거에 의해 설득력을 지녔다. 그렇지
만, 아인슈타인은 절대공간에 대한 뉴턴의 가정이 틀릴 수 있으며, 질
량이 공간을 휘게 만든다는 억측을 내놓았다. 뉴턴 이론은, 비록 그것
이 대략 300년 동안 확실한 것으로 인정되었지만, 아인슈타인의 예측
이 실험되고 옳은 것으로 밝혀지자, 포기되어야만 했다. 공간은 어느
곳에서나 동일하지 않다. 태양과 같은 거대한 중력 물체는 공간의 기
하학을 측정 가능한 정도로 변화시킨다. 아인슈타인 이론은 뉴턴 이
론보다 훨씬 더 커다란 설명력을 가지며, 다른 발달하는 물리학과 훨
씬 더 부합하는 것으로 판명되었다.

나의 사랑니 이야기로 돌아가보자. 이원론자를, 프로카인이 통증을
왜 막을 수 있을지에 대해서 부합하는 설명을 제시하는, 신경과학자
와 견줄 수 있을까? 비교될 수조차 없다. 이원론자는 기껏해야, "글쎄,
프로카인이 영혼에도 작용했을 거야'라고 대답할 수는 있다. 그러나
아주 대략만이라도, 그것이 어떻게 영혼에 작용하는가? 무엇이 영혼
을 그렇게 만드는가? 특히, 만약 프로카인이 물리적이라면, 그리고 영
혼이 완전히 물리적이 아니라면, 어떻게 그렇게 할 수 있단 말인가?
메커니즘에 의해서 모두 설명해주는, 신경학적 설명과 비교해보라.

원리적으로, 이원론자가 구체적인 영혼 이론을 실험적으로 탐구하

여, 영혼이 어떻게 작용하고 영혼의 속성이 무엇일지 등을 찾아내는 일이 가능하다. 가설은 실험될 수 있다. 그리고 실험은 실행될 수 있다. 원리적으로, 영혼을 자연과학적으로 탐구할 수 있으며, 신체가 에테르를 흡입하면 영혼이 왜 의식을 잃는지, 혹은 신체에 LSD를 주사하면 영혼이 왜 환각을 일으키는지 등을 설명할 수도 있다. 그렇지만, 실천적으로, 영혼에 관한 어떤 과학도 없다. (예를 들어, "영혼은 물리적이 아니다", "영혼은 어떤 질량도 없고, 무게도 없다", "영혼은 어떤 온도도 없다" 등과 같이) 얄팍하게 신체와 대비하여 말하는 것 말고, 데카르트의 350년 낡은 가설 이후로 어떤 발전된 과학도 없다. 이상하게도, 이원론자, 심지어 깊이 확신하는 이원론자들조차, 영혼의 과학을 발전시킬 노력조차 하지 않는다. "영혼이 무엇을 한다"라고 말해줄 충분한 설명이 없다. 이렇게 이원론은 우리를 전혀 만족시켜주지 못한다.

영혼에 관한 어떤 명확한 과학이 나타나지 못할 것이라고 우리가 결코 확신하긴 어렵지만, 앞서 살펴보았듯이, 뇌과학은 영혼 과학 위로 올라설 발판을 마련한 듯싶다. 이 말은 다음을 의미한다. 어떤 영혼도 없기 때문에, 영혼 이론은 허우적거린다. 만약 당신이 큰 도박을 해야 할 입장이라면, 어느 쪽 가설에 자기 큰돈을 걸겠는가?

뇌가 어떻게 작동하는지를 알아내기가 왜 그리 어려운가?

뇌는 실험적으로 접근하기 쉽지 않은 기관이다. 여러 어려움 중에서 한 가지를 지적하자면, 뇌는 친숙한 무엇과도 비슷하지 않아서, 심장을 펌프처럼, 신장을 필터(거름 막)처럼, 비유적으로 파악되지 않는다. (뇌와 척수 내의 신호 발생 세포인) 뉴런(neurons)은 매우 작아서,

맨눈으로 보이지 않는다. 예를 들어, 좌골신경(sciatic nerve)을 구성하는 뉴런 다발은 눈에 보이지만, 그것은 수천 개의 뉴런들로 구성된 것이다. 대뇌피질에서, 1세제곱 밀리미터 안에 수만 개의 뉴런이 있으며, 수십만 개의 연결 장소(시냅스(synapses))를 가지고, 그 연결선의 길이는 대략 4천 미터나 된다.

우리는 개별 뉴런 세포를 광학현미경이 없이 볼 수 없으며,18) 대략 1650년대 이후에서야 실험에 장비가 사용될 수 있었다. 그렇다고 하더라도, 수백만 개의 아주 작은 뉴런들이 서로 뒤엉킨 속에서, 단 하나의 아주 작은 세포가 보이도록 하려면, 특별한 화학적 염색법이 발견되어야 했다. 그러고 나서야 비로소, 신경의 기초 구조물, 즉 신호를 받아들이는 입력 말단(수상돌기(dendrite))과 신호를 내보내는 긴 연결선(축삭(axon))이 보였다. 뉴런의 기능을 탐구하려면, 뉴런을 살아 있는 상태로 분리해야 했는데, 그 기술은 20세기까지 나타나지 않았다.

뇌가 어떻게 작동하는지에 대한 진보는 전기에 대한 우리의 이해와 함께 이루어질 수 있었다. 왜냐하면, 뇌세포가 특별할 수 있는 것은, 세포들끼리 서로 (빠르고 작은) 전기적 상태에 변화를 일으켜서, 신호를 전달할 능력을 발휘하기 때문이다. 그러므로 만약 당신이 전기에 대해서 알지 못한다면, 뉴런이 신호를 어떻게 보낼 수 있으며, 그 신호가 무엇일지 등에 대한 의문에 당혹하게 된다. 당신은 아마도 뉴런들이 마법의 힘에 의해서 의사소통한다고 생각했을 수도 있다. 그리고 심지어 사람들은, 뉴런의 기초 구조에 대해서 무언가를 알고 난 이후에도, 오랜 세월 동안 난처해했다.

루이지 갈바니(Luigi Galvani, 1762)에 의해서, 전기 스파크가 개구리 다리 근육을 움찔거리게 만든다는 관찰이 있은 이후로, 전기가 신경과 근육의 기능에서 중요할 것이라는 생각이 논란의 도마 위에 올랐다. 그렇지만 그것이 어떻게 작동하는가? 갈바니는 전기와 신경 혹은 근육 사이의 관계가 무엇인지 이해할 수 없었다. 왜냐하면, 근본적으로 당시에 전기에 대해서 밝혀진 것이 거의 없었기 때문이다. 그는 신경과 근육으로 흘러가는 특별한 전기적 생명-유동체(bio-fluid)가 있을 것이라고 추측했다. 20세기 초반에서야 뉴런의 신호 발생이 (대전된 원자인) 이온들이 세포막을 가로질러 빠르게 들어가고 나옴으로써 가능하다는 것이 발견되었다. 정확히 그러한 신호 발생 과정이 무엇인지가 1952년 영국의 생리학자인 앨런 로이드 호지킨(Alan Lloyd Hodgkin)과 앤드류 헉슬리(Andrew Huxley)에 의해 최종적으로 설명되었다. 그러나 이러한 발견이 얼마나 최근에서야 이루어졌는지 생각해보라. 1952년은 나의 출생 이후이다.

호지킨과 헉슬리가 발견한 것을 요약해서 말하자면 다음과 같다. 모든 세포들과 마찬가지로, 신경세포는 외부 막을 가지며, 그것은 부분적으로 지방 분자로 구성되어 있고, 특별한 단백질 통로를 가진다. 그 통로는 특별한 분자가 그 세포 안으로 혹은 밖으로 통과하도록 열리고 닫힌다. 휴지상태(resting states)의 뉴런 내부에서 소듐(sodium) 같은 양이온이 밖으로 활발히 배출되면, 세포막 안쪽은 외부에 비해서 음극으로 대전된다. 염화물(chloride) 같은 음극 이온이 세포 내부에 갇힌다. 이러한 전압 차이는 뉴런이 자극되면 갑자기 변화된다. 이렇게 세포막을 가로지르는 빠른 전압의 변화는 뉴런을 특별하게 만들어준다. 예를 들어, 당신이 뜨거운 난로를 만지면, 열-감지 뉴런이 반응하며, 그렇게 되면 소듐 이온이 세포 내부로 몰려 들어가고, 그 세포막을 가로지르는 전압이 순간적으로 역전된다. 그리고는 즉각적으로 소듐 이온은 밖으로 퍼내어지며, 원래의 상태로 돌아간다. 이렇게 세포막 사이의 전압 역전과 재정비는 "**격발**(spike)"이라고 불린다. 뉴런이 격발할 때, 그 뉴런 가까이에 전선을 근접시켜서, 그 격발 전압 변화를 증폭시키면, 딸깍(snap) 소리를 들을 수도 있다.

일단 그렇게 격발이 일어나면, 전압 변화는 뉴런의 막을 따라가면서 말단까지 계속 일어난다(격발 전파). 다시 말해서, 신경 충격파(nerve impulse)라고 불리는 이 신호는 (수백 밀리 초 내에) 신경의 끝부분에 도달한다. 이것은 그 끝 부분에서 화학물질(신경전달물질)을 방출시켜, 다음 뉴런 사이에 좁은 공간으로 흘려보내고, 그 물질이 특별한 다음 뉴런의 수용기에 결합되면, 수용하는 뉴런에 전압 변화를 일으킨다. 그런 방식으로 뉴런들 사이에 신호가 계속 전달되어, 최종 뉴런이 근육과 접촉하면, 근육이 수축하여 반응하게 된다. 너무 축약시키긴 했지만, 이 설명은 엄청 복잡한 신경계의 세계로 들어가는 문을 열었다.19) [역자: 이에 대한 상세한 이야기를『뇌과학과 철학』, 2장에서 볼 수 있다.]

현재 우리가 온갖 전기 장치들에 익숙한 만큼, 1880년대 후반에 아직 전기가 이해되지 않았다는 사실을 돌아볼 필요가 있다. 많은 사람들이 전기 현상을 신비롭다고 생각했을 뿐, 결단코 물리적 현상으로 설명하지는 못했다. 1900년대 초에 이르러서야, 전기가 온전히 물리적 현상이며, 잘 정의된 법칙들에 따라서 작동되며, 여러 실천적 목적을 위해 활용될 수 있다고, 명확히 설명되었다. 그러자 모든 것들이 변화되었다.20) 일부 사람들은 이러한 발견이 전기적 현상에서 성스러운 신비를 빼앗아갔다고 한탄한다. 그렇지만 다른 사람들은 여러 전기 장치들을 고안하기 시작했다.

신경과학 내에 남아 있는 수수께끼들 중에 (비물리적, 플라톤식의) 영혼을 위한 자리가 남아 있는가? 어쩌면 그럴 수도 있겠다. 그렇지만 내가 보기에 그럴 가능성은 거의 없다. 그럼에도 불구하고, 이원론을 맹신하는 많은 사람들이 좋아하는 이야기가 있다. 뉴런이 격발로 반응할 때, 그 뉴런 반응은, 내가 뜨거운 난로에 손을 데어 느끼는 통증과는 완전히 다른 것이다. 뉴런, 많은, 그것도 아주 많은 뉴런의 활동이 어떻게 통증 혹은 소리 혹은 시력을 산출하는가?

아직 그 해답은 밝혀지지 않았다. 그렇지만 그러한 질문에 대답하는 많은 전략들이 있으며, 그것들은 서로 같은 길로 통한다. 그 메커니즘에 대한 완전하고 구체적인 설명이 없다고 하더라도, 설명의 여지가 남아 있다. (이 점에 대한 더 많은 이야기를 9장에서 보라.) 예를 들어, 많은 연구들이, 어떤 사람이 마취 상태에 있을 경우에, 그리고 의식적 앎을 갖지 못할 경우에, 정확히 무슨 일이 벌어지는지를 이해하는 길에 들어섰다. 많은 마취 약물은 특정 유형의 뉴런 활동을 하지 못하게 만든다. 물론 이러한 억제에 특별히 민감한 영역이 무엇인지에 관해서는 아직 의문이 남아 있기는 하다. 다른 연구의 방향은, 깊은 수면 중에 앎을 갖지 못하는 것에 대한 탐구이다. 다른 많은 연구들은, 다른 곳에 주의집중이 이루어지는 동안에 특정 자극을 의식하지 못한다는 것에 대해서 탐구한다. 이러한 연구들이 쉽지 않겠지만, 의식과 무의식 처리 과정이 상호 의존한다는 연구가 가속도를 내고 있다.

부정하기는 과학적 설명보다 쉽다

우리들의 무지에 감화되어, 일부 철학자들은 확신을 가지고 이렇게 말한다. 아무런 해답도 얻어내지 못할 것이다. 생각과 느낌을 어떻게 가질 수 있을지를, 우리는 결코 밝혀내지 못할 것이다. 이런 전망이 인기를 얻는 이유가 있다. 구체적이며 만족스러운 신경생물학적 설명이 실제로 무엇인지 누구도 상상조차 하지 못한다. 그러므로 다음과 같이 논증된다. 그러한 설명을 상상할 수도 없다는 것은 바로, 그저 문제 정도가 아니라, 풀릴 수 없는 미스터리가 있다는 징표이다.21) 이런 맥락에서 부정하는 사람들은, 비록 그들이 데카르트식 이원론과 (호칭은 물론) 거의 모든 생각을 공유한다고 하더라도, 반드시 이원론자는 아니다. 이러한 부정하기를 마주 대하면서, 지금 우리는 다음 장애물을 치우기 위해서 간략한 철학적 논의를 해보자. 그 장애물은 이런 식이다. 의식은 너무 헤아리기 어려운 미스터리이므로, 언젠가 우리가 설명해낼 것으로 기대할 수 없다. 그러니 그런 노력 자체를 그만두자.

이러한 부정하기의 논증으로 다음 두 가지를 지적해볼 수 있다. 첫째, 위 논증은 아주 강한 예측을 담고 있다. 어느 누구도 그 미스터리를 풀지 못할 것이다. 아무리 시간이 흘러도, 과학이 아무리 발전하더라도, 그렇다. 결코 할 수 없다는 예측은 아주 오랜 시간을 주장한다. 한 인생의 기간보다 훨씬 긴 시간이다. 명백히 드러나는바, 이런 예측은 실제로 엄청 분별없는 주장이다. 과학의 역사는, 언제까지라도 인간에 의해 이해되지 못할 운명에 놓였을 법한 매우 신비로운 현상들로 가득 차 있었지만, 종국에 인류는 그런 것들을 설명해내고 말았다. 그러한 사례들은 엄청나게 많이 있다.

빛의 본성이 무엇인지에 대한 미스터리가 그러한 난제들 중 하나였다. 19세기 내내 과학자들의 합의 내용은 이러했다. 빛은 우주의 기초적 특징이므로, 더 기초적인 무엇으로 설명될 수 없다. 그런데 어떤 일이 일어났던가? 19세기 말에 맥스웰(James Clerk Maxwell)은 빛이란, X-선, 전자파, 자외선, 적외선 등과 동일한 스펙트럼 상에 있는, 전자기 방사선의 한 형태라고 설명했다. 그렇게 되어, 확실하고 도전받지 못할 것으로 여겨졌던 과거의 예측은 철저히 틀렸음이 드러났다. 흥미롭게도, 아직도 빛이 설명될 수 없다는 예측에 잘못 유도되어, 여전히 과거 확신을 유지하는 사람을 찾아보기 그리 어렵지 않다.

누구라도 쉽게 알 수 있는바, 무엇에 대해서 지금 알지 못하므로 (특히 그 분야의 과학이 아직 초보 단계라서) 그것이 앞으로도 알 수 없다고 추론하는 것은 엉터리이다. 신경계가 어떻게 기능하는지에 관해서 상당히 많은 것들이 아직 이해되지 않고 있다. 예를 들어, 기억이 어떻게 회상되며, 주의집중에서 방향이 어떻게 맞춰지고, 우리가 왜 꿈을 꾸는지 등이 그러하다. 기원 2세기 무렵, 누구도 불의 본성을 이해하지 못할 것이라고 했던 예측을 떠올려보라. 당시에는 확실히 누구도 불이 실제로 무엇인지에 대해서 조금도 알지 못했다. 누구도 산소(oxygen)와 같은 것이 있는 줄 몰랐으며, 따라서 불이 빠른 산화작용이라는 것도 알지 못했다. 불이란 흙, 공기, 물 등과 함께, 그 성질 이외에 어느 것도 설명되지 못할, 기초 요소라는 생각이 널리 인정되었다. 그랬던 문제가 1777년 무렵 프랑스의 과학자 라부아지에 (Antoine-Laurent Lavoisier)에 의해서 마침내 해결되었다.

1300년대에 교배된 계란이 어떻게 병아리로 탄생되는지를 과학이 결코 이해하지 못할 것이라고 했던 예측을 떠올려보라. 1800년대에 무엇으로도 감염(유행병)을 통제(억제)할 수 없을 것이라고 예측했던 것을 떠올려보라. 1970년대에 두개골(skull)을 열지 않고서도 정상 인간 뇌 내부의 활동 정도를 기록할 수 있는 방법을 과학이 결코 찾아내지 못한다고 누군가가 예측했다고 가정해보라. 그것은 틀렸다. 그런 기술적 성취는 1990년대에 기능적 자기공명영상(functional magnetic resonance imaging, fMRI) 장치가 개발됨에 따라서, 이제 흔하게 사용된다. 1970년대에, 뇌를 공부하는 학생이었던 나 역시 그러한 공상과학에 대해서 코웃음을 쳤다. 그러한 묘기를 부릴 장치를 **상상할 수 없었기** 때문이다. 그러한 나의 코웃음은 단지 나의 무지를 드러내는 표현에 불과했다. 그러므로 나의 상상이란 그러한 예측에 적절하지 못했다.

부정하기가 근거 없는 예측에서 나오는 것인 만큼, 그것이 우리가 앞으로 나가는 길을 막지는 못한다.

부정하기에 대한 두 번째 논증이 있다. 이 논증은 다음과 같은 생각에서 잘난 체하는 측면이 있다. "나의 위대하고 놀라운 두뇌를 가진, 내가 만약 어떤 현상을 설명해줄 해답을 상상할 수 없다면, 분명히 그 현상은 **전혀** 설명될 가능성이 없다." 아직도 일부 철학자들과 과학자들은 이러한 가정에 상당히 매력을 갖는다.22) [역자: 사회적 도덕 현상까지 어떻게 뇌로 설명할 수 있을지 물어보면서, 그 대답을 지금 당장 상상할 수 없으므로 앞으로도 그러한 현상들이 설명될 가능성이 없다고 단정하거나 지적하는 많은 학자들이 바로 이 경우에 해당된다.] 그들은 이런 가정에 미혹되지 말아야 한다. 어떤 문제가 해결될 수 있는지 아닌지, 그리고 어떻게 해결될 수 있을지 등에 대해서, 그것이 마치 신뢰할 만한 목록인 것처럼, 당신은 왜 내가 지금 과학의 미래 발달을 상상할 수 없다는 것에 집착하는가? 어쩌면, 나는 상상력이 부족해서 그러할 수도 있으며, 아니면 과학이 10년 후에 혹은 20년 후에 무엇을 밝혀낼지 등에 대한 나의 무지함으로, 나의 상상력이 제약된 것일 수도 있다.23) 내가 무엇을 상상할 수 있으며 무엇을 상상할 수 없는지는 단지 나의 심리적 사실일 뿐이다. 그것이 우주의 본성에 관한 심오한 형이상학적 사실은 아니다. 우리가 심적 현상을 뇌에 의해서 결코 설명해내지 못할 것이라는 추정이 어떤 결함을 갖는지 약간 다른 전망에서 분석될 수 있다. 무엇에 대해서 매우 좋은 증거(예를 들어, 관찰)를 가졌다는 가정으로부터, 다른 무엇이 분명 참일 거라고 당신이 가정하도록 만드는 추론이 있다. 예를 들어, 나는 건너편 산에 불이 났다고 추론할 수도 있다. 그러한 내 추론의 증거는 이렇다. 나는 소방 헬기가 그 산으로 물을 나르는 것을 보았다. 소방 헬기를 본 것이 나로 하여금 새로운 지식을 갖게 하였다. 내가 새로운 무엇을 추론할 수 있었기 때문이다. 그런데 신경과학과 관련하여 부정하는 자의 추론은 그와 같은 무엇을 가지고 있기라도 한가?

부정하는 자의 추론은 다음과 같이 우리를 무지에 호소시키고 있다. "우리는 의식적 앎의 메커니즘을 알기에 **무지하다**. 그러므로 의식적 앎이 설명될 수 없음을 우리가 **안다**." [즉, 결국 의식적 앎을 우리가 설명해내지 못한다.] 이런 식으로 추론하는 것은 문제가 있다. 당신의 의사가 이렇게 말한다고 가정해보자. "우리는 무엇이 당신을 경솔하게 만드는지 무지합니다. 그러므로 우리는 그것이 마녀 때문이라는 것을 알아요." [만약 이러한 대답을 듣게 된다면] 분명히 당신은 다른 의사를 찾아갈 것이다. 그것도 당장. 무지에서 지식을 추론하는 것은 [즉, 무엇을 '모른다'는 것으로부터 어느 것이든 '안다'고 추론하는 것은] 오류이며, 이것이 바로 고대 그리스 학자들이 그런 오류를 "무지에 의한 논증"이라고 불렀던 까닭이다. 그러한 논증이 오류인 다른 명확한 해석이 있다. "제왕나비(monarch butterflies)가 어떻게 미국에서 멕시코를 찾아 날아갈 수 있는지를 어떻게 설명해야 할지 나는 모른다. 그러므로 나는 그것이 마술이라는 것을 안다." 정신 나간 생각이 아닐 수 없다. 무지는 그냥 무지일 뿐이다. 무지는 마술적 원인에 대한 특별한 지식이 아니다. 무지가, 긴 여정의 시간 속에 무엇이 발견될 수 있으며 발견될 수 없는지를 알려줄, 특별한 지식은 아니다.

과학이, 뉴런이 어떻게 느낌과 생각을 산출하는지를 결코 이해하지 못한다는 예측이 있을 법하긴 하다. 그럼에도 불구하고, 당신은 어떤 문제를 바라보는 것만으로 그것이 과학으로 해결될 수 없다고 장담할 수는 없다. 당신은 심지어 그 문제가 실제로 어려운지, 아니면 순조롭게 탐구 가능할지에 대해 말할 수조차 없다. 여러 문제들이 어려운 정도로 딱 맞춰진 채로 다가오지 않는다. 더구나 과학이 발전함에 따라서 그 난제의 모양새가 변화되며, 어딘가에서 어떤 과학자가 그 문제를 새로운 방식으로 바라볼 수도 있고, 혹은 지금까지 없던 어떤 기술적 발달이 그 문제를 매우 다룰 만하게 바꿔놓을 수도 있다. 이러한 점을 보여주는 사례가 있다. 1950년대 초에 많은 과학자들은 이렇게 생각했다. 어미로부터 새끼에게로 어떻게 정보가 전달되는지의 문제, 즉 복제 문제(coping problem)는 정말로, 정말 어려운, 어쩌면 해결되지 못할 문제였다. 그런데 단백질 분자가 전형적으로 3차원 모양을 어떻게 갖는지의 문제가 일단 설명되자, 그 문제는 상대적으로 쉬운 문제로 변모되었다. 그것은 정확히 다른 방식으로 갑작스레 해결된 것이다.

1954년에 제임스 왓슨(James Watson)과 프랜시스 크릭(Francis Crick)은 DNA가 마치 부호처럼 보이는 짝을 이루어 질서 정연하게 연결된 이중 나선 구조임을 설명하는 논문을 발표하였다. 이러한 구조에 대한 기념비적 발견은 복제 문제를 해결할 열쇠가 되었으며, 구체적인 사항들이 다음 수십 년에 걸쳐서 밝혀지고 있다. 1975년 무렵에 모든 생물학 교과서는 유전자의 기초, 즉 DNA가 어떻게 단백질에 부호를 새기는지, 단백질이 어떻게 만들어지는지 등을 설명한다. 단백질이 3차원 모습으로 어떻게 접히는지, 소위 "더 쉬운" 문제로 보였던 것은 어떠한가? 그 문제에 대한 대답은 아직 연구 중이다.

이상과 같은 비판만으로 부정하기 입장이 쉽게 사라지지 않을 몇 가지 이유가 있다. 수많은 철학자들, 가장 유명하게는 데이비드 찰머스(David Chalmers)는 이렇게 주장한다. (a) 의식의 본성은 뇌를 연구함으로써 밝혀질 수 없으며, (b) 그 문제는 "어려운 문제(the hard problem)"라고 이름 붙여지며, (c) 의식은, 질량(mass)과 전하(charge)처럼, 우주의 기초적 특징이다.24) [그러나 그가 명심해야 할 것이 있다.] 어떤 신체적 구조도 미리 고안되거나 언제까지 유지되지 않으며, 어떤 동물도 자신의 행동을 위해 미리 훈련된 상태로 태어나지 않으므로, 축축한 정글이나 꽁꽁 언 툰드라에서 결코 우쭐해선 안 된다. [즉, 생물학의 세계에 본래적으로 결정된 어떤 의도 같은 것은 없으며, 따라서 본래적으로 안 된다는 주장을 함부로 하지 말아야 한다.] 부정하기 입장이 갖는 상당한 유리함이 있기는 한데, 그것은 최종 결론까지 많은 시간을 남겨두었다는 것뿐이다.

우리의 자아 개념 확장하기

그러므로 필시 영혼과 뇌는 하나이며 동일하다. 다시 말해서, 우리가 영혼이라고 생각하는 것이 뇌이며, 뇌라고 생각하는 것도 뇌이다. 우리가 위대한 **영혼**을 가진 사람에 대해서 말할 때, 그를 위대한 **두뇌**를 가진 사람이 아니라고 말할 수 있는가? 그렇지 못하다. 당신은 테니스 파트너에게 **혼신의** 수비를 했노라고 치켜세우거나, 경기 중에 서로 혼이 잘 통했다고 말하면서, 서로 손발은 잘 맞지 않았다고 말할 수 있는가? [이렇게 일상적으로도 혼을 육체와 전적으로 분리된 무엇으로 말하지 못한다.] 확실히 그렇지 못하다. 왜 그렇지 못하는가? 우리는 우리가 의미하는 것이 무엇인지 알며, 그러한 말들이 단지 관례적 표현일 뿐임을 알기 때문이다. 그처럼 흔히 우리는 이렇게 말하곤 한다. "태양이 지고 있다." 심지어 지구가 자전한다는 것을 충분히 알면서도, 우리는 그렇게 말한다. 우리는 여전히, "혼의 음악", "혼의 음식", "혼을 갖는다" 등등을 아무렇지도 않게 말하곤 한다.

누군가가 데카르트식의 의미에서 결단코 어떤 영혼도 없다고 여기면서도, 영적인 삶을 살 수 있는가? 혹은 만약 당신이 영혼을 가지고 있다고 더 이상 믿지 않으면서도, 마치 영혼을 가진 것처럼 살 수 있는가? 간단히 말해서, **영적**이라는 말이, 예를 들어, 반성, 고요한 장소

2장 영혼 찾아보기 85

에서 조용한 시간 보내기, 느리고 심사숙고해서 무언가 할 것을 (흥분하거나 걱정하지 않으며) 선택하기 등과 같은 특정한 가치 매김을 의미한다고 가정해보자. 그것은 아마도 돈과 재력을 과하게 평가하지 않으며, 단순함에 만족을 찾는 것을 의미할 수 있다. 이러한 가치와 선호 어느 것에 대해서도, 우리가 비물리적 영혼이란 관념에 의존할 필요가 없음을 주목할 필요가 있다. 만약 우리가 비물리적 영혼을 가졌다면, 특정한 삶의 양식이 더 좋거나 더 가치 있게 되는가? 나는 그러한 것을 본 적이 없다. 비물리적 영혼을 가지는 것이 어떻게 고요한 시간을 더 잘 즐기게 해줄 수 있겠는가? 당신이 영적인 시간을 즐기는 동안에 일부 작용되는 것은, 당신의 뇌가 특정한 걱정과 비애를 떨쳐낸다는 것, 즉 숨을 천천히 쉬고, 안면 근육을 편안히 하면서, 평온을 갖는다는 것을 의미한다.

이런 이야기를 요가를 수행하는 (혹은 당신이 좋아하는 조깅이나 수다 피우기를 하는) 맥락에서 이야기해보자. 나는 종종 요가 수업 후 마지막(사바사나)에 명상하는 동안 약간의 도취감을 경험하곤 한다. 나중에, 나는 명상 중 특히 사바사나(savasana)에서 전형적으로 희열감(blissful feeling)을 느끼는 것과 같은 수행 중에, 뇌에서 무슨 일이 일어나는지에 호기심을 가졌다. 이러한 유쾌한 느낌이 신뢰성 있게 일어나는 것은 왜인가?

나의 한 가지 가설은 이렇다. 요가 훈련 중에 신체를 올바른 자세로 맞추려는 과제에 강렬히 집중하는 것은, 뇌의 두 일반적 시스템들 사이에 균형을 이루도록 변화를 유도한다. 구체적으로 말해서, 그러한 집중은 (예를 들어, 당신이 자신의 컴퓨터가 인터넷 연결을 하지 못하여 골몰하게 되는) 과제-중심 시스템(task-oriented system)과 (예를 들어, 당신이 대화 중에 다음에 할 말을 그냥 생각해내거나 떠올리는) (속칭) 디폴트 시스템(default system), 즉 일종의 "내적 반성(inner reflection)" 혹은 "마음-유랑하기(mind-wandering, 이리저리 딴 생각으로 옮겨가기)" 사이에, 특유의 힘의 균형을 이루도록 변화를 유도한다. 디폴트 시스템은, 당신이 일을 하던 중에 갑자기 다음 일을 걱정하거나, 이미 했던 일에 마음 졸여 하거나, 무언가(예를 들어, 성(sex))를 공상할 때에 작동된다.

뇌 영상 기술을 이용하여 뇌 연구자들이 밝혀낸 바에 따르면, 명상 중에 성찰 영역의 활동 수준이 감소하며, 이러한 현상은 다양한 종류의 명상 수행에서도 일어난다.25) 이러한 발견은 명상 수행이 평온함, 만족감, 즐거움 등의 느낌을 증가시킬 수 있다는 주장과 일치한다. 그러므로 나는 이렇게 추정한다. 걱정을 떨쳐내고 현재 주어진 과제에 집중하기, 예를 들어, 놀이, 잡담, 조깅, 골프, 4인조 합주 등을 포함하는, 많은 다른 실천적 노력들도 유사한 효과를 발휘한다.

비록, '디폴트 그물망(default network)의 활동성 저하'와 '평온한 느낌' 사이에 상당한 관련이 있다고 하더라도, 이것으로 아직 인과성이 논증되지는 못한다. 더구나, '마음-유랑하기' 대비 '과제 집중하기'에 대한 훨씬 더 많은 기여가, 성취감을 설명해주는 단지 작은 부분에 불과할 수 있다. 한 가지 지적하자면, 과제에 더 많이 집중하는 가치는 과제에 따라서 달라질 듯싶다. 만약 그 과제가 마구간을 청소하는 것과 같이 하고 싶지 않은 일이라면, 자기성찰 (디폴트) 그물망이 더 많은 시간 동안 성(sex)을 공상함으로써 아마도 더 큰 기쁨을 선사해 줄 것 같다.

그렇다면 나는, 이러한 수행 중에 혹은 수행 후에 즐거움을 경험하는 것을 영적이라고 생각하는가? 그렇다. 그러한 즐거운 경험이, 다른 사람이 영적이라고 묘사하는 경험과 유사하기 때문이며, (나처럼) 우리가 비물리적 영혼을 가진다고 생각하지 않으면서도, 명상 수행 중에 그렇게 말하는 사람들도 유사한 경험을 한다. 다만 내가 그렇게 말할 때에, 그 경험적 느낌 자체가 관련된 한에서, 그 경험이 특별히 뇌회로와 화학물의 특별한 양태를 수반한다는 사실을 전혀 언급하지 않았을 뿐이다. 리세르그산(lysergic acid(LSD), 환각제)이나 메스칼린(mescaline, 흥분제)을 섭취한 사람이, 자신의 놀라운 경험에서 자신은 온전히 다르지만 실제인 세계, 즉 영적인 세계를 다녀왔다고 말하는 경우를 생각해보자. 그렇지만, 명상 수행자의 확신과, LSD와 메스칼린 경험은 모두 명백히 뇌에 기반한 현상들이다. 양쪽 사례 모두에서, 약물 분자들이 뇌의 전문화된 세로토닌 수용기(serotonin receptors)에 결합하여, 뉴런의 반응 패턴을 변화시킨다. 약물에 의한 것이든 명상에 의한 것이든, 놀라운 경험을 신경과학의 체계 내에서 이해한다는 것은 경험의 그 느낌에 어떤 차이도 만들지 않으며, 다만 우리가 그것에 어떤 의미를 두느냐에 차이가 있을 뿐이다.

영혼이란 개념은, 비록 그것이 길고 그럴 만한 역사를 가지고 있긴 하지만, 신경과학이 우리 마음과 행동을 설명하는 한에서, 이제 신경과학에 의해서 용납되기 어려우며 의표를 찌르지도 못한다. 그럼에도, 영혼이란 개념을 선호하는 한 가지 중요한 동기가 사후 세계의 가능성에서 유래되었다. 더구나 죽은 후에 사후 세계를 경험해보았다는 이야기와 유체 이탈을 경험해보았다는 이야기가 설왕설래한다. 확실히, 혹자는 이렇게 생각할 것이다. 그러한 지적은 영혼의 쟁점을 원점으로 돌려놓는다. 그럴 수 있다. 이러한 지적이 신뢰할 만한 것인지, 그리고 그들이 우리에게 실제로 무엇을 말하는지에 대해서 우선적으로 살펴보자.

3장

나의 천국

천국이 존재할지도 모른다거나, 아니면 사실로 존재한다고 주장하는 사람들이 있다. 천국을 지지하는 입장에서 다음과 같은 증거가 제시되었다. 알렉스 말라키(Alex Malarkey, 실명임)는 죽었는데 — 실제로 사망했는데 — 이후에 환생하였으며, 그는 천국에 가서 천사와 예수 등을 만나보고 돌아온 이야기를 전했다. 그의 아버지 케빈 말라키(Kevin Malarkey)는 『천국에서 돌아온 소년(*The Boy Who Came Back from Heaven*)』이란 책을 썼다. 그 책은 아주 여러 달 동안 베스트셀러가 되었다. 또한 사후의 삶을 다룬 영화 『망자들(*Flatliners*)』에서, 인턴 의사들은, 천국 가설을 실험으로 밝히기 위해서, 자신들의 심장을 멈추게 하고(심장이 뛰지 않으면, 심장 박동 모니터는 플랫 라인(flat line)을 보여준다), 소생술을 통해 "죽음에서 돌아와" 자신들이 경험한 것을 보고하기로 결정한다. 물론 이것은 **영화**이며, 실제 그런 실험이 이루어진 것은 아니다.

"사후" 혹은 "임사" 체험(near-death experiences)을 설명하는 책 내

용에 따르면, 죽음에서 돌아온 사람들은 어떤 불빛, 성인, 저세상에서 사는 죽은 친척들 등등을 보았다고 말한다. 일부 사람들은 열렬히 그리고 간절히 천국을 믿고 싶어 한다. 그렇다면 천국에서 내 은행 잔고, 내 치아 상태, 사후 삶 등등은 어떠할까? 나는 무엇이 참인지, 혹은 무엇이 진정한 증거인지 등을 열렬히 그리고 간절히 알고 싶어 한다. 모든 (주장되는) 증거들이 신뢰될 증거는 아니다. 일부는 소망에서 나온 생각이며, 일부는 거짓 선전이고, 일부는 돈벌이 수작에 불과하다. 어떻게 그렇다는 것인지 앞으로 나는 조금 더 구체적으로 살펴보려 한다.

심장이 멈춘 이후 어떤 환자는 실제로 소생하기도 한다. 심장이 다시 뛰고, 호흡도 다시 살아난다. 그렇게 소생되고 난 이후, 아주 소수의 환자들은 그동안에 있었던 체험을 전한다. 그들은 평화로운 느낌이 있었고, 아마 터널 같은 곳에서 한 줄기 빛을 보았으며, 심지어 천사까지 만나보았다고 이야기한다. 이것이 임사 체험이라고 알려져 있다. 그렇게 보고되는 체험에 대해서 세간에 전해지는 해석은 이렇다. 그 환자는 짧은 순간 실제로 죽었었고, 영혼이 신체에서 빠져나와 하늘(혹은 저세상)로 옮겨가게 되어, 밝은 터널 저편 끝에 서 있는, 자기가 사랑했던 죽은 사람들을 보았다. 그런 후에 그 환자는 지상의 삶으로 돌아왔다. 그러한 임사 체험은 매우 강렬하여, 이후로 그 환자는 결코 죽음을 두려워하지 않기도 한다.

어쩌면 천국이 실제로 있을 수 있으며, 그렇지 않을 수도 있다. 어느 가설에 대해서든 나는 주의 깊게 살펴볼 것이다. 왜냐고? 글쎄, 나의 삶을 영위하는 데, 진실과 진실을 알고 사는 것이 매우 중요하기 때문이다. 단지 믿음을 위해서가 아니라, 진실이 중요하기 때문이다. 수즈 오만(Suze Orman)은 자신의 유료 강의에서 이렇게 말한다. "진실의 편에 서라. 철저히 따져본 후에, 진실의 편에 서라. 만약 네가 휴가 여행을 갈 수 없다면, 그것을 너의 아이들에게 말해주고, 네 말에 책임을 져라."1) 지금 당장은, 진실이길 바라는 것을 믿는 것이 당신 자신에게 안도감을 줄 수 있다. 그렇지만 종국에는 그것이 거의 모두 재앙으로 돌아온다. 물론, 우리는 매일 불확실한 상태로 살아가지만, 어떤 것들은 다른 것들보다 더 확실하다. [그러므로 우리는 그것을 선택해야 한다.]

나는 어린 시절에 농장 일을 거들곤 했는데, 사실 너무 어렸던지라 하루 종일 과일 포장하는 일을 하기가 힘이 들었다. 그래서 더운 여름 동안 내 친구 샌디(Sandy)와 함께 "성경학교"에 다니기로 했다. 그 여름 행사는 우리 교회나 마을의 다른 교회에서 주관하지 않아서, 일종의 떠도는 [돌팔이] 전도사에 의해서 운영되었다. 그는 엘크스 홀(Elks Hall)의 위층에서 수업을 진행했다. 참여 인원은 얼마 안 되었는데, 실제 여름학교는 이미 끝났기 때문이다.

그 전도사는 오전 수업에서 우리에게 지옥을 생생하고 끔찍하게 묘사하여 전해주었다. 우리들은 생전 처음 지옥이 끔찍한 곳임을 알게 되었다. 그 전도사는 우리에게 불에 데었던 경험을 기억해보라고 하고서, 그렇게 온몸이 끔찍한 불길로 뒤덮인 것을 상상해보라고 하였다. 우리는, 스스로 본래부터 사악했기에, 자신들이 지옥에서 불에 타야만 하는, 그것도 한 해 동안 그리고 내년에도 그리고 또 내년에도 계속해서 영원히 그래야만 하는 모습을 상상해야 했다. 게다가, 그런 곳에서 우리들 주변에는 악마가 득실득실한데, 그들이 고문 받는 우리를 놀려대는 것도 상상해야 했다. 아무리 비명을 질러도 소용이 없었다. 그런 고통은 그치지 않고 계속되었다.

나는 우연히 심하게 불에 덴 생생한 기억을 가지고 있었다. 세 살 무렵엔가 나는 농장 주변에서 놀고 있었고, 언제나 여름엔 그러했듯이 나는 맨발이었다. 나는 모르고 그만 엄마가 그날 아침에 장작 난로에서 꺼내 쏟아놓은 잿더미를 돌아다녔다. 그 잿더미는 회색이어서, 거기에 어떤 불길의 흔적도 없었지만, 실제로는 끔찍하게 뜨거웠다. 깜짝 놀란 나는, 언니가 복숭아를 따기 위해 올라섰던 사다리에서 급히 달려 내려와 구해줄 때까지 잿더미 위에 서서 울음을 터뜨렸다. 내 다리는 끔찍하게 데었다. 열 살 무렵에 내가 그 [돌팔이] 전도사 조(Joe)를 우연히 만났을 때, 물론 내 다리는 다 나았지만, 덴다는 것이 무엇인지 나는 잘 기억하고 있었다.

그날 저녁에 아버지에게 내가 사악해서 천벌을 받아야 하는지, 그것이 진실인지 물었을 때, 아버지는 직설적으로 대답했다. "쓸데없는 소리, 엉터리 이야기야. 그 전도사가 지어낸 이야기야. 그런데 그 전도사는 네가 왜 사악하다는 거지? 네가 장난기가 좀 있고 고집이 세긴 하지만, 흉악하거나 사악하지는 않아." 엄마의 의견은 이러했다. 순회하는 전도사들이 가정집을 방문해서, 사람들을 두렵게 만들어서 개종시키려 한다는 것이다. 기독교인이었던 엄마는 이렇게 불평했다. "자기들 본분이나 잘 지키지." 지옥을 불이나 유황의 불덩어리로 묘사하는 것은 공동체와 선량한 사람들에게 솔직히 다가서는 방식이 전혀 아니고, 상식적으로도 전혀 납득되지도 않는다고 했다.

다음 날 아침에 나는 엘크스 홀에 가지 않았고, 우리 집 개 퍼거슨(Ferguson)을 데리고 샛강으로 가서, 바위 밑에 사는 가재를 잡았다. 모든 종교인들이 믿을 만한 사람들은 아니라고 나는 퍼거슨에게 설명해줬다. 그리고 만약 순회 전도사가 말한 지옥이 엉터리라면, 우리 (지루한 말을 하긴 하지만) 점잖은 리버렌드 매캔들리스(Reverend McCandless)가 말하는 천국은 어떤 곳일까? 그리고 진지하게 말하지만, 죽은 몸은 분명히 무덤 속에서 썩을 텐데 어떻게 어딘가로 올라갈 수 있을까? 항상 사랑스럽게 날 잘 따르는 퍼거슨은 머리를 곤추세우고 내 말을 들었고, 주변에 들쥐 냄새를 탐색하느라 킁킁대며 집으로 돌아왔다.

여기에 내가 알고 싶은 것은 이것이다. 임사 체험을 이야기하는 모든 사람들이 **실제로 죽었던** 것일까, 아니면 단지 죽음 가까이 이르기만 했던 것일까? 이런 생각이 갑자기 떠올랐다. 일단 심장이 멈췄다고 하더라도, 짧은 순간 동안, 산소 공급이 중단된 시간보다 조금 더 오래 뇌의 활동이 지속될 수 있다. **정말 그 환자는 뇌사**(brain death)였을까?

뇌사라면 심장 박동과 호흡을 관장하는 중요 뇌 영역(뇌간(brain-stem)의 일부 영역)이 더 이상 기능하지 않으며, 그런 환자의 안구에 불빛을 비춰보면, 동공 수축과 같은 뇌간 반응을 전혀 보이지 못한다.[2) 뇌사 결정을 내리려면 의학적으로 대략 25가지 다른 조사가 실시된다. 예를 들어, 만약 일부 뇌간과 피질 활동이 유지된다면, 뇌는 죽은 것이 아니다. 그럴 경우에 그 환자는 기이한 체험을 하게 된다.

요한복음에 따르면, 나사로(Lazarus)는 4일 동안 차가운 주검이었다고 전해진다. 요한이 그것을 직접 목격하고 기록한 것은 아니며, 구전으로 전해진 이야기를 아주, 그것도 아주 나중에 기록했다. 요한은, 나사로에서 "악취가 풍겼다"고 말했는데, 이것은 이미 시체가 썩기 시작했음을 의미한다. 그런데 요한의 기록에 따르면, 예수가 기적을 일으켜 나사로의 생명을 되살려냈다. 내가 아는 한, 뇌사자가 나사로처럼 실제로 일어났다고, 누구도 실제로 믿을 만하게 보고한 적이 없으며, 내과의사가 확인해준 사례도 없다. 결론적으로 말해서, 임사에 관한 문헌은 임사 상태에서 충분히 사후 세계를 엿볼 수 있다고 강하게 추정한다. 그렇지만 이러한 가정이 항상 명확하게 주장된 것은 아니다. 또한 임사 상태가 왜 천국을 엿볼 수 있게 해주는지, 누구도 그 이유를 명확히 설명하지 못했다.

앞에서 언급된 케빈 말라키가 쓴 책에는, 그의 아들 알렉스의 뇌가 뇌사인지를 판정하려고 그 뇌를 [뇌 영상 장치로] 스캔하거나 [뇌 활동 검사 장치의] 두피 전극(scalp electrodes)으로 뇌의 활동성을 검사해보았다는, 어떤 이야기도 없다. 알렉스의 뇌가 뇌사상태라고 인정해줄 만한 어떤 증거도 제시되지 않았다. 분명히 그는 혼수상태(coma)에 있었을 것이며, 이것은 뇌사상태와는 전혀 다르다. 알렉스의 뇌는 외상(trauma) 이후, 특별히 회복 기간 동안, 아주 많은 활동을 했을 것이며, 그에 따라서 그의 혼수상태는 점차 회복을 보이게 된다. 아마도 혼수상태에서 깨어나면서, 대뇌피질은 훨씬 많은 활동을 하게 된다. 그가 예수를 보았다는 시기가 그러한 시점이 아니었을까? 우리는 알 수 없지만, 그럴 가능성은 열려 있다. 혼수상태에서 깨어나는 동안 예수를 본 그의 시각은, 예수에 대한 꿈을 꾸거나 환각을 갖는 것과 거의 동일하다.

물에 빠진 경우와 같은, 심각한 무산소증(anoxia) 이후 환자가 혼수상태에 빠졌는지를 공정하게 평가하는 한 가지 방법은, 수일 간격을 두고서 뇌 영상을 두 번 찍어보는 것이다. 만약 뇌가 심하게 손상을 받았다면, 수일 후에 찍은 영상에서 뇌가 상당히 수축된 것이 발견된다. 머리 외상보다는 심각한 산소 결핍증(무산소증)에서 훨씬 더 심한 수축이 일어난다. 만약 환자에게서 수축이 발견될 경우에, 뇌의 기능이 회복될 전망은 그리 밝지 않다. 어린아이일 경우에 뇌사상태가 판정되려면, 수일 간격을 두고 두 번의 평가가 이루어져야 하며, 두 번째 평가는 (첫째 평가에 참여한 의사가 아닌) 다른 의사에 의해서 진행되어야 한다.

나의 지식이 최대로 허락하는 한에서 말하자면, 앞서 언급한 기준에 따라서 뇌사자로 (신뢰할 만하게) 진단된 환자들 중에 단 한 명이라도, 의식을 회복했다거나, 뇌사된 중에 죽은 친척, 성인, 혹은 천사 등을 보았다고 보고한 이는 전혀 없었다. 이것은 사후의 삶을 경험했다는 것에 대해서 좀 더 겸손한 해석을 하게 만든다. "죽음에서 돌아왔다"고 보고하는 환자들이 실제로 뇌사한 것은 아니었다. [즉, 실제로 그들은 사망하지 않았던 것이다.] 비록 그들이 충분한 의식을 회복하는 것을 방해하는 다른 조치, 예를 들어, 산소 공급 수준을 낮추거나 뇌를 팽창시키는 등의 조치로 고통 받았다고 하더라도 그렇다.

무산소증은, 환자의 몸이 (예를 들어, 차가운 물에 빠져) 아주 차가워지는 경우에, 저체온증이 어느 정도 뇌세포를 보호하기는 하지만, 회복에서 머리 외상보다 더 좋지 않은 예후(prognosis, 질병의 경과 전망)를 보여주는 경향이 있다. 머리 외상을 입은 어린아이는 여러 달 동안이나 혼수상태에 있을 수 있으며, 상당한 기능적 회복을 보여준다. 이것이 알렉스 말라키의 경우가 보여준 패턴이다. 그는 자동차 사고를 당하고, 심각한 뇌손상을 입었다. 그는 3개월 동안 혼수상태에 빠져 있었다. 12개월 동안 혼수상태에 있었던 어린아이는, 3개월 혼수상태를 겪은 후에 회복되는 아이보다, 회복에 더 좋지 않은 예후를 보여준다. 혼수상태가 뇌사인가? 아니다. 비록 상당히 좋지 않은 상태이긴 하지만, 혼수상태는 뇌사가 아니다.

혼수상태에 대한 기준은 다음 조건을 포함한다. 외부 자극에 무반응을 보이며, 그 무반응과 함께 배변과 배뇨를 조절하지 못하며, 수면/깨어남 패턴을 보여주지 못한다.3) 임의적 위기를 넘기면, 혼수상태의 환자는, 회복 불능 혼수상태의 뇌사자인 환자와 달리, 뇌간 반응(brainstem reflexes), 즉 밝은 빛에 동공을 수축하는 것과 같은 반응을 보인다.

혼수상태를 판정하는 복잡한 조건의 범위를 조금 더 부풀려, 나는 식물인간 상태(vegetative state)를 추가로 다뤄보려 한다. 식물인간 상태가 되었다고 진단된 환자 또한 외부 자극에 반응하지 못하며, 눈을 뜨고 있다고 하더라도 불빛을 따라 눈을 움직이지 못한다. 그들은 또한 배변과 배뇨를 조절하지도 못한다. 그렇지만 그들은 수면/깨어남 사이클을 보여준다. 이것이 비극의 환자, 테리 쉬아보(Terri Schiavo)의 상태였다. 검시에서, 그녀의 뇌는 심각하게 손상된 것을 보여주었으며, 특별히 대뇌피질 영역이 그러했다. 생명연장장치를 지속적으로 적용했음에도 불구하고, 그녀는 의식을 회복할 수 없었다.

반면에 극소 의식(minimally conscious, MC) 상태의 환자는 자신의 눈으로 불빛을 추적하는 경향을 보여주며, 팔과 다리의 미약한 자극에 반응을 보인다. 회복 예후는 식물인간 상태보다 극소 의식 상태가 더 좋다. 생물학은 어디까지나 생물학일 뿐이며, 개인마다, 나이에 따라서, 당뇨와 심장병과 같은 건강조건에 따라서, 각자 상당히 차이를 보인다.4)

뇌 조직은 산소 공급에 극히 민감하여, 아주 짧은 기간의 낮은 산소 공급(저산소증(hypoxia))만으로도 느낌과 지각에 이상 반응을 보일 수 있다. 혈압이 낮은 사람이 웅크린 자세에서 갑자기 일어서면, 마치 터널처럼 축소되는 둥근 불빛 주변으로 검은 원이 확대되는 것을 경험하는 경향을 보인다. 나는 스스로 그런 경험을 자주 하며, 검은 원이 다시 줄어들 때까지 몇 초 동안 멍해지는 느낌을 가진 후에, 그 불빛 터널이 확장되면서 정상 시각을 회복한다. 어쩌면, 저혈압을 가진 사람이 경험하는 터널과 불빛이, 심장마비 동안 무산소증을 겪는 사람의 경험과 다르지 않을 듯싶다. 그렇다면, 나도 천국을 경험할 수 있다고 기대하고, 천사나 나의 증조부이신 코우츠(Couts)를 만나보도록 시도해야 할까?

심장마비 동안 뇌의 산소 공급량은 급격히 떨어진다. 신경세포는 매우 취약하여, 불과 1-2분만 산소 공급이 중단되어도 사멸하기 시작한다. 게다가, 죽을 위기와 죽음에 임박하면, 전쟁터에서 혹은 극히 위험한 시기에 방출되는 것으로 알려진, 내인성 오피오이드(endogenous opioids)가 뇌 내부에서 방출된다. 이것은 우리에게 평온한 느낌과 (심지어) 고무되는 기분을 들게 한다. 내인성 오피오이드의 이러한 방출은 여성이 아이를 출산할 경우에도 일어나는데, 고무되는 느낌을 갖게 해주며, 그런 기분은 출산 이후에도 지속된다.

만약 누군가 죽음에 임박하면, 주로 해야 할 과제는 그 환자에 대한 소생이지, 연구가 아니다. 그럼에도 불구하고, 심장마비에 걸린 환자들을 상대로 다음과 같은 의문에 대한 연구를 위해 연구진을 대기시킨 일이 있었다. 심장마비에 걸린 환자들 중에 얼마나 많은 수가 특이한 경험을 하며, 그러한 경험이 환자들 사이에 그리고 문화적으로 얼마나 유사성을 갖는지, 그리고 문화적 믿음이 어느 정도로 그 경험에 대한 해석에 영향을 주는지 등이다.5) 예를 들어, 알렉스는 헌신적인 기독교 집안에서 성장했으므로, 숭고함을 추구하는 인물 알렉스가 (공자나 알라신 혹은 제우스신이 아닌) 예수를 만났다고 믿는 것은 별로 놀랄 일이 아니다. 만약 불교 신자라면 성모 마리아의 모습을 그리지 않을 것이며, 모르몬교도는 비너스의 모습을 그리지 않을 것이다. 혹시 그랬다고 하더라도, 그것이 그들에게 종교 경험이 아닌 환각(hallucinations)일 뿐이었다고 주장할 것이다.

뇌에서 웃기는(?) 일이 일어날 수 있다

당신의 뇌에서 만들어진 내인성 오피오이드가 뇌 내부에서 방출되면, 그것이 평온한 느낌을 포함하여 긍정적 느낌이 들게 한다.6) 내인성 카나비노이드(endocannabinoids), 즉 최근 뇌에서 확인된 유사-카나비스 분자 물질 역시 근심을 감소시켜주고, 즐거운 느낌을 증가시킨다. 모든 것에 깊게 관여된 느낌이 동반되는, 그러한 느낌들은, 아편(opium), 카나비스(cannabis, 대마초 성분 환각제)에 의해서는 물론, LSD(환각제), 실로시빈(psilocybin, 환각제), 메스칼린(mescaline, 홍분제) 등에 의해서도 유발될 수 있다.7) 알코올 역시 우발적으로 내인성 오피오이드 방출을 자극하여 즐거운 느낌 효과를 주기도 한다.

유체 이탈(out-of-body)과 다른 분열성 증상들(dissociative episodes)이, 이따금 마취제로 사용되는 케타민(ketamine)에 의해서 유발될 수 있다. 내 학생의 말에 따르면, 케타민은 요즘 파티용 약물(환각제)로 이용되며, 그것을 복용하면 자신들이 공중에 붕 뜬 느낌, 마음이 육체로부터 이탈되는 느낌을 준다고 한다. 순전히 물리적인 조치만으로 **임사 체험**이란 것과 상당히 유사한 체험을 이끌어낸다는 사실은, 임사 체험이 신경생물학적 기반의 연구를 통해서 마침내 밝혀질 것임을 강하게 시사한다.

다음 질문: 환자들 사이에 그 체험이 얼마나 유사한가? 기본적으로 다양하다고 말할 수 있으며, 이것은 환자의 조건과 그 뇌의 상태에 따라서 달라진다는 것을 암시한다. 심장마비를 겪은 344명의 환자들에 대한 연구에서,8) 오직 12퍼센트, 즉 62명의 환자만이 핵심적 임사 체험(불빛 터널, 죽은 느낌, 평온한 느낌 등)을 보고했다. 다른 환자들은 어떤 체험을 하긴 했지만 거의 기억하지 못했다. 물론, 이 연구는 소생 후의 보고에 의존한 연구이었다. [역자: 꿈처럼 임사 체험도 곧 잊게 되어 그 내용을 기억하지 못할 가능성이 높다.] 임사 체험을 했던 62명의 환자들 중에 단지 50퍼센트만이 자신들이 죽었다는 느낌을 가졌다. 그리고 그 62명의 환자들 중에 단지 56퍼센트(35명)만이 평온한 긍정적 느낌을 가졌다. 그리고 24퍼센트(15명)가 유체 이탈을 체험했다. 그리고 단지 31퍼센트(19명)가 터널을 지나는 느낌을 가졌다. 그리고 23퍼센트(14명)는 불빛을 체험했다.

만약 천국이 정말로 사후에 우리 모두를 기다리는 곳이라면, 소생된 환자들 중에 단지 12퍼센트만이 임사 체험, 즉 터널과 불빛 그리고 평온 등을 동시에 체험했다고 보고한다는 것은 나를 납득시키지 못한다.

그러한 집단적 현상을 신경생물학으로 설명한다는 것이 납득될 만한 것일까? 신경과학자 핌 반 로멜(Pim van Lommel)과 그의 연구원들은 "그렇다"고 대답할 강한 이유를 제시한다. 심장마비에 의한 무산소증을 겪은 환자들에게 유사한 체험이 측두엽(temporal lobe)과 해마(hippocampus)의 전기자극만으로 유도될 수 있다. 수술을 앞둔 간질 환자들에 대해서 이러한 실험이 이루어진다. 또한 유사한 경험이, 이산화탄소 수준을 증가시키거나(이따금 스쿠버 다이버들이 겪는 저탄소증(hypercapnia)), 또는 (당신이 배변을 보기 위해 힘주면서) 발살바 법(Valsalva, 코와 입을 막고 숨을 내쉬는 이관통기법)에 의한 과도한 환기로 산소 수준을 감소시키는 경우에도 유도될 수 있다.

확실히, 발살바 법에 따른 과도한 환기와 달리, 죽음의 문턱에 이르면 전환적(transformative)이 된다. [즉, 갑자기 모든 것이 획기적으로 변화될 수 있다.] 왜냐하면, 그때에 삶의 끝이 그리 멀리 있지 않아, 죽음이 임박했기 때문이다. 그러한 상황에서, 사람들은 자신들의 삶을 재평가하고, 기억을 떠올리고, 삶에서 무엇이 문제였는지 재검토하는 경향을 갖는다. 사람들은, 자신들이 천국을 믿든 안 믿든 상관없이, 그런 경향을 갖는다. 바로 그러한 재평가는, 전이적 요소로 작용하여, 특이한 경험(임사 체험)을 유발한다. 임사 체험은 그러한 (전환적인) 회상을 그저 촉발한다.

격렬히 요가 훈련을 하고 나서, 이완 자세로 눈을 감고 누워 있으면(사바사나), 이따금 나는 내 몸이 마루 위 몇 인치 정도 뜨는 것을 느끼곤 한다. 그것은 몸이 매우 가벼워지는 기분 좋은 느낌이다. 초기 이완 과정 단계에서, 나는 차례로 몸의 각 부분에 집중하며, 그런 신

체 부분들이 이완되고 있다고, 즉 그렇게 되도록 마음속으로 상상한
다. 일단 그렇게 되기만 하면, 나는 매트에서 약간 뜨는 것과 같은 느
낌을 갖게 된다. 만약 내가 다른 정신 상태에 놓이게 되면, (어쩌면 어
떤 영적인 곳에) 내가 실제로 떠 있다고, 아마도 상상할 것이다. 어쩌
면 나는 내 영혼이 중력의 법칙을 거슬러 내 신체를 떠오르게 한다고
상상할 것이다. 자연스럽게 나는 그러한 느낌을 즐기며, 그 느낌은 실
제로, 일종의 전정환각(vestibular hallucination)에다가, 즐거운 느낌을
갖게 해주는 약간의 내인성 오피오이드가 더해져 생긴다. 내가 실제
로 떠 있었는지를 확인하기 위한 직접적 확인이 이루어졌다. 그 요가
교실에서 다른 사람에게, 내가 사바사나(savasana)에 들어가서 마치
공중에 뜬 것처럼 느끼는 동안에, 내 몸이 실제로 뜬 것을 본 적이 있
느냐고 물었다. 아무도 그것을 본 적이 없다고 했다.

나는 생각한다. 아마도 일부 요가 훈련생들은 그러한 느낌이 영적
이라고 주장할 수 있다. 앞의 2장에서 지적했듯이, 나는 그런 주장에
반론할 생각은 없다. 나는 뇌에 근거하여 뜨는 느낌을 갖게 된다는 생
각을 선호한다. 그렇다고 내 몸이 말 그대로 마루에서 부양하게 만드
는 유령 같은 것이 있다고 생각하지는 않는다.

환각이지, 망상은 아니다

뇌는 환각 같은 웃기는 일을 만들어낸다. 모든 사람들은 환각을 체
험한다.9) 당신은 매일 밤 꿈을 꿀 때면 환각을 체험한다. 당신은 벌거
벗고 있어서 자신을 무엇으로든 가리려 하고, 잃어버린 가방을 절실
히 찾으려 하고, 버스를 기다리는데 버스는 다른 길로 가는 것 같아
보이고, 어떻게든 당신을 태워주지 않을 것만 같다. 모든 것들이 계속

어긋난다. 진실로 당신이 깨어났을 때 알게 되듯이, 그와 같은 일은 실제로 일어나지 않았다.

환각은, 전적으로 실제적이지만 사실이 아닌, 이 세상의 사물이나 사건에 대한 어떤 감각 체험이다. 꿈속의 삶에서 사건들은 단지 뇌 활동의 결과물이다. 당신이 깨어나고 나면, 일반적으로 그 꿈이 완전히 비현실적이라는 것이 명확히 드러난다.

당신의 꿈은 종종 정서적으로 강력하여, 그것이 당신의 실제 본성 혹은 당신의 미래 혹은 어쩌면 "영적 세계"를 말해주는 특별한 의미를 갖는다는 생각을 하게 만든다. 좀 더 세속적인 내용들은 참일 것만 같아 보인다. 꿈이란 단지 정서적으로 강력한 환각일 뿐이다. 그것은 최근 겪은 일의 사건 혹은 느낌들과 이따금 관련되기는 하지만, 죽은 가족, 날아가는 말, 말하는 쥐 등의 흥미로우며 아주 무작위적인 것들로 채워진다. 두려움이나 근심과 같은 정서는 아마도 꿈에서 더 기초적인 현상일 것이며, 무작위 시각이 그러한 느낌에 붙여진다. 이따금 꿈은 실제 삶의 사건들을 반성하게 우리를 자극하기도 하지만, 그와 같은 꿈이 이원론자를 설득하는 예언가와 심령술사가 바라듯이 그다지 의미를 지니지는 못한다. 그렇지만 깨어난 동안에 꿈으로 촉발된 반성은 매우 의미를 가지며, 삶의 결정에 강력한 영향을 미친다.

모든 포유류는 꿈을 꾸며, 우리가 말할 수 있는 한, 그리고 어쩌면 모든 척추동물도 그럴지 모른다. 나는 내 개, 더프(Duff)가 잠을 자면서 우물거리며 짖고, 다리를 움찔거리고, 입을 씰룩거리는 것을 본다. 그는 [꿈속에서] 환각을 가지는 중이다. 모든 포유류들이 왜 꿈을 꾸는지는 아직 수수께끼이다. 일부 신경과학자들의 생각에 따르면, 꿈은 일종의 하우스키핑(housekeeping)[역자: 컴퓨터가 문제 해결과 무관한, 시스템 운영과 관련하여 작동하는 것]이며, 무작위 활성 패턴을 만드는 것이다. 그렇게 되면 낮 동안의 기억과 연결된 패턴만이 저장될 수 있다. 수면을 취하고 꿈을 꾸는 것이 학습과 기억에 관련된다는 증거는 점점 강력하게 나오고 있지만, 정확히 왜 그러한지는 여전히 수수께끼이다. (9장을 참조하라.)10)

깨어 있는 상태에서 환각은 훨씬 이상하며, 대부분 진료가 필요함을 의미한다. 그것은 약물, 종양, 발작, 편두통, 감각 상실, 정신분열증이나 치매와 같은 정신과적 질병 등, 엄청 많은 서로 다른 조건들과 연관될 수 있다.

그러한 상황은 놔두고, 여기 다소 특이하며, 아주 드물지도 않은 신경학적으로 재미있는 사례를 살펴보자. 케네스(Kenneth)는 70세이며, 가구 만드는 일로 나름 성공한 사람이다. 그는 의사에게 수줍게 설명했다. 그는 하루 중에 여러 번 자신의 왼쪽에 추가로 팔과 다리가 하나 더 붙는 아주 확실한 체험을 하곤 한다. 그러한 추가적인 팔다리는 나타났다가, 한참 후에 사라진다. 그 추가적인 팔다리가 분명히 있다고 느끼는 동안에, 그것들은 자신의 실제 왼쪽의 다른 팔다리와 조화롭게 움직인다. 즉, 세 번째 다리가 다른 다리를 따라다니며, 세 번째 팔도 다른 팔과 함께 흔들린다. 왼쪽 팔이 비스킷으로 뻗으면, 세 번째 팔도 비스킷으로 뻗는다. 그의 말에 따르면, 그는 실제 팔을 움직이는 것과 별개로 자신의 추가적인 팔을 직접 조정할 수 없으며, 그 추가적인 팔이 자기를 혼란스럽게 하기는 하지만, 그것이 자신을 아주 성가시게 하지는 않는다. 세상에 그에게 무슨 일이 생긴 것일까?

뇌 영상 기술은 우측 측두엽과 두정엽의 연결 부위에 병소가 있는 간질의 특이 형태를 보여주었다(그림 3.1). 이러한 결과는 임상적으로 도움이 된다. 왜냐하면, 케네스는 자신의 세 번째 팔을 통제할 진료를 받을 수 있기 때문이다. 그렇지만, 도대체 추가적인 팔이 왜 나타난 것일까? 이것은 뇌와 관련된 또 다른 수수께끼이다.

다른 신체 감각의 변이는 아마도 편두통과 관련된 특이 뇌 활동과

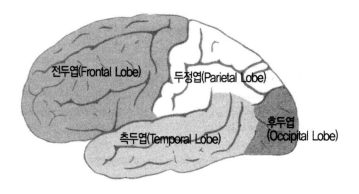

[3.1] 대뇌피질의 주요 구분. 두정엽과 측두엽 사이의 연결 부위를 주목하라. 공개된 도메인, *Gray's Anatomy*에서 가져왔다.

관련된다. 고등학교 시절 내 친구 유니스(Eunice)는 매년 봄이면 일주일 동안 지속되는 극심한 편두통에 시달렸다. 편두통이 시작되기 바로 전날 밤에 언제나 그녀는 아주 거대한 침대에 자신이, 대략 벌의 크기 정도로, 아주 작은 몸으로 누워 있는 느낌을 체험한다고 말했다. 그러한 감각이 자신을 두렵게 하지는 않았다. 왜냐하면 그녀는 그것이 "뇌가 하는 일"이며, 이내 사라진다는 것을 알고 있었기 때문이다. 그리고 실제로 그러했다. 그녀를 근심하게 만드는 것은 작아지는 그 체험 후에 분명히 편두통이 올 것이라는 두려움이다.

다른 편두통의 전조(migraine auras)로, 시각이 분할되어 들쭉날쭉 보이는 것과 같은 시각 효과도 있다. 이따금 시야(visual fields)[눈에 보이는 영역]의 한쪽 영역, 예를 들어 오른쪽 위 영역이 그렇게 보이게 된다. 이따금 환자는 시야의 나눠진 단편에서 섬광을 보기도 한다. 그러한 전조를 처음 겪게 되면, 당신은 "나에게 뇌졸중이 오는 것은 아닌가?" 하고 놀라기 쉽다. 그렇지 않으면 자신이 초자연적 접속을 하고 있지 않은지 놀라워할 수도 있다. 그 어느 경우도 아니다. 단지 보통 일어나는, 잘 알려진, 편두통의 전조 효과일 뿐이다. 여기에 어떤 외계인이나 영혼이 개입한 것은 전혀 아니다.

프랑스 수학자이며 철학자인 파스칼(Blaise Pascal, 1623-1662)은 편두통이 시작되기에 전에 자신의 시야 절반이 보이지 않게 되는 시각 효과를 기록으로 남겼다.11) 결국, 그는 시야에서 상당히 많은 불빛을 본 체험에 대해서 이야기를 지어내었다. 그는 그 불빛을 어떤 신성한 왕림으로 해석하고, 종교적 비밀에 부쳤다. 이따금 어떤 전조는 튀긴 옥수수와 같은 이상한 냄새가 느껴지는 것일 수도 있다. 극히 드문 일이긴 하지만, 편두통 전조로 환청(auditory hallucinations)이 들리기도 한다.

릴라(Lila)는 성장 관련 황반변성(macular degeneration)에 의해 맹인이 되었으며, 놀랍게도 환영시각(visual hallucinations)을 체험하기 시작했다. 그녀는 대부분 작은 사람들을 보며, 이따금은 엘머 푸드 (Elmer Fudd)나 베티 붑(Betty Boop)과 같은 만화 주인공들을 보기도 한다. (황반이란 망막에 광 감각 세포가 밀집한 곳이며, 사물들을 또렷하고 세밀히 보기 위한 중요 부위이다.) 릴라는 그 작은 사람들이 실제로 있는 것이 아니라고 잘 알았지만, 이러한 체험들에 대한 설명을 듣고 싶어 했다.

릴라의 질환은 찰스 보넷 증후군(Charles Bonnet syndrome)으로 알려져 있으며, 황반변성을 겪는 환자들 중 약 13퍼센트에서 발생한다. (내과의사 찰스 보넷이 18세기에 이러한 질환을 보고했다.) 릴라처럼 이 질환을 가진 환자들이 망상(delusion)을 갖지는 않는다. 그들은 이러한 소인국 모습들이 실재하지 않는다고 이해한다. 그럼에도 그 체험은 그들을 성가시게 한다. 추정되는바, 찰스 보넷 증후군은, 분명 그 환자들이 의사가 자신들을 망상을 갖는 환자로 분류할까 염려하여 그러한 체험을 솔직히 말하지 않으려고 하므로, 그다지 많이 보고되지는 않는다. 드물게, 일시적으로 안대를 착용한 환자 또한 환각을 체험할 수 있지만, 착용했던 안대를 풀면 그 환각 체험이 사라진다. (그러한 경험을 하고 싶어서 나는 스스로 안대를 착용해보았지만, 한 번도 성공한 적은 없었다.)

찰스 보넷 증후군의 체험은 감각 상실을 동반하는 것으로 믿어지며, 뇌는 정상 감각 입력을 상실하고 무작위 활동에 의해서 활성화되어 (무작위 활동에 의해, 기묘하지만) 나름 정합적인 지각을 만들어낸다. 그러한 모호한 설명은 그다지 실질적인 설명이 되지 못하며, 그러므로 그 증후군은 신경생물학 차원에서 별로 이해되지 못한 셈이다.

당신이 꿈속에서 비명을 지르며 도망치려고 했던 일을 기억하는가? 두려움에, 어떤 소리도 내기 거의 어려운데, 당신의 다리는 납덩이처럼 무거워져 움직이기 어렵다. 왜 당신은 불을 내뿜는 괴물로부터 도망하지 못하는가, 그냥 내달리지 못하는가? 뇌로 다음과 같이 설명된다. 뇌간(brainstem)의 특별한 덩어리 뉴런들은 비록 꿈이라고 할지라도 당신이 움직일 수 없도록 조치하기 때문이다. 꿈의 상태에서, 그 뇌간의 뉴런들은 운동피질(motor cortex)로부터 나오는 (그리고 척수를 거쳐서 팔과 다리로 전달되는) 어떤 운동 신호도 강력히 차단한다. 결국, 꿈꾸는 중에 당신은 일종의 일시적 마비가 되어, 당신의 꿈에서 지시되는 명령이 전달되지 못하도록 실제로 막는다. 이것이 프랑스 신경과학자 미셸 주베(Michel Jouvet)에 의해서 밝혀졌다. 그는 고양이를 통한 실험에서 그것을 보여주었다. 특별한 뇌간 그물망이 손상된 고양이라면, 꿈꾸는 중에 무엇에 쫓기는 상황에서, 실제로 점프하거나 달아난다.

이 특별한 뇌간의 억제는, 당신이 꿈속에서 공격을 받을 경우에 비명 소리를 내지 못하고 왜 간신히 불쌍한 신음 소리 정도만 낼 수 있었는지, 당신을 괴롭히는 자들을 왜 발로 걷어차지 못했는지, 꿈속의 택시를 왜 뒤쫓아 뛰지 못했는지 등을 설명해준다. 이것이 바로 당신의 개가 꿈을 꾸면서 웃기게 우물거리며 짖고, 목청을 열어 정상적으로 짖는 소리를 내지 못하는 이유이다. 그런데 운동 신호에 대한 억제가 어쩌면 완전하지 않을 수도 있다. 이따금 조금 씰룩거릴 수 있으며, 낄낄거릴 수 있고, 속삭일 수 있지만, 그러나 그것이 정상 운동은 아니다. 하여튼, 만약 그러한 억제 그물망이 손상되면, 주베의 손상된 고양이처럼, 당신도 꿈속에서 행동할 수 있다. 이런 꿈속 행동이 이따금 치매에 걸린 노인 환자들에게서 일어나곤 한다. 그러한 질환은 상당히 위험한데, 꿈이 유발한 행위가 자신을 해하거나 남을 해하는 결과로 나타날 수 있기 때문이다. 예를 들어, 한 환자는 침대에서 뛰어내려 벽을 향해서 있는 힘껏 돌진하였고, 머리에 상처를 입고, 벽도 망가졌다. 다른 환자는 함께 자는 동료를 교살하기도 하였다. 그러한 환자에게, [꿈꾸는 중에 빠른안구운동(rapid eye movement, REM)이 나타나므로] REM 억제 약물이 꿈을 꾸지 못하도록 이용되며, 따라서 상해를 예방할 가능성을 높인다. [빠른안구운동에 대해서는 9장에서 다시 설명한다.]

낮은 비율의 사람들에서, 꿈속 마비를 끄고, 깨어남을 켜는 (평범한) 증세가 흔히 발생할 수 있다. 이것은, 당신이 충분히 깨어난 후에도 그러한 마비가 지속될 수 있다는 것을 의미한다. 만약 그러한 일이 발생한다면, 당신은 당황하고 놀라서, 뇌졸중이나 외계인에게 납치되는 것을 두려워할 수 있다. 당신은 깨어 있으며, 움직이려 하지만, 움직일 수 없기 때문이다.

일반적으로 이러한 사건은 일상생활에서 거의 일어나지 않지만, 어떤 사람들은 자주 그러한 체험을 할 수도 있으며, 그러면 수면에 드는 것이 두려워지고, 그래서 다시 깨어 있을 때의 삶에 수면마비 증상이 더 심해지는 등, 악순환이 거듭된다. 일단 수면이 박탈되면, 환자는 놀라운 체험을 가지게 된다. 악마가 나타나고, 방에서 쿵쿵대는 둔탁한 발자국 소리가 들리고, 가까이에서 협박하는 소리가 들리는 등등이다. 정규적으로 수면에 방해를 받아서 수면을 잘 이루지 못하면, 건강한 사람에게도 이런 일이 일어날 수 있다. 당연히 이러한 예외적 사건들은 영적인 세계, 유령과 마녀, 혹은 죽은 자와의 만남으로 자주 해석되곤 한다. 임상적으로 치료를 받으러 오는 환자들에 대한 조치는 의외로 단순하다. 더 잠을 자라. 그 처방만으로 좋은 효과를 본다.12)

이러한 지각의 기이한 목록을 보면, 뇌가 여러 가지 놀라운 일을 한다고 생각하게 하며, 그 놀라운 뇌의 작용은, 사후의 삶 혹은 출생 전의 삶 혹은 영적인 삶 등에 대해서, 어떤 특별히 중요한 의미도 부여하지 않는다. 그러한 것들은 단지 **신경-기이함**이며[즉, 신경으로 인한 현상일 뿐이며], 그것을 우리가 아직, 어떻게 그러한지 완전히 설명하지 못할 뿐이다. 황홀하며, 거의 설명이 안 되는, 이따금 성가시거나 혼란스럽기도 한, 그러한 일들은 기이함 자체이다.13)

믿음으로 받아들이기

이러한 논의의 어떤 것도 천국이 존재하지 않는다고 결정적으로 논증하지 못한다. 나는, 요정이 존재하지 않는다고 말할 수 있는 것과 동일한 확신으로, 천국이 존재하지 않는다고 말하기 어렵다. 또한 반대로, 나는 임사 체험 보고에서 혹은 소위 사후 체험에서 그러한 장소에 대해 신뢰할 증거를 찾지 못했다. 이상-뇌 사건에 의해 발생되는 이상 체험에 대한 정보는, 유령, 외계인, 천국 등과 같이, 정말로 특이하다. 만약 당신이 사후의 삶을 믿고 싶다면, 그러한 믿음은 아마도 의식적 결정으로 주어질 것이다. 당신은 아마도 이렇게 말할 수도 있다. "나는 천국을 믿고 싶다. 그렇게 하면 내 기분이 더 좋아지기 때문이다." 뭐 그렇게 말한다면 누가 뭐라 하겠는가? 그렇지만, 내 입장에서 보면, 그러한 결정이 자신을 더 엉터리라고 지적받게 만들 것이라고 나는 걱정된다. 자기기만(self-deception)은 마치 마약과 같아서, 당신에게 더 큰 욕구의 느낌을 무감각하게 만들어, 당신이 고생스러운 수고를 통해서 부를 얻어야 할 바로 그러한 때에, 당신을 무력하게 만든다.

어떤 자기기만은 우리에게 도움이 되기도 할 텐데? 그럴지도 모른다. 그렇지만 자기기만이 미친 듯이 날뛸 수도 있다. 나의 부모님의 농장 친구인 매력적이고 유쾌한 성격의 스탠리 오코너(Stanley O'Connor)는 58세에 위암 진단을 받았다. 1955년에는 운명의 종말이 다가올수록 자신을 편안하게 하는 것 이외에 할 수 있는 것이 없었다. 그러나 스탠리는 포기하지 않았다. 그와 그의 아내는 은행에 저축된 모든 돈을 찾고, 추가로 돈을 빌렸다. 그들은 자신의 낡은 트럭에 짐을 꾸려, 미국 남쪽 국경을 넘어, 약간 유명한 떠돌이 신앙 치료사에게 가서 치료받으려 했다. 그 치료사는 그들의 "공물"을 공손히 받아들였고, 열정적으로 기도해주었으며, 축복해주었다. 그런 후에는 그들을 돌려보냈다. 3개월 후에 스탠리는 죽었고, 모든 돈은 사라졌다.

내가 아버지에게 오코너 부인이 이제 신앙 치료사에 대해 어떻게 생각하는지 물었을 때, 아버지는 슬픈 표정으로 머리를 흔들며 설명했다. "글쎄, 그 부인은 자신의 믿음이 부족했다고 믿더라. '만약 믿음이 깊었다면 스탠리가 치료되었을 거예요.' 이렇게 말하더라." 식탁에 둘러앉아서 우리는 그것에 대해서 자주 그리고 오랫동안 이야기하곤 했으며, 이것이 자기 파괴적인 자기기만으로 보였다. 그 신앙 치료사는, 아버지가 언제나 열을 올리면서 말했듯이, 협잡꾼으로, 좌절에 빠져 있는 무지한 사람들에게 기도만으로 돈을 벌었다. 아버지는 이렇게 말했다. "어리석게 행동하느니 그냥 죽는 것이 더 낫다." 오코너 부인은 농장을 운영할 돈이 없이 아이들을 돌보아야 했으며, 빚을 갚아야 했고, 쇠약해져서 다음 해에 죽었다. 희망을 잃고 혼란스럽게 된 어린 세 아이들은, 그들을 받아들이기 꺼리는 아줌마와 아저씨 집으로 보내져야 했다.

수년이 흐르고 난 뒤 1960년에 떠돌이 전도사 엘머 갠트리(Elmer Gantry)에 관한 영화가 개봉되었다.14) 나는 그 영화를 도저히 봐줄 수가 없었다. 가난하고, 무지한 농부들은, 좌절하면서도 희망에 가득 차서, 카리스마파(charismatic, 성령 치료를 강조하는 일파) 장사꾼에게 쉬운 먹잇감이었다.

진실의 편에 서라. 그렇게 수즈 오만은 조언했으며, 이것은 효과적인 인생의 교훈이다. 이 말은 아리스토텔레스, 공자, 벤저민 프랭클린, 마크 트웨인 등의 말 속에서 공명되었다. 그리고 버트런드 러셀(Bertrand Russell)도 다음과 같이 말했다.

사람들은 세상에 그 무엇보다도 생각하기를 두려워한다. … 파멸보다도, 심지어 죽음보다도 더 두려워한다. [사람들은 이 정도로 생각하기를 싫어한다. 그렇지만] 생각은 전복과 혁명을 불러오며, 파괴와 공포를 불러오며, 생각은 은혜로운 자비심이 없고, 제도를 고착화시키며, 안락한 습관에 빠지게 만들기도 하다. 생각은 지옥의 구멍을 들여다보더라도 두려움을 모른다. 생각은, 위대하며 빠르고 자유로운, 세상의 등불이며, 인류에게 최고의 영예이다.15)

사실은 스스로 개정되어, 우리 믿음, 우리의 희망, 우리의 신조 등을 긍정해주지 않는다. 지구는 자신 스스로 우주의 중심이라고 알려줄 수 없다. [그렇게 인정된 것은 그러한 사실적] 생각이 인간에게 깊게 호소력을 주었기 때문이다. 심장은 실제로 단지 살덩어리 펌프이다. 나의 어린아이들이 나의 아기일 수 있는 것은, 생물학적 복제가 작동한 때문이지, 신비로운 힘이 '바로 이 난자와 저 정자가 서로 만나서 바로 이 아기를 낳도록' 미리 정해준 때문이 아니다. 당신이 아이를 그렇게 많이 사랑할 수 있는 것은 [신경전달물질의 작용에 의해서] 약간 멍청해지기 때문이다.

우리가 죽으면 영혼이 천국으로 올라가기 위해 육체에서 분리된다는, 플라톤식의 영혼이란 개념은 우리를 강력히 이끄는 측면이 있지만, 우리는 이렇게 스스로 물어보아야만 한다. 그것이 참인가? 우리가 믿는 것이 진실인가? 우리가 그것에 대해 중요한 신뢰성을 갖지 못한 채 단지 그러한 개념을 좋아하는 것은 아닌가? 이런 질문에 대해 생각하는 방식이 바뀐다고 해서, 마치 스탠리 오코너처럼, 당신의 결심이 즉시 바뀌지는 않는다. 남자아이에게 모유를 먹여야 게이(gay)가 아닌 아기로 바뀌는가?16) 대양이 물고기를 몽땅 잡아버리기도 하는가?17) 기후 변화가 [그러한 것이 기후가] 변덕쟁이인 때문일까? 신이 은총을 베푼다는 것이 당신이 믿음을 가져야 할 이유가 되는가? 그렇지만 실제로 그것을 믿는 것은 현명하지 않으며, 그러한 생각에서 맹목적으로 애써 증거를 모으고, 생각해야 할 이유라고 여기는 것 또한 현명치 않다. 신도 종종 은총을 베풀지 않기 때문이다.

철학자 팀 레인(Tim Lane)과 오웬 플래너건(Owen Flanagan)은 이렇게 말했다. 우리의 삶에서 아주 적은 부분, 즉 우리가 특정한 질병에 걸렸을 경우에 취해야 할 행동으로, 거짓 낙관주의(false optimism)가 실제 도움이 될 수도 있다. 예를 들어, 암에 걸렸을 경우가 그러하다. 그러나 당뇨병과 위궤양에 걸렸을 경우에는 아니다.18) 그렇게 해서 회복될 것이라고 믿는 이유로 당신은 어쩌면 (납득할 만한 수준으로) 스트레스 호르몬 감소를 꼽으면서, 그것이 면역 시스템과 현대 치료보다 더 좋은 효과를 발휘하게 해준다고 기대할 수도 있다. 그런데 그렇다는 증거가 있는가? 결정적으로 명확한 증거는 없다. 시무룩한 암 환자는, 즐거운 마음을 가지는 환자와 마찬가지로, 동일하게 회복할 것 같다. 다른 암 환자들이 표준적 의료 진료를 받는데, 일부 암 환자가 단지 긍정적 생각에만 의존했다는 어떠한 연구 보고도 없다.19) 그러한 연구와 비슷한 어떤 것도 발견되지 않는다.

그렇지만 레인과 플래너건은 현명하게 다음과 같이 지적했다. 일반적으로 거짓 낙관주의는, 일종의 믿음-욕구 합체보다 믿음이 덜하며, 증거에 근거하여 확고하게 붙드는 믿음보다 희망에 더 가깝다고 할 수 있다. 거짓 낙관주의는, 현명한 사람들이 차갑고 단단한 사실들에 의해서 지지하는 것과는, 다르게 인식되는 무엇이며, [나중에 기대가 틀어진 후에도] 지금 자신의 상황이 매우 특별한 경우였을 뿐이라는 식으로, 대부분 변명으로 끝날 무엇이다. 그러한 입장이 효력을 발휘하는 말은 "**어쩌면**"이다. 이러한 상태에서, 거짓 낙관주의가 당신에게 도움이 되었다는 증거가 상당히 희망적으로 보이기 때문이다. 어느 경우이든, 만약 당신이 암 치료 병원 대신에 신앙 치료사를 찾아간다면, 거짓 낙관주의의 결말은 재앙이 될 수 있음을 기억해야 한다. 만약 당신이 믿음에서 당신의 사랑이 자신의 어린아이의 보호막이 된다고 생각하여, 촌충이나 소아마비에 감염된 아이에게 백신을 접종하지 않으면, 더 나쁜 결말을 보게 될 것이다.

───────────

진리를 찾는 일이 아무리 어렵다고 하더라도, 진리에 대한 깊은 존중은 많은 인류의 문명사 속에서 찬양되어왔다. 소크라테스와 같은 고대 그리스 철학자들과 맹자와 같은 고대 중국 철학자들에게서, 이누이트(Inuit, 에스키모), 샤이엔(Cheyenne, 북아메리카 원주민), 트로브리안드 제도(Trobriand Islands, 파푸아뉴기니에 있는 섬) 등등에서도 그러했다. 오카나간(Okanagan, 캐나다 지역)의 산전수전 다 겪은 억센 농부들 사이에서도 그러하다. 최소한 이렇게 말할 수 있다. 맹목적 신념은, 진리가 무엇을 내놓든, 진리보다 더 위험하다.

4 장

도덕성의 근거, 뇌

캐나다 북부 매니토바의 그해 겨울은 몹시 혹독해서, 심지어 작은
사냥감조차도 사라진 지 오래였다. 치페위안(Chipewyan, 캐나다 인디
언 부족) 부락의 어린이들은 잘 먹지 못해 쇠약해져가고 있었다. 노인
들은 그러했던 해를 기억해내고는 죽음의 공포에 두려워하였다. 이른
아침 한 남자가 자신의 어린 아내와 아기를 데리고 어딘가로 길을 떠
났다. 그들이 남긴 눈 발자국은 자작나무가 늘어선 숲 속으로 길게 흔
적을 남겼다. 겨울이 깊어갈수록 죽는 사람들이 늘어났으며, 여전히
그 부락 근처에 어떤 사냥감도 보이지 않았다. 조금씩 낮의 길이가 길
어지기 시작했다. 어느 날 저녁에 그 젊은 부인과 아기는 남편 없이
홀로 돌아왔다. 건강하고 튼튼해 보였다. 적어도 그녀가 부락을 떠나
기 전보다 더 건강하고 더 튼튼해 보였다. 그러나 그녀는 신중한 태도
로 바뀐 채 나타났으며, 그녀의 신중한 눈매는 부락에서 떨어져 있었
던 겨울의 두 달 동안 그 두 사람이 무엇을 먹고 살았는지를 숨기지
못했다. 봄이 오고, 계절과 함께 사슴이 나타났다. 비록 여윈 놈들이

지만 그 부락민들을 먹이고 살찌울 정도로 영양분을 보충할 수는 있었다. 그 부락의 여성들은 그 젊은 엄마와 아기를 멀리하였고, 따라서 그 엄마는 상심하여 말이 없어졌다. 부락 사람들은 여름이 오기 전에 무슨 일이 일어날 것인지 알고 있었다. 다른 사람의 살, 즉 인육을 먹으면 그 사람의 영혼이 썩는다. 사람의 고기를 한번 맛보면 사람 고기 맛을 영원히 잊지 못한다. 그들은 그것을 "윈디고(Windigo)가 되는" 것으로 알고 있었다. [역자: 캐나다 인디언의 전설에 따르면, 윈디고는 식인 괴물이다. 그것은 사람의 모습으로 나타날 수 있다.] 부락 사람들은 강의 얼음이 녹을 때까지 그녀를 감시하고 기다렸으며, 그녀를 더욱 격리시켰다. 그렇게 시간이 흘러 북극 [오로라] 불빛이 녹색과 노란색으로 일렁이던 날 고요한 밤에 그 여자는 조용히 땅에 웅크리고 앉았다. 그러자 노인이 조용히 그녀의 머리를 곰 가죽으로 뒤집어 씌웠다. 그리고 그녀가 조용해질 때까지 그녀의 머리를 말없이 누르고 있었다. 몇 분 후에 사람들은 그녀의 우는 아기를 달래주었다.1) [역자: 이 사건은 소설 속의 이야기이다.]

부유하며 너무 많이 가지고 살아가는 우리로서는 이러한 이야기가 상상조차 되지 않을 수 있다. 있음직해 보이는 이러한 사건은 아기에 대한 과도한 사랑 때문에 일어난다. 젖이 말라감에 따라서 아기가 점차 굶어 죽어야 하는 것을 바라보는 것은 어버이로서 견디기 힘든 일이다. 포유류 부모들은 새끼를 위해 기꺼이 특별한(?) 희생을 감내한다. 당신은 포유류이며, 그리고 당신의 포유류 뇌는 새끼를 보호하고 돌보고는 것을 우선으로 내세우도록 조직화되어 있다. 그러나 당신은 자신의 굶고 있는 아기를 위해서 얼마나 큰 희생을 할 수 있는가? 사람 고기를 먹는 것을 반대하는, 문화적 관습에 내재된, 금지조항에 대해 나는 강력히 의문을 갖는다. "그래서, 그 아기 엄마를 죽이려는 노인의 결정이 정확히 어떤 근거에서 정당화되는가?" 나는 비록 그녀의 행위가 우리 문화 규칙을 어긴 것임을 잘 안다고 할지라도, 그 노인의 행동 또한 옳지 않다는 것을 의심하지 않는다.

그 부락의 집단은 적은 규모로, 아마도 20-30명 정도로 추정된다. 그 이야기 속에 나오는 노인의 지혜는 오래전에 살았던 세대로부터, 그리고 여러 이야기들로부터 전해졌으며, 그 지혜는 아래의 이해에서 나온다. 살아남기 위해 다른 사람을 먹는 것은 자신의 자아 개념과 자제력을 왜곡시킬 것이며, 집단 내의 모든 사회적 관계를 변화시켜, 위험한 불안정과 살상을 유발한다. 그렇지만 극심한 환경에서 집단이 생존하려면 위험한 행동도 불사해야 한다. 이렇게 말하는 나는, 그러한 금지조항이 바보스럽다거나 근거 없다고, 생각하지는 않는다. 나는 다만 그러한 금지조항이 실제로 잘못인지 아닌지 말하기 어렵다는 것을 말하려 한다.

왜 그 아기는 굶어 죽었어야만 하는가? 사람들이 불확실한 게임에 의존해서 살아가듯이, 먼 북쪽의 토착 부족민들은 생존을 위해 투쟁해야 하는 겨울을 매년 맞이한다. 혹독한 시기에 이런 방식으로 기아를 모면해야 한다는 생각은 아마도 드물지 않을 것이다. 모든 다른 문화에서 그러하듯이, 치페위안 부족은 (그렇게 윈디고가 되는 경우에) 간결한 신화 속에서 힘겹게 얻어낸 사회적 통찰을 실천할 방법을 계승해왔다. 엄마 없는, 윈디고 아기는 선의의 친척에 의해서 부양되며, 그는 불가피하게 항상 자신의 이상한 생존이 암울했던 것으로 비쳐져야 하며, 자신의 이야기를 따르는 이가 없도록 어느 곳에도 가지 못한 채, 사회적으로 구속받으며 살아가야 한다. 그러므로 겨울이 황량해지면, 북극의 사람들은 일반적으로 허약한 부족 사람들을 필사적으로 살리려 하기보다 차라리 죽게 내버려둔다.[2]

가치는 어디에서 나오는가?

가치(values)란 우리 신체의 일부인 위장이나 다리처럼 사물로 있지 않다. 즉, 가치란, 이 세계에 계절과 조수(밀물과 썰물)가 존재하듯이, 세상에 존재하지 않는다. 그렇다고 저세상에 있지도 않다. 가치는 사회적 세계 내에 있으며, 우리는 그것에 의해 살아가고, 그것을 위해 죽기도 한다. 가치란 특정 부류의 사회적 행동에 대해서 우리가 어떻게 느끼고 생각해야 하는지를 반영한다. 도덕이란, 계절이 세상에 존재하는 방식으로, 이 세계에 존재하지 않는다. 그러나 도덕이란 당신의 사회적 세계 내에 확실히 존재한다. 우리 인간들이 용기와 친절에 대해서 긍정적 느낌을 가짐에 따라서, 그리고 잔인함과 어린이 방치에 대해서는 부정적 느낌을 가짐에 따라서, 도덕은 나타난다.

자신의 생존과 자신의 생계에 대한 가치 역시 이 세상에 존재하지 않는다. 그러한 가치는 모든 동물의 뇌 안에 담긴다. 그리고 생물학적 세계가 어떻게 그러한 방식이 되도록 했는지를 어렵지 않게 이해할 수 있다. 만약 어떤 생명체의 유전자가 생명체로 하여금 위험을 피하고, 먹을 것과 물 그리고 짝을 구하도록 조직된 뇌를 만들지 못한다면, 그 동물은 오래 생존하기 어려우며, 복제도 하지 못하게 된다. 만약 새끼를 낳지 못한다면, 그 유전자 역시 다음 세대로 전달되지 못한다. 그러므로 만약 뇌를 갖지 못해서 자신의 안녕(well-being)을 고려하지 못했다면, 그 유전자는 자신이 만든 뇌와 함께 멸종되었을 것이다.

반면에, 자신의 생계유지를 염려하도록 촉발하는 동물은 새끼를 낳을 더 좋은 기회를 가질 것이다. 그리고 그러한 동물의 새끼가 생존하여, 다시 복제함에 따라서, 그 동물의 유전자는 다음 세대로 계속 퍼져나갈 수 있게 된다. 그렇게 특정한 자기중심적 가치는 자연선택에 의해서 선호되었다. 아주 간략히 말해서, 자기중심적 가치를 갖는 뇌를 만드는 유전자를 가진 동물은 자기-부정적 뇌를 만드는 유전자를 가진 놈들보다 더 잘 살아남는다.

그렇지만 도덕적 가치는 남을 돌보는 자기희생을 포함한다. 인간이 어떻게 도덕적 가치를 가지게 되었는가? 인간이 어떻게 자신의 새끼, 짝, 친족, 친구 등을 위하게 된 것인가? 자신을 위한다는 것과 남을 위한다는 것은 서로 상충되는 것처럼 보인다. 깊은 수준에서, 자신을 위하는 가치와 마찬가지로, 도덕적 가치 역시 뇌 안에 담기는 것으로 드러났다. 그러한 진화론적 발달은 어떻게 일어난 것인가? 그 기초적 대답은 이렇다. 당신은 포유류이며, 포유류는 강력한 뇌의 그물망을 가지고, 자신을 넘어 타인에게로, 즉 첫 번째로 새끼에게, 그 다음에는 짝에게, 그 다음에는 친족, 친구, 심지어 모르는 남에게까지 돌봄을 확장시킬 수 있다. 그렇다면 그러한 그물망이 포유류의 뇌에 어떻게 들어서게 된 것인가? 그러한 그물망이 진화에서 어떻게 선택되었는가?

포유류의 사랑 이야기

포유류 뇌의 진화는, 우리가 도덕성과 결부시켜도 될 수준의, 사회적 가치를 갖게 된 출발점이다. (이러한 이야기가 조류(birds)에도 어쩌면 참이다. 그렇지만 유감스럽게도 나는 여기에서 조류에 관한 이야기를 하지 않겠다.) 포유류 뇌의 진화는 새끼를 갖기 위한 신상품 전략(brand-new strategy)을 출현시켰다. 즉, 어린 새끼는 따뜻하고 영양을 공급해주는 암컷의 자궁 속에서 성장한다. 반면에 파충류는 새끼를 알에서 잉태시킨다. 예를 들어, 모래 속이나 구멍 속에 묻힌 채 성장한다. 포유류 새끼가 태어나면, 엄마에 의존해서 생존해야 한다. 그러므로 포유류의 뇌는 '완전히 새로운 일'을 하도록 조직화되어야 만 한다. 즉, 그 어미는 자신을 돌보는 방식으로 '다른 놈을 돌보는 일'을 해야만 한다. 내가 자신에게 체온 유지, 먹이 활동, 안전 유지하기 등등을 하듯이, 자신의 새끼에게 체온을 유지시키고, 먹이를 먹이며, 안전하게 보호한다.

아주 조금씩 진화되어, 대략적으로 70만 년이나 걸려서, 자기를 돌보는 시스템이 새끼까지 포함하도록 수정되었다. 이제 유전자는, 새끼가 고통스러운 신음 소리를 내거나 둥지에서 떨어지거나 하면, 어미도 따라서 고통을 느끼는 뇌를 만들어낸다. 그리고 물론 새끼는 자신들이 춥거나, 혼자 있거나, 배가 고플 때에 고통을 느끼며, 그러면 신음 소리를 낸다. 이러한 새로운 포유류의 뇌는, 새끼와 함께 있을 때에 어미들이 즐거움을 느끼게 해주며, 새끼들 역시 엄마와 부둥켜안으면 즐거움을 느끼는 뇌를 갖는다. 어미와 새끼는 서로 연결된 존재이다. 즉, 그들은 떨어져 있는 것을 싫어한다.

그런데 포유류는 새끼를 갖는 이러한 방식을 왜 진화시켰는가? 초기 포유류 같은 파충류인 **사우롭시드**(*sauropsids*)는 이렇게 완전히 새롭게 새끼를 키우는 방식을 처음 시작한 단계에서 생존했는데, 그러한 방식이 어떤 유리함을 지녔던 것일까? 그 대답은 아마도 에너지의 원천, 즉 먹이와 관련된다.

첫 번째 사우롭시드는 따뜻한 피를 가진 **항온동물**(*homeotherms*)이 었으며, 그것은 엄청난 유리함이었다. 그 놈들은 차가운 피를 가진 경쟁자들이 굼뜨게 움직이는 야간에 사냥할 수 있었기 때문이다. 도마뱀과 뱀은 태양에 의존해서 몸을 따뜻하게 하고 나서야 빠르게 움직일 수 있다. 그러므로 기온이 떨어지는 야간에, 그것들은 매우 느려진다. 그 포유류 이전의 동물(pre-mammals)은, 분명히 태양이 나타나기

118

만을 기다리며 땅바닥에 주저앉은 굼뜬 파충류들을 잡아먹었을 것이며, 적어도 그놈들은 포식 파충류에 대한 두려움 없이 약탈할 수 있었을 것이다. 사우롭시드는 또한 더 추운 날씨에 적응할 수 있었으며, 그렇게 해서 새롭게 먹이를 구하고 번식하는 시대가 열렸다.

항온동물은 많은 에너지를 필요로 하므로, 따뜻한 피를 가진 동물들은 상대적으로 많은 물고기와 파충류를 잡아먹어야만 한다. 포유류나 조류가 되기 위한 에너지 비용은 적어도 도마뱀류보다 열 배는 더 많다.3) 만약 생존하기 위해서 많은 칼로리를 섭취해야 한다면, 똑똑하고 유연하게 행동할 새로운 조건을 갖춰줄 뇌를 갖는 것이 분명 도움이 된다. 생물학적으로 말해서, 일생 동안에 마주치게 될 모든 우연적 사건들에 반사작용하는 뇌를 만들어줄, 게놈(genomes)을 갖추는 것보다, 학습할 수 있는 뇌를 만드는 것이 더 효과적이다. 뇌가 학습할 수 있다면, 배선 연결이 추가되어야만 하며, 그것이 게놈으로 하여금 유전자(genes)를 갖게 만들었을 것이며, 그 유전자는 단백질이 새로운 정보를 담아낼 배선 연결을 만들도록 발현되었을 것이다. 게놈을 변화시켜서 뇌가 많은 다른 환경에서 어떻게 반응해야 할지를 출생부터 알 수 있도록 만드는 것보다, 뇌 내부에서 무수한 신경 사건들(cascade of events)을 사전에 짜 맞추는 것이 훨씬 덜 복잡하다.4) 주목해야 할 것으로, 전략적 생존을 위해서 뇌를 조율하는 학습 전략을 갖는다는 것은 곧 새끼가 출생 시에 그다지 많이 알지 못한다는 것을 의미한다. 그러므로 포유류 새끼들은 어미에 의존적일 수밖에 없다.

따라서 학습은 똑똑해지기 위한, 그리고 생존 기회를 늘려줄 위대한 방식이며, 이것이 가능하려면 (눈 깜빡임 같은 반사작용을 가능하게 하는) 하드웨어 회로가 할 수 있는 것보다 훨씬 더 많은 경험에 반응할 회로가 있어야 한다. 그럼에도 불구하고, 확장된 학습 기반은, 이미 설치된 옛 동기와 욕구를 위한 시스템과 협력해야 하며, 똑똑해지려면 수많은 경험들에 따라서 신경이 변화될 수 있어야 한다. 당신은 그러한 회로를 가지고, 스스로 환경의 여러 사건들에 유연하게 반응할 수 있으며, 특정한 사건들을 기억하고 일반화하며, 여러 선택지들 중에서 계획적으로 선택할 수 있으며, 이러한 모든 것들을 지성적으로 처리할 수 있기를 바란다. 특별한 종류의 신경 구조물인 피질이 이러한 지적 기능을 위해 요구되는 힘과 유연성을 제공하는 것으로 드러났다. 그렇다면 대뇌피질(cortex)이란 무엇인가?

포유류의 등장과 함께 새로워진 피질은 고도로 조직화된 여섯 층(layers)의 세포 신경망이며, 이것은 엔진의 덮개처럼 고대의 반사 조직 뇌[즉, 변연계(limbic system)]를 뒤덮고 있다(그림 4.1). 도마뱀 역시 그들의 심층 구조물 위를 감싸는 일종의 그물망 덮개를 가지긴 하지만, 그것은 단지 3층뿐이며, 포유류 피질에서 보여주는 고도로 규칙적인 조직화를 보여주지는 못한다. 그 피질 아래에 고대부터 있었던 구조물이 포유류 행동에서 중요한 역할을 지속적으로 담당하기는 하지만, 그것에 의한 행동 지배는, 피질이 확장되어 행동 지배 조절을 넓혀감에 따라서, 점차 약화되었다.5) 전전두피질(prefrontal cortex)의 큰 팽창으로 행동의 유연성이 더욱 확대되었으며, 자기조절 능력과 문제 해결 능력이 더욱 확대되었다(그림 4.2). 쥐는 도마뱀보다 더 똑똑하며, 원숭이는 쥐보다 더 똑똑하다. "똑똑하다"라는 말로 내가 의미하는 것은 문제를 잘 해결하고 유연한 인지 능력을 가진다는 뜻이다.6)

우리의 대뇌피질이 어떻게 여섯 층을 갖도록 진화되었는지는 아득한 과거에 묻혀 있으며,7) 불행히도 파충류 같은 포유류(사우롭시드)가 전혀 생존해 있지 못하다. [그러므로 뇌의 진화 과정을 실증적으로 연구하기 어렵다.] 그럼에도 불구하고, 출생에서부터 성장까지 뇌의 성장에 대한 연구는 물론, 서로 다른 현존하는 여러 종들에 대한 뇌를

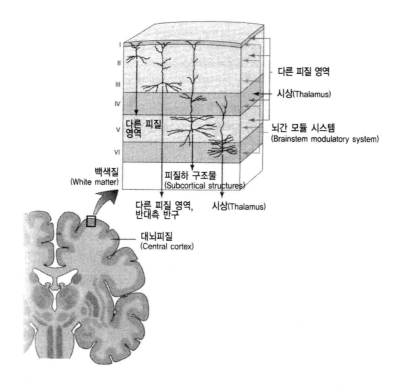

[4.1] 관상 절개(coronal section, 양쪽 귀를 기점으로 수직으로 절개한 단면)에서 보이는 인간의 뇌. 외부 표면 끝에 회색 부위가 피질(피질 덮개, cortex, cortical mantle)이다. 백색질(white matter)과 회색질(gray matter)의 차이는 미엘린 (myelin)의 여부에 의존하며, 미엘린은 뉴런의 축삭(axons) 주위를 감싸는 (지방 이 풍부한) 세포로 구성되어 있으며, 이것은 일종의 [전선을 감싸는] 피복 같은 역할을 담당하여 신호 전달 속도를 증가시킨다. 회색질은 미엘린이 없으며, 대부 분 뉴런의 세포체(cell bodies)와 수상돌기(dendrites)로 구성된다. 다른 회색질 구 조가 피질 아래에서도 존재한다. 위 절단면 그림은 피질의 층판 구조와 고도로 규칙화된 구조를 잘 보여준다. 실제 뉴런의 밀도대로 표현되지 않았다. 피질 막 의 1세제곱 밀리미터에 대략 2만 개의 뉴런이 있으며, 뉴런들 사이의 시냅스는 10억 개 정도이고, 뉴런들 사이의 연결 길이를 모두 더하면 4킬로미터 정도이다. 다음에서 인용되었다. A. D. Craig, "Pain Mechanism: Labeled Lines Versus Convergence in Central Processing," *Annual Review of Neuroscience* 26 (2003): 1-30. 다음 책에서 처음 인용되었다. Patricia S. Churchland, *Braintrust*, Princeton University Press. Princeton University Press의 허락을 받아 인용함.

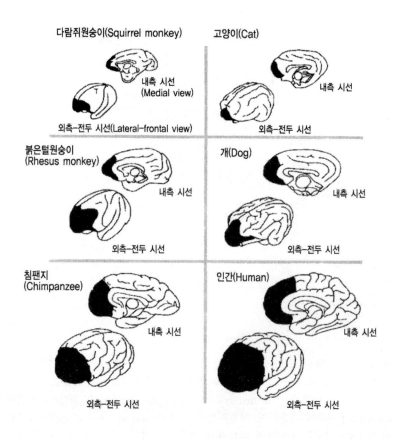

[4.2] 여섯 종의 전두피질을 어둡게 표시했다. 외측-전두(lateral-frontal, 옆과 앞
쪽에 보이는 모습)와 내측(medial, 반구의 안쪽에서 전두피질까지 연장된 부분)
의 두 시선의 그림이다. 크기의 비율을 고려하지는 않았다. 다음의 책에서 인용
되었다. Joaquin Fuster, *The Prefrontal Cortex*, 4th ed (Amsterdam: Academic
Press/Elsevier, 2008). Elsevier의 허락을 받아 인용함.

비교해보는 연구를 통해서 우리는 많은 것들을 알 수 있다. 그중에 한 가지 우리가 아는 것은 이렇다. 감각 기능을 지원하는 피질 영역들이, 특정 포유류 생활양식과 생태적 환경에 따른 기능에 따라서, 크기, 복잡성, 그리고 그 연결의 역할(portfolio) 측면에서 서로 다르다. 예를 들어, 날다람쥐는 아주 넓은 시각피질 영역(visual cortical field)을 가지며, 반면에 오리너구리는 좁은 시각피질 영역을 가지지만 체성감각 영역(somatosensory, touch field)은 넓다. 유령박쥐와 같은 야행성 포유류는 사냥에 (정교한) 반사음을 사용하므로, 상대적으로 큰 청각 영역을 가지며, 시각 영역은 좁고, 체성감각 영역은 오리너구리의 것보다도 상당히 작다(그림 4.3).[8] 설치류들은 예를 들어, 하늘을 나는 날다람쥐, 수영하는 비버, 나무를 기어오르는 다람쥐 등처럼, 서로 아주 다른 행동 습성을 갖는다. 이것은 그러한 재주를 부리는 동작을 위한 운동피질을 포함하여, 뇌의 여러 부분들이 서로 다르게 조직화되어 있다는 것을 의미한다. 모든 포유류에서 전두피질은 운동 기능과 관련된다. 그 앞부분이 전전두피질(prefrontal cortex)이다. 이 피질 부분은 감정 조절, 사회성, 의사결정 등과도 연관이 된다. 모든 이러한 피질 영역들은 전체 피질하 영역들(subcortical regions)과 정보를 주고받는 수많은 연결 경로를 가지고 있다.

뇌는 많은 에너지를 소모하므로, 더 커다란 뇌를 가진다는 것은 곧 커다란 뇌가 지속적으로 활동할 수 있도록 더 많은 칼로리를 필요로 한다는 것을 의미한다. 더구나 스스로 아무것도 할 수 없는 아기 포유동물은 무지무지하게 먹어치운다. 그래야 하는 이유는 출생에서 미성숙 상태로 태어나기 때문이고, 그래서 그들의 신체는 물론 특별히 뇌가 상당히 성장해야 하기 때문이다. 포유류는 자부심만큼이나 당당하게 파충류보다 엄청 많이 먹어야 한다. 좋은 품질의 단백질을 많이 잡아먹으려면, 더욱 똑똑해질 필요가 있다.

감각 영역(Sensory domains)

(A) 나무다람쥐
  (Arboreal squirrel)

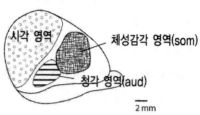

(B) 오리너구리
  (Duck-billed platypus)

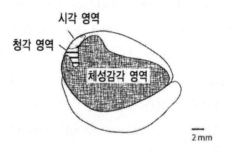

(C) 유령박쥐
  (Ghost bat)

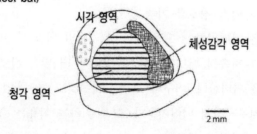

[4.3] 세 종류의 포유류들이, 서로 다른 감각 전문화에 따라서 신피질 내에서 서로 다른 크기의 감각 영역을 갖는다. 특정 감각 시스템으로부터 들어오는 입력 신호를 처리하는, 감각 영역, 혹은 피질의 범위가 서로 다른 명암으로 표시되었다. som은 체성감각피질(촉감, 온도, 압력)을 가리키며, vis는 시각피질을, 그리고 aud는 청각피질을 가리킨다. (A) 나무다람쥐는 매우 시각적인 설치류이며, 따라서 대부분의 신피질은 시각 시스템에 기여한다. (B) 오리너구리는, 조밀하게 밀집된 기계감각 수용기와 전자감각 수용기를 가진, 매우 잘 발달된 부리를 가지고 있다. 오리너구리는 대부분 활동에서 그 부리를 사용한다. 물속에서 방향을 감지하고, 먹이를 잡으며, 포식자를 피하고, 짝짓기에 활용한다. 이 포유류의 신피질 대부분은 그러한 체성감각 시스템을 위해 사용된다. (C) 유령박쥐는 음향탐지 포유류라서, 대부분 시각 행동을 대신하여 청각 시스템을 활용한다. 그러므로 당연히 신피질의 넓은 부분을 청각 시스템에 크게 할당한다. 다음에서 인용하였다. Leah Krubitzer and Jon Kaas, "The Evolution of the Neocortex in Mammals: How Is Phenotypic Diversity Generated?" *Current Opinion in Neurobiology* 15 (2005): 444-53. Elsevier의 허락을 받아 인용함.

또한, 새로운 자원을 찾을 새로운 영토를 위해 투쟁해야 하거나, 계절의 변화에 따라서 이 영토에서 저 영토로 이주하려면, 역시 더욱 똑똑해져야 한다. 포유류는 파충류보다 더 많이 먹어야 하므로, 상대적으로 일정한 범위의 영토로 더 적은 수를 먹여 살릴 수 있다. 수많은 도마뱀들이 작은 땅 조각에서 잘 살아갈 수 있는 반면에, 그 땅 조각에서 더 적은 수의 다람쥐를 먹여 살릴 것이고, 그보다 더 적은 수의 살쾡이를 먹여 살릴 수 있다.

결국에, 항온동물이 먹고 살려면 많은 칼로리를 소모해야만 한다는 사실이 그들의 복제 전략을 획기적으로 바꾸게 하였다. 거북이처럼 번식하는 방식에 비해, 포유류는 단지 몇 마리의 새끼만을 낳으며, 더 잘 먹이기 위해서 노력한다. 반면에 거북이는 자신의 새끼들을 죽을 운명에 그대로 방치한다.

이런 사실로부터 우리는 다음과 같이 추론할 수 있다. 따뜻한 피를 가진 포유류는 많이 먹어야 하는데, 그 새끼는 처음에 어미의 자궁에서 성장하다가, 밖으로 나와서는 어미의 젖을 먹는다. 무력한 그 새끼의 뇌는 출생 시에 미성숙하지만, 세상에 대해서 학습함에 따라서 훨씬 커지게 되고, 어미에 의해서 그리고 어쩌면 아비에 의해서 성숙되도록 양육된다. 양육된다는 것에 대해서 다음과 같은 질문을 하게 된다. 거북이 어미는 새끼를 위해서 아무것도 하지 않는 데 반해서, 포유류 어미는 뇌 안의 어떤 동기가 발생해서 새끼를 돌보게 만드는 가? 포유류가 남을 돌보는 것을 설명해줄 두 가지 요소는 단순한 펩티드(peptides, 아미노산 결합물), 옥시토신(oxytocin)과 바소프레신(vasopressin)이다. 시상하부(hypothalamus)는 피질하 구조(subcortical structure)이며, 이것은 많은 기초적 생명 유지 기능, 즉 배고픔, 목마름, 성적 행동 등을 통제한다. (시상하부는 시상 아래에 있으며, 그래서 "밑에(hypo)"라는 말을 붙였다. 그리고 시상은 피질 아래에 있다. 그러므로 이 모두가 피질하 구조이다.) 포유류에서 시상하부 또한 옥시토신을 분비하며, 이것은 무수한 신경 사건을 일으켜, 어미가 새끼에게 강하게 애착하게 만든다. 시상하부는 또한 바소프레신을 분비하며, 이것이 다른 무수한 신경 사건을 일으켜, 어미가 포식자들로부터 자기 새끼를 보호하고 방어하도록 만든다. 어미는 새끼를 사랑하며, 따라서 자신의 새끼가 위협받으면 고통을 느낀다.9)

만약 당신이 자신의 아기에게 애착심을 느낀다면, 아기에게 매우 관심이 집중되고, 그래서 강력히 돌보게 된다. 당신은 자신의 아기와 함께 있고 싶어 하며, 떨어져 있게 되면 불안감을 느낀다. 파충류와 전-포유류에서도 잘 작동되었던 동기인 고통과 즐거움은 포유류에게서도, 어버이의 돌봄처럼, 여전히 강한 행동 욕구이다.10)

옥시토신과 바소프레신의 계보는, 지구에 포유류가 나타나기 훨씬 전, 대략 500만 년 전으로 거슬러 올라간다. 이러한 펩티드가 파충류에서 어떤 역할을 했는가? 그것들은 알 낳기, 정자 방출, 산란 자극 등을 위한 분비액 조절과 복제 과정에 중요한 역할을 담당했다. 포유류 수컷에게, 옥시토신은 고환(testes)에서 여전히 분비되며, 정자 사정에 필요하다. 반면에 여성에게, 옥시토신은 난소(ovaries)에서 분비되며 알(egg, 난(ova))을 방출하는 역할을 한다. 포유류의 경우에, 옥시토신과 바소프레신이 신체와 뇌 내부에서 하는 역할은, 시상하부의 신경 연결이 수정됨에 따라서, 출산 후 어미 행동을 조절하도록 확장되고 수정되었다. 이러한 변화는, 의존적인 새끼가 스스로 독립할 수 있을 때까지 돌보게 만드는 어미 뇌의 신경망이 하는 일부 역할이다. 새로운 목적을 위하여 현존하는 메커니즘을 이런 식으로 수정하는 것은 생물학적 진화에서 매우 의례적인 양태이다.11)

그러한 펩티드에 의해서 애착과 결속이 어떻게 증진되는지를 간략히 설명해보자. 태아와 태반 내부의 유전자는 여러 가지 호르몬을 만들어, 어미의 혈액 속으로 (프로게스테론(progesterone), 프로락틴(prolactin), 에스트로겐(estrogen) 등을) 방출한다. 그러면 어미의 시상하부의 뉴런들에서 옥시토신을 몰수한다(그림 4.4). 아기가 출생하기 바로 직전 프로게스테론 수치가 급격히 내려가며, 많은 옥시토신이 시상하부에서 방출된다.

그런데 옥시토신은 단지 뇌에서만 작용하는 것은 아니다. 옥시토신은 출생 중에 어미의 신체에서도 방출되어 아기가 세상 밖으로 나올 수 있도록 자궁의 수축 작용을 촉진하기도 한다. 어미가 새끼에게 젖을 먹이는 동안에 옥시토신은 어미와 아기 모두의 뇌에서 방출된다. 전형적인 배후 신경회로를 통해 추정해보면, 그리고 전형적으로 다른 잔존하는 신경화학물의 적합성을 고려해보면, 옥시토신은 어미의 새끼에 대한 애착을 촉진하며, 그리고 새끼의 어미에 대한 애착도 촉진

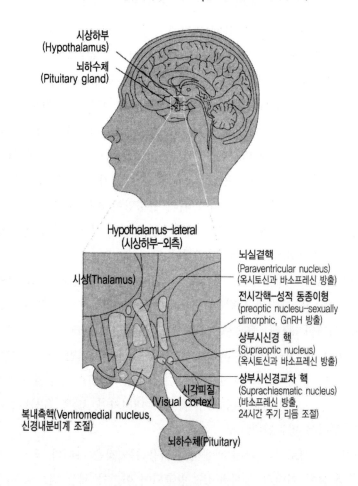

인간 뇌의 중간 단면(Medial aspect of the human brain)

시상하부
(Hypothalamus)

뇌하수체
(Pituitary gland)

Hypothalamus-lateral
(시상하부-외측)

시상(Thalamus)

뇌실곁핵
(Paraventricular nucleus)
(옥시토신과 바소프레신 방출)

전시각핵-성적 동종이형
(preoptic nuclesu-sexually
dimorphic, GnRH 방출)

상부시신경 핵
(Supraoptic nucleus)
(옥시토신과 바소프레신 방출)

상부시신경교차 핵
(Suprachiasmatic nucleus)
(바소프레신 방출,
24시간 주기 리듬 조절)

시각피질
(Visual cortex)

복내측핵(Ventromedial nucleus,
신경내분비계 조절)

뇌하수체(Pituitary)

[4.4] 시상하부(hypothalamus)는 대뇌피질(cortex)과 시상(thalamus)에 비해 작지만, 자기보호와 복제를 통제하는 데에 핵심적인 많은 영역(핵)을 포함한다. 또한 뇌하수체(pituitary gland)와 호르몬 방출과도 긴밀히 관련된다. 이 도식적 그림은 아주 단순화시켜 성적 행동과 어미 행동을 관장하는 주요 영역만을 보여준다. 여기에 표시되지 않은 영역들은, 체온조절, 숨을 헐떡임, 땀 흘리기, 몸 떨기, 배고픔, 목마름, 두려움, 혈압 등과 관련된다. Mortifolio의 모형 그림을 수정하였다.

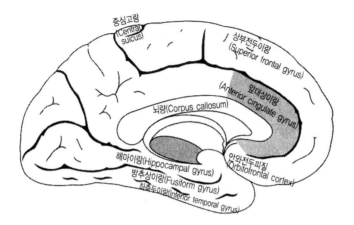

[4.5] (마치 한쪽 반구를 떼어낸 모습처럼) 인간 뇌의 내부 모습을 보여주는 도식적 그림. 대상피질(cingulate cortes)의 위치를 보여주며, 이것은 뇌량(corpus callosum)을 둘러싸고 있고, 뇌량은 두 대뇌 반구를 연결하는 거대한 뉴런 다발이다. 이랑(gyrus)은 둔덕이며, 고랑(sulcus)은 움푹 들어간 부분이다. 이 그림에서 전두피질의 다른 부분도 보여주고 있다. 공식 도메인, *Gray's Anatomy*에서 인용하였다. 다음 책에서 처음 인용되었다. Patricia S. Churchland, *Braintrust*, Princeton University Press. Princeton University Press의 허락을 받아 인용함.

한다. 당신은 품에 안긴 새끼를 내려다보기만 하여도, 주체할 수 없는 사랑과 보호하겠다는 욕구를 갖게 된다. 아기는 당신을 올려다보는 것만으로도 역시 애착이 깊어진다.12)

　신체적 고통(pain)은 "자기 보호" 신호이며, 이러한 신호는 자기-보호 회로에 의해 조직화된 행동을 변화시킨다. 포유류에서 통각 시스템(pain system)은, 자신을 보호하고 **자기 새끼를 보호하도록**, 확장되고 수정되었다. 고통의 종류를 분별하고 통각 자극 위치를 확인하는 경로 이외에, 정서적 고통을 담당하는 경로가 있다. 이 경로는 **대상(cingulate)**이라고 불리는 피질을 포함한다(그림 4.5). 그러므로 아기가 고통스러워 우는 경우에 어미의 정서 통각 시스템(emotional pain system)이 반응한다. 어미는 나쁜 느낌을 받게 되며, 그래서 그것과 관련된 행동을 하게 된다. 뇌섬엽(insula)이라 불리는 다른 영역은 신체의 생리적 상태를 모니터한다. (뇌섬엽은 정교한, 내가 지금 어떤지(how-am-I-doing) 영역이다.) 당신이 부드럽고 사랑스럽게 토닥여질 경우에, 이 영역은 "정서적으로 안전하다"(즉, 지금 아주 잘하고 있어)는 신호를 내보낸다. 당신의 아기가 안전하고 만족해할 경우에 동일한 "정서적으로 안전하다"는 신호가 나타난다. 그리고 물론, 당신의 아기는 부드럽고 사랑스러운 접촉에 이렇게 반응한다. 모든 것이 좋고, 안전하고, 잘 먹었다는 의미에서, "아~" 소리를 낸다. 안전 신호는 경계 신호를 줄여주며, 이것은 부분적으로 안전 신호가 왜 좋은 느낌인지 그 이유를 설명해준다. 근심과 두려움이 차단되면, 행복감을 느끼게 된다.

또한 어미 행위의 표현은 내인성 오피오이드(endogenous opioids)에 의존하며, 이러한 놀라운 물질은 우리의 신경계 내에서 정상적으로 합성되며, 이 약물에 의한 행동은 마치 아편 같은 식물 추출 약물과 유사할 수 있다. 이것은 다음을 의미한다. 젖을 물리거나 새끼를 돌보는 다른 행동에서, 오피오이드가 근심을 누그러뜨리고 기분을 좋게 한다. 아주 높지는 않지만, 평온함, 안도감, 만족감을 준다. 이것을 알아보는 한 가지 방법으로 내인성 오피오이드의 수용기를 막는 실험이 있다. 만약 그렇게 한다면, 어미의 행동이 차단되는 효과가, 예를 들어, 쥐, 양, 붉은털원숭이 등에서, 지속적으로 나타난다.13)

새끼를 거느리는 암컷 여우는, 누군가 그 둥지에 접근하거나 그 새끼를 옮기면, 상당히 괴로워하여 으르렁거리기 시작할 것이다. 그때에 공포, 근심, 각성, 스트레스 호르몬 증가 등이 유발되기 때문이다. 어미 여우의 바소프레신 수치는 자신의 새끼를 지키는 일을 강력히 이

행하도록 만든다. 치안이 회복되어 새끼가 어미와 함께 있게 되면, 내인성 오피오이드는 보상하는 안도감을 제공한다. 만약 포유류 어미가 새끼를 안전하게 하고 만족시켜줄 수 있게 되면, 만족한 새끼의 뇌와 안심하게 된 어미의 뇌 모두에서 내인성 오피오이드가 방출된다.

비록 일부 포유류, 예를 들어, 명주원숭이(marmosets)와 금갈색원숭이(titi monkeys) 등이 양 부모의 보살핌을 받기는 하지만, 엘크, 북극곰, 회색곰, 여우 등과 같은 많은 종에서 아비는 새끼를 돌보는 일에 전혀 관심이 없으며, 어미처럼 새끼에 대한 애착을 전혀 보여주지 않는다. 더구나 앞으로 우리가 살펴볼 것으로, 부모 행동을 조절하는 기초 신경회로는 종의 생태 환경에 따라서, 그리고 어떻게 생을 살아가는지에 따라서, 많은 변이를 보인다. 예를 들어, 양은 자기 새끼 이외에 다른 새끼에게 (냄새로 확인하고서) 젖을 물리지 않지만, 돼지나 개는 흔히 자기 친족이 아닌 것들에게, 심지어 다른 종의 새끼에게도 젖을 물린다.

설치류 새끼를 어미로부터 (첫 2주일간 하루에 3시간씩) 떼어놓는 경우에 어떤 효과가 일어나는지 연구가 있었다. 그 연구에 따르면, 옥시토신과 바소프레신의 특정 뇌 수용기 영역에서 변화가 일어남에 따라서, 옥시토신과 바소프레신의 합성에서 경험-의존적 변화가 드러났다. 어미와 떨어진 새끼는 공격성과 두려움이 강화되는 행동을 보여준다. 아직 완전히 밝혀지지 않았지만, 어떤 방식으로든 쥐의 뇌와 행동은 사회적 환경에서 박탈될 경우 변경된다.[14]

이제 가치에 관한 이야기를 할 차례이다. 무엇이 **하여튼 간에** 가치를 가지며 **하여튼 간에** (궁극적으로) 동기를 제공한다는 것은, 그것이 생존과 복지를 지원하는 아주 고대의 신경조직에 달려 있음을 의미한다. 포유류 진화에서, 기초적으로 자기를 돌보는 조직이 수정됨으로써, (**나에게 그리고 내 것에 대해서**) 생존과 다른 것들에 의해서 선택되는, 기초적 가치를 확대시킬 수 있었다. 종이 복종해야 할 진화의 압력에 따라서, 돌봄은 짝에서, 친족, 그리고 친구로 확대되었다. 무리 속에서 살아가는 사회적 포유류는 자신의 새끼 이외에 남에 대한 애착을 가지고 돌보는 행동을 보이는 경향이 있다. 그들은 서로 함께 있고 싶어 하며, 그 무리에서 추방되면 고통을 느낀다. 타자가 자신들이 돌보는 권역에 들어오도록 허락하는지는 언제나 종에 따라 다른데, 뇌가 그 종으로 하여금 그 동물이 생존하여 그들의 유전자를 후대에 전달하도록 어떻게 진화시켰는지에 따라서 달라진다.

개코원숭이(baboons)는 사자로부터 자신들을 더 잘 방어하기 위해서 무리로 살아간다. 개코원숭이 사회는 모계 중심이며, 어미와 그 딸들이 모계의 순위를 형성한다. 그 무리의 각자는 모계의 순위를 알고 있으며, 그 모계 내에서 자신이 어떤 순위에 있는지도 안다. 애착은 그 모계 계보 내에서 강하며, 그 계보에서 멀어질수록 약해진다. 침팬지 사회는 아주 다르다. 젊은 암컷은 새로운 가족을 찾아서 그 무리를 떠난다. 수컷이 서로에게 크게 관련되며, 단단히 결속된다. 늑대 무리에서는 오직 한 마리 번식하는 짝이 있으며, 범고래(orcas)와 물개(seals)는 모든 어미가 번식할 수 있다. 이와 같이 사회적 포유류로 살아가는 매우 다르면서도 아주 성공적인 방식들이 존재한다.

아기 돌보는 것을 넘어서는 다른 이야기가 있다. 인간과 다른 동물들에게서 돌보는 성격이 확대되는, 즉 개인과 자신의 새끼를 넘어, 내 짝과 내 가족, 그리고 내 친족을 포함시켜서 무리를 확대시키는 것은 **나와 내 것의** (신비로운) 패거리 확장이다. 그러한 패거리 확장은 필히, 당신이 돌보는 개인의 범위를 확대시키는 것이다. 이렇게 가치를 두는 개인들은 아마도, 결론적으로, 그 조건이 무엇을 요구하는지 그리고 무엇을 받을지 등에 따라서 차이 나는, 도움, 방어, 안락함, 포근함 등을 받는다. 그렇지만, 타자의 괴로움에 따른 고통과 돌보려는 동기는 사회적 거리가 멀수록 덜하다. 다소 돌보려는 동기는 친족보다 새끼에게 더 강하며, 이방인보다 친구에게 더 강하고, 친구보다 짝에게 더 강한 식이다. 전형적으로 (집단의 일원이 되는) 친구의 우정, 동료 의식, 친척 의식 등이 애착의 강도에 중요한 요소들이다. 물론 거기에는, 생물학에 어떤 보편성도 없듯이, 예외가 있을 수 있다. 어떤 사람들은 자신의 가족들보다도 이방인에게 더 친절하기도 하다.

만약 뇌의 모계화가 시상하부의 메커니즘에 의해서 돌봄이 새끼로 확장되는 것을 의미한다면, 어떤 메커니즘이 짝과 다른 놈에 대한 돌봄으로 확장하는 데 기여하는가? 이런 이야기를 가장 적절히 설명해 줄 대상은 초원들쥐(prairie voles; Microtus ochrogaster)이다. 이놈들은 일생 동안 짝과 함께 살아간다. 초원들쥐는 꼬리가 짧고, 통통하며, 조그만 체구의 설치류이며, 다양한 종들이 있다. 이놈들이 함께 살아간다는 것은 짝들이 서로에 대해서 좋아하고, 떨어지면 스트레스를 받게 된다는 것을 의미한다. 초원들쥐들은 처음 짝을 맺으면 일생을 함께 살아간다. 수컷 초원들쥐 또한 둥지를 지키며 새끼를 돌보는 일에 함께 참여한다. 밝혀진 바에 따르면, 함께 붙어산다고 해서 일생 배타적으로 짝짓기를 하는 것은 아니지만, 즉 이따금 불장난(?)을 하기도 하지만, 그 짝의 부부관계는 유지된다. 그놈들은 서로 굴 밖으로 몸을 내밀어 상대를 바라보며, 다른 모르는 어른 들쥐들 무리보다, 서로 아는 친구들을 더 좋아한다.

반면에 산악들쥐는 상대적으로 사회적 행위를 보이지 않으며, 수컷이 둥지를 지키거나 새끼 돌보는 역할을 하지도 않는다. 그놈들은 사회적이지 않으며, 서로 붐비게 모여 지내거나 서로 굴 밖으로 몸 내밀기를 좋아하지도 않는다. 어미는 새끼를 돌보지만, 다른 어미 초원들쥐가 하는 것보다 더 짧은 기간 돌본다.

이러한 두 종이, 사회적 행동을 제외하고는, 매우 유사하므로, 신경과학자 수 카터(Sue Carter)는 초원들쥐의 사회성을 연구하여, 다음과 같은 질문에 대한 대답을 찾아보았다. 초원들쥐의 뇌와 산악들쥐의 뇌 사이에 어떤 차이점이 있는가? 이 질문에 대해서 대답을 얻어내려면, 대답을 알려줄 실험을 고안하기 위해 끝까지 추적하고 헌신하는 노력이 있어야 했다. 그러한 노력 덕분에 다음이 드러났다. 그 두 종의 사회적 행동의 차이는 전적으로 피질 덩어리의 차이에 있지 않았다. 즉, 뇌의 거대 구조 차이는 없었다. 그보다 미시 구조 차이가 있었다. 옥시토신, 바소프레신, 그리고 그러한 호르몬들과 결합하여 신경 활동에 영향을 주는 (신경 세포막에 있는) 여분의 수용기들과 관련된 다소 미세한 차이가 있었다.

보상 시스템(reward system)의 아주 특별한 한 영역(측중격핵(nucleus accumbens))에서, 산악들쥐와 비교하여, 초원들쥐는 옥시토신 수용기를 훨씬 조밀하게 가지고 있었다. 다른 보상 시스템 영역(복측담창구(ventral pallidum))에서, 초원들쥐는 바소프레신에 반응하는 수용기를 조밀하게 가지고 있었다. 옥시토신 수용기는 (바소프레신 수용기에 비해서) 수컷보다 암컷에 더 풍부하다는 것 또한 주목할 필요가 있다. 바소프레신과 그 수용기는 수컷 행동, 예를 들어, 둥지 침입자에 대한 방어에서 그리고 새끼를 돌보는 데에서, 특별히 더 적절한 듯이 보인다.

수용기 조밀도의 차이는, 첫 짝짓기 이후에 짝에 대한 장기간 애착을 설명하는 데, 비록 다른 요소들이 관여됨에도 불구하고, 주요 신경 회로 차원의 차이이다. [역자: 만약 수용기가 없다면 신경회로 자체가 없는 것과 동일하다. 따라서 수용기 조밀도 차이는 곧 신경회로 정도의 차이라고 할 만하다.] 예를 들어, 짝짓기 이후에 짝들은 서로를 개인적으로 재인할(recognize, 알아볼) 수 있어야 한다. 그러한 재인을 위해서는 학습이 이루어져야 한다. 그리고 학습은 신경전달물질 도파민(dopamine)에 의해 중재된다. 그러므로 만약 그 도파민 수용기가 차단된다면, 그 들쥐는 자신이 짝짓기 한 상대가 누구인지 기억하지 못하며, 따라서 특별한 짝과 단단히 결속되는 일은 일어나지 않는다.

조류들에게는 흔한 일이지만, 포유류에게 강한 짝 선호는 그다지 공통적인 특징은 아니다. 포유류들 중에서 초원들쥐, 솔밭들쥐(pine voles), 캘리포니아 사슴생쥐(California deer mice), 비버, 금갈색원숭이, 명주원숭이 등, 오직 3퍼센트만이 짝에 대한 집착을 보여준다.[15] 왜냐하면, 이러한 포유류들은 돌봄과 가치 매기기에서 새끼에 대해서만이 아니라 짝에 대해서도 확대되기 때문이다. 그들은 전형적으로 다른 성체들보다 자신들의 짝을 더 선호하며, 수컷들은 새끼를 돌보고 둥지를 지키는 일에 참여한다. 그들은 짝들과 헤어지면 불안한 행동을 보여주며, 다시 합치게 되면 안심하는 행동을 보여준다. 초원들쥐와 명주원숭이에서, 애착은 성장한 새끼까지 확대된다. (그렇지만 쥐들(rats)은 그렇지 않다.) 또한 주목해야 할 것으로, 성장하여 독립한 새끼는 자신의 어미를 도와서, 자기 어미가 다음 배의 새끼 초원들쥐를 먹이고 키우는 일을 거든다. 이것이 공동 부양하기(alloparenting)이다.

당신이 두려움이나 고통을 느낄 때, 당신이 사랑과 만족스러움을 느낄 때, 이러한 정서를 만들어내는 뇌의 주요 역할 담당은 변연계(limbic system)이다. 이것은 대상피질(cingulate cortex)과 시상하부(hypothalamus)를 포함한다(그림 4.5). 그리고 변연계는 또한 옥시토신과 바소프레신이 연기하는(?) 극장이기도 하다. 옥시토신과 바소프레신이 정확히 어떻게 당신이 남을 염려하는지를 알아채는가? 이런 질문에 대답하려면 모든 관련 회로에 대한 구체적인 사항들과 함께, 그러한 회로 내의 뉴런들이 어떻게 행동하는지도 알아야만 한다. 알려진 바에 따르면, 옥시토신은 두려움에 대한 반응과 학습을 회피하는 구조, 즉 편도(amygdala) 내의 뉴런 활동을 낮추는 조절에 관여한다. 주목했듯이, 옥시토신은 일종의 안전하다는 신호, 즉 "나의 사회적 세계의 것들이 잘되고 있다"는 신호이다.16) 앞서 간간히 암시했듯이, 옥시토신은 **사랑 분자 물질**(love molecule) 혹은 **포옹 분자 물질**(cuddle molecule)인가? 아니다. 옥시토신에 대한 심도 있는 연구를 통해서, 옥시토신의 활동이 얼마나 복잡한지, 그리고 사회적 애착 행동을 하게 만드는 회로가 얼마나 복잡한지 등이 드러났다.17) 옥시토신 수용기(oxytocin receptor, OXTR)를 위한 유전자 차이와 사회적 선호 사이의 관련에 대한 몇몇 초기 주장들은 확인되지 않았으며,18) 사랑의 강도와 혈액 속의 옥시토신 수준 사이의 상호 관련에 관한 몇 가지 주목할 만한 주장들은 너무 놀라워서, 실험 과정에 대해서 레드 카드를 제시해야 할 정도이다. 주의가 요망된다.

동물들이 위험에 대해서 상당히 경계할 경우에, 그들이 싸울 것인지 도망칠 것인지 준비할 때에, 스트레스 호르몬은 높고 옥시토신 수치는 낮다. 그러한 위협이 지나가고 친구들과 함께 있으며, 끌어안고 잡담할 때에, 스트레스 호르몬이 물러나면서, 옥시토신 수치는 뿜어 올라간다. 그러므로 편도-의존 공포심 반응은 조용해지며, 뇌간(brainstem)은 싸움-도망 준비에서 휴식-소화 양태로 바뀐다.

모든 사회적 동물들에서 박탈과 고립은 하나의 처벌 형태로 나타난다. 근본적으로 그러한 이유는, 박탈될 경우에, 옥시토신 수치가 떨어지고 스트레스 호르몬은 올라가기 때문이다. 반면에 포함되고 접촉되는 것은 기쁨의 원천이며 편안함의 원천이다. 신체의 생리적 상태를 모니터하는 것으로 알려진, 대뇌피질의 뇌섬엽(insula) 영역 또한 "정서적으로 안전하다"는 느낌에 기여한다.

최소한 다음과 같이, '만약 무언가가 좋을 경우에 그것이 더 많으면 더 좋을 것이다'라는 식으로 생각하지는 말아야 한다. 만약 행복하게 짝을 이룬 암컷 초원들쥐에게 추가적인 옥시토신을 주입하면, 자기 짝에 대한 애착의 정도가 감퇴하며, 즉 올라가지 않으며, 아무나와 짝을 이루는 난교를 보여준다. 더구나 약간의 옥시토신을 암컷 미성숙 들쥐의 뇌에 주입하면 배란을 유도하고 짝짓기할 준비를 할 가능성이 있다. 비록 옥시토신이 매우 효과적인 호르몬임이 분명하긴 하지만, 인간의 경우에 어떤 일이 벌어질지 우리는 확신할 수 없다. 그러므로 옥시토신을 운동장이나 회의 장소에 자유롭게 유포하려는 압삽한 생각은 재고되어야만 한다. 골디록스 효과(Goldilocks effect)는 생물학의 많은 영역에서 나타난다. 무엇이든 너무 적은 것은 좋지 않으며, 너무 많은 것도 좋지 않다. 아주 적절하게 있어야 한다. 균형을 이뤄야 한다는 것은, 아리스토텔레스의 격언으로, 생물학적 복지에서 핵심이다.19)

인간은 일부일처제를 갖는가?

짝에 대한 애착에서 인간은 어떠한가? 우리는 본성적으로 초원들쥐들과 유사한가? 대답은 이렇다. 인간들은 유연한 짝짓기 방식을 갖는다. 확실히 강한 집착이 대부분이지만, 인류학자들의 견해에 따르면, 대략 83퍼센트의 사회에서 (하나 이상의 부인을 갖는) 일부다처(polygynous) 결혼 양식을 허락한다.20) 일부다처가 허락된다고 하더라도 여러 조건에 따라서 달라지는데, 대부분의 사람들은 절제하며, 따라서 오직 한 명의 아내만 가질 가능성이 높다.21) 결론적으로, 비록 부자 남성이 한 명 이상 아내를 갖는 경우가 있을지라도, 사실상 일부일처가 대부분이다. 역사적 시기에 잘 기록되어 알 수 있듯이, 부자 남자가 다양한 여성들을 후처로 얻어, 즐기고, 임신까지 시킨다고 할지라도, 대체적으로는 한 특별한 여성에 대해 장기간의 특별한 애착을 갖는다. 그러므로 어느 지역 관습이 일부다처를 허락하더라도, 애착심에 대해서는 달리 추론될 것이 없다. 다른 나머지 17퍼센트 사회 구성원들은, 현대인과 고대인(예를 들어, 그리스와 로마 시대) 모두에서, 일부일처가 관례였다.

문화에 따른 결혼 관습의 다양성에 대한 설명은 분명 생태적이고 문화적인 다양한 조건들에 따라서, 특히 부와 어떤 다른 형식의 재산 상속 가능성의 관습이 있는지, 그리고 계승되는 부가 존재하는지 등과 상관될 것이다.

역사적이고 민족지학적(ethnographic)인 자료에 근거하여, 진화생물학자들(evolutionary biologists)[22]은 이렇게 주장한다. 여러 명의 아내들이 각자마다 아이들을 가지게 되면, 여러 명의 상속자 모두에게 자원이 전달되어야 하고, 결국 자원은 고갈된다. 예를 들어, 점점 더 작아지는 조그만 땅뙈기에 의존해서 살아가는 가족들은 점점 더 먹고살기 어렵게 된다. 그러한 점에서, 남성은 그중에 한 여성으로부터 태어난 아이들만이 자신의 모든 재산을 물려받도록 선택할 수도 있지만, 그것은 아이들 사이에 즐겁지 못한 경쟁을 유발시킬 것이며, 이것은 일반적으로 견디기 어려운 해법이다. 이러한 조건에서 새끼들의 복지를 강화하기 위한 좀 더 안정적인 전략은, 한 명의 아내를 갖는 것이며, 그 아내의 아이들만을 위한 재산임을 확실히 하고, 그 아이들의 복지에 두둑하게 투자하는 것이다.

일부일처제는 유라시아에서 농업이 널리 퍼져나가고, 땅과 가축들이 후계자에게 전해질 중요한 부의 원천이 되면서 출현했던 것으로 보인다.[23] 일단 특정한 관례가 규범이 되면, 그리고 일단 그것을 따르는 것이 이익이 되는 동시에 곤란을 회피하게 해주는 것으로 보이면, 그리고 일단 사회적 동의와 반대에 의해서 강화되기만 한다면, 사람들은 그 관습이 마땅히 그래야만 할 옳은 유일한 방식을 반영한다고 느끼게 된다. 옳은 것에 대한 우리의 직관은 만연해진 관습에 의해서 강하게 자리 잡게 된다.

도덕성이 어떻게 등장하게 되었나?

앞에서 살펴보았듯이, 옥시토신과 바소프레신은 뇌로 하여금 사회성을 갖게 하고, 따라서 도덕성을 갖게 할 기반이 되도록 작용한다. 그러나 우리는 남에 관하여, 예를 들어, 진실을 말하기[즉, 거짓말하지 않기], 좋은 친구들을 존중하기, 약속을 지키기 등과 같은 특정한 도덕적 행위를 하는 일반적 성향을 어떻게 갖게 된 것인가? 우리는 가족적인 보살핌에서 시작하여, 이를테면, 정직함, 충직함, 용기 등과 같은 폭넓은 공동체 가치로 어떻게 확장시킬 수 있었는가? 이러한 질문들에 대답하려면, 어려서 학습하기와 모든 사람들에 의한 문제풀이라는, 서로 뒤엉킨 두 부분들을 고려할 필요가 있다.

인간, 여우원숭이, 개코원숭이 등과 같이 무리를 지어 살아가는 종들에게, 지역의 관습과 각자의 개성적 기질을 학습하고, 누가 누구와 관계를 맺고 있는지 알고, 자신에 대한 평판을 헐뜯지 못하게 하는 일 등등은 점차 중요하게 되었다.24) 특히 모방에 의한 학습하기는, 우리가 유연하게 대처하고 스스로 뽐내는 기술을 갖도록 해준, 포유류의 비책이다. 당신의 뇌는, 동료들과 함께 있을 때 즐거워하고, 사회적으로 따돌려지면 고통스러워하도록 조직화되어 있다. 자신의 아이가 불구가 되거나 자신의 짝이 공격받게 되면, 당신의 뇌는 나쁜 느낌을 갖도록 조직화되어 있다. 만약 당신의 뇌가 거북이의 뇌처럼 조직화되었다면, 1년 동안이나 혼자서 지내면서도 매우 만족해할 것이다. 이웃

거북이가 잡혀 국으로 끓여지든, 자신의 아기 거북이가 갈매기에게 잡아먹히든, 당신은 그것을 신경 쓰지 않을 것이다.

그러나 당신은 포유류 뇌를 가졌으며, 따라서 그런 것들이 신경 쓰이게 된다. 개코원숭이와 늑대의 뇌처럼, 인간의 뇌는, 물리적 세계에서는 물론, 사회적 세계에서도 어떻게 살아가야 할지를 학습할 능력을 지녔다. 당신은 까칠한 성격의 삼촌을 어떻게 회피해야 하는지, 폭발하는 자신의 충동을 어떻게 진정시켜야 하는지, 남들과 어떻게 타협해야 하는지, 충돌 이후에 어떻게 화해해야 하는지 등등을 학습할 수 있다. 당신은 어떻게 무기를 거두고 다른 쪽 뺨을 내밀어야 하는지 [즉, 용서해야 하는지]를 배운다. 당신은 약속을 지키고 진실을 말하도록 배운다. 남일지라도 그렇게 한 일에 대해서 당신은 찬성하지만, 그렇지 않을 경우에는 반대한다. 당신은 언제 공격하고 언제는 공격하지 말아야 하는지를 배운다. 당신은 언제 도움을 받아야 하며 언제는 도움을 요청하지 않는 것이 최선인지 배운다. 이러한 종류들의 학습이 가능한 이유는 당신이 사회적 뇌를 가졌기 때문이다. 당신의 가치가 그러한 이유는 당신의 뇌가 그렇게 **생겨먹었기** 때문이다.25)

당신은 아기였을 때, 부모와 상호 교류하고 옹알거리면서부터 주위 사람들로부터 즐거움을 얻는 것을 배우기 시작한다. 성장함에 따라서, 당신은 사회적 존재가 되는 방식에 자동적으로 따른다. 그러한 이유를 스스로 그다지 의식하지 않고 그렇게 행동한다. 당신은 자신의 사회에서 인정되는 태도와 관습을 반영한 여러 습관들을 모방하면서 발달시킨다. 당신은 무엇이 무방하고 무엇은 그렇지 못한지에 관해서 의식을 발달시킨다. 뇌의 보상 시스템은, 자신이 무엇을 훔치거나 훔치는 것을 생각하기만 해도 나쁜 느낌이 들도록, 조율된다. 반대로 말해서, 당신이 훔치고 싶은 욕구를 억누를 수 있을 때 좋은 느낌을 갖게 된다.

많은 이야기들이 당신에게 더 넓은 맥락에서 올바른 방식의 느낌이 무엇인지 가르쳐준다. 예를 들어, 개미와 베짱이 이야기, 모든 사람들을 즐겁게 해주려는 바보 이야기, 바람에 날아갈 지푸라기보다 단단한 벽돌로 집을 지어야 한다는 이야기 등등이 있다. 그리고 『모자 속의 고양이(The Cat in the Hat)』라는 이야기의 주인공은 모퉁이 가까이 스케이트를 타며, 하지 말라는 것을 한다. 해리 포터(Harry Potter), 톰 스위프트(Tom Swift), 낸시 드류(Nancy Drew) 등도 있다. 가족 이야기와 마을 이야기는 어린이들을 불러 모아, 검소함과 신중함, 정의로움과 정직함 등의 의미를 깨우쳐준다.26)

당신은 협동이 유리하다는 것을, 이따금 자신도 모르게 암묵적으로, 그리고 어떤 경우에는 명확히 반성적으로 알게 된다. 두 아이가 함께 보트의 노를 젓는다면, 더 빨리 호수를 건널 수 있다. 긴 줄넘기 줄을 두 아이가 함께 돌리면, 여러 아이들이 함께 줄넘기를 즐길 수 있다. 교대로 하면 모두가 할 수 있는 기회가 생기므로, 그치지 않고 놀이를 할 수도 있다. 여러 사람들이 함께 일하면 하루 만에 마구간을 지을 수도 있다. 여럿이 함께 부분씩 맡아서 노래를 부르면 아름다운 음악 소리가 난다. 두 사람이 함께 텐트를 세우면 혼자 하는 것보다 더 쉬우며, 함께 등산을 하면 더 안전하다. 그렇게 해서 아이들은 협동의 가치를 알게 된다.

이러한 이야기가 협동을 위한 유전자가 있다는 것을 의미하지는 않는다. 만약 당신이 사교적이고 무언가 성취하고 싶어 한다면, 협동 전략이 실천적 문제를 위한 꽤 좋은 방안일 듯싶다. 당신의 큰 전전두(prefrontal) 뇌는 이것을 꽤 빠르게 알아챈다. 철학자 데이비드 흄(David Hume)이 주시하였듯이, 어린 시절에 당신은 협동과 약속 지키기와 같은 사회적 관습의 가치를 알아채어 사회성을 주로 배운다. 이것은, 당신이 그러한 관습을 끝까지 지키는 것이 필요하다고 판단하면, 기꺼이 무언가를 희생할 수 있다는 것을 의미한다. 물론 당신은 그러한 사회적 관습의 가치를 실제로 실천하지 않을 수도 있다. 그러한 가치에 대한 당신의 지식은 심지어 대체적으로 무의식적일 수 있다. 그러나 그럼에도 불구하고 그러한 가치는 당신의 행동 모습을 만들어간다.

내가 여기에서 **문제 해결**(problem solving)이라 말한 것은, 당신이 새로운 환경에서 현명하게 일을 처리하고, 유연하고 생산적으로 대처할 수 있는, 일반적 능력의 부분이다. 당신이 합리적이라고 평가된다면, 그것은 부분적으로 당신이 좋은 문제 해결자이며, 당신 자신의 상식을 활용할 수 있다는 것을 의미한다. 불안정함, 충돌, 속이기, 파국, 재원 고갈 등과 같은, 여러 가지 도전들을 처리할 적절한 방식을 찾게 됨에 따라서 사회적 문제 해결도 이루어진다. 이것은 분명히 물리적 세계에서 문제 해결 능력을 더 넓혀, 사회적 영역에까지 적용할 수 있도록 확대함으로써 가능해진다. 당신이 무엇에 가장 관심을 집중하느냐에 따라서, 사회적 영역에서 더 재주를 가질 수도 있으며, 비-사회적 영역에서 더 능력을 발휘할 수도 있다. 이러한 전망에서 볼 때, 그 다음으로, 도덕적 문제 해결이란 사회적 문제 해결의 특정한 사례이다.27)

사회적 문제 해결이 언제나 규율 형성과 관련되지는 않으며, 현존하는 규율이 현안의 경우에 언제 적용되며, 혹은 적용되는지 안 되는지 등의 문제와 자주 관련되기도 한다. 우리 마을에 협동조합 철물 가게는 여러 농장에서 필요한 여러 장비들, 사다리, 채집 가방, 양계 사료, 그리고 농부들에게 필수적인 다른 것들을 공급했다. 그 가게는 부족하나마 정말로 농부들 소유였고, 효과적으로 운영될 사업이었다. 그 협동 가게의 조합원들은 가게의 운영을 관장할 조합장을 선출하였다. 배당금이 조금이라도 발생할 경우에는 조합원들에게 돌아가야 하며,

여러 가지 물품들은 조합원들에게 조금이라도 싸게 공급되었다. 운영자는 회계를 보는 만큼, 봉급을 받았으며, 그것을 오브리 크랩트리(Aubrey Crabtree)[28] 씨가 맡았다. 다음은 회계인과 관련된 이야기로, 그는 몇 년 동안 성실하게 일한 듯이 보였지만, 당시에 농부들에게는 거금이었던 돈을 횡령했던 것이 밝혀졌다. 오늘날의 가치로 환산하면, 거의 25만 달러에 육박했다.[29] 그 금액은 우리 농장 가격을 상회하는 거액의 돈이었다. 그 돈은 협동조합의 돈이었으므로, 사실상 내 돈을 잃은 것은 아니지만, 크랩트리 씨의 고급 차와 (15년이나 되어서 아버지가 계속 수리하지 않으면 달릴 수조차 없었던) 우리 집 똥차를 비교해볼 때면, 그 돈은 실제로 우리 가족의 지갑에서 나왔다는 생각도 들었다.

현존하는 규율, 즉 범죄인에 적용되는 조항이 이 경우에 적용되어야 하는가? 문제는 이랬다. 그는 매력적이며, 위트가 넘치고, 사람들이 좋아하는 사람이었다. 그는 마을에서 상당히 인기가 있었다. 크랩트리 씨는 극장 클럽에서 두드러진 인물이었고, 그 클럽은 1년에 한두 번쯤 무대가 열렸다. (우리 마을에 텔레비전이 방영되기 전에 이러한 이벤트가 개최되곤 하였다.) 그는 교회에서도 높이 존경받던 신자였다. 그 교회는, 스코틀랜드계 사람들에 맞서던 영국계 사람들이 참여하였고, 그는 교회 합창단에서 훌륭한 바리톤으로 참여하였다. 또한 그는 즐거운 마음으로 모금함에 상당한 액수를 쾌히 기부하였다.

크랩트리 씨가 자금을 횡령했다는 것이 드러남에 따라서 문제가 불거졌다. 일부 그의 영국계 친구들은, 그들 또한 그 마을에서 걸쭉한 인물이었는데, 그 문제를 마을 사람들끼리 그리고 자신들 방식으로 처리하기를 원했으며, 법과 범죄의 대가를 지게 하는 전반적으로 혐오스러운 몰매 때리기를 피하고 싶어 했다. 그들의 주장에 따르면, 그런 대가를 지게 하는 것이 불필요하며 모양새가 사납다. 그들의 입장을 거들 양으로, 크랩트리 씨는 자신의 교회에서 진심 어린 회개를 공개적으로 시연하고, 정성 들여 사과하고 많은 눈물로 마무리하였다.

스코틀랜드계 사람(Scots, 혹은 우리가 부르듯이, "Scotch")이 보기에 이번 사건은 캐나다 형법이 매우 정교하게 만들어진 이유를 보여주는, 딱 그런 종류의 사례로 비쳐졌다.[30] 그들은 이렇게 주장했다. 우정에도 불구하고, 법은 존중되어야만 하다. 잘 다듬어지고 오래 지속되어온 형사법에 담긴 지혜에 나팔을 불어대는(?) 것을 친구가 결정할 수 있다고 가정하는 것은 오만한 생각이다. 크랩트리 씨의 회개를 점잖게 듣고 있던 사람들은 비극적 꼼수가 진정한 유감보다 더 명확한 것으로 인정되어가고 있다는 의심이 들었다. 결국 그 도둑질은 은근슬쩍 넘어가버렸으며, 그 해결 방안으로, 장부를 (수색이 아니라) 단지 검토했다는 이유로 신뢰를 받았던, 적절한 사람이 5년간 그 자리를 대신 맡는 것으로 끝났다. 아마도 그는 그 일이 드러나게 된 것을 유감스러워했을 것이다.

당시에 10대 중반이었던 우리에게, 그 사건은 우리의 관심을 끌어당기는 문제였다. 당시에 그 문제는 현재 진행되는 실제 상황이었다. 그 문제는 단지 교과서에 나오는 사례가 아니었다. 그 사건은 우리가 알고 좋아하는 모든 사람들과 관련된 일이었다. 그리고 그 사건은 다음과 같은 마음 아픈 의문을 갖게 하였다. 친한 친구가 법을 어길 경우에 우리는 어떠한 특별한 조치를 취해야 하는가? 예의 바른 사람에게는 지역판사가 한 번은 용서를 해주어야 할 것인가? 계획적 범죄가 단지 판단 오류라고 여겨져 용서될 수 있는 것인가 아닌가? 만약 법이 체계적으로 적용되지 못한다면 그 법이 일반적으로 범죄 억제 효과를 발휘할 수 있는가? 돈을 모두 돌려주고 공개적으로 굴욕을 당하는 것으로 "충분한 처벌"이 되는가? 등등. [유사한 의문을 가지게 만드는 문제들이 대학 생활에서도 벌어진다.] 학자로서 품행이 좋지 않아서 여러 논란을 일으킨 대학교수들을 회상해볼 때, 대학교수인 나로서는 이러한 여러 쟁점들 하나하나가 모두 본질적으로 다음과 같이 동일한 형태로 다가왔다. "이 문제를 그냥 우리들끼리만 이야기하는 것이 좋겠어요. 어떤 다른 기관에서 개입할 필요가 없어요. 우리는 그 유감의 표명에 대해 진정성을 판단할 최고의 위치에 있는 사람들입니다. 좋은 친구를 처벌하는 것은 모양새가 좋지 않습니다. 이 사건은 우리 집안 내부의 일이에요"라는 식이다. 이러한 대학 내의 경우들을 통해서, 내가 생각해볼 기회를 갖기 이전부터, 나는 그런 식의 사고 패턴을 이미 경험했다.31)

크랩트리 씨의 사례는, 많은 농장 가족들의 저녁 테이블에서 열띤 논쟁거리가 되었다. 특별히 인카멥(NK'MP) 인디언 보호구역의 원주민들 사회에서 범죄가 덜 발생한다는 사실로 인해서, 그 법에 대한 관심도 커졌다. 크랩트리 씨는 고등학교에 다니는 아이들이 있었으며, 우리에게는 심지어, 그 아이들에게 정중히 대해야 한다는, 즉 아버지가 흠이 있는 사람이라고 해서 그 아이들까지 그런 사람으로 몰아가지 말아야 한다는, 도덕적 지침까지 내려졌다. 내가 기억하는 한, 상당히 그러했던 것을 나는 목격했다. 물론, 그들이 개인적으로 아주 극심한 부끄러움을 겪어야 했다는 것은 의심할 여지가 없다.

결국 크랩트리 씨는 형집행정지를 받았다. 그 협동조합은 죗값을 치르는 것에 반대하는 쪽으로, 즉 자신의 약속을 충실히 이행하겠다는 것에 역행하는, 의결을 한 셈이다. 그 의결에 반대표를 던졌던 두 명 중 한 명이었던 나의 아버지는 그 협동조합에서 탈퇴하면서, 그 횡령된 대부분의 돈이 결코 되돌아오지 못할 것이라고 씁쓸한 경고를 하였다. 슬프게도 아버지의 말이 옳았으며, 그것에 대해서 심기가 편했던 이는 누구도 없었다. 오직 조그만 몇 푼만이 되돌아왔고, 크랩트리 씨는 그 마을을 떠나서 어딘가에서 새로운 출발을 하였다. 크랩트리 씨의 (직무 태만에는 부끄러워했던) 옹호자들은 그 고상한 집단 내에서 그 소식을 용납하기 어려워했다. 이런 일 역시 내가 대학 생활에서 보았던 딱 그런 식의 행동 패턴이었다. 심지어, 도덕을 전문적으로 연구하는 철학자들 사이에서도 그러했다. 그들은 "가정에서부터 실천하자"라는 자신들의 결정을 재확인하려 들지 않았다.

특별한 사례를 처리한 방식에 대한 평가가 흔히 가장 절박한 관심사라고 할지라도, 더욱 근본적인 문제는, 복지와 안정에 기초하는, 일반적 원리들과 제도적 구조와 관련된다. 어떤 관습을 규범으로 발달시킨다는 것은, 그러한 문제를 다루는 올바른 방식으로서, 집단의 문화적 진화에서 중요한 요소이다.[32] 횡령이나 다른 어떤 형태의 부정행위와 같은 행동에 반대하는 집단의 구성원들을 자제시키도록 만드는 확립된 원리들이 있다. 집단에 소속되도록 유발되어, 그리고 그 소속에 의한 이득을 인식함에 의해서, 인간과 다른 사회적 동물들은, 긴장, 초조함, 곤혹스러움 등에도 불구하고, 남들과 함께하려는 방식을 구한다. 물론, 여러 사회적 관습들은 분명 집단들마다 서로 다를 것이다. 북국의 이누이트(Inuit) 사람들은 브라질의 아마존 습지의 피라항(Pirahã) 사람들과는 다르게 사회적 문제를 해결한다. 사회적 문제는 기후와 먹이 재원 같은 물리적 제약과 긴밀히 관련되기 때문이다.

여러 사회적 관습들 사이에 상당한 유사성이 있다. 서로 다른 여러 문화들일지라도 특정 사회적 문제에 대해서 유사한 해결 방안을 갖는다. 사회적 문제에 대해서만이 아니라 다른 분야의 여러 관습들, 예를 들어, 배를 짓는 방식이나 낙농 방식에서도 서로 공통적인 유사성이 있다. 여러 특정한 문화들마다 서로 다른 다양한 양식의 배를 만드는 기술을 발전시켰다. 이를테면, 통나무 카누(dugout canoes), 자작나무 카누, 가죽 덮개를 한 카약(kayak), 돛을 단 뗏목, 강에서 낚시하기 위한 드럼통, 또는 기타 어떤 형태이든 있을 것이다. 여러 세대를 거치면서, 격리된 무리에 의해 만들어진 배들은 특정한 해역의 성격에 따라서 운행할 수 있도록, 그리고 가용한 재료에 따라서 절묘하게 맞춰진다. 운행해야 할 곳이 대양인지 호수인지 아니면 강인지에 따라서, 파도가 높은지 아니면 잔잔한 물결이 이는 곳인지에 따라서, 부드러운 미풍이 부는지 아니면 주로 강한 바람이 부는지에 따라서, 달라진다. 또한 주목해야 할 것으로, 많은 서로 다른 문화에서 사람들은 별을 방향계로 삼았다. 일부 사람들은 그러한 재주를 여행자들로부터 우연히 전해 받아 사용하기도 하였지만, 다른 사람들은 독자적으로 그 방법을 알아내기도 하였다. 이것은 마치, 집단의 크기가 확대됨에 따라서 그리고 농사짓는 풍습이 널리 퍼져나감에 따라서, 사유재산의 풍습이 서로 다르게 적용되는 것과 같다.

낙타, 소, 염소 등과 같은 우유 생산 동물을 가축으로 키우는 것은 널리 퍼져 있는 여러 문화들에서 자원 문제를 유사한 방식으로 해결하는 것을 보여주는 또 다른 사례이다. 가축들을 줄로 묶고 축사를 짓는 것 또한 공통적이지만, 이것은 인간들이 유사한 문제 해결 능력을 가지고 있다는 것을 반영한다. 낙타는 아일랜드에서 유용하지 않으며, 당연히 그곳에서는 염소가 가축으로 키워진다. 염소와 낙타는 북극에서 유용하지 못하므로, 그곳에서는 어떤 유제(ungulates, 발굽 있는) 동물도 가축으로 키우는 일은 없다. 아주 최근까지 이누이트 부족민 집단은 자원이 빈약하므로 아주 작은 규모였으며, 따라서 그곳에서는 형법적 정의를 다룰 광역 공동체의 제도가 요구되지는 않았다. 이누이트 부족민들로서는 그러한 사법적 요구가 흔히 있는 일도 아니며, 연장자에 의해서 비공식적으로 주재되었다.[33]

도덕적 가치에 대한 여러 표현들은 문화마다 다르지만, 장례나 결혼 등의 관습이 보여주는 경향처럼, 임의적이지는 않다. 예절의 문제가 비록 사회적 교류 활동을 부드럽게 해주는 측면이 있기는 하지만,

도덕적 가치만큼 심각하고 중대하지는 않다. 진실 말하기와 약속 지키기는 모든 문화에서 사회적으로 요구된다. 이러한 행동을 위한 유전자가 있기라도 한 것인가? 철저히 조사되지는 않았지만, 진실 말하기 혹은 약속 지키기 등의 유전자가 있다는 어떤 증거도 없다. 더구나, 진실 말하기와 약속 지키기를 위한 사회적 관습이 보트 만들기의 관습과 상당히 유사하게 발달했다. 그런 관습 역시 지역의 생태적 측면을 반영하며, 공동의 사회적 문제에 대하여 꽤 명확한 해답이기 때문이다.34)

여기에서 내가 개괄하고 있는 접근법에 대해서 다음과 같은 철학적 반론이 있을 수 있다. 뇌간-변연 시스템(brainstem-limbic system)에 얽히고, 보상-기반 학습(reward-based learning)과 문제 해결(problem solving)에 의해 모습이 갖춰지는, 사회적 행동이란 진정한 도덕적 행위일 수 없다. 왜냐하면, 진정한 도덕적 행위이려면, 오직 그 행위자가 타인의 복지에 관련된 (의식적으로 알고 있는) 이유에 근거해야만 하기 때문이다. 이러한 견해에 따르면, 무엇이 도덕적이려면, 그것이 오직 도덕적이라는 이유에서 그것을 해야만 하며, 그 행위가 절대적 법칙에 적용되어야만 한다. 이런 기준은, 사냥으로 생계를 잇거나 혹은 [구성원들의 이익을 위하여] 각종 단체를 이루는, 대부분 사람들의 도덕적 행위를 진정한 도덕이 아닌 것으로 제외시킨다. 이렇게 매우 엄중한 기준에 의해서 당신과 내가 도덕적 행위자가 아니라고 해야만 하는지, 나는 의심스럽다. 이런 검토는 다음을 의미한다. 그러한 기준은 필히 터무니없이 엄중하며, 우리가 살아가는 사회적 세상의 실제에서 벗어나 팔짱 끼고 앉아 꿈꾸는 꿈속에서나 가능하다.35)

이러한 철학적 반발에 대해 다음과 같이 응답이 가능하다. 도덕의 기반에 대한 어떤 설명도 신경생물학적이며, 인류학적이며, 심리학적으로 설득력이 있어야 한다. 분명히 말해서, 이성적 사고(reasoning,

추리), 혹은 좀 더 일반적으로 말해서, 생각하기(thinking)와 문제 해결하기(problem solving)는 특별히 사회적 삶과 도덕적 삶에 아주 중요한 부분이다. 그럼에도 불구하고, 사회적 영역 내에서 생각하기와 문제 해결하기는, 자신의 과거 학습과 관습에 의해서, 자신의 정서에 의해서, 그리고 우리 뇌가 일가친척들의 요구에 조율되는 방식으로, 제약된다. 문제 해결하기는 많은 요소들을 포함하고 있으며, 삼단논법처럼[즉, 단순한 논리적 구조처럼] 무엇으로 환원되기 어렵다. 아마도 이성적으로 사고하기란, 앞으로 8장에서 언급될 것이지만, 뇌가 현안의 여러 요소들에 대해서 중요도를 가늠하고 평가하며 숙고해본 후에 만족스러운 결정을 내림에 따라서 이루어지는, 일종의 억제 만족 과정(constraint satisfaction process)이다.

특정한 도덕성의 양태, 즉 공정성(fairness)과 관련하여 다른 종류의 문제가 제기된다. 무엇이 공정한지 혹은 공정하지 않은지에 대한 인식이, 협동과 진실 말하기와 같은, 다른 도덕적 성향과 동일한 기반에 근거하는가? 공정성은 그 기반이 다르다는 증거가 있다. 동물행동학 연구자인 프란스 드 발(Frans De Waal)과 새러 브로스넌(Sarah Brosnan)은 실험으로 다음을 보여주었다. 카푸친원숭이(capuchin monkey, 꼬리감는원숭이)는 다른 원숭이가 무엇을 보상받는지에 극히 예민하다. 그 원숭이는 철창에 갇혀 있지만, 다른 철창의 원숭이들을 똑똑히 볼 수 있다. 만약 원숭이 A와 원숭이 B가 모두 오이 조각을 동일하게 받을 경우에는 아무런 문제가 없다. 그런데 만약 원숭이 A가 오이 조각을 받고 원숭이 B가 포도를 받는다면, 원숭이 A는 실험 연구원에게 그 오이 조각을 갑자기 그리고 명확히 내던지고는, 화가 나서 철창을 소리 나게 흔들어댄다. 그리고 만약 이러한 일이 다음에도 발생되면, 그 원숭이 A는 극도로 분노하여 실험 연구원에게 오이를 집어던질 뿐만 아니라, 철창을 치고, 손을 철창 밖으로 내밀어

바닥을 내려치며, 소리 질러 불쾌감을 표현한다. 그렇게 그 원숭이는 불공정하다는 것을 인식한다. 이 실험 상황에서 다음을 주목할 필요가 있다. 카푸친원숭이는 오이를 꽤나 좋아하지만, 포도를 훨씬 더 좋아한다. 따라서 오이를 준 것이 그들이 싫어하거나 못 먹을 것을 준 것은 아니었다.

조금 다른 조건의 실험에서, 그 원숭이는 당장 얻지 못한 것에 대해 예민해진다는 것이 다시 한 번 분명히 드러났다. 만약 원숭이 A와 B가 보상받기 위해서 "일"을 해야만 한다면, 예를 들어, 철창 우리 안에 놓인 그릇에 담긴 작은 돌을 실험 연구자에게 넘겨주는 일을 해야만 한다면, 그리고 그들이 동일하지 않은 보상을 받게 된다면, 즉 형편없는 보상을 받은 놈이 몹시 화를 낸다.36) 카푸친원숭이의 이러한 행동은 명확히 그들이 자신에 대한 공정함을 인식할 수 있는 것을 보여준다. 그런데 새러 브로스넌의 보고에 따르면, 그 카푸친원숭이들은 자신이 은혜를 입은 자일 경우에는 항의하지 않으며, 자신과 똑같이 자기 동료들의 음식을 얻기 위해 행동을 바꾸지도 않는다.37) 이러한 행동에 대한 합리적인 추정은 이렇다. 공정함을 평가하는 능력은 무리 내의 자원 경쟁에서 나온다. 브로스넌이 지적했듯이, 카푸친원숭이들이 보여주려 한 것은, 다른 놈들이 공정한 처우를 받아야 한다는 것에 대한 상당한 관심이 아니라, **"나도 그가 받은 것을 가져야 한다"**라는, 자신에 대한 관심이다. 그리고 물론, 이것은 인간에게도 강한 특징이다. [역자: 이런 이야기를 통해 저자는 '공정함'이란 어떤 신성함으로서, 그리고 도덕적 가치 자체로서, 존재하는 것이 아님을 제시하는 중이다. 간단히 말해서 도덕이 생물학적 기반과 별개 차원의 것이 아니다.]

오웬 플래너건(Owen Flanagan)은, 공정함에 대한 자기중심적 평가는 돌봄이나 애착과는 무관한 것 같아 보인다고, 나에게 제안하였다.38) 이런 말은 다음과 같은 가능성을 제기한다. 인간에게 하나의 사회적 행동으로 보이는 공정함이 아마도 도와주기, 나눠주기, 혹은 협동하기 등과 같은 메커니즘과 동일하게 연결되어 있지 않을 수 있다. 그래서 공정함의 도덕적 가치를 위한 기반을 고려하여 다음과 같이 질문하게 된다. 뇌는, 나에 대한 공정함으로부터, 남에 대한 공정한 처우에 대한 관심으로, 다시 말해서, 그에 대한 공정함으로, 어떻게 나아갔는가? 거기에 애착 관련 회로가 개입된 것일까?

우리가 애착하는 사람들의 공정한 처우에 대한 관심이, 자기-돌봄에서 새끼와 짝 그리고 친구들에 대한 돌봄으로 그럴싸하게 확대 연결되는 것은, 다른 편의 우월한 관점에서 사물들을 볼 능력을 포유류가 특별히 가지기 때문이다. 종종 어린아이들은 자신들의 형제자매가 선물 배급에서 동등하게 처우를 받는지 관심을 가지며, 만약 어느 형제자매가 배제되면 나쁜 기분을 느끼는 것을 보여준다. 이것은 어린아이에 비해서 나이 든 형제자매의 경우에 특별히 더 그러하다. 내 생각에, 그러한 반응은 돌보는 [행동을 일으키는 신경계] 기반에 얽혀있다.

그렇지만, 언제나 혹은 어디에서나 동등한 처우가 모든 규범에 통용되지는 않는다. [역자: 이것이 현실일 뿐만 아니라, 사람들의 공정성에 대한 가치관에서도 그러하다.] 남성과 여성 사이, 부모와 아이 사이, 노예와 자유로운 사람 사이, 부자와 가난한 사람 사이, 장교와 징집 병사 사이, 교사와 학생 사이 등등에서의 차별적 대우는 흔히 있는 일이다. 부모와 자녀에 적절한 처우와 같은, 일부 불평등 관습은 실용적 차원에서 방어될 수 있겠지만, 그럼에도 적지 않은 자녀들은 이따금 그것에 항의하기는 한다. 분명히, 하나의 도덕적 범주로서 공정함의 적용이란 실천적으로 매우 다양하게 적용되므로, 아주 많은 곳에서 사람들은, 비록 한 문화 또는 가족 내에서라도, 그저 동의하지 않는다. 예를 들어, 선의를 가지고, 도덕적으로 솔직하며, 양심적이고, 예의바른 사람일지라도, 대학교 입학 수락 행위가 공정한지 아니면 불공정한지에 대해서 동의하지 않을 수 있다. 그런 사람들이 고급 수익성 택시 제도보다 일반 택시 제도가 더 공정한 것인지, 혹은 계승되는 택시 제도[역자: 한국에서라면 개인택시 매매가 허락되는 제도]가 공정한지에 대해서 일치된 의견을 갖지 않을 수 있다. 이따금 "그것은 불공정해!"라는 비난은 반대한다는 의사 표현이기도 하며, 불공정함이 잘못이므로 빨리 수정되어야 한다는 변화 요구이기도 하다.

무엇을 공정함으로 여겨야 할지 그 의견이 다양하다는 점을 깨닫는다면, 우리는 공정함의 기준이 보편적이지 않다는, 즉 그 기준이 예측할 수 없는 방식으로 바뀔 수 있다는 깨달음을 얻게 된다. 더욱 일반적으로 말해서, 그것은 우리에게 다음을 일깨워준다. 도덕적 진리와 법칙은 순수 이성만으로 접근할 수 있는 플라톤의 천국에 거주하지 않는다. 또한 그것은 우리에게 다음을 일깨워준다. 공정함의 요청은, 두려움, 분노, 공감, 동정심 등을 포함한, 여러 정서들 전체와 종종 뒤섞인다.[39] 본질적으로 장려되는, 인간의 보편적 권리가 있다는 생각은 아주 최근에서야 출현하였으며, 우리 모두에게, 특별히 법률적인 영역에서, 공정한 처우를 확대할 수 있다는 (일반적으로) 은혜로운 효과를 기대하는 측면과 분명 상당히 관련된다.[40] 그러므로 철학자들이나 심리학자들이 우리 인간은 모두 공정한 규범에 따라서 행동할 선천적 모듈(innate module)을 타고난다고 주장할 경우에, 우리는 그러한 가설이 과연 앞서 언급한 다양성들을 어떻게 아울러 해명할 수 있을지 의심해보아야만 한다.

종교와 도덕은 왜 필요했는가?

이 장에서 나의 목표는, 도덕규범과 관습의 기반을 이해하기 위해서 신경생물학과 뇌의 진화를 살펴보는 것이다. 이러한 접근법은 다만 사회적 행동을 가능하게 하는 기초 동기와 성향을 말하려는 것이며, 집단에 의해 채택되는 규범의 특별한 성격을 말하려는 것은 아니다. 여기에 두 가지 중요한 의문이 남아 있다. (1) 도덕성에서 종교의 역할이 무엇이며, (2) 인간 본성의 어두운 측면은 어떤가, 즉 집단 밖의 사람들을 미워하고, 죽이고, 폭행하며, 상해를 입히고, 무차별 폭력을 일으키는 성향은 무엇인가? 우선 종교부터 살펴보자.

조직화된 종교는 농업이 식량을 얻는 중요한 방식으로 채택된 시점과 대략 동일한 시기인 약 1만 년 전에 출현하기 시작했다. 이것은 호모 사피엔스(Homo sapiens)의 역사에서 아주 최근이다. 우리는 대략 25만 년 동안 이 행성에 살아왔기 때문이다. 호모 에렉투스(Homo erectus)와 같은 다른 원생 인류는 대략 1,600만 년 전에 출현하였다. 우리는 호모 에렉투스의 사회적 삶이 어떠했을지에 대해서 거의 아는 것이 없지만, 아마존 습지에 사는 종족들처럼, 그들은 작은 무리를 이루며, (현존하는 수렵 채집 사회에 전형적으로 존재하는 것과 동일한) 많은 기초적 규범들을 가졌다고 추정하는 것이 불합리하지 않다.[41]

인류의 역사에서 가장 긴 부분(대략 24만 년) 동안, 인류는 (사회적 그리고 도덕적인 삶의 법칙을 제공하는) 조물주와 (조직화된) 성직 계급에 대한 믿음 없이 인도되어왔다. 최근 수백 년 동안 수집된 인류학적 자료를 살펴보면, 우리는 유럽이나 북미 도시에 살았던 사람들의 문화와 아주 다른 문화를 가진 사람들의 사회적 삶의 모습을 이해할 수 있다. 이누이트 부족민들은 원시적 사냥꾼이며 어부였지만, 자신들의 사회적 삶을 통제하는 매우 사려 깊고 실천적인 규범을 가졌다. 홍미롭게도, 속임수는 특별히 나쁜 짓으로 여겨지며, 심지어 살인보다도 더 나쁘다. [그 이유는 이렇다.] 살인자는 (여성을 포함해서도) 드물었는데, 살인은 단지 한 사람에게 영향을 주지만, 속임수는 집단 전체를 위기로 몰아넣을 수 있었다.

이누이트 부족 문화의 바탕에 기초하는 원리는 영적인 존재와 모든 동물들의 영혼이 인간과 마찬가지로 정서적 지성을 가진다는 믿음이었다.42) 이것은 그들이 동물들의 세상에 매우 의존적이면서 상호 교류했다는 것을 반영한다. 예를 들어, 그들은 속임수를 쓰는 교활한 북극곰, 잘 잡히지 않는 교활한 물개, 그리고 너무 경외되어 그 신성함을 부인할 수 없는 고래 등에 의존하고 상대해야만 했다. 법률학자이면서 인류학자인 애덤슨 회벨(E. Adamson Hoebel)은 이렇게 지적한다. 이누이트 부족민들은 자신들의 규범과 관습을 언제나 명시적으로 체계화하지 않았다. 마치 그들이 카약을 타고 항해하며 고래를 잡을 필요가 있을 때에 그 기술을 그저 곁눈으로 습득하듯이, 규범과 관습 역시 자신들 주변에서 벌어지는 일들로부터 어린 시절에 곁눈으로 배운다. 그러므로 대부분 이누이트 부족민들은, 가르침이 없이도 공격적인 행위를 엄격히 제한해야만 한다는 것을 알았다. 즉, 그런 행동이 특정 경기 내에서 통제된 방식으로만 발휘될 수 있으며, 일상생활에서는 억제되고 다르게 적용되어야 한다는 것을 자연스럽게 습득했다.

다른 사례로 다음과 같은 연구도 있다. 이푸가오(Ifugao, 필리핀 북부 산악지역) 부족처럼,43) 농사를 짓는 부족 또한 사려 깊은 도덕적 관습을 지녔다. 그들의 관습은 다음을 포함한다. 분쟁이 발생하면 중개인에 의해서 해결해야만 하며, 이혼을 하려 하거나 물건을 빌리거나 빌려주려면, 그리고 재산을 양도하려면 그 사유가 분명히 밝혀져야만 한다. 필요에 의해서, 그들은 관개를 통제하는 규율을 강화시켰다. 심하게 경사진 계단식 논에서 쌀농사를 지으려면, 관개 시스템을 공유해야 했기 때문에, 이것이 중요했다. 일부 이푸가오 부족의 관습은 우리를 놀라게 한다. 예를 들어, 그들에게 추장은 없고, 다만 통치 협의회만 있다. 또한 그들은 양가 친척 집단이 원시적 사회이며 합법적 단위라고 생각한다. 그러한 사회는 죽은 자와 살아 있는 자, 그리고 아직 태어나지 않은 아이까지도 포함된다.44) 그들은 특정한 또는 하나 이상의 영혼에게 빌며, 그러한 영혼들과 함께 살아가려면 희생도 감수해야 한다고 생각한다. 그들의 문화에는 유대-기독교적 신과 조금이라도 유사한 어떤 개념도 존재하지 않는다.

이 행성에서 호모 사피엔스가 존재했던 25만 년 중에서 최근의 대략 1만 년 동안, 인간 문화는 독특하게 풍부한 방식으로 발달해왔다. 결론적으로 문화적이며 사회적인 관습들이, 근대 인간들이 살아가는 여러 생태적 조건들을 변화시켜왔으며, 사회적 삶의 양식은 20만 년 전에 살았던 인간들의 양식과는 매우 다르다. 부족은 더 커졌고, 상호 교류는 작은 부족들이 서로 만나서 도구를 교류하던 장소에 이따금 모였던 것에서 상당히 확장되었다. 인간에 의한 "거주지의 건설"은 다방면에서 인류 종의 생태학을 변화시켜, 사회적 조직을 바꿔놓았으며 특정 법률과 규칙들을 형식화하게 만들었다. 그에 따라서, 우리가 현재 도덕적 행위라고 규정하는 것을 포함하여, 사회적 행동 역시 변화되었다. 일부 공동체가 변화된 방식은 종교의 조직화에도 그대로 적용된다.

당연한 일로, 부족이 커짐에 따라서 그 구성원들은 서로를 알지 못할 정도가 되자, 일대일로 비난하는 힘이 상당히 상쇄되었다. 모든 사람들을 통제하기 위해서 규칙들을 명시적으로 형식화한다는 것은 사회적 복종의 문제를 해결하는 하나의 방책이기도 하다. 다소 큰 부족의 경우에는 지역의 현명한 연장자가 스스로 그 규칙들을 명확히 밝히고 적절히 강화하는 부담을 맡을 수도 있다.45) 다른 부족에서는 이러한 과제가 지배적인 주술사가 해야 한다고 인정될 수도 있다. 어디에 있더라도 당신을 지켜보고 있는 (보이지 않는) 신이란 관념은 (그렇지 않으면 아무도 알 수 없을 것이라고 여겨지는) 반사회적 행위를 제지하는 데 분명 도움이 된다. 그렇지만, 복종을 하게 만드는 이러한 가정이 어느 정도 효과적인지는 측정 가능하지 않다.46)

모든 종교들이 도덕의 원천을 신이나 성직자의 가르침으로 관련시키지는 않는다. 불교, 도교, 유교 등은 그러한 세 가지 사례이며, 이 세 가지가 조금이라도 종교가 아니라거나 혹은 불합리한 종교라고 누구도 말하지 못할 것이다. 많은 (소위) **토속 종교들**(folk religions)은 까마귀와 독수리를 특별한 위치에 올려놓으며, 계절의 변화, 조수의 변화, 폭풍, 화산 폭발 등과 같은 물리적 사건들을 어떤 종류의 영혼을 가진 것으로 바라보기도 한다. 그렇지만, 어떤 헌법 입법자[예를 들어, 바빌로니아 6대 국왕인 함무라비]는, 중동에서 지배적인 위치에 오른, 전형적인 종교 이상의 무엇이었다. 그러므로 그것이[즉, 개인을 감시하는 신의 존재가] 종교의 보편적 특징은 아니다.

종교의 역사와 종교의 문화적 발달, 그리고 특별히 유일 인격신(monotheistic)의 종교들은 어느 곳에서나 기록이 있으며, 유일 인격신 종교가, 인간처럼 덕망과 악을 겸비한 수많은 신들과 영혼들을 설정했던, 초기 종교에서부터 발달되었다고 말하는 것에 무리가 없다.47) [역자: 사람들에게 처벌과 상을 내린다고 가정되는 신을 인격신이라 하며, 그와 달리 자연의 궁극적 원인으로 가정하는 유신론의 입장을 이신론(deism)이라 한다.] 내 논점은 도덕적 행위와 도덕적 규범이 종교를 필요로 하지는 않는다는 것이다. [즉, 반드시 종교적이어야 도덕적인 사람이 될 수 있다는 가정은 옳지 않다.] 그럼에도 불구하고, 종교는 현존하는 규범에 더해질 수 있으며, 특정한 해의 특정한 날에 동물의 희생을 요구하거나, 특정한 식사와 특정한 의상을 지정하는 것과 같이, 완전히 새로운 규율을 고안하기도 한다. 그러한 규범들은 종종 무리들 사이에, 뚜렷하게 보이는 자신들만의 표식을 특별히 주목함으로써, 차별성을 조명하기 위해서 칭송되기도 한다. 그들과 다른 우리를 조명하려는 것이다. 종교는 또한, 도덕적 딜레마와 어려움에 대해서 토론하기 위하여, 무리의 규범을 강화하기 위하여, 그리고 전쟁이 일어날 경우에 적절한 정서를 선동할 목적으로, 공개 토론을 개최하기도 한다.48)

긴장과 균형 맞추기

포유류의 뇌는 자신을 돌보고 남을 돌보기 위한 두 목적을 위해 구조되어 있으며, 많은 경우에서 그 둘은 조화를 이루지 못하기도 한다. 사회적 삶은 이익을 가져다주지만, 또한 그것은 긴장을 가져다주기도 한다. 당신은 자원과 위상을 놓고 형제자매 혹은 친구들과 경쟁한다. 동시에 당신은 그들과 협동할 필요도 있다. 일부 개인들은 다른 이들보다 기질적으로 더 문제가 있기도 하다. 아주 큰 집단에서 어린이가 양육되는 방식이 비교적 동일할 가능성은 낮으며, 따라서 사회화의 패턴이 상당히 다를 수 있다. 일부 어린이는 자기중심적이 되도록 [주로, 부모에 의해서] 북돋아질 수 있으며, 다른 어린이는 다른 사람의 관점을 가지라고 격려되기도 한다. 이따금 당신은 화를 내거나 시끄럽게 하거나 아니면 냄새나는 사람들에게 관용을 베풀어야만 한다.

비록 당신이 어린이를 사랑한다고 하더라도, 당신의 어린아이들, 배우자, 혹은 부모들이 당신을 화나게 만들 수도 있다. 당신은 크든 작든 모든 방면에서 그들로부터 실망과 좌절을 겪을 수도 있다. 또한 당신은 모든 방면에서 그들이 자랑스럽고, 사랑스러우며, 훌륭한 측면을 볼 수도 있다. 이따금 응석을 받아주는 것보다 엄격한 사랑이 그 아이를 더 훌륭하게 만든다. 이따금은 못 본 척하고 못 들은 척하는 것이 더 현명한 행동일 수 있다. 이것은 전혀 새로운 이야기가 아니며, 당신이 이미 알고 언제나 그러한 지혜를 가지고 살아가고 있는 것을 나는 다만 다시 상기시킬 뿐이다. 당신의 사회적 삶은 고통이거나 즐거움이며, 당신은 그 둘 모두를 동시에 겪을 수도 있다. 당신은 자신을 돌보는 회로와 남을 돌보는 회로를 가지며, 언제나 그 둘 모두를 잘 맞춰 진행하지는 못한다.

사회적 삶의 모습은 아주 미묘하여, 흔히 규칙에 대한 엄격한 따름보다 현명한 판단이 요구된다. 중국의 철학자 맹자와 마찬가지로 아리스토텔레스도 인식했듯이, 규칙을 따르는 것에 결함이 있다. 그것은, 어떤 규칙도 당신에게 모든 우연적 사건 혹은 (삶에서 겪게 될) 모든 상황들에 대처하게 해주지 못한다는 사실이다. 규칙들은 단지 일반적 지침일 뿐이며, 편협한 요구사항이 아니다. 그러므로 경우마다 현명한 판단이 필수적으로 요구된다. 더구나 보편적으로 적용될 것으로 보이는 일반적 규범조차도, 조건에 따라서 어쩌면 예외 조항들이 추가되어야만 한다. 이따금 거짓말하는 것이, 예를 들어, 만약 어떤 미친놈이 폭탄을 터뜨리겠다는 위협으로부터 자신의 집단을 구하기 위해서라면, 옳은 일이다. 이따금 약속을 깨는 것이 옳은 일이다. 만약 그것으로, 핵 반응로가 녹아내리는 것과 같은, 정말로 끔찍한 파국을 막을 수 있다면 말이다. 예외 조항으로 발생하는 문제는, **거짓말하지 마라, 약속을 어기지 마라, 남의 것을 훔치지 마라** 등과 같은 금지에 대해서 어느 때에 합법적 예외가 될지를 결정해줄 어떤 규칙이 없다는 데 있다. 어린이들은 전형적인 예외에 관해서 빠르게 학습하며, 편협한 규칙들보다 흐릿한 경계의 범주들(fuzzy-bounded categories)을 적용한다.49) 당신은, 다른 사람을 죽이는 것이 잘못이지만, 특정한 상황에서, 예를 들어, 자기 방어나 전쟁터에서는 그것이 잘못이 아님을 알고 있다.

집단의 역사 혹은 (서로 다른 여러 집단들이 살아가는) 생태적 환경의 차이가 있다는 것은 다음을 의미한다. 어떤 문화에서는 검소와 겸손과 같은 기질이 높은 가치를 지니지만, 다른 문화에서는 관용을 높게 쳐주며, 자랑하는 것이 좋은 성격의 기준으로 여겨지기도 한다. 18세기에 당신이 만약 이누이트 부족 내에서 태어났다면, 그리고 이미 세 여자아이를 낳았다면, 그렇게 눈이 많은 고장에서 더 이상의 여자아기는 포기하는 것이 더 나을 것이다. 이것이 유감스럽다고 할 수는 있겠지만, 그렇다고 수치스럽다고 여길 일은 아니다. 굶주림이 언제나 위협하고 있으며 생산적 사냥꾼[즉, 아들]이 필요하다는 현실은 가혹한 조치(?)를 해야만 한다는 것을 의미했다.

비록 우리가 모든 이에게 자신을 돌보듯이 동등하게 대해주라고 권고받는다고 해도, 전형적으로 그것은 심리학적으로 가능하지 않으며, 내 생각에 도덕적으로도 바람직하지 않다. 가장 대표적인 사례로, 당신 자신의 어린아이들의 복지가 지구 반대편에 사는 (알지 못하는) 아이들의 복지보다 우선한다. 이따금은 특별한 은총이 가정에서부터 시작된다. 그래서 당신은 자신의 아픈 부모를 네팔의 나병 환자가 득실한 병원에서 치료받게 하는 것은 옳지 않다고 여길 것이다. 실제로 당신은, 누구나 모든 면에서 동등하게 대우받아야 한다고, 일반적으로 기대하지 않는다. 당신은 남을 돌보는 자신의 수고를 누구에게나 동일하게 배분하지 않으며, 자신의 관용에 대해서 균형을 맞춘다. [즉, 관용을 베풀 것인지 그리고 얼마나 베풀 것인지 등을 저울질한다.] 모든 현명한 도덕철학자들이 강조한 바와 같이, 균형 맞추기[즉, 적절히 판단하기]란 정확히 정의 내리기 어렵지만, 좋은 사회와 도덕적 삶을 인도하기 위해 필수적이다. 당신은 모든 걸인들을 집으로 모셔와 음식을 대접하지 않으며, 모든 사람들이 자신의 신장을 기증하지도 않으며, 모든 실망스러운 일들이 사람들에게 기억되지도 않는다.50) 그렇다고, 우리가 균형 맞추기를 법전에 명문화할 수는 없다. 균형을 잘 맞추려면 좋은 판단력을 가져야 한다.

사회적 삶에서 긴장은 높아졌다 낮아지며, 개인들은 종종 자신의 삶에서 회피할 수 없는 긴장을 감소시킬 작은 방안을 찾는다. 그러나 당신은 긴장이 통째로 사라질 것을 기대할 수도 없다. 종종 어떠한 완벽한 해결 방안이 없기도 하다. 모든 이들이 동의할 수는 없으며, 심지어 모든 이들이 반대하는 일도 없다. 이따금 현실을 받아들이는 것 이외에 달리 방법이 없는 경우도 있다. 이따금은 사회적 관습이, 당신이 자식에게 지나치게 집착하게 만드는 정서의 늪에 당신을 빠뜨릴 수도 있다.

2007년 캐나다 남부 온타리오 주의 미시소거(Mississauga) 시에서 있었던 일이다. 16세인 아크사 파베즈(Aqsa Parvez)는 히잡(이슬람의 여성 옷)을 더 이상 입고 싶지 않았다. 그녀는 그 문제로 가족들과 투쟁하였다. 그녀는 그해 12월에 자신의 집에서 교살되었다. 그녀의 형제자매 혹은 어머니조차 그녀를 돕지 않았다. 그녀의 아버지와 오빠는 2급살인 죄를 인정하고, 종신형을 받았다. 그녀는 죽기 바로 직전에 처음으로 영화관에 다녀왔다. 캐나다에는 2002년 이후로 이러한 "끔찍한" 살인이 15건 더 있었다.

도덕적 규범과 관습은 아래의 네 가지 뇌의 작용들이 서로 맞물려서 형성된다. (1) 가족 친지들에 대한 애착에 뿌리를 내리고 그들의 복지를 돌보려는 **배려하기**, (2) 고통스럽거나 화나는 것과 같은, 타인

의 심리적 상태를 인지하기, (3) 긍정적 그리고 부정적 강화하기, 흉내내기, 시행착오, 비유하기, 남의 말 듣기 등등에 의한 **사회적 관습 배우기**, (4) 예를 들어, 새로운 상황이 다음과 같은 (즉, 자원 분배와 이주에 관하여, 외부 집단과 교류에 관하여, 땅과 도구 그리고 물 등의 소유에 관한 언쟁을 어떻게 해결할 것인지에 관하여) 새로운 문제를 일으킬 경우에, **사회적 맥락에서 문제 해결하기**.51)

내가 이 장에서 취급하지 않은 것이 있다. 그것은 사회적 삶에서 매우 강한 힘을 발휘하는 공격성과 혐오이다. 다음 장에서 우리는 혐오의 잠재력과 유혹에 대해 탐색해볼 것이다.

5 장

공격성과 성(sex)

증오하는 즐거움

이따금, 장난으로 하는 싸움이 진짜 싸움으로 넘어가기도 한다. 이따금, 신뢰 구축이 무엇보다 중요할 때에, 냉전이 나타나기도 한다. 이따금, 충동 조절을 위한 회로 구축이 지나칠 수도 있다. 이데올로기를 위해서 그러하기도 하며, 거친 표현 때문에 그렇게 되기도 하며, 두려움과 증오로 인하여 그리 되기도 한다. 이따금, 아주 몹쓸 놈의 브레이크가 들어먹지 않는다. [즉, 장난은 어디까지나 장난이므로 적당한 선을 넘지 말았어야 했고, 신뢰 구축을 위해서 상대를 자극하지 말았어야 했고, 적당한 선에서 충동 조절이 되었어야 했다.]

샌디에이고 차저스(San Diego Charges) 미식축구 팀의 팬들은, 오클랜드 레이더스(Oakland Raiders)와 같은, 다른 캘리포니아 축구팀 팬들에 대한 증오심으로 꽉 채워져 있다. 그들은 서로 상대를 조롱하며, 상대팀 팬들을 위협하고 모욕하기 위한 의상을 입기도 한다. 일부 팬들은, 오스트레일리아 아딱새(Noisy Miner)의 공격적인 새의 모습과 다르지 않게, 의례적으로 싸움을 벌이기도 한다.

차저스 팬들은, 레이더스 팀 팬들이 악마이고, 역겹고, 인간 이하라고 말한다. 물론 상대 팬 역시 반대로 그렇게 말한다. 아마도 그것은 다만 장난으로 혐오하는 것이리라. 분명히 그렇게 하는 것은 재미있다. 양편 모두가 그 혐오하는 축제를 엄청나게 즐긴다. 그 이유를 따져보려는 관찰자라면 다음을 알아챌 수 있다. 그 팬들은, 다른 집단을 혐오하는 집단에 소속됨으로써, 상당한 즐거움을 얻는다. 바로 그 혐오하기 자체가 흥분되고, 상큼하고, 즐거운 일인 것 같다. 마땅히, 놀라울 정도의 시간과 비용이 이러한 의식적 호전성에 투입된다.

그럼에도 불구하고, 미국 내에서 미식축구 팬들 사이의 싸움은 매우 드물다. 만약 예외적으로라도 그런 일이 일어난다면, 팬들은 일반적으로 증오와 분노를 표현한다. 그렇지만, 영국에서 한 팬 무리가 다른 무리와 끝장 보는 일은 드물지 않다. 경기 후에, 그리고 이따금은 경기 중이나 경기 전에도, 남성 팬들 사이에 사회질서를 어지럽힐 정도로 싸우는 일은 매우 흔하다. 훌리거니즘(hooliganism)은 예외적으로 일소되기 어렵다.

BBC 다큐멘터리 방송은 축구 때문에 싸우는 클럽을 통해서 다음을 보여주었다. 많은 젊은 남자들은 경쟁 집단 사이에 질러대는 소음에 극히 흥분된다. 아우성치는 소음이 바로 경기를 보러 가는 주된 이유이다. 그 경기가 고향에서 열리든, 프랑스, 이탈리아, 그 밖에 유럽 어느 곳에서 열리든 항상 그러하다. 영국에서 그 패거리들은 "조합(firms)"이라고 불린다. 축구 조합은 잘 조직화되어 있어서, 지도자 역할을 담당하는 "조합장(top lad)"이 축구 경기가 열릴 무렵에 그 싸움을 조직적으로 준비한다.

그 축구 조합 사람들은 어떤 사람들인가? BBC 방송으로 판단해보건대, 그들은 매력적이고, 똑 부러지는 말솜씨를 지녔으며, 총명하다. 그들은 자신의 가슴을 두드리지 않으며, 입에 게거품을 물고 말하지 않는다. 그들은 미쳐 보이지 않는다. 그들은 당신의 형제 혹은 사촌일 수 있다. 그들 태도의 도덕성과 그들이 소리 질러대는 것을 좋아하는 것은 상관없어 보이지만, 여전히 납득되기 어렵다. 그들은 본질적으로 이유 없이 소리를 질러댄다. 그들은 소리를 질러대는 것에서 단순히 재미를 얻기 위해서 그렇게 한다.

1992년 로스앤젤레스 폭동은, 세 백인 경찰관의 임무 수행에 대해서 끓어오른, 인종적이며 민족적인 분쟁으로 발전되었다. 비디오테이프에서 그 경찰관들은 흑인 로드니 킹(Rodney King)을 악의로 때리는 것을 보여주었기 때문이다.[1] 그 불공정함에 대한 분노는 깊어졌고, 갑자기 아수라장이 되고 말았다. 방화, 약탈, 총질이 로스앤젤레스 사우스 센트럴(South Central) 지역 전체에 난무하였다.

나는 영상으로 가엾은 백인 트럭 운전자, 레지널드 데니(Reginald Denny)를 보았다. 그는 교차로에서 트럭을 가로막은 네 명의 흑인 젊은이들에 의해 강제로 트럭에서 끌려 내려왔다. 그들은 그를 야만스럽게 걷어찼으며, 그의 머리를 벽돌로 내리쳐, 거의 초죽음으로 만들어놓았다. 지금 다시 그 사건을 비디오로 볼 때면, 데니를 의식을 잃게 만들어 땅바닥에 팽개친 그 흑인 젊은이들이 즐거워하는 몸동작을 보면서, 나는 당시 방송 리포터가 그러했듯이 머리가 멍해지지 않을 수 없다. 그들은 즐거움에 겨워 춤을 추었다. 대부분 무의식적으로, 사람들은 교차로 인근의 모든 것들을 가루로 만들었다. 다행스럽게, 흑인 시민 네 명이 데니가 매 맞는 것을 텔레비전으로 보고는, 그를 구하러 달려 나와서, 그를 병원으로 데려갔다. 그렇지만 그들의 친절한 행동에도 불구하고, 데니는 거의 죽을 것 같아 보였다.

수일 동안 철저한 무질서가 그 도시를 지배하였다. 경찰들은 물러서야 했다. 그들은 매우 심각하게 신뢰받지 못했고, 증오되고 있어서, 좋은 사격 표적이 되어 있었다. 방위 군대도 물러섰다. 혹시라도 군대의 탄약이 그들에게 넘어가면 안 되기 때문이다. 일부 한국인 상점 주인들은 약탈로부터 자신들의 재산을 지키려 하였지만, 다른 상점 주인들은 그들의 가게가 약탈되고 방화되는 것을 단지 바라볼 뿐이었다.2)

여기에서, 그 폭도들과 약탈자들이 욕구불만을 터뜨리고 화를 내는 것에는, 앙갚음을 하는 가운데, 기쁨과 정당화된 즐거운 느낌이 있었다. 비디오카메라에 비쳐진 한 여성은 이렇게 보고하였다. "내가 거리에 나왔을 때, 사람들은 즐거워하고 있었어요. 그들은 훔치고, 웃으며, 엄청 재미있어 했어요." 결국 54명이 살해되었고, 수천 명이 다쳤다.3)

공정한 하키 시리즈에서 보스턴 브루인스(Boston Bruins)에게 스탠리컵(Stanley Cup)을 잃은 것을 어떤 핑계로도 절대로 상쇄할 수 없다. 2011년 6월 하키 팬들은 밴쿠버 중심가에서 발작을 일으켰다. 차를 불태우고, 가게를 털고, 고의적으로 무차별 폭행을 하였다. 그랬다. 그것도 캐나다에서. 그곳에서 그러한 일이 일어날 거라고 누구도 예상하지 못했다. 이 경우에도 역시, 거의 젊은 남성들로 구성된 팬들의 즐거움을 위한 행동이 명백하였다. 그들은 차를 뒤집어놓고 그 위에 올라서 춤을 추었고, 돌로 상가 유리를 깨고, 자동차에 불을 질렀으며, 조금이라도 질서를 유지하려고 분투하는 경찰들을 조롱하였다.4)

내 친구 조나단 고트샬(Jonathan Gottschall)은 자신이 철창 안에서 싸우기(cage fighting)에 열광한다고 말했다. 이러한 그가 나에게 색달라 보였다. 그는 문학과 교수였기 때문이다.5) 그의 말에 의하면, 철창 싸움은 폭동에서 고함지르는 것과는 완전히 차원이 다르다. 조나단이 말하길, 이것은 기본적으로 일종의 백병전을 신사적으로 치르는 경기

166

이다. 나이, 몸무게에 따라, 그리고 서서 싸우는 등의 공식적인 프로 복서 경기로, 이것은, 폭도들이 광란을 벌이는 것과는 아주 다르다는 의미에서, 일대일의 공정한 싸움이다. 그 싸움에 앞서 우선적으로 공포심이 엄습하며, 싸움하는 중에는 정신적으로 고도의 집중력을 발휘해야만 한다. 그 철창 싸움 선수들의 말에 따르면, 유일한 즐거움은 그 싸움이 끝난 후에, 그리고 오직 자신이 승리했을 때에만 찾아온다. 자신이 상대를 패배시켰다는 즐거움은 믿을 수 없을 만큼 강렬하여, 기꺼이 위험을 감수할 만하다. 일부 싸움 선수들은, 그것은 매우 황홀하여, 섹스만이 비교될 정도라고 말한다. 이렇게 공격과 섹스를 관련시키는 것은 생각보다 놀라울 일은 아니다. 성적 행위와 폭력은 뇌 내부 시상하부(hypothalamus, 복내측(ventral medial))의 한 영역에 연결되어 있다. 수컷 생쥐의 경우에, 이 작은 영역의 일부 뉴런의 활동은, 같은 우리에 넣은 다른 수컷을 공격하는 행동을 유발시키지만, 암컷을 그 우리에 들여보내면 짝짓기를 유발시킨다.6)

증오는 부정적인 정서로 분류되며, 그 부정적 정서는 즐거움과 상반된다고 우리는 일반적으로 추정한다. 그러나 스포츠팬들이나 경쟁 무리들에 대한 증오심을 고려해보면, 증오심이 에너지를 충전시켜주는 경향이 있음을 놓칠 수 없다. 각성은 즐거움을 준다.7) 이따금 사람들은 그것을 "아드레날린이 분출된다(adrenalized)"고 말한다. 그래서 사람들이 그런 행동을 한다.

코미디언 루이스(Louis C. K.)는 우체국에 길게 늘어선 행렬 속에서 있는 장면을 연출한다. 그는 그 줄에서 다른 사람을 빤히 바라본다. 그러고는 즉시 그에게서 미워할 만한 것들을 찾아낸다. 그 사람이 얼마나 웃기는 신발을 신었는지, 그 사람이 어떤 얼빠진 질문을 물어보는지, 얼마나 멍청인지. 그는 그렇게 자기 차례가 올 때까지 남을 경멸하면서 즐거움을 가진다. 남을 얕보는 것은, 아무리 사소한 구실로 그런다고 하더라도, 기분 좋은 느낌을 준다.

증오하는 상태에서 그 밖에 무슨 일이 일어나는가? 당신은, 뭔가 음흉한 짓을 하는, 단지 점잖게 나쁜, 물론 금지된, 죄를 짓는 즐거움을 이미 친숙하게 알고 있다. 예를 들어 마구간 뒤에서 친구들과 서로 벌거벗은 모습을 보여주는 것과 같은. 당신이 다섯 살이었을 때 이것은 얼마나 즐거운 일이던가. 부모님 몰래 하는 그러한 비밀은 얼마나 맛깔스러운 비밀이던가. 밴쿠버 폭동 비디오를 보면서, 그렇게 법을 어기는 즐거움, 그리고 그것을 남들과 함께하는 즐거움은 너무나도 명백하다.

여성들은 호전적 행사와 잔인한 습격 등에서 언제나 수수방관한다. 전반적으로 범행자는 남성이며, 거의 대부분 (리더의 경우는 그렇지 않지만) 범행자는 젊은이나 중년 성인이다. 오랫동안 지지된 가설에 따르면, 한 무리에 소속된 남성들은 서로에 대해서 늘 어느 정도 실력행사를 한다. 그들의 그러한 호전적 과시는 뭔가를 재확인하려는 의도에서이다. 예를 들어, 서로 상대방에 대해 관심이 있으며, 자신들이 공격할 능력이 있으며, 그리고 자신들의 공동 목적이 무엇인지 등을 재확인하려는 것이다. 그들은 뭉침으로써 힘이 있다는 느낌, 즉 수적으로 우세한 힘을 느낀다. 이것은 즐거움과 연결된다. 동일한 흰 옷을 입고서, 거대한 모닥불 주위에서 율동적으로 춤을 추면서, KKK단(Ku Klux Klan, 미국의 백인 남성으로 구성된 비밀 조직)의 남자들은 협력적으로 일을 벌인다. 만약 혼자서 하라고 한다면, 아무도 감히 나서지 않는다.

그렇다고 여성들이 공격성을 갖지 않는 것은 아니다. 언제나는 아니지만, 단지 일반적으로 공격성의 형태가 다를 뿐이다. 예를 들어, 평범한 가십, 불친절하게 말 자르기, 회피하기 등등 모든 것들이 여성들에게 이용되는 효과적 공격 양상들이다. 머리꼬덩이 잡아당기기의 모습이 오늘날 재등장하는 것 같다. 역시나, 그들의 집단적 증오하기로부터 몇 가지 즐거움의 형태들이 나오는 것 같다. 축구 팬들이 그러하듯이, 여성들도 강력히 무리를 이루며, 그리고 경쟁 팀의 팬들에게 혹은 모든 무리로부터 배제된 누군가에게 맹렬한 적개심으로 대하는 모습도 보인다.

우리와 남들을 가르는 구분이란, 자신이 속한 안전한 집단의 둘레에 경계 긋기이다. 그 집단 내부에 소속될 경우에, 개인들은 집단의 규범에 대한 애정과 집착을 가질 수 있다. 그 집단에서 벗어난다면, 상호 교류가 더 위험해지므로 개인들은 더욱 부단히 경계해야만 한다. 외부 집단 사람들에 대한 호전적 행위의 모습은, 당신이 (부분적으로 자신의 유전자에 의존하는) 자신의 무기 상자 안에 무엇을 가졌는지에 따라서, 그리고 (부분적으로는 당신의 문화로부터 자신이 따라야 할) 어떤 올바른 방식을 당신이 얻었는지에 따라서, 달라진다. 당신은 자신이 존중하는 사람들을 모델로 삼고 스스로 따른다. 아주 짧게 줄여 말하자면, 많은 문화권에서 소년들은 치고받고 싸우며, 소녀들은 회피하는 행동을 보여준다.

내가 9학년[한국의 중학교 3학년]이었을 때, 우리가 1학년 때부터 쭉 보면서 알고 있던, 수수하고 외로워 보이던 동급생 소녀 하나가 임신한 것처럼 보이기 시작했다. 그녀는 평소 교실에서 행동이 느려서, 일반적으로 "정신박약" 아이로 외면당해왔다. 그녀는 상급 학년으로 진학하는 시험을 통과하지 못했고, 그래서 읽기 공부에 매달렸다. 도로시(Dorothy)는, 여러 단단한 파벌들로 갈리는 여자아이들 사이에서, 본질적으로 없는 아이 같은 존재였다. [소위 왕따를 당했다.] 도로시가 어떻게 임신한 것일까? 그녀는 어떤 남자 친구와도 어울리지 않았고, 우리 마을에서는 누가 누구와 데이트하는지 모두가 알고 있었다. 우리 모두가 이내 알아채갈 무렵에, 어느 시골뜨기 벌목꾼이 그녀를 데리고 가버렸고, "그녀의 동반자"가 되었다. 맥주가 어쩌면 한 요인이었을 것이다. 우리는 그녀에 대해서 딱해하는 느낌을 가졌던가? 우리는, 그녀가 분명히 말려들었을 것이라는 추정이나 그녀의 앞날의 인생에 대해서, 애도하는 마음을 가졌던가? 우리는 그 시골 녀석이 순진한 소녀를 가로채간 것에 황당해하였던가?

조금도 그렇지 않았다. 우리들은 자신들이 잘났다고 우쭐해하였고, 자신들이 온전한 것에 행복해하였으며, 각자가 도로시가 아니라는 것에 무척이나 당당해하였다. 우리는 그녀의 곤경이 그녀 같은 아이에게나 발생하는 것이지, 우리 같은 소녀들에게는 절대로 일어나지 않는다고 생각했다. 그러한 그녀에 대한 경멸은 우리가 각자 혼자 있을 때에는 발생되지 않는 정서이다. 그러므로 개인적으로 우리 각자는 도로시에게 일어났던 일로 상당히 두려워하였다. 이전엔 다소 무시하였지만, 그때만은 도로시가 완전히 다르게 여겨졌다. 분명히 우리들의 행동은 수치스러운 것이었지만, 우리들은 서넛만 모이면, 각자 언제 그렇게 생각했는지를 잊어버리고, 그녀를 모욕했으며, 그것도 즐겁게 거품 물고 떠들었다. 그렇게 그녀를 비웃는 것은 우리의 아주 단단한 결속력을 유지시켜주는 일부 요소이기도 했다. 증오심은 우리를 결속시키며, 사회적 유대감은 우리를 즐겁게 한다.

우리가 도로시의 곤경을 비웃는 그 당시에 나는 농장에서 잡일을 거들어야 했다. 우리 농장의 레그혼(leghorn) 암탉들이, 일반적으로 군집을 이루는 놈들인데, 어찌하여 목에 상처가 난, 한 마리 불쌍한 암탉에게 집단으로 달려들었다. 그 불쌍한 놈 주위로 벌 떼같이 모여들어서, 그놈들은 조금이라도 핏빛이 보이기라도 하면, 그곳을 쪼아 상처를 더 깊게 만들었다. 이러다가는 그 암탉을 죽일까 싶어 걱정할 때쯤, 아버지가 그놈을 다른 우리로 옮겨서 상처가 아물 때까지 격리시키라고 말했다. 그 후로 그 암탉은 1년을 넘겨 살았고 알도 잘 낳았고, 아직 냄비로 들어갈 시기가 되지는 않았다. 나는 다른 암탉들이 왜 그런 끔찍한 행동을 하는지 물었다. "글쎄" 아버지는 이렇게 대답했다. "나도 모르겠어. 그놈들은 그래." 나는 도로시의 경우와 비교해서 생각하지 않을 수 없었다. 그렇지만 유감스럽게도 그러한 비교가 내 행동을 조금이라도 변화시키지는 못했다.

여러 해가 지난 후에, 내 친구와 나는 솔직히 수치심을 가지고 도로시의 사건을 돌아보았다. 어른이 되고 나서, 우리는 자신들의 그러했던 청소년기의 행동을 불미스러운 것으로 평가했다. 비록 서로 조장하긴 했지만, 어떻게 우리는 스스로를 그렇게 비열하도록 놔두었던가? 실제로 우리는 그때 그렇게 하는 것을 좋아했던가? 우리의 딸들도 그때의 우리와 같을까?

공격성을 위한 신경회로

공격적 행위는 어떻게, 우리를 포함하여, 동물들에게 도움이 되는가? 궁극적으로 공격적 행위란, 그 어떤 다른 모습으로 나타나든, 자원, 생존, 자신의 유전자 전달 등이 목적이다. 지극히 당연한 이야기이다. 그렇게 현명하게 이용되는 공격적 행위는 흔히 동물에게 이득이 될 수 있다. 포식자의 입장에서, 먹이에 대한 공격은 음식을 가져다준다. 먹이가 되는 동물에게 공격이란, 도망치고 숨는 것과 함께, 방어가 된다. 그러므로 오소리는 사냥에서 극렬히 공격적이지만, 또한 먹이를 지키고 침입자를 쫓아내는 데에서도 그러하다. 사회적 동물들이 의도적으로 협동하는 것과는 달리, 공격은 매우 오래된 유산이다.

만약 당신이 공격이나 방어를 하려면, 에너지 수준을 끌어올려야만 한다. 당신은 "휴식과 소화" 에너지 상태에 있어서는 안 된다. 신경과학자 자크 판크셉(Jaak Panksepp)이 여러 해 전에 관찰한 바에 따르면, 에너지는 기쁨이다.8) 에너지 충만감은 좋은 느낌이다. 그것은 흥분하게 만든다.

예를 들어, 늑대 한 마리가 엘크를 사냥할 준비를 하는 경우와 같은, 포식자를 생각해보라. 효과적인 사냥이 이루어지려면, 늑대가 먹이를 죽이기 위한 동기가 강력해야만 한다. 엘크가 치명적인 걷어차기를 할 수도 있고, 자신을 뿔로 뚫어버릴 수도 있다는 두려움을 극복할 만큼 강력해야 한다. 그렇다고 무분별할 정도로 너무 강력해서는 안 된다. 절묘한 균형이 요구된다. 엘크의 뒤를 계속 쫓아야만 하는 늑대는 그 엘크의 뒷발에 채이지 않으면서도 그 뒷발의 힘줄을 끊어야 한다. 엘크 무리의 앞에서 그들을 성가시게 하는 늑대는 그 위험한 뿔을 조심해야 한다. 그들의 목표는 엘크의 목줄을 끊는 것이다. 늑대는 그 들짐승을 공격하면서 동시에 자신에 대한 방어도 해야 한다.9)

이렇게 에너지, 강한 욕구, 공포, 조심성 등을 잘 혼합하는 것은 사냥에서 성공을 위해 필수적이다. 먹잇감을 넘치는 힘으로 누를 수 있다는 것은 성공을 의미하며, 그 성공은 먹을 것을 의미한다. 물론, 그것은 즐거움을 의미하기도 한다. 분명 즐거움-호전성 연결은 또한 부분적으로 승리에 대한 신경계의 보상 시스템(reward system)의 반응 덕분이기도 하다. 다음에 얻게 될 결과는 순전히 즐거운 승리에 대한 예견이다. 다른 말로 해서, 그 동물은 도파민을 분출하여 첫 번째 피식자를 뒤쫓게 한다. 그런 계기로 그 동물의 뇌는 포식자 행동을 먹는 즐거움과 연합시킨다. 그러고 나면, 그 즐거움의 가치는 다음에 추적하게 될 목표 자체에 붙어버린다. [아직 실현되지 않은] 기대되는 즐거움은 실제 즐거움이다.10) 이러한 즐거움이 만들어지도록 작용하는 신경화학물질은 무엇일까? 내인성 오피오이드(endogenous opioids)일까? 내인성 카나비노이드(endocannabinoids)일까? 아니면 도파민

(dopamine)일까? 아니, 그 모든 것들일까?

공격에 대한 방어 역시, 비록 방어가 공포를 또한 포함하긴 하지만, 행동을 위해 기운을 북돋우는 전율을 압도할, 느낌(기분)을 "끌어올려"준다. 아마도 내인성 오피오이드가 방출됨으로써, 그 동물이 다칠 것을 각오하고 대응 공격을 하게 만들 것이다. 이것은 부분적으로 그 대응 공격이 왜 즐거운 느낌을 갖게 해주는지를 설명해줄 듯싶다. 이것은 또한, 어떤 사람이 총에 맞거나 심하게 얻어맞는다고 하더라도, 싸우는 당시에는 단지 아주 작은 통증만이 느껴지는 흔한 현상이 왜 일어나는지도 설명해준다. 방어에서 성공하게 되면 우리는 즐거운 에너지로 충만하게 되며, 어떤 공포심도 흔적 없이 사라진다. 포식자를 성공적으로 잘 격퇴하면 그것은 곧 자격을 갖추는 셈이다. 나는 할 수 있다![11] 실패한다면? 실패는, 특히 연대적 실패는 그 동물들을 우울하게 만들어, 물러서게 만들 것이다.

또한, 공격적 행위는 새끼를 방어하는 경우에도 나올 수도 있다. 진화의 전망에서 보면, 포유류 어미들은 자신들의 새끼를 위협하는 잔인함에 반응하며, 그들은, 자신들의 새끼를 일찍 죽도록 (물론 그렇지 않은 것들에게도 마찬가지로) (소심하여) 포기하는 다른 동물들에 비해서, 더 많은 새끼들을 생존하게 만들 것이다. 그러므로 잔인하게 방어하는 놈들의 유전자는 퍼져나가며, 소심한 방어자들의 유전자는 그렇지 못하게 된다.

자신의 새끼를 지키려는 어미들의 결심은 엄청나게 대단하다. 까마귀는 새로 깃털이 나기 시작하는 새끼에게 다가서는 누구에게도 떼지어 날아들어 공격해댄다. 어미 다람쥐는 새끼가 도망갈 기회를 갖도록 개의 목구멍 속으로 자신을 내던지기도 한다.[12] 평소 상당히 수줍음을 갖는 암컷 곰은, 어미로서 자기 새끼를 위협하는 무엇을 지각하기만 하면 격분할 수 있다. 새끼 보호는 포유류와 조류에게 엄청 크고 강력한 충동이다. 인간 부모들은 분명 자신들의 아이를 하버드와 스탠퍼드에 들여보내기 위해서 가장 공격적으로 행동한다.13)

여러 포식 행위와 방어 행위는 모두 경쟁의 특정 모습이다. 예정된 피식자는 살기 위해서 포식자와 경쟁하며, 포식자는 단백질을 위해서 예정된 피식자와 경쟁한다. 또한 영역을 위한 공격 행위도 있는데, 이것은 실제로 먹이 대신에 벌이는 경쟁이다. 조그만 땅뙈기는 오직 제한된 수의 (곰이나 올빼미와 같은) 동물을 먹여 살릴 수 있을 뿐이다. 그러한 영토를 호령하는 곰은 자신의 텃밭에 난 딸기를 나눠 먹고 싶어 하는 다른 놈에게 소리를 버럭 질러댈 것이다. 영토 공격성이 진화적으로 어떻게 선택되었는지 이해하기란 어렵지 않다. 특정 종류의 포식자와 다른 종류의 포식자가 어떻게 해서 불가피하게 출현될 수밖에 없었는지를 살펴보는 것만으로도 그것을 쉽게 이해할 수 있다. [역자: 다윈의 진화론에 따르면, 작은 섬들로 이루어진 고립된 군도에 거주하는 핀치 새들은 번식에 의해서 그 수가 불어나자, 먹이가 부족해졌다. 그러자 다른 먹이를 먹을 수 있는 부리를 가진 놈들이 자연에 의해 선택되었다. 그 결과 좁은 영역 내에 다양한 부리를 가진 핀치 새들이 거주하게 되었다.] 영토 다툼은 아마도, 색깔 지각과 사회성이 여러 번 진화했듯이, 여러 번에 걸쳐서 진화했을 것이다.14)

공격 행위 없는 세상이 있을 수 있을까? 아마도 우리의 세계에서는 어떻게든 그럴 수 없어 보인다. 자연선택은 불가피하게 자원 경쟁을 유도한다. 생물학적 진화의 어떤 측면에서, 일부 생명체들은 남을 죽이고 잡아먹을 능력을 지닌다. 그것이 불가피한 만큼, 일부 그러한 생명체들은 불가피하게 저항할 능력을 타고난다. 예를 들어, 어떤 놈은 위장술을 가지며, 어떤 놈은 쏜살같이 도망치거나, 끔찍한 냄새를 풍겨서, 혹은 반격함으로써, 방어한다. 그러한 무기 개발 경쟁은 지속되고 있다.15)

174

최고의 짝을 얻기 위한 경쟁

이번에는 성(sex)의 문제를 다뤄보자. 대부분의 포유류와 조류에서, 수컷들은 암컷을 만나기 위해 경쟁을 벌인다. 이러한 경쟁은 많은 다양한 형태들로 나타나지만, 흔히 그러한 경쟁에서 수컷들은, 적절한 암컷에게 수정시킬 수 있다는 희망에서, 반드시 다른 구애자들을 격퇴시키거나 자신의 우월성을 드러내야만 한다. 짝짓기 계절에, 발정기가 되면, 예를 들어, 무스(moose) 수컷 두 마리는, 상대가 지쳐서 나가떨어질 때까지 혹은 자기가 약하다는 것을 알아채고 허둥지둥 달아날 때까지, 머리를 맞대고 끝까지 싸운다. 개코원숭이(baboon) 군단에서 대장 수컷은 다른 수컷들보다 암컷을 더 많이 차지하는 큰 특권을 지니며, 자신의 지위를 유지하기 위해서 도전자들과 계속 싸워야 한다.16)

서로 다른 전략을 이용하여, 수컷 바우어 새(bowerbird)는 암컷을 유혹하기 위한 멋진 구조물을 지으며, 경쟁하는 수컷들은 몰래 다가가서 상대의 구조물을 부수기도 한다. 파란 마나킨 새(blue manakin) 수컷들은 상대보다 우월성을 보여주기 위한 춤을 춘다. 그러면 암컷이 가장 정교한 춤을 춘다고 보이는 (사람이 보기에도 더 잘 춘다고 보이는) 공연자(수컷)를 선택한다. 그렇게 암컷들이 수컷을 선택하며, 그러한 새 종류들에서 공격 행위는 공연보다 중요하지 않다. 추정컨대 공연은 암컷들이 수컷에게서 원하는 것, 즉 정력과 경쟁력(우수한 두뇌)을 의미하기 때문이다.17)

인간들의 짝짓기 행위는 훨씬 더 복잡하다. 많은 인간들의 다양한 행위만큼이나, 인간의 짝짓기 행위는 문화적 규범과 관습 그리고 유행이나 트렌드에 의해서 너무 많은 다양한 모습을 보여준다는 점에서, 당신은 인간 뇌의 유연성에 감탄해야 할 듯싶다. 이따금 인간들의 짝짓기 행위는 [둥지를 잘 꾸며 암컷의 눈에 들어 구애하는] 바우어 새로부터 빌려온 듯싶으며, 이따금은 머리를 맞대고 싸우는 무스에서 빌려온 듯싶기도 하고, 이따금은 일정한 시기에 특정한 장소에 모여들어 짝짓기를 하는 세이지 뇌조(sage grouse)에게서 빌려온 듯싶기도 하다.18) 대부분 다른 포유류 종들에서 그러하듯이, 인간의 경우에도 수컷들은 암컷을 위한 경쟁을 벌인다. 그 경쟁을 위한 여러 종류의 과시 모습을 보여주며, 그 모습은 이따금 어떤 문화의 규범 내에서 제도화되는데, 능력, 힘, 부, 아름다움, 관용, 영리함, 사회적 위상 등등을 과시하는 여러 형태들이 있다. 문화에 따라서 여성들 또한 상호 경쟁할 수 있으며, 분명 여성들이 짝짓기에 주도적인 역할을 한다.

공격 행위는 다차원적이다. 공격 행위는, 다양한 정서들의 가변적인 혼합과 가변적인 여러 표현들 같은, 다중 요인들에 의해서 촉발된다. 공격 행위가 (그것을 촉발한) 다양한 목표 중 어느 하나를 위해서만 진력할 수도 있다. [즉, 공격 행위를 유발한 다양한 요소들 중에서 오직 한 가지만을 획득하거나 해결하기 위해서 공격이 이루어질 수 있다.] 그러므로 한 종 내의 공격 행위 양식이 개인에 따라서 다양성을 보여줄 것이다. 평화롭고 풍족한 시기에 동물들은 천천히 화를 내는 것이 더 유익할 수 있겠지만, 빈곤하거나 전쟁하는 시기 동안에는 신경질적 성향이 더 유익할 수 있다. 나아가서, 동물은 분명 혈족을 지키는 일에 빠르게 반응하겠지만, 피식자 공격에는 더 느리게 준비하는 반응을 보일 것이다.

남자 뇌와 여자 뇌19)

우리 학교에서는 운동장에서 싸우는 것이 허락되지 않았으므로, 싸우고 싶어 하는 사내아이들은 학교 담장 바로 너머 농업용수로 개울에 놓인 징검다리를 줄지어 건넜다. 이것은 좋은 구경거리의 사건 현장이었다. 방관자들은 다리 난간에 앉아서 좋아하는 편을 응원할 수 있었다. 이러한 싸움은 뜻밖에 코피 나는 것 이상은 아니었고, 승리자는 관용으로 패배자를 일으켜주었다. 선생님들은 그런 싸움이 너무 자주 일어난다고 생각되지만 않으면, 그냥 못 본 체하였고, 그 싸움 후에 교장선생님은 당사자들을 불러다 반창고를 붙여주기도 하였다. 그 지역에선 흔히 그랬다. 여자아이들은 싸우지 않았다. 그들은 뒤에서 험담하곤 하였다. 여자아이들도 물론 다른 여자아이들에게 특별히 악의와 잔인함을 마음속에 품을 수는 있겠지만, 실제로 난타전을 벌이지는 않았다. 이러한 경향은 세계적으로 어느 곳에서나 비슷한 양상이다. 물론 여러 토착 관습들과 생물학적 다양성에 따라서 언제나 예외는 있다.

잘 알려져 있듯이, 인간 남성들은 공통적으로 여성들에 비해서 신체적 싸움을 더 많이 벌인다. 폭행, 구타, 살인 등에 대한 범죄 비율은 여성에 비해 남성이 월등하게 높다. 남성들은 전형적으로 역마차를 습격하고, 은행 강도를 벌이며, 전쟁에 나서며, 술집에서 칼부림을 하는 등의 행위자들이다. 이것은 어느 곳에서든 상당히 맞는 이야기이다. 남성과 여성의 그러한 차이를 무엇으로 설명할 수 있겠는가?

그 이야기에서 테스토스테론(testosterone)이 본질적 요소이며, 그것은 매우 놀랍고 흥미진진하지만 엄청 복잡한 이야기이다. 수컷의 테스토스테론 중독에 관해서 대책 없이 설명한다면 사실을 왜곡하여 잘못 이해하기 쉽다. 테스토스테론이 어떻게 공격성을 유발하는지 대략적인 이야기를 하기에 앞서, 우선적으로 남성과 여성의 뇌가 어떻게 다르며, 그러한 차이를 만들고 유지시키는 메커니즘이 무엇인지를 간략히 살펴볼 필요가 있다.

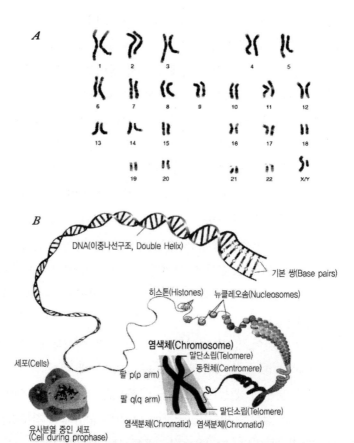

[5.1] 인간 염색체(Human chromosome). (A) 인간은, 난자세포와 정자세포를 제외하고, 모든 세포들이 23쌍의 염색체를 가지며, 난자세포와 정자세포는 23쌍의 염색체 중 오직 한쪽 가닥만을 갖는다. 이 그림에서는 남성 성염색체(XY)를 보여주며, 여성 성염색체(XX)를 보여주지는 않는다. (B) 여러 염색체, 즉 DNA 사이의 관계와, DNA의 두 줄기를 연결하는, 기초 쌍을 보여주는 그림. 유전자(genes)란 여러 염색체 중에 DNA의 단편들이다. 이러한 염색체에서 오직 1.5퍼센트의 유전자만이 단백질을 만들기 위해 부호화(암호화(code))하며, 다른 나머지 부호화하지 못하는 단편들은 단백질을 부호화하는 유전자들을 통제하는 일에 개입되며, 다른 기능들은 아직 규명되지 못했다. 국립인간게놈연구재단(National Human Genome Research Institute)의 허락을 받아 인용함.

정상적으로 정자가 난자를 수정시키면, 그 결과 인간의 수정란은 23쌍의 염색체(chromosomes)를 갖게 된다(그림 5.1). 한 쌍의 성염색체는 XX(유전적 여성)이거나 XY(유전적 남성)이다. 초기 발달 단계에서, 태아의 성적 기관(생식선)은 중성이지만, 태아 발달의 2개월 반이 되면, Y 염색체에 포함된 유전자가 중성 생식선(gonads)을 남성 고환(testes)으로 바꿔주는 단백질을 생산한다. 만약 이러한 활동이 없다면, 태아의 중성 생식선은 난소(ovaries)로 성장한다. 태아의 두 번째 중반의 발달 단계에서, 태아의 고환에서 생산된 테스토스테론은 혈류로 방출되어 성장하는 뇌로 들어간다. 이제 테스토스테론은 남성 뇌의 해부학적 구조에 영향을 미친다.

성호르몬은 성장기 태아의 뇌와 어떻게 상호작용하는가? 간단한 대답은 이렇다. 테스토스테론의 급상승은, 주로 (동물들의 경우에, 암컷 등 위로 올라타서 짝짓기 하는 등의) 번식 행위와 관련된, 아주 특별한 뇌 영역의 뉴런 수를 변화시킴으로써, 남자 태아의 뇌를 **남성화시킨다**(masculinizes). 테스토스테론의 급상승이 없다면, 뇌는 전형적 여성의 발달 경로를 걷는다. 그러므로 여성 뇌의 도면은, 테스토스테론이 뇌를 성적으로 성숙시키지 못한, 결여(default)라고 생각될 수도 있다. 그렇지만 앞으로 우리가 살펴보게 될 것으로, 테스토스테론이 설령 있다손 치더라도, 예를 들어, 테스토스테론의 방출 시간과 그 방출되는 양을 포함하는, 다른 요인들에 의해서 남자 태아의 뇌를 최종적으로 남성화시키지 못할 수도 있으며, 어느 정도 덜 남성화되는 일도 일어날 수 있다.

뇌가 남성화된다는 것은 무슨 의미인가? 테스토스테론은 수많은 뉴런들이 그물망을 형성하도록 영향을 미친다. 좀 더 정확히 말해서, 테스토스테론은 그것에 영향을 받게 되는 그물망의 뉴런들이 죽지 않도록 방어해준다. 결국에 시상하부의 몇 개의 뉴런 집단(신경절(nuclei))

이 여성에 비해서 남성이 두 배 정도 더 많아진다.

[역자: 뉴런들의 구조에 따라서, 발생 뉴런 풀(original neuronal pool)의 세포들 중 15-85퍼센트가 선택적 죽음으로 제거된다고 알려져 있다. 『뇌과학과 철학』, 205쪽.] 이렇게 발달하는 뇌에서 일부 세포는 왜 죽어야 하는가? 일반적으로, 신경계를 만들기 위한 발달 단계의 청사진은 과도한 뉴런 생산을 허용한다. 그러면 뉴런들은 그 뉴런들이 자신들의 그물망 내에 효과적으로 작동할 기능을 갖추기 위해서 선별된다.20) 이것은 마치 축구 시즌이 시작될 무렵에 예비 선수들을 선발했다가 실제 출전에 앞서 최고의 팀을 구성하기 위하여 그들 중에서 선별이 이루어지는 것과 같다. 테스토스테론은, 그 선별 과정(즉, 세포 죽음)의 기준을 낮추는 방식으로, 발달하는 뇌에 영향을 미친다. 그러므로 그 영역의 크기는 선별을 거치고 남은 양을 반영한다.21) 이러한 뇌 영역의 크기 패턴은 태아의 뇌에서 어느 정도 결정되지만, 사춘기에 추가적으로 테스토스테론의 급상승에 의해서, 그 패턴이 우리의 일생 동안 그대로 유지된다. 태아 발달에서 호르몬에 의해 조직화된 신경회로는 사춘기 동안 호르몬에 의해 활성화된다.

작지만 중요한 수정 과정이 있다. 일단 그 호르몬이 혈액을 통해서 뇌로 들어가기만 하면, 그중의 일부 테스토스테론은 효소에 의해서 더 강력한 안드로겐(androgen), 즉 디하이드로테스토스테론(dihydro-testosterone)으로 변화된다. 그리고 그중의 일부가 에스트라디올(est-radiol)로 변화되며, 이것이 뇌를 남성화시켜준다. 역설적으로 보이지만, 여성호르몬인 에스트라디올이 뇌 발달의 남성화를 위해 중요하게 쓰인다. 생물학은 그런 방식으로 어이가 없다. 생물학은 주어진 일을 해낼 수만 있다면 무엇이든 활용한다.

내가 이런 이야기를 하면서 에스트라디올에 관해서 정정해야 할 것이 있을까? 그럴 수도 있지만, 내가 전달하려는 이야기는 이렇다. 우리는 진화하는 동물이므로, 신체와 뇌의 내부에 놀라운 메커니즘을 가지고 있다. 또한 나의 이야기에는 조그만 풍자도 있었다. 궁극적으로 남성의 뇌를 남성화하도록 큰 역할을 담당하는 것은 여성호르몬이다.

테스토스테론의 민감도 변화는 어느 곳에서 일어나는가? 대부분 시상하부의 작은 영역에서 일어나며, 진화론적으로 고대의 구조물[즉, 원시 뇌]에서이다. 일부 시상하부 신경핵(hypothalamic nuclei)은 목마름과 마시는 행위를 통제하며, 다른 신경핵은 배고픔과 먹는 행위를 통제한다. 우리가 4장에서 보았듯이, 일부 시상하부 영역들은 포유류의 부모의 돌보는 행위를 위해 중요하다. 반면에 다른 영역들은 성적 행위를 통제한다. 이러한 시상하부 영역들은 수컷의 성적 행위에서 중요한 역할을 담당한다. 예를 들어, 암컷에 대한 자신의 관심과 암컷의 등에 올라타고 짝짓기를 할 능력을 발휘할 수 있게 한다.

시상하부에서 이러한 세포 집단의 크기가, 그 자체로 암컷 대비 수컷의 성적 행위와 성적 느낌에서, 차이를 일으키지는 않는다. 그러한 차이를 실제로 만드는 것은, 각 세포 집단 내의 뉴런들 사이의 연결 패턴과, 뇌 내부에서 한 세포 집단과 다른 그물망 사이의 연결에 의해서이다. 그러한 세포 집단의 크기는 단지 우리가 오늘날 탐지할 수 있는 **구조적** 차이일 뿐이다. 그 크기는 흔한 수컷들의 성적 행위와 연관되지만, 그 구조적 차이가 있다는 것은, 우리가 다음에 더 폭넓은 구체적 인과관계를 발견하기 위해서, 연구해야 할 대상이 있다는 의미이다.

시상하부의 약간 다른 부분, 즉 쥐의 경우에 배란(ovulation)에 중요하다고 보이는 영역에서, 신경화학물질 **도파민**(dopamine)은 세포가 죽는 것을 억제한다. 암컷의 뇌에서 이 영역은 확장되는데, 그렇지만 출생 이전이 아니라 춘기 발동기(사춘기(puberty)) 동안에 확장된다.

수컷의 경우에, 이 영역의 세포는 수적으로 더 적을 뿐만 아니라, 자가생산한 오피오이드를 만들고 방출한다는 점에서, 생화학적으로도 다르다. 만약 어쩌다 우연히 암컷이 이 영역에서 오피오이드 뉴런을 가질 경우, 그 영역의 뉴런들은 배란을 억제한다. 이 영역의 세포들은 인근의 뇌하수체(pituitary)로 뻗어 연결되며, 이것은 뇌와 난소 사이의 중요한 신호 전달 통로가 된다. 그 영역 뉴런들이 활성화될 경우에 뇌하수체는 여러 가지 호르몬을 생산하며, 그 호르몬은 에스트로겐을 생산하는 난소를 자극한다. 그러면 난소로부터 난자가 방출되는 암컷의 생리적 사이클이 시작된다.

수컷(XY)과 암컷(XX) 개체군 내에, 성-민감성 시상하부 핵(sex-sensitive hypothalamic nuclei) 내의 뉴런 수에서 개별적 차이가 있다. 이것은 남성이 여성과 대략적으로 동일한 뉴런 수를 가질 수 있음을 의미한다. 평균이란 단지 평균일 뿐이며, 불변의 원리가 아니다.

남성과 여성의 뇌 사이에 다른 중요한 차이점을 살펴본다면, 여성이 남성에 비해서 왜 더 두려움을 가지며 조심하는지를 이해하게 된다. 이러한 것은 단지 인간의 경우에만 그러한 것이 아니며, 다른 포유류에서도 마찬가지다. 물론 **평균적으로** 그렇다는 것이다. 그러므로 일부 특정한 암컷 하이에나(hyena)는 아마도 다른 특정한 수컷 하이에나보다 두려움을 덜 가질 수도 있다. 여성의 뇌에서, 시상하부(복내측 영역)는 다른 피질하 구조, 즉 편도핵(amygdala)과 더 밀접하게 연결된다. 편도핵은 두려운 반응을 만들고 무엇이 두려운 것인지의 학습에 중요하다. 진화론적 관점에서 볼 때, 임신, 출산, 아기 돌보기 등에서 암컷 포유류의 역할은, 암컷이 수컷에 비해서 훨씬 더 손상받기 쉽다는 것을 의미한다. 그렇다면 암컷은 조금 더 주의할 필요가 있다. 확실히, 편도핵의 차이가 행동에 어떠한 중요한 역할을 담당하는지 아직 깊이 이해되지는 않았으며, 많은 환경적 요인들 역시 특정 개인의 위험에 대한 반감과 두려움의 양태에 상관될 듯싶다. 그럼에도 불구하고, 지금까지 언급한 여러 발견들은 우리로 하여금 남성과 여성의 행동에서 평균적 차이가 왜 일어나는지를 더 충실히 이해하는 데에 도움이 된다.

기분, 개성, 기질 등에 영향을 미치는 (전체 오케스트라의) 유력한 신경화학물질들 사이의 상호작용 또한 복잡하다. 그 물질들은 위험을 감수하고, 공격하며, 신뢰하는 등에 영향을 줄 수 있다. 다시 말해서, 그 물질들은 당신이 수줍어할지 아니면 사교적이 될지, 남의 말에 고분고분할지 아니면 까칠하게 굴지 등에 영향을 미친다. 그리고 그 정도는 개인에 따라서 다르며, 또한 특정 개인에서도 경우에 따라 시시각각으로 달라진다. 그런 신경화학물질에는 세로토닌, 바소프레신, 옥시토신, 여러 스트레스 호르몬들, 그리고 소마토스타틴(somatostatin) 등이 포함된다. 그 외에 어떤 것들이 그러한 오케스트라에 포함되겠는가? 글쎄, 뇌하수체(pituitary gland), 갑상선(thyroid gland), 부신(adrenal glands, 콩팥) 등을 포함하여, 다른 신체 부분들과 관련되는 여러 상호작용들이 있다. 그리고 모든 이러한 것들과 상호작용하는 면역 시스템이 있고, 뇌가 있다.

끝으로, (고환, 음경, 전립선 등을 만드는) 생식선의 남성화가 뇌의 남성화 이전에 발생한다. 유전자들과 (여러 신경화학물질들에 따르는 그 항목들 사이의) 상호작용에 의해 조절되는 경로가 다양하기 때문에, 이따금 뇌의 남성화는 전형적인 과정을 보여주지 않으며, 다양한 방식으로 미완성되기도 한다. 누군가는 남성 생식기를 가지면서 여성 뇌를 가질 수도 있다. [즉, 여성의 뇌를 가진 남성이 있을 수 있다.]

쥐들은 생식기-뇌 이야기의 근본을 밝혀주기 위해 이용되는 대표적인 동물이었다. 그렇지만 우리 인간이 커다란 쥐는 아니다. 그렇다면, 인간의 시상하부가 쥐의 시상하부와 비슷하기라도 할까? 상당히 비슷하다. 실험실 쥐의 수컷과 암컷의 시상하부 구조에서 기초 해부학적 차이가 인간의 남성과 여성 사이에서도 역시 보인다. 그럼에도 불구하고, 인간의 성적 그리고 사회적 행동은 엄청 더 복잡하다. 우리의 아주 커다란 뇌, 특별히 거대한 전전두피질(그림 4.2을 보라)은 다음을 의미한다. 우리의 사회적 세계와 (성적 행위를 조절하는) 능력을 안내하는 우리 뇌의 유연성은, 쥐에 비해서 훨씬 더 풍부하고 다양하며, 훨씬 더 많은 학습을 가능하게 해준다. 거대한 뇌를 지닌 포유류에서, [선천적인] 유전자 표현과 [후천적인] 뇌의 학습-기반 변화 사이의 상호작용은 (빽빽한 잡목이 들어찬 숲처럼) 복잡하여 쉽게 이해되기 어렵다.

이 장은 공격성에 초점을 맞추고 있으며, 남성의 공격성에 대한 통계적 연구를 이야기하고 있다. 이것은 무엇이 남성의 뇌를 남성으로 만드는지 생각해볼 필요가 있음을 의미한다. 그렇지만 그것으로 충분하지는 않다. 태아의 뇌가 더 깊은 차원에서 남성화되는 과정을 이해하기 위해서 자연이 언제나 다져진 통로를 따라가지 않는다는 것도 고려할 필요가 있다. 이러한 다른 경로를 고려함으로써, 우리는 여러 호르몬들이 어떻게 우리의 바로 그 성적인 본성에 영향을 미치는지를 더 넓게 이해할 수 있다. 그런 후에 우리는 남성의 공격적 행동의 문제를 살펴보도록 하자.

인간 성적(sexual) 발달의 다양한 경로

지금까지 XX와 XY의 [염색체를 가진] 태아가 [각기 특징적 뇌를 형성하도록] 전형적으로 뇌와 호르몬이 어떻게 상호작용하는지에 관한 기초적인 설명을 개략적으로 살펴보았다. 그러나 모든 경우들이 그러한 전형(prototype)을 따르지는 않는다. 변이 가능성은 언제나 생물학이 언급해온 바이다. 예를 들어, 염색체 배열에서 이상이 발행될 수 있다. 난자와 정자는 실제로 하나의 염색체 이상일 수 있으며, 따라서 수정란은 한 쌍의 성염색체보다 많을 수도 있다. 대략 650명 중에 한 명의 남성은 XXY 성염색체를 가지고 태어나며, 이런 질환은 클라인펠터 증후군(Klinefelter's syndrome)으로 알려져 있다. (내가 1장에서 말했듯이, 내 남동생이 이 질환을 지닌다.) 그 결과 아주 다양한 증세를 보여주긴 하지만, 기초적으로 다음과 같은 현상이 발생된다. Y 성염색체에 의존하는 테스토스테론 공급은 두 개의 X 성염색체와 관련되는 에스트로겐 생산에 의해서 효력을 발휘하지 못하게 된다. 이것이 생식선의 발달, 남성화, 그리고 수정 능력 등에도 영향을 미친다. 물론, 주로는 충동 조절과 자제력을 담당하는 전전두피질의 역할에 따라 수반되는, 인지적 능력 저하도 나타난다.

다른 염색체 변이도 나타날 수 있다. 즉, XYY 성염색체를 가진 남자아이가 1천 명 중에 한 명꼴로 나타날 수 있다. 보통 이것은 남들이 알아채기 쉽지 않은데, 그것은 그 증세가 일정하지 않기 때문이다. 한때, XYY 성염색체를 지닌 사람들이 특별히 공격적이라고, 선천적인 배경에서, 주장되었지만, 지금 그 주장이 옳지 않다는 것이 드러났다. XXYY 성염색체를 지닌 사람은 훨씬 더 드물어서 약 2만 명의 남자아이들 중에 한 명꼴로 나타나며, 그들은 매우 위중한 증세를 보일 수 있다. 이런 상태는 발작, 자폐증, 그리고 지적 기능의 발달 저하와 관련된다. 대략 태아 5천 명 중에 한 명 정도가 오직 하나의 성염색체 X만을 가지고 태어날 수 있는데, 이것은 터너 증후군(Turner's syndrome)이라 불린다. 그 증세는 난쟁이, 처진 귀 위치, 심장 결함, 난소 불능, 학습 결함 등의 매우 다양한 위험을 초래한다. 만약 수정란이 단일 성염색체 Y만을 가질 경우라면, 그것은 거의 자궁에 착상하지 못하여 발달하지 못한다.

이와 같이, 이제 우리는, 그러한 성염색체의 수준의 다양성은 우리 모두가 XX 아니면 XY라는 생각이 틀렸음을 알 수 있다. 그렇다면, 유전자의 다양성이 뇌 발달의 다양성을 불러일으킨다는 생각은 어떠 할까? 유전적 그리고 환경적인 모든 요소들이, 신체와 뇌의 복잡한 발달이 전형적 과정에 따르지 못하게 만들 수 있다.

XY 남성염색체를 지닌 태아를 생각해보자. 성호르몬인 안드로겐 (테스토스테론과 디하이드로테스토스테론)이 태아의 뇌에 작용하려면, 그 호르몬이 (결합하도록 특별히 재단된) 특별한 수용기에 결합할 수 있어야만 한다. 그 안드로겐은 자물통의 열쇠처럼 수용기에 들어맞는다. 그 수용기는 실제로 (유전자에 의해 만들진) 단백질이다. 심지어, 안드로겐을 만드는 일에 관여하는 유전자(SRY)에 아주 작은 변이가 발생하기만 해도, 그것이 어떤 결함을 초래할 수 있다. 그리고 그 유전자의 작은 변이는 드물지 않게 발생된다. 일부 유전적 변이체 내의 수용기는 올바른 모양을 갖추지 못하여 안드로겐이 제자리에 결합하지 못하게 될 수 있다. 이것은 생식선과 뇌가 남성화되는 과정을 저해할 수 있다. 다른 유전적 변이체 내의 어떤 수용기 단백질도 전혀 생산되지 못할 수 있으며, 그에 따라서 안드로겐이 전혀 결합하지 못한다. 이런 상황에서, XY 남성염색체의 유전적 체계가 갖추어졌음에도 불구하고, 안드로겐은 뇌 또는 신체를 남성화시키지 못한다. 결론적으로 말해서, 비록 유전적으로 남성일지라도 그러한 아기는 분명 작은 질(vagina)을 가질 것이며, 출생 시 여자 아기로 믿어질 수 있다. 이런 아기는 사춘기에 가슴이 부풀어 오르지만, 그/그녀는 월경을 하지는 않으며 난소도 가지고 있지 않다. 이것은 이따금 다음과 같은 방식으로 묘사되기도 한다. 그 사람은 유전적으로는 남성이지만, 신체적으로 (형태학적으로) 여성이다. 이러한 사람은 보통 아주 정상적인 생활을 할 수 있으며, 남성들에게 또는 여성들에게 혹은 어떤 경우에는 양성 모두에게 성적으로 매력적으로 보일 수 있다.

만약 XX 여성염색체를 지닌 태아가 자궁 속에서 높은 테스토스테론에 노출되면, 그 여자 아기의 출생 생식선은 상당히 애매하게 되는데, 큰 음핵(clitoris)을 가지거나 작은 남근(penis)을 가지게 된다. 이런 상태는 선천성 부신피질과형성증(congenital adrenal hyperplasia, CAH)으로 알려져 있다. 이것은 보통 유전적 이상에서 나타나며, 그것은 생식선으로 하여금 안드로겐을 과다하게 생산하도록 만든다. 그 여자아이는 거칠고 재주넘는 놀이를 더 좋아할 것이며, "소꿉놀이" 같은 전형적인 여자아이들의 놀이를 회피한다. 테스토스테론이 분출하는 사춘기에, 그 여성은 정상적 남근을 발달시키며, 고환이 커져 아래로 처지고, 신체 근육은 더욱 남성화된다. 비록 여성으로 키워지더라도, 이러한 이력을 가진 사람은 성적으로 양성인 남성(heterosexual males)으로 살아가게 된다. XY 남성염색체를 지닌 태아 또한 유전적 결함을 가질 수 있지만, 그런 경우에 과다한 안드로겐이 남성의 신체와 뇌와 일관성을 가지며, 따라서 그 상태가 드러나기는 어렵다.

이러한 일부 발견들은 (평소 우리를 혼란스럽게 만들어주었던) 성정체성(gender identity)에 관한 여러 의문들을 설명하기 시작했다. 유전적으로 남성 생식선과 XY 남성염색체를 지니며, 전형적으로 남성의 신체를 지니는 사람일지라도, 자신이 남성이라는 느낌에 불만족스러워할 수 있다. 성별과 관련하여 그는 온전히 여성성을 느낀다. 남성의 역할 모델을 따르는 것이 그에게는 끔찍한 불행이고 조화롭지 못함이며, 이따금은 자살로 생을 마감하는 경우도 있다. 반대로, 유전적으로 XX 여성염색체를 지닌 여성이 자신은 심리학적으로, 그리고 실제 본성상, 남성이라고 강력히 확신할 수 있다. 이따금 이러한 단절은 남성의 신체에 들어 있는 여성, 혹은 여성의 신체에 들어 있는 남성으로 규정된다. 통계적으로 남성에서 여성으로 성전환은 여성에서 남성으로 성전환에 비해서 2.6배 더 많다.22)

그러한 부류의 사람들에 대한 이러한 확신이 혹시라도 단지 광기어린 상상력의 산물은 아닐까? 이 문제는 거의 순수한 생물학적 논의이다. 유전적이며 그 밖의 다른 많은 요소들에 관하여 뭔가를 일단 알게 된다면, 즉 뇌가 남성화되는 정도가 다양하게 수정될 수 있다는 것을 우리가 알게 된다면, 어떤 사람이 자신의 (남성 또는 여성) 생식선과 자신의 (남성 또는 여성의) 성 정체성 사이에 단절을 어떻게 느끼게 되는지를 생물학으로 설명하는 일이 그리 어렵지 않아 보인다.

예를 들어, 태아 발달 과정에서, 생식선자극물질-방출 호르몬(gona-dotropin-releasing hormone, GnRH)을 만드는, 특정 세포들이 시상하부로 정상적으로 이동하지 않을 수도 있다. 만약 이런 일이 발생된다면, 뇌의 전형적 남성화는 일어날 수 없다. 일부 개인에 따라서, 성염색체-표현형 단절(chromosome-phenotype disconnect, 즉 남성염색체 XY를 가짐에도 불구하고, 그리고 그 사람의 혈류 속에 혈류 테스토스테론이 있음에도 불구하고, 여성 정체성을 갖는 경우)이 어쩌면 생식선자극물질-방출 호르몬(GnRH)에 의해서 설명될 수 있다. 주목해야 할 것으로, 실험 결과 자료에 따르면, 남성에서 여성으로 성전환한 사람 대부분은 정상의 혈류 테스토스테론의 수치를 보여주었으며, 여성에서 남성으로 성전환한 사람 대부분은 정상의 혈류 에스트로겐의 수치를 보여주었다. 이것은 다음을 의미한다. 그들의 징후가 혈류 속의 성호르몬 수치로 설명될 수 없다. 그보다 우리는 뇌 자체를 살펴보아야만 한다.

뇌에 대한 부검 연구는, 인간의 경우에 성적 행동의 변이가 '성적 동형이형의 뇌 영역'에 의해서 설명될 수 있을지 여부를 가리기 위한, (현재로서는) 유일한 방법이다. [즉, 남성과 여성의 뇌는 각기 성적 특성을 위한 특정 뇌 영역들의 특이성이 있다는 가정에서, 부검 연구는 성 교차 행동을 설명하기 위한 유일한 방안일 것이다.] 몇 가지 증거들은 그렇다는 것을 보여준다. 첫째, 시상 가까이에 **선조말단침상핵**(bed nucleus of the stria terminalis, BNST)이라 불리는 특정 피질하 영역이 있다. 이 영역은 정상의 경우에 남성이 여성에 비해서 두 배 정도로 크다. 그렇다면 남성에서 여성으로 성전환한 사람의 경우는 어떨까? 이러한 실험적 증거는 단지 부검에 의해 얻어질 수 있으므로, 그 한계가 있기는 하다. 그렇지만, 지금까지 남성에서 여성으로 성전환한 사람의 뇌에서, 그 영역의 세포 수가 아주 적었다. 그 세포의 수는 표준 남성의 세포 수보다 표준 여성의 세포 수에 더 가까운 것을 보여주었다. 비록, 여성에서 남성으로 성전환한 사람에 대한, 단일 부검이기는 하지만, 그 영역의 크기는 전형적인 남성의 것에 가까웠다.

이렇게 생식선과 뇌가 일치하지 않는 발생 원인은 무엇일까? 이 질문에 대한 대답은 아직 미해결이긴 하지만, 수많은 가능성들 중에서 특별히 유전자 개입설이 유력하며, 그렇게 된 이유로 엄마가 임신 중에 다양한 약물을 복용한 것이 원인으로 지목된다. 어떤 약물이 그러한 원인이 될까? 다양한 많은 것들 중에서도, 특히 니코틴(nicotine), 페노바르비톨(phnobarbitol, 진정제 및 최면제로 사용된다), 암페타민(amphetamines, 일종의 각성제) 등이 유력하다.

나는, 많은 다른 우리 세대 사람들과 마찬가지로, 영국의 기자이며 여행 작가인 제임스 모리스(James/Jan Morris)가 1975년 BBC 방송에서 인터뷰한 내용을 통해, 처음 성전환(transsexuality)에 대해서 들어보았다. 상당한 재능과 명석한 두뇌를 지녔으며, 놀라운 유머 감각까지 갖추었던 작가 모리스는 자신의 긴 투쟁에 대해서 이야기했다. 어린 나이인 다섯 살 때부터 자신은 여성이라는 부정할 수 없는 느낌을 가지면서도 멀쩡히 남자의 몸을 가졌으며, 그래서 남성으로 세상에 보여주어야만 하는 자신에 대해서 딜레마를 가졌다. 솔직히 고백한 한 자신의 저서 『수수께끼(*Conundrum*)』에서 그녀는, 자신의 내면적 자아에 대해서, 피부로 느껴지는, 편안하고 고요한 느낌을 가질 수 없었던 것에 대해서, 가장 심오하면서도 가장 솔직한 독백으로 토로하였다. 모리스는 자신이 깊이 애착을 느꼈던 한 여성과 결혼하였고, 다섯 아이를 얻었다. 모든 면에서 그는 훌륭하고 헌신적인 아버지였다. 그러나 해가 거듭할수록, 그는 50대의 나이에 이르기까지 점점 더 비천해지는 자신을 발견하였으며, 아내의 은총을 받아서 성전환이란 길고 다른 삶을 시작할 수 있었다. 여기에서 성전환에 대해 모리스가 느끼는 진심 어린 이야기를 들어보자.

이제 내가 자신의 모습을 내려다보면서, 나는 더 이상 혼성이나 키메라가 아님을 느낀다. 이제 나는 하나의 완성품이 되었으며, 이제 균형을 이루었고, 오래전 에베레스트 정상에서 가졌던 열정을 다시 느낀다. 이전에 나는 **뻣뻣한 근육질**을 느꼈지만, 이제 나는 무엇보다도 향긋한 **순결함**을 느낀다. 내가 성장하면서 점차 혐오감을 느끼게 해주었던 나의 그 돌출 부위가 나에게서 제거되었다. 나는 나 자체로 빛나는 정상인이 되었다.[23]

성 정체성이 한 가지 쟁점이라면, 성 선호성(sexual orientation)은 다른 쟁점이다. 그래서 대다수의 동성애자들(homosexuals)은 전혀 성 정체성과 무관한 쟁점이다. 동성애자들은 우연히도 자신과 동일한 성을 가진 사람들에게 애착을 느낀다. 이런 경향은 이성의 옷을 입는 남성들에 대해서도 참인데, 그들은 남성의 성 정체성에 충분히 만족하면서도 여성의 옷을 입고 싶어 한다. 이러한 성적 방향성이 뇌와 어떻게 관련되는 것일까? 동성애와 양성애(bisexuality)를 유도하는 많은 인과적 경로가 분명히 있으며, 대체적으로 시상하부와 관련이 되거나 혹은 다른 어떤 요인이 있다. 어떤 경우에 성 선호성은 (앞서 언급된) 성염색체와 유전적 변이에 의해 영향 받을 수도 있다. 시상하부의 변이는 성전환 또는 트랜스젠더에게서 발견되는 것과는 아주 다를 것 같다.

성적 매력과 그 생물학

우리가 어떤 행동에 대해서 뇌와 생물학 기반에서 아주 조금 이해하는 것만으로도 그 자체가 큰 사회적 충격이 될 분야 중에 하나가 바로 동성애이다. 비록 적지 않은 사람들이 여전히 '동성애는 자신이 선택한 삶'이라고 (30년 넘게) 여전히 주장하고 있다손 치더라도, 이제 그러한 생각은 상당히 신뢰를 잃고 있다. 그 하나의 중요한 이유가 1991년에 시상하부의 작은 특정 영역에 관한 사이먼 르베이(Simon LeVay)의 발견에서 나왔다(그림 4.4를 다시 보라). 뇌를 부검하고 비교한 결과, 르베이는 다음을 발견하였다. 남성 동성애자 뇌의 시상하부의 작은 특정 영역이 남성 이성애자(heterosexuals)의 것과 해부학적으로 다르다. 즉, 그 영역이 여성의 뇌처럼 (아주 다른) 보통 남자들의 것보다 훨씬 더 작았다. 그러한 발견 내에서 그리고 그 발견 자체만으로 우리가 그 뇌 영역이 성 선호성의 원인이라고 지적할 수는 없으며, 게이(gay) 남자가 게이로 태어나도록 하는 영역이라고 확실히 주장할 수도 없다. 그리고 굳건한 마음을 지닌 과학자 르베이는 그 점을 명확히 파악하고 있었다. 그럼에도 불구하고, 성적 행동에서 시상하부의 역할에 관한 기초 연구로부터 나온 그 밖의 결과들을 안다면, 그리고 태아 뇌 발달에 관해 알려진 그 밖의 결과를 안다면, 게이는 일부 사람들에게서 보통 일어날 법한 방식에 의해서 일어난다는 주장은 좋은 추정일 듯싶다. 좀 더 최근의 여러 연구 결과들은 그러한 생각을 강하게 지지한다.

르베이의 해부학적 발견에서 드러난 단순한 사실로 인하여, 많은 사람들은, 동성애가 스스로의 선택에 의한 것이며, 천벌을 받을 짓이라는 신학적 주장의 권위를 버리게 되었다. 비록 그 실험 결과 자체만으로는 성 선호성이 근본적으로[즉, 온전히] 생물학적 특징이라는 주장을 할 수는 없지만, 그럼에도 불구하고 르베이의 발견은 동성애가 그 자체로서 뿐만 아니라, 특별히 젊은이들의 동성애에 대해서도, 그 태도의 문화를 바꾸게 만드는 강력한 요소였다. 종교적인 반-죄악법이 바뀌게 되었고, 많은 아버지들이 공개적으로 자신의 게이 아들을 포용하게 되었으며, 동성애 혐오 신학생과 성직자들이 스스로 게이임을 "공표함"에 따라서 과거 그들의 위선이 드러나게 되었다. 확실히 이러한 여러 변화는 한순간에 이루어진 것이 아니며, 예를 들어, 샌프란시스코의 하비 밀크(Harvey Milk, 고위 공직자로서 자신이 게이임을 밝힌 인물)의 경우와 같이, 잘 조직화된 캠페인이 특별히 주요했지만, 뇌에 관한 여러 발견들이 특별한 방식으로 그러한 태도 변화를 위한 기반이 되었다.

환경이 성 선호성에 상당한 역할을 담당한다는 증거는 거의 찾아보기 어렵다. 지금까지 누구라도 동의할 것으로, 그것은 "전염성"을 갖지 않는다. 동성애 부모에서 태어난 아이들이라고 해서 이성애 부모 아이들보다 동성애자가 될 가능성이 더 높지는 않다. 이것이 함축하는바, 유전자, 호르몬, 신경화학물질, 그리고 태아 뇌 발달, 특정한 시상하부 세포 집단 등등의 인과적 요인 어딘가에 (성 선호성이 출생 전에 상당히 결정되어) 어느 정도 남성화되거나 덜 남성화된다. 이것은 생물학이며, 성장 후에 이루어지는 선택이 아니다. 어떤 5세의 어린아이도 스스로 일생 동안 게이로 살기로 결심하지는 않는다.

이 단원의 주요 논점은 남성과 여성의 뇌 사이의 차이에 관해서 무엇이 알려져 있는지, 특별히 그들 뇌가 테스토스테론에 적합하도록 어떻게 되는지를 논의하려는 것이었다. 이 주요 논점은, 인간 태아 뇌를 남성화시키거나 또는 여성화시키는, 생물학의 인상적 변이성(variability)이란 더 넓은 맥락을 볼 수 있게 해주는 점에서 우리에게 도움이 된다. 우리 모두가 단지 아담(Adam) 아니면 이브(Eve) 같은 존재라는 단순한 생각은, 유전자, 호르몬, 효소, 수용기 등의 조율이라는, 생물학적인 세밀한 설명에 의해서 거짓으로 드러난다. 최근 40여 년 동안에 신경과학이 이뤄낸 정말 화려한 성과들 중 하나는 바로 뇌와 성을 연결시켜서 설명해내는 놀라운 발전을 이룬 것에 있다.

테스토스테론과 공격성

사회적 동물인 조류와 포유류가 보여주는 자발적 협조와 달리, 공격성의 뿌리는 매우 깊어서, 우리의 오랜 생물학적 과거에 깊이 뿌리를 내리고 있다. 이것은 심지어 가재와 초파리까지 공격적 행동을 보여준다는 점에서도 알아볼 수 있다. 포유류의 공격적 행동은 많은 신경생물학 요소들과 호르몬 요소들에 영향을 받는다. 테스토스테론은, 비록 가장 중요한 요소이기는 하지만, 다른 많은 요소들 중에 단지 하나의 요소일 뿐이다. 다른 많은 요소들이 있을 뿐만 아니라, 그 요소들 사이에 상호작용 효과가 크기 때문이다. 그러한 상호작용을 추적하는 일은 곧 그 역학 시스템을 추적하는 일이며, 따라서 그 추적은 이내 매우 복잡한 과제가 된다. 그것은 마치 토네이도의 발달과 운동을 추적하는 일에 비견할 만하다. 높고 낮은 기압, 따뜻하고 차가운 전선 등의 분포와 정도에 의해서, 토네이도가 발생할 것인지, 그리고 어디에서 발생할지가 결정된다. 일단 토네이도가 발생하기만 하면, 그 토네이도 자체가 그 발생 요인들에게 영향을 미치며, 그 다음에는 그 요인들이 거꾸로 토네이도에 영향을 미치는 식으로, 영향을 서로 주고받는다. 공격적 행동을 규정하는 여러 요소들이 상호작용하는 본성을 가짐에도 불구하고, 그 몇 가지 일반적 특징들이 매우 뚜렷하게 나타난다.

여기 중요하고 일관성 있는 하나의 발견이 있다. 테스토스테론과 스트레스 호르몬 사이의 **균형**은 개별 수컷의 공격적 모습의 강력한 예보자이다. 특별히 공격적인 성향은 테스토스테론과 스트레스 호르몬 사이의 **불균형**과 관련되는 것으로 보인다. 공격성을 보여줄 가능성을 높여주는 것은 테스토스테론 자체의 수준이 아니다. 그것은 스트레스 호르몬(주로 코르티솔(cortisol), 부신피질 호르몬)과 테스토스테론 사이의 비율이다.24)

더 엄밀히 말해서, 높은 수준의 테스토스테론과 낮은 수준의 코르티솔을 지닌 수컷 동물은, 높은 수준의 테스토스테론과 높은 수준의 코르티솔을 지닌 수컷 동물보다, 더 공격성을 보인다. 이러한 높은-높은[즉, 두 요인이 모두 높은 수준의] 수컷은 더욱 주의 깊으며 치밀한 태도를 보인다. 반면에 높은-낮은 수컷은 (결과적으로 일어날) 해로운 결과에 대해서 덜 반응한다. 대략적으로 말해서, 높은 수준의 코르티솔을 지니는 수컷은 자기 행동의 결과를 더욱 평가할 듯싶으며, 그 위험의 본성을 더 잘 인식할 듯싶다. 반면에 높은 수준의 테스토스테론이 높은 수준의 코르티솔과 균형을 이룬다면, 그 수컷은 용맹한 행동을 보이지만 무모한 행동을 선택하지는 않을 듯싶다. 테스토스테론과 코르티솔 사이의 균형이 대단히 문제가 된다는 이 가설에 일치하도록, 남성 인간에게 (코르티솔 수준은 **놔두고**) 테스토스테론 수준만을 실험적으로 올리는 경우, 그 피검자의 두려움 수준이 (비록 스스로 의식

적 인지를 하지 못했지만) 감소하였다.25)

낮은 수준의 테스토스테론과 높은 수준의 코르티솔을 지닌 수컷들은 두려움을 더 느끼며 서로 싸울 상황을 더욱 회피하는 경향을 보여준다. 그러한 수컷들은 특별히 위기와 일어날지 모를 상해에 더 민감하다. 예를 들어, 수컷 침팬지의 테스토스테론은 암컷이 발정기에 들어갈 때 더 방출된다.

이 경우에 대한 설명은 복잡한데, 스트레스 호르몬 수준이 수많은 요인들의 기능에 따라 다양하게 나타날 수 있기 때문이다. 예를 들어, 유전적 변이와 같은, 몇 가지 내적 요인들이 있으며, 반면에 지역사회의 규범과 관련되는 몇 가지 외적 요인들이 있다. 예를 들어, 어떤 남성이 아주 큰 체구와 근육을 갖는다고 가정해보자. 특정한 사회적 조건에서 그 남성은 빈약한 체구를 지닌 남성에 비해서 덜 스트레스를 받을 것이다. 왜냐하면 다른 남성들이 자신을 자극하길 두려워할 것이기 때문이다. 이러한 사회적 조건에서, 그러한 개인은 존경스러운 존재로 취급받을 것이며 자극시키는 경우도 거의 없다. 그러므로 그 남성은 점잖은 힘센 놈으로 인정받게 된다.

그렇지만, 만약 훨씬 더 호전적인 사회적 관습이 만연한 사회적 환경 내에서라면, 그 남성은 바로 그 체구와 근육 때문에 아마도 다른 남성들로부터 도전받을 것이다. 이렇게 "자신을 시험하는" 사회적 조건에서, 그 남성의 스트레스 수준은 분명 더 높아지게 된다. 그는 자주 도전받으며, 따라서 그는 언제나 도전을 경계해야 하고, 그 도전에 응답해야 한다. 그러한 스트레스를 받는 사회적 환경에서 그는 아마도 점잖기보다 공격적 성향을 가질 것이다. 그러므로 [앞에서 언급된 테스토스테론이 공격성을 유발하는 첫 번째 차원이고, 그것과 코르티솔 사이의 균형이 두 번째 차원이라면] 그러한 외적 사회 관습은 [공격성을 유발하는] 세 번째 차원으로 등록되어야 하겠다.

공격성을 유발하는 네 번째 차원으로 신경전달물질 **세로토닌(sero-tonin)**이 있다. 대략적으로 말해서, 세로토닌의 수준은 공격적 행동이 (낮은 세로토닌 수준에서) 충동적으로 일어날지, 아니면 (높은 세로토닌 수준에서) 계획적으로 일어날지에 영향을 미친다. 여기에 정서적 반응 역시 개입된다. 충동적 행위는 분노와 같은 아주 강한 여러 정서들에 의해 충동되는 경향이 있으며, 반면에 계획적 행동은 정서적 조절에 관여하여, 분노를 해소하고, (경솔한 행동으로 기회를 날리기보다 적절한 순간을 위해) 조심성 있게 때를 기다리도록 해주는 것 같다. 높은 세로토닌 수준에 있는 남자가 테스토스테론과 코르티솔의 표준적 규형을 가진다면, 강한 경계심을 보여줄 것이지만, 분노와 공포는 덜 나타날 것이다.

다른 조합, 즉 높은 테스토스테론, 낮은 코르티솔, 낮은 세로토닌의 상태인 남성에 대해서 생각해보자. 이런 남성은 분명 특별히 문제를 일으키는 성향을 갖는다. 그는 두려움이 거의 없으며 불같이 화를 내고, 그리고 그 화나는 기질이 거의 조절되지 않는다.26) 그의 그러한 비율을 바꿔 세로토닌 수준을 높게 만들면, 그의 공격적 충동 행동은 훨씬 제어될 것이다. 이제 동일한 조건에서 다른 남자, 즉 높은 테스토스테론, 낮은 코르티솔, 그리고 높은 세로토닌의 상태인 남성에 대해서 생각해보자. 게다가, 그가 거의 **동정심**을 느끼지 못한다고 가정해보자. 지금 논의를 위해서, 그가 우연히 낮은 옥시토신 수준을 가져, 그것이 그에게 낮은 동정심 반응을 가지도록 영향을 미쳤다고 가정해보자. 이런 남자는 아마도 자신의 행동에서 사이코패스(psychopathy)가 되기 쉬울 것이다. 그는 공격적일 수 있으며, 주도면밀히 계획을 세우지만, 준비 기간 동안 두려움을 거의 느끼지 않는다. 그 공격적인 행동 직후 그는 상해를 입힌 것에 대해 후회의 느낌도 전혀 없다. 영화 『아메리칸 사이코(*American Psycho*)』는 그러한 남자로 묘사된다.

[역자: 이러한 맥락에서 여성이 사이코패스로 보고되지 않는 이유가 이해된다.]

공격성에 대한 우리의 설명은 여기서 끝나지 않는다. 여기 다른 요인이 있는데, 완전히 뜻밖의, 공격성[을 유발하는] 차원이며, 그것은 일산화질소(nitric oxide)라는 가스이다. 이 가스는 뉴런에서 방출되며, 공격성을 순화한다. 이 가스는 일산화질소 합성효소(nitric oxide synthase)라는 일종의 효소(enzyme)에 의해서 만들어진다. 이러한 효소를 만드는 유전자를 갖지 못하는 수컷 동물들은, 그러한 유전자를 가져서 일산화질소를 정상적으로 생산하는 수컷들에 비해서, 유별나게 공격적이다. 수컷들에 비해서, 그러한 유전자를 갖지 못한 암컷 동물들은 과도하게 공격적이지 않다. [그 이유는 다음과 같이 추정된다.] 보상 시스템(reward system) 내의 중요한 신경전달물질인 도파민과 일산화질소 사이에 상호작용이 이루어진다는 증거가 있다. 그 양자 사이의 균형은 과도한 공격성 조절과 관련이 되지만, 일산화질소가 테스토스테론이나 세로토닌과 같은 요소들과 어떻게 상호작용하는지는 아직 정확히 이해되지 않고 있다.

그리고 여전히 [공격성 조절과 관련된 차원이] 더 있다. 수컷의 경우 새끼에 대한 방어에는 테스토스테론이 관여된다. 바소프레신(vasopressin) 또한 자신의 짝이나 새끼를 위협하는 동물들에 대해서 공격적 행동을 보여주기 위해 필수적 요소이다. 흥미롭게도, 매우 낮은 테스토스테론 수준을 가지고도, 난소가 제거된 암컷 생쥐는 (만약 바소프레신이 투여될 경우에) 둥지 침입자들을 공격한다. 앞서 논의하였듯이, 바소프레신은 고대 [동물부터 있었던] 호르몬이며, 다른 호르몬들 중에서 그 호르몬은 포유류의 (가족을 돌보는) 행위와 관련되며, 따라서 수컷보다는 암컷에게 더 풍부할 것으로 믿어진다. 뇌 내부에서, 바소프레신은 주로 피질하(subcortical) 뉴런들을 작동시키며, 특별히 두려움과 분노와 관련이 있다. 우리가 지금껏 기대해왔듯이, 그러한 이력(portfolio)에서, 바소프레신은 다른 요소들과 상호작용 효과를 만들 것이다.

바소프레신이 뉴런에 어떤 효과를 발휘하려면, 뉴런의 수용기에 결합되어야 하며, 마치 자물통의 열쇠처럼 그 수용기에 맞아야만 한다. 만약 수용기가 전혀 없다면, 어떤 효과도 발휘될 수 없다. 편도핵, 즉 복잡한 피질하 구조물 내의 바소프레신 수용기 밀집도가 공포와 분노에 반응하는 본성에 영향을 미치며, 따라서 결국 공격적 행동에 영향을 미치게 된다. 더구나 바소프레신 수용기 밀집도 그 자체는 (테스토스테론을 포함하는) 안드로겐이 있는지에 의존한다. 그뿐만이 아니라, 안드로겐은 (바소프레신을 표현하는) 유전자를 자극한다. 그렇게 호르몬과 수용기의 교향악에 올바른 균형이 이루어진다면, 적절한 행동이 적절한 시점에서 나타나게 된다. 그러면 올바른 음악이 흘러나올 것이다. 그러나 여러 가지 불협화음이 이루어질 여지가 있다.

암컷에게 새끼를 지키기 위한 신경 기반은, 수컷의 것에 비하여, 상당히 다른 것으로 밝혀졌다. 아주 간략히 설명하자면 다음과 같다. 암컷에서, 프로게스테론(progesterone)은 공격성을 억제한다. 프로게스테론은 난소, 부신(콩팥), 그리고 임신 중에 태반에서 생산된다. 출산 후 즉시 어미의 프로게스테론 수준은 내려가지만, 어미의 옥시토신과 바소프레신 수준은 높은 상태를 유지한다. 옥시토신은, 특별히 높은 불안증 암컷의 경우에, 공격적 표현에 필수적이며, 높은 바소프레신 수준은 강한 공격 행동과 관련된다. 그러한 만큼 옥시토신은 "포옹의 호르몬(the cuddle hormone)"으로 불린다.27) 생물학은 그보다 훨씬 더 복잡하다. 프로게스테론과 옥시토신 사이의 균형은, 만약 그 어미가 자신의 혈육을 지키기 위해서 표독해져야 할 경우에, 특별히 중요하다.28)

198

또한 남성과 여성의 뇌는, 전두피질에서 (공격성에 관여하는) 피질하 영역, 예를 들어, 편도핵(amygdala)과 선조말단침상핵(BNST)으로 뻗는 섬유의 밀도가 서로 다르다. 게다가 남성의 뇌는, 여성의 뇌에 비해서, 편도핵과 선조말단침상핵 내에 안드로겐(남성 성호르몬)의 수용기 밀집도가 높다. 역시 염두에 두어야 할 것으로, 일정 인구 내에 호르몬, 수용기 밀집도, 환경적 자극에 대한 민감도, 유전자-환경 상호작용 등등의 수준에서 많은 자연적 변이가 있을 수 있다.

포식, 방어, 성적 경쟁 등의 공격적 행동을 위한 신경회로가 서로 중첩되기도 할까? 아마도 다중 이용을 위한 회로 연결이 있을 것이다. 다른 영역 내의 신경회로가 다중으로 이용되는 것을 보여주므로, 우리는 그것이 여기[공격적 행동을 위한 회로]에도 있다고 해서 놀랄 일은 아니다. 만약 그러한 추측이 옳다면, 포유류의 공격성은 깔끔하지 못할 수 있다는 결론이 도출된다. [간단히 말해서] 공격성은 그것을 불러일으키는 자극 혹은 상황에 언제나 엄밀히 어울리지는 않는다.

이 단원에 대한 핵심 논점은 이렇다. 테스토스테론은 수컷의 공격적 행동에 중요 요인이지만, 테스토스테론의 높은 수준만으로 그 수컷이 특별히 공격적이라고 예측하지 말아야 한다. 공격성은 다중 차원으로 유발되는 상태이다.

공격성의 조절과 억제

우리가 앞으로 7장에서 길게 논의할 것으로, 모든 포유류들은 (자기조절을 이뤄내기 위해서) 전두피질과 피질하 구조 사이에 연결 회로를 가지고 있다. 여기에서 우리는 자기조절을 사회적 포유류의 공격성 측면에서 간략히 고려해보려 한다.

포유류의 뇌가 진화하는 동안에, 파충류의 (생명 유지 행동을 위해 이미 내재된) 효과적이며 신뢰성 있는 신경회로는 확장되고 수정되었다. 파충류에서 잘 작동되었던, 기초 생명 유지 신경회로는 [포유류의 진화 과정에서] 제거되지 않았다. 통증과 즐거움, 학습 메커니즘의 중추 등이 완전히 새로운 디자인을 위해서 붕괴되지 않았다. 그보다 그러한 회로들은 수정되고 개정되었다.29) 공격과 방어를 위해서, 싸우고 도망하기 위해서, 욕구와 동기를 위해서, 포유류와 조류가 갖는, "변연계(limbic brain)" 내의 여러 피질하 구조물들은 우리 생명 유지를 위한 강력하고 효과적인 장치들이다. 대뇌피질은 그러한 구조물들 없이 무용지물이다.30)

전두피질과 시상하부 사이의 신경경로는 유연성과 정서적 반응에 더 큰 지성을 추가하였다. 즉, 그 신경경로는 예지와 창의성을 추가하였다. 그 신경경로는 우리가 자신의 행동을 더욱 깊이 사고하도록, 그리고 본능적이기보다 지성적으로 행동하도록 만들어주었다.

전두피질은, 동기와 정서 관련 신경회로는 물론, 보상 시스템 구조물과 풍부한 연결을 이루고 있다. 그 보상 시스템과 연결을 통해서, 우리들이 정서와 욕구에 대한 행동을 표현할 수 있도록, 그리고 심지어 특정한 종류의 행동(예를 들어, 집단 내에서 남을 공격하는 행동)을 습관적으로 억누를 수 있게 되었다. 사회적 포유류는 어떤 형태의 친족 간에 경쟁이 허락될 수 있으며 어떤 형태는 허락될 수 없는지를 학습하며, 젊은이들의 놀이는 그러한 학습에서 중요한 부분이다. 그렇게 거부할 능력의 지배 아래 놓이면, 우리의 보상 시스템은, 자기 방어가 필요한 아주 특정한 상황에서조차, 공격성과 같은 특정한 행동을 하지 못하게 통제한다. 학습에 의해 우리는, 어떻게 다른 곳으로 관심을 돌리는지, 그리고 아주 화난 느낌을 어떻게 억누를 수 있는지 등을 배운다. 어려서 학습된 사회적 습관은 뇌의 시스템 내에 아주 깊

이 자리 잡으며, 그것들은 쉽게 변화되기 어렵다.31)

무리들 사이의 적개심은, 무리 내에서는 물론, 지역의 관습에도 지배된다. 만약 당신이 북쪽 먼 곳에 사는 이누이트 부족이라면, (영토 침범이나 특별히 극히 조직화된 경기를 포함하여) 아주 특별한 상황을 제외하고, 공격 행동을 거절하는 공동체 내에서 성장하게 된다.32) 인류학자 프란츠 보아스(Franz Boas)의 1888년 보고에 따르면, 만약 이누이트 부락 내의 사냥터로 어떤 외부 사냥꾼이 길을 잘못 들어서 헤맨다면, 부족민 누군가에 의해서 죽임을 당할 수 있으며, 그것은 그리 대단한 사건이 아니다. 그럼에도 불구하고, 지금까지 보아스가 확신하는 한에서, 이누이트 사람들은 서로 집단적인 전쟁을 일으키지 않는다.33) 그들은 여름철에 물물교환을 위한 모임을 가지는데, 그곳으로 몰려온 많은 무리들은 여러 가지 도구들을 서로 교환하고 젊은이들 사이에는 구혼할 기회가 허락된다.

반면에, 브라질의 야노마모(Yanomamo) 부족은 (적어도 인류학자들이 그들을 연구했던 최근까지) 어린이들 사이에 공격적 행동을 북돋우는 경향이 있으며, 그들에게 전투 기술을 가르치기도 한다.34) 그 부족민들이 인구 증가에 의한 압박을 받게 되면, 어른 남성들은 다른 집단을 종종 급습하곤 한다. 이런 이야기는, 브리티시콜롬비아 북쪽 해안에서 멀리 떨어진, (공식적으로 퀸샬럿 제도(Queen Charlotte Islands)로 불리는) 하이다 과이(Haida Gwaii)에 살았던 하이다족에 대해서도 참이다. 이 점에서 그들은 이웃하고 있는 트링깃 샐리시(Tlingit Salish) 부족민들과 대조된다. 이들은 침입을 받는다고 하더라도, 보통 침입자가 되지는 않았다. (이러한 차이에 대한 더 많은 논의를 다음 6장에서 보라.)

우리는 많은 사회적 풍습의 틀 속에서 살아가며, 그 틀은 우리의 기대, 우리의 믿음, 우리의 정서, 그리고 우리의 행동, 심지어 우리의 본능적 반응까지 형성해준다. 우리 자신의 개성과 기질은 사회적 풍습이란 기반에 따라 굴절되어 형성된다. 그러한 틀은 우리에게 지위와 힘을 제공하며, 무엇보다도 예측력을 지니게 해준다. 사회적 관습의 틀은, 일종의 돛단배가 움직이는 방식과도 같이, 우리에게 은혜이자 구속이다. 당신이 물길을 헤쳐 나가려면 그 배가 필요하지만, 반면에 그 배의 규칙에 따라야만 하기 때문이다.

서로 다른 돛단배들의 외형은 선원들이 서로 다른 방식으로 행동하게 만들며, 그러한 일부 외형이 언제나 명백히 옳은 것은 아니다. [즉, 사회적 풍습에 따라서 그 부족민들은 서로 다른 행동 방식을 가지게 되지만, 그 풍습이 과연 옳은지는 분명치 않다.] 운항에 매우 중요한, 배의 용골은 약 800년 무렵에 바이킹족(Vikings)에 의해 처음 고안되었으며, 이것으로 그들은 바다를 더 잘 운항할 수 있어서, 정복과 약탈이 가능했다.35) 마찬가지로, 사회제도가, 마치 독립적인 경찰력으로 [즉, 통제적으로 또는 강제적으로] 시민들에게 세금을 부과하거나 여성에게 투표권을 허락하는 경우처럼, 명백히 옳다고 보기 어렵다. 적어도, 그것들을 잘 살펴보기 전까지는 [과연 적절한 것일지] 명확히 드러나지 않는다. 일단 어떤 사회제도가 성공적인 결과를 가져온다면, 그 사회제도는 안정화되고, 성숙해지며, 전파되는 성향이 있다. 그러면 그 사회제도는 우리의 이차적 본성(second nature)이 된다. [역자: 출생적 본성을 일차적 본성이라 부른다면, 후성적(후천적) 혹은 학습된 본성을 이차적 본성이라 부를 수 있다. 만약 우리가 어떤 사회제도를 행동의 지침으로 삼도록 훈육된다면, 우리는 사회에서 어떻게 행동해야 할지를 거의 본능적으로 파악하고 실행할 수 있다.] 그러면 우리는 그러한 사회제도의 올바름을 (매우 투명하면서 오류 없는) 자명한 것으로 여길 것이다. 우리는 그러한 사회제도를 모든 문명화된 인간들에게 보편적인 것으로 묘사하기 위하여 신화를 지어낸다. 마치 현생 인류(호모 사피엔스)의 여명기부터 운명된 것처럼, 그리고 어쩌면 초자연적 존재에 의해 우리에게 부여된 것처럼 신화를 지어내는 것이다.

───────────

이 장에서 중요하게 설명하려는 목적은 공격성과 증오를 즐거움에 연계하여 설명해보려는 것이었다. 이상하게도 이러한 연합적 설명에 대한 시도가 신경생물학 연구에서도 그리고 심리학적 연구에서도 거의 시도되지 못해왔다. 그 연결고리에 대해서 생각하는 몇 가지 논점과 관련하여, 나는 그저 그런 연결고리가 있음을 직시하려 한다는 측면에서, 내가 혹시 명백히 틀린 것은 아닌지 의심해보기도 한다. 그렇지만, 추측하건대 나는 틀리지 않은 것 같다. 내가 전망하건대, 적개심이 언제나 즐거움을 포함하지는 않지만, 어떤 조건에서, 특히 한 집단이 다른 집단을 공격하는 경우에, 적개심과 즐거움은 서로 상당히 관련된다. 분명히 말하지만, 호르몬 균형과 다양한 호르몬을 위한 수용기 밀집도와 분포도 역시 매우 중요하다. 대략적으로 말해서, 인간 남성과 여성에게서, 비록 그들의 공격 행동 경향이 문화적 틀에 의해서 형성될 수 있기는 하지만, 남성호르몬과 여성호르몬이 공격 행동과 관련되는 양식이 각기 다른 모습을 보여준다.

동시에, 모든 포유류에서 공격 충동은 자아-조절 능력에 의존된다. 그러나 뇌가 자아-조절을 어떻게 이뤄내는지를 좀 더 자세히 알아보기에 앞서, 나는 다음 장에서 더 기초적 의문에 대해서 탐구하려 한다. 우리의 유전자는 우리로 하여금 다른 인간들에 대해 싸우게 하는 경향을 부여하는가?

6 장

그렇게도 멋진 전쟁 1)

"전쟁의 황홀함은 강렬하며, 이따금은 치명적인 중독이다. 전쟁은, 내
가 수년간 흡입해온, 일종의 마약이다."

— 크리스 헤지스(Chris Hedges)2)

인간이 대량학살 유전자를 가지고 있는가?

이 질문이 묘한 느낌을 풍기는 이유가 있다. 당신이 **어떤 행동**을 실
행에 옮기려면, 반드시 그 실행 **능력**을 가져야만 하며, 따라서 그 능
력을 위한 **신경회로도** 가져야만 한다. 만약 그렇지 못하다면, 그래서
그 능력도 갖지 못한다면, 당신은 그러한 행동을 수행할 수도 없다.
그러므로 만약 인간이 다른 사람들을 죽일 수 있고, 정규적으로 그리
한다면, 그들은 그것을 위한 능력을 가져야만 하며, 따라서 그것을 실
행할 신경회로도 지녀야만 한다. 이런 생각은 그렇다고 치자. 그렇지
만, 우리의 진화 역사에서 다른 사람들을 살해하는 것이 자연에 의해
선택되었다는 가설, 그래서 우리가 그렇게 할 수 있었다는 가정은 어
떠할까? 그 가설을 전제하는 입장에서, 우리가 살상하도록 만드는 신
경회로를 갖는다는 주장이 가능하다. 왜냐하면, 그것은 다른 사람들을
죽이게 만드는 신경회로가 형성되도록 해주는 특별한 유전자가 있기

때문이며, 그러한 유전자는 인간 뇌의 진화 과정에서 선택되었다. 이런 식의 주장에 대한 증거가 있기는 한가?

인간이 대량학살에 참여한다는 배경에서, 대량학살이 우리 유전자에 내재한다는 주장은, 마치 인간이 읽고 쓸 수 있으므로 우리 인간이 읽고 쓸 수 있는 유전자를 가진다고 말하는 주장과 같아 보인다. 이 후자의 주장은 옳지 않다. 인류에게 읽고 쓰는 능력은 고작해야 5천년 전에 고안되었으며, 이후로 다른 사람들에게 그 능력이 전달되어, 그것은 손을 정교하게 조절하는 더욱 일반적인 능력과 세밀한 시각 패턴 재인 능력으로까지 발전되었다. 쓰기와 읽기 능력은 마치 들불처럼 번져나가는 문화적 고안물이었다. 쓰기와 읽기는 우리가 할 수 있는 어느 것처럼 기초적 능력인 듯이 보인다. 그러나 그러한 능력들은 문화적 발명품이었다. 더구나 인간이 쓰기와 읽기를 고안하기까지 대략 25만 년 정도 걸렸으며, 따라서 인간은 그 시기에 이르기까지 **명확한** 문화적 고안물을 지니지 못했다. 정말로, 이누이트(Inuit) 부족과 같은 아메리카 대륙에 살아온 [아시아에서 건너간] 일부 이주민들은, 비록 그들이 여러 가지 도구들과 배를 만드는 놀라운 고안을 했음에도 불구하고, 쓰기를 고안하지는 못했다.3)

우리가 지금 아는 한에서, 인간들의 전쟁은 생물학적 진화에서 선택될 무엇은 아니었다. 읽기와 마찬가지로, 전쟁은 다른 많은 능력들을 개척하게 만든 문화적 고안물이었을 것이다. 아마도 버펄로(아메리카 들소)나 곰과 같은 커다란 포유류를 사냥하는 동안에 채워지는 즐거운 살육은 인간을 사냥할 경우에도 또한 채워지는 즐거움이었을 것이다. 어떤 환경에서 사람들은 다른 사람을 일종의 양질의 단백질 자원으로 여겼을 수도 있기는 하다.4) 그러나 상황이 변화됨에 따라서, 버펄로를 죽이는 것으로부터 사람을 도륙하는 것으로 확장되는 일은 거의 발생하기 어려웠을 듯싶다. 확신하건대, 우리 인간의 구석기 조상들은 인간이 아닌 포유류들을 사냥하기 위해서 용감하고, 영리하며, 인내심 또한 지녀야 했다. 그들은 사냥을 위해 힘을 충전해야 했고, 또한 먹을 것을 위해 여러 동물들을 기꺼이 베고 때려잡아야 했다. 한 무리를 결속하는 늑대들처럼, 인간 또한 위험하고 어려운 일을 성취하기 위해 서로 단단히 결속할 필요가 있었다.5)

동물을 사냥하기 위해서 도륙하고 때려잡는 행위가, '인구 증가'와 '침공과 약탈의 이득이 명확해짐'에 따라서, 다른 사람들에게도 전파되었는지는 그리 확실치 않다. 명확한 것은 이렇다. 시간이 지남에 따라서 약 5천 년에 걸친 인간사가 기록되기 시작했으며, 농업의 출현 이후에, 노예를 포획해야 함에 따라서 침공과 지배가 이루어졌다.6) 일단 전쟁이란 풍습이 발판을 마련하게 되자, 마치 글쓰기, 문신하기, 신발 신기 등과 같이, 그것은 인간 생활에 확고히 자리 잡게 되었다.

유전자가, 이누이트 부족과 야노마모(Yanomamo) 부족 사이에, 침공과 전쟁에 대한 서로 다른 태도를 설명해줄 수 있을까? 그럴 수도 있겠지만, 유전자 사이의 차이점이 전쟁과 관련된 두 문화 사이의 차이점을 설명해줄 것이라는 성급한 추측에 앞서, 우선적으로 다른 설명부터 있어야 하겠다. 환경적 조건이, 무리들 사이의 폭력이 하나의 관습으로 자리 잡을지 아닐지에 관한, 중요한 차이점을 만든다. 겨울철 이누이트 부락은 작은 규모이고 서로 멀리 떨어져 있다는 사실을 고려해보라. 아무도 모르게 어떤 이글루(얼음집)에 접근한다는 것은 거의 불가능에 가깝다. 그 지형은 개활지이며 썰매 개들은 일찌감치 접근하는 자를 경고할 것이다. 그러므로 북극 지형은 전쟁을 유도하지 않는다. 이누이트 부족민들이 전쟁에 열중하지 않을지라도, 그들은 확실히 거칠고 교활한 포식자들이다. 만약 전쟁이 그들에게 이득을 주었다면, 그들은 전쟁에 더욱 나섰을 것이다. 이누이트 부족민으로서 물개를 사냥하는 것이 타 부족을 침공하는 것보다 항상 실질적으로 더 많은 이익을 주었을 것이며, 침공은 예측 불가능하게 자신들의 생명과 안위에 위험이 되는데다가, 별로 가치 있는 것도 획득하지 못할 것이다. (비록 이누이트 부족민들이 여자를 얻기 위해서 [현재의 캐나다] 남쪽의 크리(Cree) 부족 진영을 침공하더라도, 그것은 혈족관계(consanguinity)의 재앙을 막기 위한 방책 같은 것이었다.) [역자: 오랜 기간에 걸친 부족민 내의 혼인은 결국 친족 간의 결혼과 같은 결과를 낳아, 부족민의 유전적 위협이 될 수 있다. 그러므로 타 부족 여자와의 결혼은 그들에게 생존을 위한 조건이었을 것으로 추정된다.]

북극의 여름철 이누이트 부락은 규모가 더 커지긴 하지만, 어느 두 부락 사이의 거리는 침공하기에 만만치 않다. 나무가 전혀 없는 북극에서 몰래 급습을 감행하기란 무익하다. 한여름에는 태양이 떠 있는 시간이 길어져서, 낮이 24시간이며, 몸을 가려줄 어둠 같은 것은 결코 없다. 사냥하고, 낚시하며, 잡은 고기를 저장하는 것이, 기대되는 배분이 거의 없을, 침공으로 에너지를 낭비하는 위험을 감수하기보다 더 경제적이다. 그러한 북극권 내에 사는 사람들로서 굶주림은 상존하는 위협이며 흔히 일어나는 시련임을 유념해야 한다. 그러므로 쓸데없이 에너지를 낭비하는 것은 아닐지, 그들은 계획을 실행에 옮기기 전에 항상 계산해보아야 한다. 그렇게 냉혹한 날씨 속에서, 바보같이 굴거나 계산 없이 하는 행동은 곧 재앙이 된다는 것을 그들은 잘 알고 있었다.

반면에 야노마모 부족민들은 농업을 발달시켰으며, 그것으로 어느 정도의 식량 자원을 얻을 수 있었다. 여자들 대부분은 농사일을 하였으므로, 남자들은 대신에 습격을 위한 계략을 세우고, 감행할 준비를 가질 수 있었다. 그리고 아마존 정글은, 툰드라 지역과 달리, 은밀한 침투가 가능한 숨을 곳을 제공하였다. 이누이트와 야노마모 어린이들은 서로 다른 환경에서 성장하였으며, 따라서 어린 시기에 뇌의 보상 시스템은 아주 다른 방식으로 조율되었을 것이다. 그것은 각기 다른 사회적 관습과 규범을 습득하게 해주고, 서로 다른 방식으로 머리 쓰는 습성이 발달되도록 영향을 미쳤을 것이다. 이것은 또한 사회적 행동 방식에서 각기 다른 직관을 (평균적으로) 형성하게 만든다. [즉, 그러한 환경은 그들이 무의식적으로 그리고 자동적으로 각기 다른 사회적 행동을 하게 만드는 서로 다른 사고틀을 형성하게 하였을 것이다.] 짐작건대, 확실하다고 말할 수는 없지만, 습격을 감행함에 따라서 발생되는 비용과 이익은 물론, 자원에 대한 압박도 서로 다르게 작용한다는 점 또한 중요한 요소이다.7) 반면에 전쟁하는 성향이, 환경적으로 선택될 수도 있지만, 반대로 전쟁하지 않는 문화 내에서 억눌려질 수도 있다.8) 이것이 바로 "전쟁을 위한 유전자"를 주창하는 자들이 말하고 싶은 것[즉, 전쟁을 선호하는 습성이 현재 인류에 남아 있다는 것 자체가 바로, 선택의 결과라고 주장하고 싶은 것]이겠지만, 만약 그들이 그러한 주장을 사실적 진술이라고 주장하고 싶다면 증거를 제시할 수 있어야 한다. 만약 그러한 유전자가 정말 존재한다면, 그 유전자를 확인하는 것은 유전학자들의 몫이다. 인류학자들이 "무엇을 위한 유전자"를 사색한다고 한들, 그 유전적 증거를 찾을 수는 없다.

종합적으로 판단해보건대, 인류학적 연구 보고서가 보여주는바, 사냥-채집 무리들 모두가 다른 집단에 대해 전쟁을 벌인 것은 아니다. 그보다 문화에 따라서 상당히 다양한 모습을 보여주는 것 같다. 전쟁을 위한 유전자가 선택되었다는 가설을 진지하게 고려해보면, 다음과 같은 견해도 제안될 수 있다. 대략 25만 년 전에 살았을 아주 초기 인류는 아프리카 넓은 지역에 드물게 퍼져서 살았을 것이며, 따라서 그들은 서로 자주 마주치기도 어려웠을 것 같다. 자원이 충분하거나 혹은 새로운 영토가 충분한 한에서, 무리들 사이의 전쟁은 너무 많은 비용을 지불해야 하는 만큼 그리 가치 있는 행동이 아니다. 아주 초기 인류들 사이에 거래가 있었다는 증거가 있으며, 우호적 거래와 여성의 교환이 적대적 충돌보다 더 유리하다는 것은 의문의 여지가 없다. 폭력적 상호 충돌에 대한 일부 증거가 석기시대 해골에 남은 폭력적 주검의 흔적에서 보이긴 하지만, 그것이 흔한 사례일지 혹은 공통적인 경우일지는 지금 시점에서 정말 알기 어렵다. 말할 것도 없이, 초기 인류 사회생활을 보여주는 증거를 수집하기란 정말로 어렵다.

유전학자들이 전쟁 유전자에 관하여 우리에게 무엇을 말해줄 수 있을까? 우선 한 가지, 유전학자들은 이런 방식으로 질문하는 것에 조심스럽다. 그 이유는 다음과 같다. 유전자는 아미노산으로 암호화된 DNA의 작은 조각이다. 그 DNA 암호는 RNA로 전사되며, RNA는 아미노산을 연결시켜 단백질을 만든다. 즉, 유전자는 직접 행동을 조절하지 않는다. 다른 한 가지로, '단백질 만들기'와 '뉴런으로 신경회로 구성하기' 사이의 인과적 경로는 길고 복잡하다. 그 경로는, 유전자 그물망들 사이에, 유전자와 뇌 발달 사이에, 그리고 뇌 구조와 환경 사이에 등, 여러 상호작용으로 이루어진다. 그러므로 특정 유전자와 뇌 발달 사이의 인과적 경로에 대해서는 긴 설명이 필요할 뿐만 아니라, 그 설명 방향은 아주 상반되기도 한다. 그러므로 그 행동은 (눈 깜빡임처럼) 반사적 작용이 아니며, "옆 마을 부족민들을 학살하러 가자"와 같은 인지적 결정에 대한 설명은 더욱 길고 복잡하다.

우리가 앞의 5장에서 살펴보았듯이, 공격성은 많은 다른 요소들을 포함한다. 공격성에 대해서 설명하려면, 그 행동을 일으키는 신경회로와, 태아 발달 시기에 수용기와 호르몬의 올바른 배열은 물론, 여러 종류의 호르몬들, 여러 종류의 신경전달물질들, 여러 종류의 수용기들, 여러 종류의 효소들 등, 여러 가지 배합에 대한 설명이 필요하다. 이러한 모든 것들은 유전자 표현에 의존하며, 그 유전자 표현은 또한 다른 여러 유전자들에 의해 통제되고, 그 다른 유전자들은 그러한 환경의 특징에 민감하게 반응하는 또 다른 여러 유전자들에 의해 통제된다. 비록 세로토닌 같은 신경조절물질이 공격 성향에 중요한 역할을 한다는 것을 우리가 안다고 하더라도, 세로토닌을 만들 유전자가 전쟁 유전자라고 결론 내리는 여정은 길고도 험난하다. 나의 주장은 이렇다. [지금 당장 불가능해 보이는] 그러한 설명을 차라리 묻어두는 편이 좋겠다. 그것을 묻어두는 대신에 나는 초파리(fruit fly)의 공격성을 비유적으로 이야기하는 것이 최선이라고 생각한다.

초파리와 생쥐의 경우에, 세로토닌이란 신경조절물질과 공격성 사이에 관련이 있다는 것이 관찰될 수 있다.9) 약물이나 유전적 기술을 이용하여, 세로토닌 수준을 실험적으로 높여주면 초파리의 공격성이 증가되며, 반대로 세로토닌 신경회로를 유전적으로 억누르면 공격성이 감소한다. 더구나, 이러한 실험 결과는 쥐에 대한 실험에서도 동일하게 나타나며, 진화적 변화를 통한 공격 메커니즘이 유지되는 것을 보여준다. 이러한 실험적 결과 자료를 본다면, 누구라도 이렇게 예측할 것이다. 세로토닌을 표현하는 유전자를 "공격성 유전자(aggression gene)"로 불러야겠다. 그러나 그렇게 너무 성급해선 안 된다. 그 생각을 검토해보자.10)

유전학자인 허먼 디어릭(Herman Dierick)과 랄프 그린스판(Ralph Greenspan)11)은 조금이라도 더 공격적 행동을 가지도록 여러 공격적 초파리들을 선별하여 품종 개량을 해보았다. 21세대가 지난 후에, 수컷 초파리들은 야생 초파리들에 비해서 30배 더 공격적이 되었다. 그것은 마치 개를 품종 개량하는 것과 같다. 다음에 그 연구자들은, 분자 기술(마이크로 배열 분석(microarray analysis))을 이용하여, 공격적 초파리의 유전자 표현(gene expression)과 상대적으로 유순한 사촌들의 유전자 표현을 비교해보았다. 만약 세로토닌이 공격형의 분자이고, 그 세로토닌을 생산하게 만드는 유전자가 "공격성 유전자"라면, 이러한 실험은 그것을 보여주었어야 했다.

놀라운 실험 결과는 이러했다. 어떤 단일 유전자도 특별히 관련되는 것으로 지목될 수 없었다. 그보다 작은 표현적 차이는 약 80개의 다른 유전자 내에서 발견되었다.12) 그것들이 무슨 유전자인가? 그것들이 세로토닌의 표현을 규정하는 유전자는 아니다. 많은 유전자들은 그 표현이 변화를 겪으면서, 뒤범벅의 표현형 형성 과정(phenotypic processes)[즉, 유전자에 따른 개체의 형성 과정]에서 어떤 역할을 하는 것으로 알려져 있다. 즉, 표피 형성, 근육 수축, 에너지대사 작용, RNA 결합, DNA 결합, [세포의 외형적 모양을 유지시켜주는] 세포골격(cytoskeleton)을 포함한 일련의 구조물 발달 등에 관여하며, 또한 많은 유전자들은 그 밖에 알려지지 않은 여러 기능들에 관여하는 것으로도 알려져 있다. 어떤 단일 유전자도 그 자체만으로 공격성 행동에 상당한 차이를 유발한다고 보이지는 않는다.13)

앞선 실험들이 세로토닌 수준이 올라가면 공격성이 강화된다는 것을 보여준다면, 그것이 어떻게 그럴 수 있는가? 첫째로, 이미 앞서 언급했듯이, 유전자와 뇌 구조 사이의 관계가 단순한 "~을 위한 유전자" 모델을 거의 반영하지 않는다. 유전자는 그 네트워크의 일부에 불과하며, 그 네트워크의 여러 요소들과 환경 사이의 상호작용도 있다. 이것은 조나단 하이트(Jonathan Haidt)와 같은 누군가에게 거대한 도전이 되었다. 그는 진보적(liberal) 혹은 보수적(conservative)이 될 유전자가 있다고 주장하였기 때문이다.14)

둘째로, 세로토닌이 아주 고대부터 존재해온 분자임을 고려할 필요가 있다. 그것은 다음과 같이 잡다한 뇌와 신체 기능들을 위해서 중요하다. 예를 들어, 수면, 기분, (위와 창자의 수축운동과 같은) 장운동, 방광 기능, 심장 혈관, 스트레스 반응, 배아 발달 시기에 폐의 원활한 근육 증식 유도, 그리고 낮은 산소 수준(저산소증)에 대한 급성과 만

성의 반응 통제 등에서 중요하다.15)

이렇게 목록을 지적하는 요지는 세로토닌이 영향을 미치는 역할이 매우 다양하여, 따라서 **공격성 유전자**라는 표식이 (뻔히 드러날 정도로) 부적절하다는 것을 극적으로 표현하려는 데에 있다. 또한 그렇게 다양한 세로토닌의 기능을 통해서 우리가 다음을 더 잘 이해하게 해준다. 세로토닌 수준의 변화는 뇌와 신체 전체에 걸쳐서 매우 폭넓은 영향을 미치며, 그리고 그러한 여러 효과들은 다시 다른 효과들에 폭발적으로 영향을 미치고, 또한 그 결과가 공격적 행동에 영향을 미치게 된다.16)

초파리의 공격성에 대한 그 우스개 이야기가 주는 핵심 교훈은 이렇다. 우리는 단지 어떤 행동에 대한 관찰만으로 그리고 어쩌면 (실험적으로 세로토닌 수준을 변화시키는) 간섭을 추가적으로 고려하여, 공격성 유전자가 있다고 억측할 가능성이 높다. 그러나 우리가 발생학적 실험을 하지 않는다면, 그러한 억측이 과연 과학적 정당성을 얻을지 결코 확신하기 어렵다.

만약 유전자와 공격성 사이의 관계가 초파리의 경우에 그렇게 깔끔하지 않다면, 도대체 어떻게 단순한 "대량학살 유전자" 모델을 인간에게 적용할 수 있는가? 조금도 그럴 수 있어 보이지 않는다. 이 말은 유전자가 공격성 행동에 전혀 영향을 미치지 않는다고 말하려는 것이 아니다. 디어릭과 그린스판의 실험이 보여주듯이, 유전자는 분명히 그러한 영향을 미친다. 그러나 유전자와 (공격적 행동에 관련된) 뇌 구조 사이의 인과적 관계는, 상호작용하는 여러 요소들에 의한, 거대하고 정교한 네트워크(그물망 관계)가 있다.17) 더구나 일부 그러한 뇌 구조들은 보상 시스템에 반응하며, 그 시스템은 다른 인간들에 대해서 공격성 행동처럼 보이는 행동을, 여러 문화적 규범들에 대한 민감도에 따라서, 다르게 조절한다. 우리는, 그 보상 시스템이 (공격성 표현과 관련하여) 이누이트 문화와 야노마모 문화 사이에 대조적으로 다르게 작동한다는 것을 이미 살펴보았다.[18]

전쟁 이야기로 돌아가서, 지금까지 증거가 보여주는 한에서, 전쟁 행동이 그러하도록 선택되었다는 것이 있을 법한 이야기이긴 하지만, 전쟁 행동은, 포식 행위에서 필요한 살육 같은, 다른 여러 경향들이 확장된 것이라고 보는 편이 훨씬 더 설득력이 있어 보인다. 하나의 원리를 내세우는, 진화심리학의 해악은 다음과 같이 유감스럽게 주장하려는 경향에서 나온다. 어느 규정되는 행위가 선택되었으며, 따라서 그 이유를 설명하려면, 우리의 과거 석기시대 이야기를 (조잡하게) 끼워 맞출 필요가 있다.[19] 그런데 문제는, 아마도 있을 법해 보이는 재미있고 일관된 상상력 발휘가 실제 증거는 아니라는 데에 있다. 유전자가, (일부 다른 더욱 일반적인 행동 능력과 상반된) 바로 그 특정 행동과 관련되는, 뇌 구조와 결부된다는 것을 실제로 보여주는 일은 아주 다른 (혹은 더 어려운) 문제이다. 일반적으로 말해서, 진화심리 학자들은 이것을 보여주려 심지어 시도조차 하지 않는다.[20] [즉, 유전자가 공격 행동과 막연히 관련된다는 공허한 주장이 아니라, 구체적으로 어떻게 결부되는지를 진화심리학자들은 증거로 보여주었어야 했다.]

헌팅턴병(Huntington's disease)처럼, 인간이 다룰 수 있는 작은 질병은 단일 유전자와 결부된다. 단일 유전자와 표현형 사이에 이러한 밀착된 결부는 예외적이며, 질병의 경우에서도 예외적이라, 법칙은 아니다. 심지어 키만 하더라도, 단일 유전자와 결부되는 것으로 흔히 추정되지만, 사실 많은 유전자들과 결부된다. 키에는 대략 50개의 알려진 유전자들이 관련되는 것으로 알려져 있으며, 얼마나 많은 다른 유전자들이 관련되며 아직 확인되지 않은 것들이 있는지 등은 단지 추정될 뿐이다. 대량학살과 같은, 인간의 인지적 행동의 한 모습이 단지 한두 유전자와 긴밀히 인과적으로 관련된다는 주장은 그럴듯하지 않은 생각이다.

다음과 같은 사실이 종종 간과되고 있다. 많은 다양한 행동 양태들이, 심지어 그 행동이 뇌의 진화 중에 선택되지 않았음에도 불구하고, 널리 퍼져 있을 수 있다. 엘리자베스 베이츠(Elizabeth Bates)가 유명하게 지적했듯이, 손으로 음식을 먹여주는 것은 인간들 사이에 보편적이다. 그렇지만 그러한 행동이 아마도 그러하도록 선택되지는 않았을 것이다. 그런 행동은, 신체 구조가 동일하다면, 단지 그렇게 하는 것이 좋은 방식이기 때문이다. 발로 먹여주는 것보다, 여하튼 손이 더 편리하기 때문이다.

종합해보건대, 우리 유전자 내에 무엇에 관한 이야기를 지어내기보다, 혹은 (우리 모두가 아는) 치명적으로 오도하는 어떤 이야기를 지어내기보다, 우리의 무지함을 인정하는 것이 더 나을 듯싶다.21) "그게 우리 유전자 안에 있어"라는 상투적인 말이 담고 있는 문제는, 그것이 "우리가 뭘 할 수 있겠어? 그게 우리 유전자 안에 있는데!"라는 식으로 나쁜 행동을 조장하게 만든다는 점이다. 그리하여 누군가는 탐욕, 전쟁, 인종주의, 성폭행 등을 일정 수준 존중하게 된다.22) 우리가 공격성에 관해서, 그리고 그 기원에 관해서 미신을 덜 가질수록, 우리는 역효과를 내는 정책 결정을 더 잘 피하도록 해줄 것이다.

제도적 규범이 행동 패턴을 어떻게 형성하는가?

뇌의 전망에서, 문화적 규범이 제공하는 한 가지 주요한 이득은, 그것이 불확실성을 줄어준다는 데 있다. 당신은 무엇을 해야 할지를 알며, 자신이 무엇을 하고 싶은지도 안다. 우리 모두는 자신이 해야 할 일을 안다. 우리는 매번 멈춰 서서 생각해보아야 할 필요가 없다. 규범들은 우리가 사회적 미래를 아주 쉽게 예측하도록 도와주기 때문이다. 새로운 상황은 우리가 그 불확실성에 집중하거나, 경계하도록, 혹은 두려움을 느끼도록 만든다. 그러므로 삶에서 새로움이 많을수록 우리는 더 많은 에너지를 소모해야만 한다. 예를 들어, 부모나 (존경받는) 국가 지도자의 죽음은 당신을 혼란스럽게 만든다. [그럴 경우에 당신은 당황하여 이렇게 반응하게 된다.] 이제 어떻게 해야 하나? 우리가 그렇게 반응하는 까닭은 [그들의 죽음으로] 사회적 안정성의 연결망 기반이 갑작스럽게 무너져버리기 때문이다.

뇌는 예측 가능성을 선호하며, 그것을 학습하도록 조직화되어 있어서, 예측 가능성을 획득할 수 있다. 뇌는 관습과 규범을 학습함으로써, 사회적 예측 가능성을 제공한다. 기본적으로, 당신이 어느 가정의 훌륭한 식사 대접을 받고 난 후에, 큰 소리로 트림하거나 혹은 그 트림과 함께 감사 표현을 말하는 등의 풍습을 갖는지 안 갖는지 그 자체는 중요하지 않다. 중요한 것은, [어떤 관습을 습득함으로써] 당신이 무엇을 해야 할지 물을 필요가 없다는 데에 있으며, 어떤 실수를 하지는 않을지 염려할 필요가 없다는 데에 있다. 일본에서 당신은 국수를 맛나게 먹고 있다는 표시로 시끄럽게 후루룩 소리를 내는 것이 권장된다. 이제 그렇다는 것을 알고 나면, 마치 옥스퍼드의 품위 있는 식당에서 수프를 먹을 경우에 분명히 지켜야 하는, [소리 내지 않고 조용히 먹는] 사회적 규범을 어길지 모른다는 염려 없이, 당신은 후루룩거리며 먹어도 무방하다.

중요한 것은, 관습을 갖는다는 것은 곧 당신이 이것을 해야 할지 아니면 저것을 해야 할지를 알아내기 위해 애쓸 필요가 없다는 것이다. 일본에서 후루룩 소리를 내며 먹어라. 영국에서라면 그렇게 하지 마라. 아주 쉽다. 당신은 자신이 기대한 역할을 수행하기만 하면 된다.

그러므로 당신은 편안함을 느낄 것이다. 그리고 그렇게 행동하는 것이 옳다. 당신의 행동은 그 사회에서 용인된다. 그러므로 당신은 더 중요한 것들을 생각할 여유를 가질 수 있게 된다.

제도적 규범과 사회적 관습이 언제나 명확히 설명되지는 않는다. 당신은 아마도 자신의 행동 패턴을 "본래적으로 그리해야 하는 방식처럼" 무의식적으로 선택한다. 아마 당신은 자신이 존중할 만하다고 여기는 사람을 모델로 삼을 수 있으며, 그러면 당신은 그런 사람들처럼 되고 싶어 할 것이고, 그 사람의 어떤 몸동작, 말투, 그리고 심지어 행동 양태 전체를 따라할 것이다. 심지어 당신은 그 사람의 옷 입는 스타일과 머리 스타일을 모방하기도 한다. 특정 집단의 일원으로서 당신은 허락되거나 배제되지 않기를 원하며, 따라서 특정 규범에 대해 도전하기란 쉽지 않다. 민속 규범에 대한 순종은 편안한 느낌을 준다. 그것을 따지고 들려 하거나 저항하려는 것은 모난 행동이다. 그런 행동은 당신의 스트레스 호르몬 수준을 높인다.

만약 법정에서 증인으로 서야 하는 경우에, 당신은 어떻게 행동해야 할지를 안다. 당신은 진실을 말해야 한다는 것을 알며, 위증에 대한 처벌도 알고 있다. 만약 당신이 배심원의 한 사람으로 참여한다면, 혹은 고소하는 검사로 참여하는 경우에, 당신은 무엇을 해야 하는지도 안다. 범죄 심판 체계와 같은 제도가 완벽하지 못할 수도 있다. 만약 사람들이 이성적으로 잘 행동한다고 당신이 여전히 믿는다면, 당신은 그들을 신뢰할 것이다. 당신은 마치 제도적 구조가 당신의 행동을 안내하는 것처럼 행동한다. 따라서 판사가 뇌물을 받았다거나 기소하는 검사가 증거를 조작했다는 것을 듣게 되었을 때, 당신은 충격을 받게 된다.[23]

당신이 배관공에게 새로운 샤워기를 설치하도록 하고, 혹은 의사에게 몸의 열을 내려달라고 하고, 혹은 한 선생으로부터 세포생물학을 배우기로 하며, 혹은 한 성직자에게 결혼의 주례를 부탁하는 등등을 계약한다면, 그 경우마다 당신은 다른 일련의 규범들을 적용한다. 대학, 교회, 사업 등의 제도는 문화적 규범들을 담고 있으며, 그 규범들은 우리가 마치 남들과 약속한 것처럼 우리 행동을 조직화한다. 당신은 다양한 역할들에 손쉽게 빠져들고 빠져나오면서, 이 규범 혹은 저 규범에 따른다.24)

『미친 남자들(Mad Men)』이란 텔레비전 시리즈는 광고 대행업체 안에서 주어진 역할에 따라 임무를 수행하는 여러 남자들의 모습을 우리에게 보여준다. 대체적으로 그 남자들은 본질적으로 일정한 태도로 행동한다. 계속 담배만 피우거나, 계속해서 마시기만 하거나, 여성 출연자와 잠만 자거나, 아무리 중요한 거래에 참여하더라도 무심하게 행동하는 등등을 보여준다. 그들은 행동에서 거의 변화가 없지만, 상사 옆에 서면 창백해진다. 대부분 여성들은 비서들로, 남성들에게 아양을 떨며, 높은 임금과 좋은 일자리는 남자들 차지라는 당연한 가정을 대체적으로 묵인하며, 남성들은 미혼이다.25) 다른 텔레비전 시리즈 『소프라노(The Sopranos)』에서는, 다른 일련의 규범들이 마피아 남성들의 삶과 행동을 지배한다. 『미친 남자들』에서 광고 일을 하는 남성들에게 (의심되는) 밀고자를 "철썩" 갈기는 일은 끔찍한 일이지만,『소프라노』에 나오는 남성들에게 그것은 일상생활이다.

아리스토텔레스는, 그를 따르는 많은 사상가들과 마찬가지로, 사회적 관습과 제도적 규범이 행동을 통제하고 많은 상호 활동을 하기 위한 발판을 제공하며, 따라서 안정과 조화를 이루게 해준다는 측면에서 중요하다고 인식하였다. 충돌을 해소하기 위한, 또는 전체 집단을 불안정하지 않도록 충돌을 막기 위한, 일부 규범들과 다른 규범들은 모든 문화에서 나타난다. 그러한 제도 자체에 문제가 생기거나 혹은 그 제도 안에서 부패가 발생될 경우에, 사람들은 자신들이 정말로 사악한 일을 하는 역할로, 천천히 그리고 거의 반성 없이, 표류될 수도 있다. 혹은 어쩌면 반대로 그들은 그 제도에 넌더리가 나서, 집단적 연대를 이루어 그 제도를 수정하려 들 수도 있다.

그러한 행동들이 명확히 문화적 현상임을 보여주는 한 사례가 있다. 미국 내에서 지리적으로 멀리 떨어진 두 지역의 서로 다른 기대와 규범은, 사람들이 모욕을 받을 경우에 어떻게 반응해야 할지를 서로 다르게 지도한다. 코헨과 니스벳(Cohen and Nisbett)이 수행한 연구에 따르면, 남부 지역에는 "명예 문화" 효과가 있으며, 반면에 미네소타와 같은 북쪽 지역에서는 아주 다른 규범이 작용한다.26) 모욕을 받거나 혹은 체면과 사회적 입장을 상실할 위기에 몰리면, 남부 사람들은 싸움을 기대한다. 반면에 미네소타의 사람들은 어떤 모욕에 대해서 반응하는 것이 불필요하며 바보스럽다고 생각하기 쉽다. 특별히 그 모욕 자체가 사회적 무지에서 나온 것으로 보일 경우에 더욱 그러하다. 따라서 그다지 신경 쓰거나 에너지를 낭비할 필요가 없다고 여긴다. 만약 그러한 경우에, 도저히 그냥 넘어갈 수가 없다면, 그런데 당신이 상대에게 실제 상해를 입힐 가능성이 있다면, 시간을 두고 나중에 그를 다시 만나는 방법을 선택한다.

나는 2008년의 재정 위기를 다룬 다큐멘터리 영화 『인사이드 잡(Inside Job)』을 보고 있었다. 나는 골드만삭스(Goldman Sachs) 회사의 남성들에 대해서 깊이 생각하게 되었다. 그들 자신의 이메일 메시지에 따르면, 그들은 자신들이 신뢰하는 고객들에게 그들이 "쓰레기(a load of crap)"라고 평가하는 주식을 고의적으로 판매하였다. 더구나 그들 스스로는 바로 그 주식에 반대하는 쪽으로 투자하여, 그 고객들의 주식이 가치가 없어지게 되었을 때, 그들은 엄청난 이익을 거둬들였다. 총체적으로 부패하였다. 그들은 실제로 자신들의 고객들과 상반된 투자를 통해서 막대한 이익을 챙겼다.

수수료를 챙기기 위해서, 많은 회사들은 대출금을 지불할 능력이 부족하며, 낮은 이율이 곧 걷잡을 수 없이 높게 오른다는 상황을 이해하지 못하는 사람들에게 근저당을 설정한다. 골드만삭스의 불명예는 그에 상당하여 앞으로 쇄도하게 될 불명예의 단지 작은 부분에 불과했으며, 그 재정 위기는 수백만 사람들의 재정적 삶을 붕괴시키고 말았다. 더구나 그 다큐멘터리의 주장에 따르면, 월스트리트의 거물들과 근저당 회사들은 한탕 챙긴 후에 사라졌다.

나는 이러한 생각을 고심해보았다. 내가 그러한 매몰차고 돈만 밝히는 파괴적인 일에 참여할 수 있었을까? 내가 끔찍한 사기 혹은 무고한 수많은 사람들에 대한 섬뜩한 학살에 가담하지 않았던 것은 다만 행운이 있어서일까?27) 내가 만약 월스트리트 문화에 젖어 있었다면, 나도 그들처럼 그런 일에 가담하였을까? 골드만삭스 주식 거래의 아류 문화에서, 내가 이득을 위해서 고객들의 돈을 빨아먹을 수 있었을까?

[그렇게 된다는 것을] 필립 짐바도(Philip Zimbardo)가 개척한 스탠퍼드 감옥 실험28) 같은 사회심리학적 실험은 보여주었다. 그 실험에서 스탠퍼드 남학생들은 무작위로 죄수와 경비원 역할을 할당받았다. 잘 알려져 있듯이, 그 실험은 종료되어야 했는데, "경비원들"이 "죄수들"에게 악의적으로 학대하였기 때문이다. 짐바도 실험이 보여주는바, 우리의 오래 지속된 태도와 믿음, 우리의 기질과 개성 등은, 우리가 처한 상황이 갑작스럽게 바뀌어 새로운 규정이 적용되면, 따라서 변화되기 쉽다.29) 규범은 사회적 배경이 변화됨에 따라서 변화되기 쉬우며, 그 변화는 불가피하다. 특별히 우리가 그러한 변화에 대해 미리 알고서 경계한다고 하더라도 그렇다. 여전히 나는 다음을 염려한다. 통제되지 않은 유혹과 통제되지 않은 채무 불이행 교환이 이루어지는, 새로운 세상에서 살게 된다고 하더라도, 내가 내 양심의 가책을 내려

놓는 일이 가능힐 섯 같지 않아 보인다. 지금도 모두가 그렇게 행동하지는 않으며, 심지어 일부 사람들은 단호히 거절하기도 한다.

우리가 정의(justice), 부의 축적(prosperity), 예절(decency) 등과 관련된 규범 내의 사회적 제도에 의존하는 한에서, 우리는 이렇게 물어야 한다. 바로 그러한 제도가 예절을 무너뜨리는 경우에 어찌할 것인가? 뇌의 보상 시스템이 사악한 사회적 관습에 맞춰진다면 어찌할 것인가? 당파 싸움이 잔인하게 일어나거나, 동료 괴롭히기가 너무 심하여 사람들이 신참을 죽이게 된다면, 어찌할 것인가? 이러한 측면에서 인간의 책임이 막대한 의미가 있다는 것은 옳다. 집단적으로 우리는 사회적 제도에 대해 책임을 갖는다. 사회적 제도가 우리에 의해서 시작되고, 조직화되며, 일신되기 때문이다. 소크라테스가 가르친 젊은 학생들이 실제로 권위를 당황하게 만드는 질문을 했을 때, 젊은이를 타락시킨다는 날조된 죄목으로 사형에 처해졌을 때 그가 물러서지 않았던 것은 옳았다. 넬슨 만델라(Nelson Mandela)가, 복수를 원하는 군중들이 수년간의 인종격리정책을 발휘한 후에 평화로운 선택을 할 것이라고, 확신했던 것은 옳았다.

20세기의 도덕 역사서로서 가장 심오한 책 중 하나에서, 조나단 글로버(Jonathan Glover)는 그 쟁점을 이렇게 보았다.

끔찍한 명령이 하달되자, 자신들이 누구인지에 대한 자신들의 개념 때문에, 사람들은 저항하였다. 그러나 그들의 자아 개념이 복종하도록 형성되었다면, 어떤 저항도 없었을 수도 있었다. 마찬가지 방식으로, 만약 사람들의 자아 개념이 어떤 부족의 동일성에 따르도록, 혹은 일부 믿음 체계에 따르도록 형성되었다면, 부족이나 이데올로기의 잔인성에 대한 저항이 내부적으로 붕괴될 수도 있었다. 도덕적 동일성의 의미가 단지 특정 부족 혹은 이데올로기에 얼마나 많이 맞춰져 있는지에 따라서 많은 것들은 달라진다.[30]

글로버는 이렇게 제안한다. 그 딜레마의 옳은 측면에 서는 한 가지 중요한 도구는 회의주의이다. 즉, 그 사안과 관련하여, 정치적, 경제적 혹은 그 밖에 어느 것의 정서적 호소라도 너무 쉽게 믿지 않으려 하는 태도이다. [그 태도는 우리에게 다음 지침을 권장한다.] 생각해보라. 사실을 수집해보라. 역사책을 읽어라. 조금 거리를 두고 바라보라.

다른 중요한 도구는 평생에 걸쳐서 진리의 편에 서는 것이다. 즉, 가볍고 값싼 "진실처럼 보이는 것"에 몸을 담그지 않아야 한다. 다시금 글로버는 그 문제의 핵심을 파고든다.

권위주의 사회 내에서는, 큰 거짓말을 대량으로 살포하여 작은 거짓말을 변호하려는 매우 강력한 힘이 있다. 그런 힘은 마치 재정 위기에서 벗어나기 위해서 돈을 찍어내는 것과도 같다. 그런 권위로는 단기적 이득만이 있을 뿐이며, 직접적인 출구를 찾으려는 노력은 보이지 않는다. 그러나 이러한 장기간의 선전 부풀리기는, 공식적 믿음 체계가, 실제와 마주칠 때까지, 성장하지 못하게 방해하는 측면이 있으며, 따라서 훨씬 더 큰 억압과 거짓말이 없이는 지지되지 못한다.31)

———————

전쟁이란, 역사적 시기 이래로 인간 삶의 상당 부분을 점유해온 만큼, 불가피한 것처럼 보인다. 그렇지만 어쩌면 그렇지 않을 수도 있다. 아마도 그것은, 불을 이용할 줄 알거나 배를 만들 줄 아는 것처럼, 우리 유전자 내에 있는 본성은 아니다. 그럼에도 불구하고 그런 식의 주장은 매우 호소력을 지닌다. 예를 들어, 세계무역센터에 대한 공격 (9·11) 여파로, 미국 정부는 이라크와 전쟁할 계획에 반대할 명분을 찾기 어려웠다. 사실상 그 나라가 무역센터 공격에 어떤 역할을 담당했다고 믿어야 할 어떤 심각한 이유를 누구도 갖지 못했다. 그렇지만 낙관적 관점에서, 스티븐 핀커(Steven Pinker)는, 긴 안목과 전쟁에 대한 밀착된 통계 분석에 의존하여, 자신의 최근 책에서 이렇게 주장하였다. 제도의 수정은 충돌을 해결할 덜 치명적인 방식을 내놓을 수 있으며, 일이 성사되는 방식을 느리게 개선할 수 있다.32) 그의 제안에 따르면, 큰 규모의 전쟁은 낡은 해결 방식이 되었으며, 아마도 그것은 이미 백 년 전에 그랬던 것보다 덜 불가피하게 되었다. 나는 핀커의 논의에 확신하고 싶어 해야겠다고 생각하지만, 그럴 수 있을지 여전히 의문스럽다. 만약 번영이 추락하고 식량이 부족하게 되더라도, 우리의 제도가 충분히 강력하여 과연 전쟁이 허용될 수 없는 선택지로 여겨질 수 있을 것인가?

역사가 우리에게 보여주는바, 글로버가 말했듯이, 얼마나 쉽게 제도가 파괴되고, 큰 거짓말이 조장되었던가. 우리의 제도적 안정성은 공격받지 않을 것 같아 보이지만, 실제로 상당히 쉽게 훼손되어 왔다. 이따금 나는 두렵다. 우리는 지속적인 선전의 압력에 (우리가 지금 짐작하는 것보다 엄청나게) 굴복될 운명에 놓여 있으며, 그래서 독일인들이 제2차 세계대전을 일으키게 하였는지도 모른다. 이 세계에서 최고의 소망을 가지며, 올바름에 대한 열정을 가지고, 올바름과 정의가 얼마나 영광스러운지를 아는, 우리 모두가, 두려움, 공포심, 그리고 살인 충동에 얼마나 쉽게 강요되지를 잘 안다. 이제 표면에 떠오르는 성가신 염려는 이렇다. 그렇게 많은 우리의 행동이 뇌 내부의 무의식 사건들에 의해 조직화된다면, 우리가 정말로 자기조절을 할 수 있기는 한 것인가? 만약 우리가 호르몬과 효소 그리고 신경화학물질의 분출에 의해서 이리저리 휘둘린다면, 자기조절이란 단지 환상에 불과하지는 않을까?

자기조절이란, 우리의 어린 시기 성장에서, 어른스럽게 행동하기 위해서, 그리고 유혹과 위협에 직면하여 평상심을 유지하기 위해서, 북돋워지는 무엇이다. 신경학적 용어로 조절이 무엇인가? 뇌는, 강한 자기조절과 달리, 약한 자기조절을 어떻게 하는가? 그리고 만약 자기조절이 실제가 아니라면, "자유의지가 환상이다"라는 문구가 제시하듯이,33) 합리적 선택을 하라는, 즉 책임감, 용기, 예절, 정직함 등을 가지도록 노력하라는 핵심 이유는 무엇일까?

7 장

자유의지, 습관, 그리고 자기조절

자기조절을 위한 뇌의 장치

버치 란시드(Butch Rancied)는 아주 사나운 경비견이다. 그놈은, 우리 마을 남쪽에 넓은 과수원을 소유한 친절한 이웃인 맥팔렌 부부가 키우는 테리어 종이다. 그 개가 물지는 않을 것이라고 사람들이 재차 안심시켜주었지만, 조디 맥팔렌(Jordie MacFarlane) 씨가 우리 집에 잠시 들렀을 때, 버치가 자기보다 덩치가 세 배나 큰 우리 개, 독일산 셰퍼드 퍼거슨(Ferguson)에게 싸우려고 덤벼들었던 기억을 나는 지울 수 없었다. 그 싸움은 일대 사건이었다. 호스를 끌어다 물을 뿌리고 한바탕 난리를 쳤다. 그 사건 이후로 나는 버치를 매우 조심하게 되었다.

계란 두 줄을 맥팔렌 부인에게 주고 오라는 심부름을 받고서, 나는 언니에게 지도를 받았다. "아무리 무섭더라도 절대로 버치를 보고 놀라서 뛰지 말고, 현관에서 그놈이 큰 소리로 짖으며 이빨을 드러내더라도, 앞만 보고 천천히 걷고, 못 본 척해. 그리고 평안한 마음으로 네가 진짜 좋아하는 다른 일만 생각해야 된다. 네가 무서워한다는 걸 보여주면 안 돼. 그리고 **계란 떨어뜨리지 마라.**" 나는 우리 집 정원에서 몇 번씩이나 연습해보았다. 그것도 마음속으로 뛰지 않아야 한다고 되새기면서. 그리고 그 집을 향해서 터덜터덜 걸어갔다. 버치는 그 어느 때보다도 격렬히 짖어댔고, 나는 [캐나다 남부에 있는] 오소유스 호수(Osoyoos Lakes)에서 수영하던 것을 생각했으며, 다섯 살이었던 나는 그 미운 버치에게 허세를 부렸다.

버치는 극복되었고, 나는 다른 무서운 경비견들을 통과해서 더 많은 계란을 전달할 수 있었으며, 마침내 나는 패트릭 오도넬(Patrick O'Donnell) 같은 더 나쁜 상대와도 맞서는 자신을 보게 되었다. 그놈은 학교 버스 안에서 자기보다 어린 남자아이들을 괴롭히는 것을 즐겼다. 나는 마음먹었다. 두려움을 보이지 말고, 그놈 대가리를 점심 도시락으로 한 방 세게 갈기자. 그 방법이 통했다. 그놈은 다시는 그런 행동을 하지 않았다. 우리 버스 운전수 매코믹(McCormick) 부인은, 감사하게도, 못 본 척하고 못 들은 척해줬다. 다른 경우로, 버치가 나를 몹시 성가시게 하였듯이, 일부 젊은 남자 교수들은 신임 여자 교수들을 성가시게 굴며 즐거워하기도 한다. 두려워하지 마라. **조용히 째려보면서 계속 지켜보라. 그 개자식보다 더 오래 그렇게 지켜보라.**

버치를 꺾음으로써, 나는 자기조절을 학습할 수 있었다. 나는 잡다한 위협들에 직면해서 필요한 그 기술을 더욱 발전시킬 수 있었다. 인간이든 다른 어떤 종이든, 젊은 세대들은 언제나 그렇게 배워나간다. 자신을 제어할 줄 알게 된다는 것은, 다만 두려움에 대해서만이 아니라, 다양한 유혹들, 즉 충동, 정서, 유혹적 선택 사항 등등과 관련해서도 중요하다. 당신은 상상력을 발휘하는 학습을 통해서, 매우 어려워 보이는 것을 성취하는 것을 마음속으로 생각할 수도 있다. 하여튼 당신이 조절을 잘 이루어내면, 만족감을 얻게 된다. 조절을 해내지 못하여 그 대가를 치르는 경우에, 당신은 후회스러움을 느끼게 된다. [그렇게 하여 자기조절이] 습관으로 형성되면, 그것으로 인해서 당신은 언제나 조절하려 애쓸 필요가 없어진다. 당신의 뇌 조절 시스템은 이전보다 더욱 강력해진 셈이다.

　어린 시절 생활의 상당 부분은, 자기조절을 학습하고, (대가가 따르는) 충동을 억누르는 습관과, 하고 싶지 않은 일도 해야 하는 습관을 갖도록 학습하는 일로 채워진다. 우리는 그러한 (생존을 위한) 습관을, 부모와 여러 멘토들로부터 배움으로써 형성하게 된다. 예를 들어, "해야 할 일부터 마친 후에 놀아라", "손님 것부터 챙기고 나서 네 것은 나중에 챙겨라" 등등을 배운다. 이 중에 후자의 지침을 따르는 삶은 자기조절을 실천하는 것이며, 우리의 의사결정에 영향을 미쳐서 우리로 하여금 융통성 있게 판단하도록 해준다. 우리가 성장하면서, 용기, 인내, 끈기, 회의, 관용, 검소, 근면 등등을 가지는 것이 좋다고 권고되는, 모든 미덕은 자기조절에서 나온다. 그리고 그러한 미덕들은 전적으로 실제적이며, 지구가 평평해 보인다는 것이 환영인 것과 같은 방식으로 허황된 것은 아니다. [즉, 그러한 지침들에 따라서 자기조절을 잘해낸다면, 분명히 생활에서 실질적 이득을 얻는다.]

　그러나 자기조절이 실제로 무엇일까? 플라톤은 자기조절에 관해서 은유적으로 이렇게 말했다. 이성은 전차를 탄 전사와 같으며, 반면에 고집 센 말은 정서나 식욕과 같다. 당신은 전차에 타고 있다. [그 말이 올바른 길로 달리도록 이성적으로 조절해야 한다.] 그러나 [이런 생각이 옳은가?] 아니다. 나는 이성, 정서, 식욕, 의사결정 등으로 **혼합된 존재**이다. 뇌의 전망에서 볼 때, 무엇이 전차를 탄 전사와 같은가? 플라톤은 **그런 생각**을 어떻게 하여 내놓은 것인가? 어쩌면 신경과학이 우리에게 더욱 통찰력 있는 시선을 줄 수 있을지도 모른다.

어떻게 그렇다는 것인지를 이해하려면, 포유류 이야기로 돌아가볼 필요가 있다. 포유류는 독특하게 신피질(neocortex)을 가지고 있으며, 그것은 피질하 구조물을 덮고 있는 (여섯 층으로 구성된) 일종의 덮개 모습이다(그림 4.1). 출생에서부터 포유류가 가장 큰 비용을 들이는 부분은, 예를 들어, 모방, 시도와 오류, 그리고 특정한 사건과 장소를 회상해낼 능력 등과 같은, 새로운 학습으로 얻게 되는 큰 유리함을 위한 것이다. 모든 종류의 학습 능력이 포유류 진화에서 상당히 확장되었다. 출생에서부터 도움 받지 못할 문제 또한 자기조절 능력을 증가시켜서 해결할 수 있다. 자기조절과 똑똑한 능력은, 신피질을 얻음에 따라서, 그리고 그 신피질이 고대 피질하 구조물과 함께 어울릴 수 있게 됨으로써, 획득되었다.[1]

포유류의 지능과 자기조절 능력이 엄청나게 증가될 수 있었던 것은 바로 신피질을 가지게 되었기 때문이다. 비록 그것이 신경 메커니즘에 의해서 정확히 어떻게 작동되는지는 아직 알려지지 않았지만, 그럼에도 불구하고, 그렇다. 영장류의 경우에, 전전두피질(prefrontal cortex)이 상당히 확장됨으로써, 분명 그놈들은 다른 놈들의 행동을 (그 행동의 목표와 정서 측면에서) 예측할 능력을 강화할 수 있었을 것이다. 인간의 경우에, 우리 주변에서 벌어지는 일들을 이해할 능력을 가지려면, 우리는 그것을 다양한 심적 상태들을 복잡하게 섞어 통합할 수 있어야만 한다. 예를 들어, "그가 화났어", "그녀는 자신을 낮게 평가한다", "그는 충분히 잠을 자지 못하면 예민해진다", "조지 삼촌은 망상증이 있어, 자기가 예수라고 생각해" 등등.

예를 들어, 두려움과 희망 그리고 소망 같은, 여러 심적 상태들(mental states)로부터 우리 자신과 다른 이들의 행동이 나온다고 이해함으로써, 우리는 자신들의 사회적 세계를 조직화할 수 있게 된다. 그리고 그 사회적 세계의 조직화를 통해서, 우리는 타인들이 무슨 행동을 할지, 그리고 특별히 그 행동에 대해서 우리가 어떻게 반응해야 할지와 관련하여, 더 좋은 예측을 할 수 있다. 그리고 그것은, 우리의 자기조절 신경회로에, 우리가 사회적 세계에서 잘 살아나가기 위해 무엇을 해야 하며 하지 말아야 하는지, 정보를 알려준다.2)

뇌가 진화하는 가운데, 우리의 지성과 조절 능력은 나란히 발달하여 더욱 강력해졌다. 이것은 다음과 같이 이해된다. 만약 내가 너에게서 무엇을 훔친다면 네가 나를 때릴 것이라고, 내가 정확히 예측할 수 없다면, 그래서 내가 그 예측에 따라서 정확히 행동할 수 없다면, 즉 갈취하려는 나의 충동을 내가 조절할 수 없다면, 그런 지식은 쓸모없다. 어느 정도, 어린이들은, 지도가 이루어지고 애정 어린 손길이 간다면, 그러한 종류의 충동 조절 능력을 전형적으로 잘 습득할 수 있다.

분명히 당신은 (위기 혐오하기 혹은 유머 감각 혹은 과거 사건을 회상하기 등과 같은) 모든 다른 심적 능력들을 단지 떠올려보기만 하더라도, 사람마다 자기조절 능력이 다양하다고 기대할 것이다. 당신이 이미 알고 있듯이, 일부 어른들은 검소한 생활을 상대적으로 쉽게 할 수 있지만, 다른 사람들은 교활한 광고에 번번이 유혹되어, 실제로 필요하지도 않은 쓸모없는 것들을 사들이곤 한다. 또한 어떤 어른들은 약간의 농담에도 언제나 즐거워하지만, 다른 사람들은 언제나 무뚝뚝하다. 심지어 어떤 우스운 장면이 충분히 웃음을 자아낼 만하다고 당신이 생각할 경우일지라도, 그런 사람들은 거의 무반응이다.

사람들마다 자기조절 능력에 차이가 난다는 것을 알아보는 실험으로, 유치원에 다니는 아이들에게 이렇게 물어볼 수 있다. "너는 지금 마시멜로 한 개를 먹겠니, 아니면 조금 있다가 마시멜로 세 개를 먹겠니?"3) 일부 아이들은 더 큰 보상을 위해 기다릴 수 있지만, 어떤 아이들은 더 적더라도 당장 받고 싶어 한다. 놀랍게도, 그 아이들이 욕구 충족을 뒤로 늦출지 아닐지는, (자기조절 노력이 과연 나중에 자신들을 잘 살게 해줄지) 그들의 예측 능력에 달려 있다.[4]

더 큰 보상을 위해 기다릴 줄 아는 어린이들은, 평균적으로 더 대학에 많이 진학하고, 덜 뚱뚱해지고, 덜 마약에 중독되며, 그들은 더 좋은 직업을 가지고, 이혼율이 낮으며, 일반적으로 더 건강하다. 그렇다고 하더라도, 욕구 충족을 뒤로 늦추기 어려운 아이들을 포함하여, 어린이들의 경우에 자기조절 능력이 증진될 수 있다. 그 방법으로, 두 선택지들 중에 어느 것이 더 좋은 결과가 될지를 상상해보도록, 혹은 다른 아이를 때리고 싶은 충동을 억누르는 것을 상상해보도록 하여 가르칠 수 있다. 또한, 어린이들이 역할 놀이에 참여함으로써, 즉 "네가 경찰관이 되고 내가 도둑이 될게" 혹은 "내가 선생님이라고 하고 네가 학생이라고 해보자"는 식으로, 역할을 바꿔 놀이하기를 통해서, 자기조절과 주의집중 능력이 증진될 수도 있다.[5]

자기조절이 이러한 간단한 방법으로도 강화될 수 있다는 이야기에서 중요하게 짚고 넘어가야 교훈, 즉 유전자의 역할이 아무리 크더라도, 그것이 전부는 아니라는 이야기를 명심할 필요가 있다. 우리는 고도로 적응할 능력을 지녔기 때문이다. 그리고 그것은 우리의 커다란 전전두피질이 훈육될 수 있기 때문이다.

자기조절 능력에서 개별적으로 차이가 있다는 것은 많은 동물들의 경우에도 보여준다. 예를 들어, 어떤 개들은 다른 개들에 비해서, 특정 과제에 집중하며, 주의를 분산시키지 않도록, 더 쉽게 훈련될 수 있다. 골든 리트리버 종 강아지는, 기질적으로 핸디캡을 지닌 개들을 훈련시키기 위해서 선택되며, 자기 충동 조절에서 매우 쉽게 훈련될 수 있다. 우리 집 리트리버 종, 맥스(Max)는 접근하는 다른 개를 무시하며 정면만 응시하도록 쉽게 훈련될 수 있었다. 그놈과 같은 배에서 태어난 퍼거스(Fergus)는 전혀 그런 것을 학습하지 못한다. 그놈은 몇 초는 충동을 억제할 수 있겠지만, 이내 내려놓으며, 다가오는 개에게 즐거워 펄쩍펄쩍 뛰어 달려든다.

쥐들 또한 자기조절 능력에서 각각 차이를 보여준다. 그것을 보여주는 실험이 케임브리지 대학의 트레버 로빈스(Trevor Robbins)의 실험실에서 있었다. 그 실험에서 먹이 공급 장치는 이렇게 설치되었다. 쥐가 주둥이로 장치의 버튼을 누르면, 그 장치가 작동된다. 즉, 쥐가 버튼을 누르면, 홈통으로 먹이 한 알이 즉시 굴러 떨어진다. 이것은 그 쥐를 즐겁게 해주므로, 그놈은 같은 행동을 반복하게 된다. 그 먹이 공급 장치에 익숙해진 후에, 두 번째 먹이 공급 장치가 추가로 설치된다.6) 두 번째 공급 장치는 주둥이로 버튼을 한 번 누르면 네 알의 먹이가 떨어지도록 설치되었다. 멍청이가 아니므로, 쥐들은 이내 높은 대가가 주어지는 장치를 작동하도록 학습된다. 그놈들은 한 번 시도에서 단 한 번만 단추를 누를 수 있으며, 다음 시도가 주어질 때까지 누르지 못하도록 격려된다. 그러므로 만약 어느 쥐가 둘 중에 어느 한 장치를 코로 눌렀다면, 그 시도에서 그놈이 얻을 수 있는 보상은 그것이 전부이다.

자기조절을 더 잘하는 쥐는 다음과 같이 구분될 수 있다. 높은 대가를 주는 장치에서, 시간적 지체는 버튼 누르기와 먹이 제공 사이의 간격에 따라서 이렇게 정해진다. 첫째 10초, 둘째 20초, 그리고 마지막으로 60초이다. [그리고 오래 기다리고 난 후에 버튼을 누를수록 한 번에 더 많은 먹이가 떨어진다.] 일부 쥐들은 60초를 기다려서 네 알을 얻을 수 있지만, 다른 놈들은 기다리지 못하여 먹이 한 알만 제공되는 장치로 달려갔다. 이 실험은 특정 종류의 자기조절, 즉 욕구 충족을 미루는 행동을 명확한 측정치로 보여주었다. 욕구 충족을 미루지 못한 쥐가 자신의 바보 같은 충동적 행위에 후회 느낌을 가질까? 그것은 말하기 어렵다. 쥐들의 후회를 측정할 방법이 없기 때문이다.

다른 종류의 실험에서, 쥐에게 활동하도록 신호를 주고 나서, 그 과제를 마치기 전에 멈추라는 신호를 주어, 그 반응 시간을 측정해보았다. 특정 소리 신호가 활동을 멈추라는 신호로 제시되며, 쥐가 동작하는 도중에 멈추라는 소리 신호가 제시되는 시점이 언제인가에 따라서, 실험 결과는 달라질 수 있다. 이 모든 실험이 약간 생태적으로 타당하지 않아 보이긴 하지만, 쥐가 계획된 활동을 멈추는 능력은 변화하는 환경에 따라서 유연하게 달라진다고 믿어진다. (마치, 당신이 막 돌을 던지려는 순간 돌이 날아갈 방향을 가로질러 곰 한 마리가 지나간다거나, 혹은 당신이 야구공을 더 잘 던지려고 폼을 잡을 때, 1루 주자가 2루로 막 뛰어나가려 한다면, 당신 행동이 방해받게 되는 경우와 같다.)

일부 쥐들은 신호에 따라서 급히 행동을 멈출 수 있다. 비록 그놈들이, 먹이 주는 장치 버튼을 향해서 주둥이를 내밀기 시작하여, 지금까지 행동하는 중이라도, 급히 행동을 멈출 수 있다. 그렇지만 다른 쥐들은 소리 신호가 그 일을 시작하기 전에 나오더라도, 동작을 멈추지 못한다. 이러한 실험은 멈춤-신호 반응 시간 실험(stop-signal reaction time experiments)이라고 불리며, 인간에게도 쉽게 적용될 수 있다. 가정되는바, 욕구 충족을 쉽게 미룰 수 있는 일부 쥐들은 그 멈춤-신호 반응 시간 실험에서 또한 승리자가 될 수 있지만, 그것이 이 실험에서 밝혀지는 내용의 전부는 아니다. 추가적인 실험으로, 쥐에게서 세로토닌을 결핍되게 해보면 기다리는 능력이 감소되지만, 멈춤-신호 반응 시간 실험에서는 그놈들의 반응 시간에 어떤 영향도 미치지는 않았다. 그 실험 결과가 알려주는바, 욕구 충족 미루기와 반응 억제라는, 두 명시적 자기조절은 적어도 어느 정도 분리되어 있다. 이것은 흥미로운 이야기인데, 그것은 자기조절이 단지 하나의 능력이 아니라, 아마도 넓게 분산되어 있는 신경기제가 담당하는 여러 능력들의 조합에서 나온 것임을 의미하기 때문이다. 주의가 산만한 가운데, 또한 자기조절 능력 측정 실험에서, 한 목표를 계속 유지한다는 것은 조절의 목록에서 중요한 요소이다.

만약 당신이 야생에서 조절 능력을 보고 싶다면, 먹이를 뒤쫓는 포식자들을 관찰해보라. 여우가 꿩을 발견하면, 덮쳐서 성공할 좋은 기회가 될 정도로 가까이 다가갈 때까지, 느리고, 은밀하게 살금살금 기어간다. 그 새끼들은 그것을 보고 배운다. 새끼가 처음 혼자서 그 행동을 시도할 때, 그놈들은 너무 성급하게 뛰어들기 쉽다. 먹이를 잡는 데 실패한 실망감을 느낀 후에야, 그놈들은 때를 기다리도록 학습할 수 있다. 그 새끼들은 **당장에** 뛰어들고 싶은 자기충동을 조절하도록 학습해낸다.

혹은 회색곰(grizzly)이 순록 한 마리를 몰고 산에서 내려오는 경우를 관찰해보라.[7] 그 곰의 두 새끼가 측면에서 관찰하는 중에, 그 암컷 회색곰은 약간 다리를 저는 순록 한 마리를 바위투성이 샛강으로 몰아가면서, 언제나 순간적이고 위험한 반격을 예측하는 가운데 신중하게 그 순록을 자신에게도 부담스러운 깊은 강물 쪽으로 몰아간다. 마침내 깊은 물에 이르러, 그 회색곰은 순록에게 돌진하여 두려운 뿔을 피해서 순록의 등 위로 올라타고선, 거대한 자신의 몸무게를 실어 머리를 비틀어버리면, 순록은 더 이상 서 있지 못한다. 순록은 깊은 물 속으로 조금 더 들어간다. 그러자 회색곰은 순록의 등 위로 올라타고, 순록은 천천히 물속으로 들어가며 즉시, 자신의 가장 강력한 무기인 뒷발을 필사적으로 공중에 헛방으로 날린다.

이것은 지적 능력과 자기조절 능력을 드러내는 극적인 이야기이다. 회색곰은 우선적으로 어느 정도 신체적 장애가 있는 동물을 목표로 삼아야 한다. 그런 다음에, 그 곰은 변화하는 환경에 따라서 자신의 활동을 바꿔야만 하며, 자기 새끼가 어디에 있는지 항상 유념해야 하고, 그 새끼들이 너무 가까이서 움직인다면 으르렁거려 거리를 두게 만들어야만 한다. 그 곰은 순록을 평지로 끌어내릴 기회를 거의 갖지 못한다. [기회가 주어지더라도] 혼자서 문제를 해결해야만 한다. 그 곰은 조직적으로, 순록으로 하여금 물속으로 들어가 자신에게 부담을 주도록 유인하며 순록을 때려잡을 적당한 시기와 물 깊이에 이르기까지 기다린다. 이것이 바로 회색곰의 충동 자기조절이다.

인간 사냥꾼 역시 유사한 전략과 지식 그리고 적당한 때를 기다리는 모습을 보여준다. 학생들과 함께 북극으로 생태 여행을 떠났을 때 이런 경험을 하였다. 이누이트 부족민 안내원은 인근에 사향소(musk ox) 무리가 있는지를 냄새를 맡고 알아낸다. 이러한 동물들은 조심성이 많아서, 우리가 어떻게 접근하는지 방법을 알지 못하면, 강 근처에서 멀리 있는 툰드라 지역으로 사라져버린다. 순풍을 타고, 우리는 바닥에 배를 대고, 조용하게, 조금씩 다가서야 하며, 그러면 놀라운 긴 털과 거대한 뿔을 가진 굉장한 생명체를 만날 수 있다.

협동하여 사냥하려면 자기조절과, 자신의 일이 (동료들이 해야 할 일과 상관하여) 무엇인지를 알아야만 한다. 팀워크로 일한 경험은 물론, 사회적 지성도 성공을 위해 필요한 요소이다. 늑대들은 팀으로 사냥하기와 (매 순간마다) 기회 포착하기에서 능숙하다.[8] 인간들 역시 그러하다. 인간들은 팀워크에서 언어와 다른 신호를 이용하여 역할 분담을 정교하게 조율할 수 있는 유리함을 가지며, 늑대 같은 다른 동물들은 짖는 소리나 캥캥거리는 등의 비언어적 신호를 이용한다.

공격성 조절은 상당한 유리함이다. 동물은 싸움에서 언제 물러나야 할지, 그리고 싸우는 것이 언제 상당한 집단적 보복을 불러들이는지, 언제 포식자로부터 도망하는 것이 싸우는 것보다 더 나을지 등등을 알아야 한다. 생존을 위해 필요한 모든 것들처럼, 공격에 앞서 그 상황을 판단할 수 있어야 한다. 그런 식으로 그 조절 시스템은 또한 판

난을 지원하는 시스템이라 할 수 있다. 그것은, 장단기 모든 경우에 발생될지 모를 손실을 대비하고, 위험과 이득 사이의 균형을 조절하고 무게를 가늠해보는 시스템이다.

공황상태(panic)는 위기 상황에 대한 옳은 반응이 아니다. 냉정한 생각이 문제를 더 잘 해결하게 해준다. 집에서 기르는 자기 개의 목구멍에서 뼈 조각을 빼내주어야 할 경우에, 자신의 아이의 팔에서 호저 가시를 빼주어야 할 경우에, 역겨워하거나 회피하는 것은 옳은 반응이 아니다. 그 일을 해줄 다른 사람이 근처에 있다고 하더라도, 당신이 그 일을 자처해야 하며, 이따금은 누구도 나서지 않을 수도 있다. 당신은 그 일을 해야만 하며, 그 일을 역겨워하지 말고 적절히 잘 처리할 수 있어야만 한다.

무자비하고 미친 대장에 대한 충성이 변절보다 더 나쁜 공포를 가져다줄 수도 있다. 자만은, 기회가 낭비되며 곧 추락될 것을 의미할 수도 있다. 어떤 규칙도 없이, 오직 경험과 경험에 대한 반성만이 중요한 상황에서, 우리는 절절히 균형 잡기(balance, 가늠해보기)를 잘하는 것이 중요하다. 균형 잡기(가늠해보기), 사리분별력, 상식적으로 생각하기 등은, 우리의 전전두 구조물(prefrontal structures)이 기저핵(basal ganglia)과 협동하여 잘 수행하는 일이다.

다른 이들을 도우려는 경우에, 자기조절을 잘 못하면 적지 않은 손해를 볼 수 있다. 이따금 다른 이들의 불쌍한 모습을 보고 지나치게 동정심을 가질 경우에, 당신은 과도하게 반응하게 되며, 자신이 감당하지 못할 기대를 상대방이 갖게 만들 수도 있다. 이따금 곤궁한 사람들은, 다른 사람의 동정심을 유발하도록 조정하며, 기꺼이 도움을 주려는 사람들의 친절한 마음씨에서 이득을 갈취하려 접근할 수도 있다.9) 이따금 그러한 곤궁함은 속임수일 수 있으며, 면밀히 살펴보지 않는 사람들을 이용하려는 연출일 수 있다. 다시금 균형 잡기와 사리

분별력이 요청된다.

우리가 잘 알고 있듯이, 포유류의 뇌는 진화 과정에서 지성과 자기 조절 능력을 확장하여 새로운 차원의 복잡성에 도달하였다. 포식자들은 더 똑똑해졌지만, 피식자들 역시 더 똑똑해졌다. 그러자, 포식자들은 다시금 더 똑똑해졌다.

신경과학자들은, 다양한 측면에서 요구되는 정상적인 자기조절을 위해서 뇌의 어떤 구조물들이 중요한지를, 일반적으로 이해한다. 비록 이러한 일반적 지식이 꽤 최근에 밝혀졌다고 하지만, 그 선수들[즉, 뇌의 구조물들]이 자신의 역할을 어떻게 수행하는지 정확히 알려진 것은 거의 없다. 그러한 지식이 마침내 드러나기는 하겠지만, 그 설명을 하려면, 지휘자 없이, 대장의 명령자가 없이도, 수백만 신경세포들이 연합적으로 어떻게 그렇게 할 수 있는지, 엄청난 이야기가 있어야 한다. 이러한 경각심을 가지고, 우리는 이렇게 말할 수 있다. 자기조절은 전전두피질(prefrontal cortex)의 여러 하부 영역 뉴런들과, 주로 기저핵(basal ganglia)과 측중격핵(nucleus accumbens) 등의, 피질하 구조물 사이의 연결 패턴에 의존한다(그림 7.1). 자기조절 목록표의 서로 다른 여러 기능들은 아마도 전전두피질의 여러 피질 영역들이 담당하지만, 그 기능들은 또한 자신들의 특별한 수행을 위해 다른 여러 그물망들(networks)을 형성한다.[10] 단일 자아-담지 모듈, 즉 "의지"를 기대하는 사람들은 아마도 그런 기대가 시들고 있다는 것을 알고서 실망하게 될 것이다. 여러 영역들 사이에 (아주 폭넓게 분산되어 있으며, 특별히 중첩되어 있는) 그물망이 자기조절을 통제한다.

그렇다는 것이, 동물 연구, 건강한 사람들에 대한 연구, 정신과질병 연구, 뇌손상을 입은 신경병 환자 등에 대한 수많은 실험 결과들로부터 나온다. 예를 들어, 강박-충동적 피검자들은 멈춤-신호 과제를 잘 수행하지 못하는 것으로 드러났으며, 뇌 영상을 통해서, 반응 억제

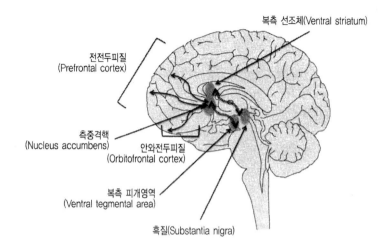

복측 선조체(Ventral striatum)

전전두피질
(Prefrontal cortex)

측중격핵
(Nucleus accumbens)

안와전두피질
(Orbitofrontal cortex)

복측 피개영역
(Ventral tegmental area)

흑질(Substantia nigra)

[7.1] 보상 시스템(reward systems)의 주요 요소를 아주 단순하게 그린 그림(내부 모습). 여러 피질하 구조물들(subcortical structures)과 전전두피질(prefrontal cortex) 사이의 신경 연결(projections)에 특히 주목하라. 편도핵(amygdala)은 보여주지 않았지만, 이것은 두려운 것이 무엇일지 학습을 포함하여, 정서 반응에 중요한 역할을 담당한다. 그리고 해마는 특정 사건에 대한 학습을 위해 필수적이다. 작업기억(working memory) 역시 보상 시스템 학습에 관여하며, 그 학습에 전전두 영역의 대뇌피질이 관여된다. Mortifolio template(자유다운로드 사이트)에서 인용.

(response inhibition)에 대단히 중요하다고 알려진 피질 영역이 실험 중에, 정상 대조군 피검자들에 비해서, 활동성이 훨씬 줄어든 것을 보여주었다. 이렇게 낮은 활동성 수준은 그들의 독특한 행동 수행과 매우 긴밀히 관련된다. 강박적으로 자신의 머리를 잡아당기는, 발모광증 (trichotillomania) 환자는, 강박성 충동(obsessive-compulsive) 피검자 보다 반응 억제에서 더 손상되었다. 반면에 강박성 충동 피검자는 인

지적 유연성이 떨어지는 것을 보여주었으며, 규칙이 시간적으로 변화하는 게임을 하는 동안에 전략이 변화함에 따라 달라지는 것이 측정되었다. 다시 말해서, 강박성 충동 피검자는, 발모광증 피검자에 비해서, 새로운 규칙에 따라서 새로운 전략을 바꾸는 속도가 훨씬 느렸다. 또 다른 예로, 메스암페타민(methamphetamine, 필로폰) 중독자들은 설정된 실험에서 반응 억제 능력이 감소하는 것을 보여주었으며, 하부(inferior) 전전두피질의 회색질(gray matter)의 조밀도가 감소한 것을 보여주었다.11)

피질하 구조물들은 보상 시스템의 다양한 요소들을 포함한다(그림 7.1). 기쁨과 고통은 도파민 방출과 관련되며, 도파민 방출은 어떤 행동을 반복하고 어떤 것을 회피할 것인지를 학습하는 데에 중요하다. 관련 피질하 구조물들은 또한 기저핵의 여러 영역들을 포함하며, 기저핵은 행동을 조직화하고 기술을 습득하는 데에 중요하며, 이것은 다시 보상 시스템과 도파민 방출에 의존한다.12) 이러한 여러 영역들 사이의 상호 신경 연결은 복잡하여 탐구에 어려움이 있으며, 따라서 그다지 많은 것들이 밝혀지지 않았다.

그렇지만 다음은 밝혀졌다. 자기조절 또한 다양한 신경화학물질들에 의존하며, 이것은 다시 뉴런들 — 세로토닌, 노르아드레날린, 도파민 같은 신경화학물질뉴런 — 사이의 상호작용을 조정한다. 예를 들어, 세로토닌 수준이 매우 높아지면 위험을 감수할 의지가 증가되며, 심지어 무모한 행위도 유발시킬 수 있다. 도파민 수용기를 차단시키면 오류를 통한 학습에 장애가 발생된다. 예를 들어, 도파민 시스템을 코카인(cocaine)으로 간섭하면, 자신이 취하지 않은 선택지가 어쩌면 더 좋을 수 있다는 것을 학습하지 못한다.13)

자유의지

우리들 중에 누가 자유의지(free will)를 가지는가? 때때로 우리는 자유의지는 환상이라는 주장을 듣기도 한다. 이런 주장은 상당히 혼란을 초래하며, 적어도 그렇게 말하는 것은 지나치다. 그런 주장은 다음 생각을 떠올리게 한다. 내가 어떤 정치 정당에 기부를 하기로 결정할 경우에 나는 그렇게 하지 않을 수 없었던 것이다. 그렇지만 이러한 생각은 너무 나아간 생각이다. 나는 꼭두각시가 아니다. 나는 그렇게 하지 않을 수도 있었기 때문이다. 그렇다면 위의 주장은 무엇을 의미하는가? 그 주장은 당신이 조절 상태에 결코 있지 않았다는 것을 의미하는가? 이것은 더 멀리 나간 생각이다. 만약 회색곰이 자기조절을 할 수 있다면, 당신은 왜 그럴 수 없겠는가?

우선적으로, 사람들은 자유의지란 말을 서로 다른 어떤 뜻으로 사용하는지, 혹은 대화에서 그 말이 어떤 혼란을 주는지를 알아볼 필요가 있다. 예를 들어, 만약 당신과 나는 '스페어타이어(spare tires)'에 관해서 이야기하면서, 당신은 차에 펑크가 날 경우에 대비하여 준비하는 자동차의 예비 타이어를 의미할 수 있으며, 나는 "술 창고(beer belly)" 혹은 "허리 군살"이라 불리는 복부 비만을 의미할 수 있다. 이 둘은 전혀 같지 않다. 우리가 일반적으로 자유의지로 일상적 맥락에서 무엇을 의미하는지 쟁점을 잠시 접어두고, 사람들이 증거를 모으고, 숙고하며, 다른 이로부터 충고를 구한 후에, 의사결정을 내리게 될 경우에 실제로 어떤 일이 발생하는지 문제를 다뤄보자. 실제로 무슨 일이 발생하는지에 관한 새로운 발견은 아마도 우리로 하여금 자신들의 의미를 다소, 혹은 아주 많이, 혹은 그 발견에 따라서 그리 많지는 않은 정도로, 변경하게 만든다. 지금의 주제에서 잠시 벗어난 예를 가지고 이야기해보자. 19세기 사람들은 아톰(atom, 원자)은 나눠지지 않은 물질의 단위라고 믿었다. 그런데 실제로 아톰이 양자, 중성자, 전자 등등의 구조를 갖는다는 사실이 발견되자, 그 단어 **아톰**(atom, 나눌 수 없는 것)이라는 그 말의 의미는 그러한 발견에 따라서 점차 변화되었다. 그래서 사람들이 "아, 그러니까 아톰은 환상이었네"라고 말하면서, 새로운 의미로, 그냥 작은 것(dinkytoms)이란 의미를 분명 선호할 것이므로, 그 옛 용어를 포기하였는가? 알고 있듯이, 사람들은 그렇게 하지 않았다.

자유의지란 말로 의미하는 (완전히 다른) 두 가지 뜻이 있다. 첫째, 당신은 [자유의지란 말로 전혀 인과적이지 않다는 것을] 의미할 수 있다. 예를 들어, 만약 당신이 자유의지를 갖는다면, 당신의 선택은 그 무엇에 의해서도, 즉 자신의 목표, 정서, 동기, 지식, 혹은 그 어떤 것에 의해서도, 전혀 **인과되지 않는다**(not caused). 이러한 생각에 따라서 어떻게 해서든 당신의 의지는 (그것이 무엇이든) 이성에 의해서 어떤 결정을 창조적으로 내린다. 이것이 자유의지에 대한 **반인과적**(contracausal) 설명으로 알려져 있다. 그 이름, **반인과적**은, 실제로 자유의지는 어느 것에 의해서도, 혹은 적어도 뇌의 활동과 같은 어느 물리적인 것에 의해서도, 인과되지 않는다는, 철학적 이론을 반영한다. 이런 입장에 따르면, 의사결정은, 인과적 선행(antecedents)에서 벗어나서[즉, 물리적 뇌 작용과 상관없이] 창조적으로 만들어진다. 독일의 철학자 임마누엘 칸트(Immanuel Kant, 1724-1804)는 대략적으로 그러한 견해를 유지했으며, 칸트를 따르는 일부 현대철학자들 또한 그러했다.

내 경험에 따르면, 이러한 견해는 주로 대학의 철학자들에 의해 신봉되는 입장이며, 치과의사와 목수 그리고 농부들에 의해 지지되는 입장은 아니다.14) 내가 개를 데리고 해변에 산책 나가서 동네 주민들을 만나 **자유의지**라는 말이 무엇을 의미하는지를 물어보았더니, 누구노 반인과석 의미로 이해하고 있지 않았다. 그렇게 이해하는 사람을 단 한명도 만나본 적이 없다. 심지어 그런 견해가 체계적인 것 같아 보인다고 내가 설명해주면, 오히려 그들은 그러한 생각이 어떻게 납득될 수 있을지 반문하였다. 그들은, 형법이 반인과적 의미에서 자유의지를 요구하지 않는다는 것에 근거하여, 그 견해를 확신하는 것에 반대했다. 조금도 주저함이 없이, 법률가 역시 내게 마찬가지로 그렇게 말하였다. 나는 이러한 내 주장이 과학적으로 타당한 조사 연구에 근거한다고 주장하려는 것은 아니며, 내가 경험한 일상적인 사람들은 자유의지를 "반인과적 선택"이란 철학적 의미와는 다르게 이해한다는 것을 지적하려는 것이다.

지금도, 비물리적 영혼이란 관념을 좋아하는, 철학자들은, 영혼이 이성에 따라 작용하며, 그러므로 영혼은 인과적인 방식으로 무엇을 결정하지 않는다는 상상을 떠올리곤 한다. 이런 관점에서, 합리성 (rationality)은 인과 없는 지역에서만 작동하며, 이성은 인과적일 수 없다.

이 이론이 갖는 한 가지 문제는 이렇다. 그 이론은 우리에게 이성을 가져야 하며, 이성이 거의 마술 수준에서 작동하게 하라고 권고한다. 그러한 권고는 우리에게 그다지 도움이 되지 않는다. [왜냐하면, 그렇게 권고하는 입장 내에서] 이성은 지각이고, 정서이고, 기억이며, 문제의 해답이며, 어떤 행동의 미래 결과에 대한 평가이며, 어떤 증거의 가치에 대한 판단이며 등등으로 주장되기 때문이다. 이러한 것들 중에 어느 것이라도 이성이 될 수 있으며, 모든 그러한 것들은, 거의 확실히 말해서, 물리적 뇌에서 나오는 여러 기능들을 포함한다.

그와 관련된 두 번째 문제는 그 가정 자체에 있다. 비물리적 영혼에 대한 그 가정, 즉 모호한 가정은, 지금껏 살펴본 바와 같이, 스스로에게서 유일한 (허약한) 증거를 구한다. [역자: 그 이론은 자신의 입장을 증명하려 노력하기보다 자신의 이론적 가정을 그냥 전제한다. 이런 식이다. 영혼은 (물리적으로) 인과적이지 않다. 왜냐하면 그것이 비물리적이기 때문이다. 이렇게 그 이론은 증명해야 할 것을 전제한다는 점에서 순환논증의 오류를 범한다.] 그리고 그 이론이 갖는 세 번째 문제는 이렇다. 내가 나쁜 의사결정을 내릴 때, 예를 들어 계란을 가져다주기 위해 심부름을 갔다가 [나를 보고 격렬히 짖어대는] 버치에게서 충동적으로 달아나는 행동을 할 경우에, 내 영혼은 공포에 의해 인과된 것일까, 아니면 (과도한 두려움에 의해 의사결정이 인과되듯이) 의사결정이 충동적일 경우에 영혼은 그런 이야기와는 전혀 해당되지 않는 존재인가? 그렇다면, 오직 좋은 의사결정만이 영혼에 의해 만들어지고, 나쁜 의사결정은 뇌에 의해 인과되는 것인가? 이 문제는 그리 난해하진 않다. 불행하게도, 이런 의문에 대답하려는 어느 영혼-기반 전략도 임시방편(ad hoc) 같아 보이며, 체계적이고 강력한 설명력을 지닌 이론이라기보다, 그때그때마다 끼워 맞춰 설명하려 드는 엉터리 가설이다.

이제 "자유의지"에 대한 (내가 일상적으로 믿는) 두 번째 의미를 이야기할 차례이다.15) 만약 당신이 자신의 행위를 의도하고, 자기가 무엇을 하는지 알고 있으며, 제정신이라면, 그리고 만약 그 결정이 강제되지 않은 것이라면(자기 머리를 겨누는 총이 없다면), 당신은 자유의지를 발휘한 것이다. 이런 설명은 자유의지가 무엇인지를 꽤 잘 보여준다. 더구나 이 설명은 실천적인 목적을 위해서도 일반적으로 유용하다. 우리들은 자발적인, 강제되지 않은, 의도적 행위에 대한 전형(prototype)이 무엇인지 상당히 잘 알며, 우리는 일상적 생활에서는 물론, 법정에서도 명확한 의미로 의도적(intentional)이며 자발적(voluntary)이라는 범주를 규정적으로(regularly) 사용한다. 나는 이것을 자유의지의 (반인과적 의미에 상반하여) 규정적 의미로 부른다. 이것은 또한 법률적 맥락에서 사용되는 의미이기노 하다. 이것은 사람들이 일반적으로 수용하는 의미이다.

이 두 번째 의미는, 과두정치(oligarchy)란 "소수에 의한 통치"라는 식으로, 엄밀한 정의는 아니다. 비록, 전자(electron) 혹은 DNA 등과 같은 많은 과학적 개념들이 현재 엄밀히 정의되어 사용되긴 하지만, 그것들도 언제나 그러했던 것은 아니다. 그러한 엄밀한 정의를 내놓을 수 있기까지, 과학은 성숙 과정을 거쳐야 했다. 더구나, 개성(personality), 중독(addict), 정서장애(mood disorder) 등과 같은 다른 과학적 개념들 역시 매우 엄격히 정의되지 않고 사용되지만, 그럼에도 우리는 별 문제없이 소통할 수 있다. 그러므로 자유의지라는 용어에 대한 엄밀한 정의가 없더라도, 우리를 크게 혼란시키지는 않는다. 이것은 다음을 의미한다. 자유의지라는 그 개념은, 우리가 그다지 혼란스러워하지 않으면서도 효과적으로 사용하는, 가장 일상적인 개념들과 유사하다. 더구나, 이 용어는 유전자(gene), 단백질(protein) 등과 같이, 과학이 발전함에 따라서, 더욱 정교하게 규정될 수 있다.16)

모르트 도란(Mort Doran)은 브리티시컬럼비아 크랜브룩(Cranbrook)에서 매우 존경받는 외과의사이며 내과의사이다. 그는 평생 투렛병(Tourette's disorder)을 가지고 살았다.17) 그의 설명에 따르면, 이따금 그는 연속적으로 의미 없는 (코를 만지거나, 팔꿈치를 만지는 등등) 행동을 반복적으로 하고 싶은 과도한 욕구를 가지며, 어떤 이유가 전혀 없는데도 "스투피드, 스투피드(stupid, stupid, 멍청이, 멍청이)"와 같은 단어를 발음한다. 이러한 의미 없는 행동들은 의학적으로 틱(tics, 상습적 경련)이라 불리며, 그 행동은 틱하기(ticing)로 알려져 있다. 특정 선호하는 몸짓을 할 욕구의 느낌은 도란 박사가 집을 나올 때까지 만들어지며, 강한 충동으로 진행된다. 그의 아내와 아들들은 그와 그의 틱 행동에 완전히 익숙해져서, 그다지 관심을 두지 않는다.

놀랍게도, 그가 맹장수술을 받아야 했을 때, 그는 아주 멀쩡해져서, 어떤 투렛증후군 몸짓이나 헛말을 전혀 하지 않았다. 그는 조용히 있었고, 완전히 조절되고 있었다. 그 수술이 끝나고 난 후에 그는 수술실에서 걸어서 나왔고, 그 후에 틱하기는 새로운 강도로 다시 계속되었다.18)

자유의지와 자유의지 없음을 대조적으로 바라보는 관점에서, 도란 박사가 틱을 허락하는 집에 있는 시간을 우리가 어떻게 생각해야 할까? 첫째, 우리는 다음 가정, 즉 그의 행동이 자유롭거나 혹은 자유롭지 않았거나 하며, 자발적이거나 혹은 자발적이 아니라는, 일반적 가정을 여지없이 부정해야 할 듯싶다. 실제로 그의 조절 기능은 좀 별났다. 그는 완전히 조절에서 벗어난 상태가 정확히 아니면서, 그렇다고 그가 충분히 조절 상태에 있는 것도 아니다. 그는 그 양 끝 사이 어디쯤에 있다. 만약 집에 불이 난다면, 그는 틱하느라 집에 앉아 있지만은 않을 것이다. 우리들도 모두 어떤 의식적 목적 없이 어떤 행동을 하기도 한다. 자기도 모르게, 여기저기를 긁고, 한숨 쉬며, 손톱을 물어뜯고, 다리를 꼰다. 틱은 일종의 강박적 행동이라고 우리가 생각하게 만드는 이유는 이렇다. 그러한 행동이 우리들의 그러한 초조함에서 나오는 행동처럼 보이는 측면이 있으며, 다만 그는 그러한 행동을 하려는 열망이 조금 더 강하고, 그의 행동이 우리에게 더욱 의식되기 때문이다.

이따금 지루한 강연을 듣다 보면, 그 강연장에서 나가고 싶다는 나의 열망은 매우 강렬해진다. 나는 매번, 주의 깊게 듣는 척하면서, 자리에 앉아 있으려 노력해야만 한다. 그러다 나는 지쳐버린다. 도란 박사의 보고에 따르면, 틱하려는 자신의 욕망을 억누르는 것은 자신을 지치게 만든다. 아마도 우리와 그는 그다지 다르지는 않은 듯싶다. 어쩌면 그는 전전두피질에 도파민이 조금 더 많기 때문이다.

244

투렛증후군의 신경생물학이 이제 이해되기 시작했으며, 놀랍지도 않게 그 관련 영역은 자기조절 능력과 관련된 전전두피질에 있으며, 기저핵과도 연결되어 있다는 것이 드러났다. 또한 도파민과 노르아드레날린 신경전달물질의 차이도 관련된다.19)

투렛증후군의 사례를 통해서 파악되는 중요한 논점은 이렇다. 비-전형적인 경우들, 즉 자발적인 것으로 분류되지 않는 경우들이 흔하게 있다. 어떤 경우들은 중요하게 파악될 필요가 없어서, 우리는 그것들을 무시하고, 다른 것들에 관심을 기울인다. 그렇지만 어떤 경우들은 매우 심각하여 법정에서 논쟁되기도 한다. 예를 들어, 자기 아기가 익사하여 심각한 우울증을 앓는 여성, 폭력적인 아버지를 총으로 쏜 10세 어린아이, 어느 날 오후에 갑자기 재규어 두 마리를 산 조울증 환자(manic-depressive), 치료 방법을 결정해야 하는 알츠하이머병 초기 단계의 환자 등이 그렇다.

자유롭게 선택된 범주들의 경계가 희미하며 비-전형적인 경우들을 포함한다는 것을, 비록 모든 언어권 사용자들이 (일반적으로) 암묵적으로 안다고 하더라도, 그 경계 지점을 명시적으로 강조할 필요는 있다. 그렇게 함으로써 얻는 한 가지 유리한 점은 이것이다. 전형적인 경우가 전혀 존재하지 않는 경우에 대해서, 우리가 엄격함을 주장하고 싶은 욕망을 갖지 않을 수 있다. 전형적인 경우가 전혀 없음에도 그것에 대해 엄격함을 강요하는 것은, 문제를 해결할 진전을 이루기보다, 다만 말에 대한 논란만을 불러일으키는 것으로, 그런 언쟁을 그쳐야 한다는 것을 의미한다. 더구나, 그렇다는 것을 앎으로써 경계 지대의 경우들을 어떻게 다룰 것인지에 관한 예정된 문제를 설명해야 한다. 투렛증후군을 가진 사람은 자유의지를 가지는가, 아닌가? 글쎄, 이따금 그들은 조절 상태에 있으며, 이따금은 정확히 그렇지 않다. 그들의 틱하기 행동은 특정 약물에 의해 조절될 수 있으며, 그러면 그들은 그 누구와 마찬가지 방식으로 완전히 합리적이면서도 어려운 의사결정을 해낼 수 있다.

더구나 자기조절과 자발적 그리고 자유의지 등과 같은 개념들의 경계가 희미하다는 것은, 지적이며 신중한 사람들이 문제의 경우들을 어떻게 판단해야 할지에 관해 일치된 견해를 갖지 못하는 이유를 설명해준다. 나는 이런 쪽으로 생각이 기울어진다. 어느 부자 여배우가 값비싼 속옷을 슬쩍하다 걸리는 경우에, 그들은 법률적으로 책임을 져야 한다. 어쩌면 당신은 다르게 생각할 수도 있다. 그녀는 저항할 수 없는 유혹에 사로잡혀 있었고, 치료가 필요한 상태이며, 따라서 처벌받지 말아야 한다고. 이 경우는, 마치 버나드 매도프(Bernard Madoff)와 (그가 10년 이상 운영한) 폰지 음모(Ponzi scheme)를 대비할 경우에서처럼, 전형적이지 못하며, 경계에 있다. [역자: 버나드 매도프는 사기성 주식 투자 유치를 기획했으며, 그 방법은 투자자의 돈으로 높은 이익을 주어 더 많은 투자자를 끌어들이는 폰지 음모 방법이었다. 이 경우는 명확히 처벌될 대상, 즉 처벌될 전형이다.] 역시 주목해야 할 것으로, 물건을 슬쩍하는 스타 영화배우의 경우에 대해서는 어떤 올바른 정답도 없으며, 따라서 우리는 그 곤란한 문제를, 우리가 할 수 있는 한에서, 해결하도록 노력해야 한다.

또한, 전형과 희미한 경계에 대한 이러한 전망에서 다음과 같은 생각을 하게 된다. 우리가 거친 정의를 버리고, 엄밀한 정의를 얻을 수 있다는 희망을 갖는 것, 즉 경계 지대에 있는 모든 번잡한 경우들을 체계적인 방식으로 분류해내려는 것은, 우리를 지속적으로 어렵게 만들 뿐이다.

법률적 맥락에서, 의사결정은 이루어졌어야만 한다. 전반적으로, 의사결정은 법률의 복잡한 체계에 의존하여, 선의와 이해에 근거하여, 많은 경우들이 쉽지 않다는 인식에서 이루어진다. 그 많은 경우들이

유효한 범주 내에 단순히 들어오지 않기 때문이다. 그러나 의견의 불일치는 아마도 어떤 판단에 대하여 유지된다.

이제, 자유의지는 환상이라는 펄쩍 뛸 주장으로 돌아가보자.[20] 그 주장이 무엇을 의미한다고 가정되는가? 그것은, 그 주장자에 따라서, 여러 가지를 의미할 수도 있다. 예를 들어, 만약 당신이 칸트주의자라면, 당신은 자유의지는 모든 선행적 원인에서 자유로워야만 한다고 확신할 것이다. 즉, 진정한 선택은, 인과적 개입 없이, 의지에 의해서 만들어져야만 한다. 그런데 당신은 실제의 생물학적 세계에서 나오는 의사결정은 언제나 인과성을 포함한다는 것을 이제 막 알게 되었다. 그러므로 당신은 자유의지라는 바로 그 관념을 내다버려야 한다는 것을 알게 되었다. 그러므로 당신은 이렇게 말한다. "자유의지는 환상이다." 간단히 말해서, 당신은 **반-인과적** 자유의지가 환상임을 의미한다.

글쎄, 그럴 수도 있겠다. 그러나 만약 반-인과적 선택이 '의도적'이란 의미로 해석된다면, 그런 의미 내에서 자유의지는 환상이라는 주장은 단지 제한적으로만 흥미로울 뿐이다. 왜냐하면, 법률적인 일, 어린이 돌보기, 혹은 일상생활 등등에서 어느 결정도, (유의미한 방식으로) 자유로운 선택은 모든 인과관계로부터 자유로워야만 한다는 생각에 따르지 않기 때문이다. 철학자 에디 나미아스(Eddy Nahmias)가 보여주었듯이, 보통 사람들은 자유의지가 반인과적 자유의지와 대등하다고 거의 생각하지 않는다.[21] 아마도 그러한 주장은 칸트주의 철학자들의 작은 아류 집단이나 관심을 가질 생각이다. 우리들로서는 그러한 주장이 "외계인 납치는 사실이 아니야"라고 허풍 떠는 것과 다름없다. 아, 정말 그러니? 비행접시가 한밤중에 풀밭에 내리지 않았기 때문에? 아이쿠. 그렇게 치밀한 생각을? 그렇지만 만약 "**자유의지가 환상이다**"가 어떤 다른 것을 의미한다면? 예를 들어, 그 말이 다음을 의미한다면? 우리가 숙고하고 선택하는 것을 가능하게 해주는 신경기제가 있으므로, 우리는 자유의지를 가질 수 없다. 기가 막힐 노릇이다. 누구든 그렇게 말하는 이유가 무엇일까? 그렇다면 그들은 진정한 선택을 하기 위해서 무엇이 필요하다고 생각한 것일까? 비물리적 영혼? 누가 그렇게 말하는가?22)

만약, **자유의지가 환상**이라는 주장이, 자기조절을 하는 뇌와 자기조절을 하지 못하는 뇌(혹은 자기조절을 상실한 뇌) 사이에 어떤 차이도 없음을 의미한다면, 그러한 주장은 기묘하게 사실을 왜곡한다. 앞에서 논의하였듯이, 그러한 차이는 완전히 실재적이며, 지금은 그 차이에 관하여 신경학이 상당히 많은 것들을 밝혀내었다.

다소 실망감을 가진 채, 나는 다음과 같이 어렴풋이 생각한다. 자유의지가 환상이라는 주장은 종종 성급하고, 무지하게, 그리고 표제와 부제를 의도하는 시각에서, 만들어지곤 한다.

자기조절은 분명히 환상이 **아니다.** 자기조절이 비록, 나이, 기질, 습관, 수면, 질병, 음식, (신경계 작용에 영향을 미치는) 많은 다른 요소들 등등에 따라서 다양하게 달라진다고 하더라도 그러하다. 그럼에도 불구하고, 진화는, 고질적 충동 행동을 도태시킴으로써, 대체적으로 정상적인 뇌는 정상적으로 조절하도록, 키워냈다.23)

죄와 처벌

우리는, 누군가가 자발적 태도에서 행동했는지 아닌지를, 어느 경우에 고려하는가? 언제 그것이 문제가 되는가? 가장 문제가 되는 때는, 누군가가 다른 사람에게 상해를 입히는 경우, 혹은 누군가가 공동체의 안녕과 복지를 위협하는 경우 등이다. 우리가 그러한 행위의 의도와 조절에 대해서 심각히 묻지 않을 수 없는 이유는, 그 행위의 결과가 다만 학술 토론의 주제는 아니기 때문이다. 그러한 특정한 구체 사안의 경우에 발생되는 문제들에 대해서 (피고인을 고려하고, 희생자를 고려하여, 그 공동체 사회 시스템의 신뢰도를 고려하여, 조야한 사회 정의가 면밀하고 정교하게 다듬어진 공동체의 제도를 침해할지 아닐지를 고려하여) 우리는 어떻게 대답할 것인가? 이것은 매우 심각한 주제이다.

어느 날 밤, 우리 마을 북쪽의 이웃인 캐머런(Cameron) 씨는 파자마를 입은 채로 집 밖으로 나와 용접용 버너로 배나무 과수원에 불을 질렀다. 그곳은 건조한 지역이었으므로, 그 불꽃이 사방으로 번지지는 않을지 염려되어 마을 전체에 경보가 울렸다. 그가 그렇게 행동한 동기가 무엇일까? 아무도 그 이유를 추정할 수 없었다. 나중에 그가 심한 치매 상태에 있었기 때문인 것으로 드러났다. 이런 사실은 속으로 마음고생을 하던 그의 아내에 의해서 은밀히 감춰져 있었다. 그는 본질적으로 자신이 무엇을 하고 있었는지 전혀 알지 못했다. 그의 행동은 누구를 해하거나 기만하려 한 동기에서 했던 것이 아니었다. 그는 단지 완전히 혼란스러운 상태에 있었을 뿐이다. [역자: 이 경우에 그를 처벌하는 것이 적절해 보이지 않는다.]

어떤 다른 화재 사건에 대해서는 다른 분석이 이루어졌다. 어느 겨울날 밤에, 아주 심하게 낡은, 케터링(Kettering) 씨의 곳간이 불길에 휩싸였다. 증거에 의해서 다음이 밝혀졌다. 소를 포함해서 소중한 것들을 곳간에서 모두 꺼내 옮기고 나서, 그는 스스로 자신의 곳간에 불을 질렀다. 그는 방화범으로 체포되었다. 그는 그 책임에 대해 어떤 사과도 하지 않았다. 그는 보험회사로부터 보험금을 받아서 멋진 새 헛간을 지으려 했다. 범죄의 동기와 의도가 있었다. 분명히 그러했다. 그는 새 헛간이 필요했고, 그것이 범죄라는 것을 알고, 계획을 세워 실행에 옮겼다. [이 경우에 그는 명확히 처벌될 요건을 갖추고 있다.]

[위의 두 방화 사건에 대해서처럼] 누군가가 사회적으로 해로운 행위에 대한 책임을 갖는지 아닌지를 결정하는 일은 언제나 주의 깊은 반성이 요구되는 핵심 사안이었다. 현대에는 그러한 반성이 법률적 원리 안에 명문화되었다. 형법은 매우 실천적이며, 사회적 안전과 보호의 문제는 매우 위중하다.24) 의도와 자기조절은 피고인의 (그렇지 않을 수 없었다는 것을 보여주지 못하면 유죄가 성립되는) 결핍 조건(default condition)이라고 추정되므로, 우리는, 형법이 결핍 조건에서 벗어나 어떻게 융통성을 발휘할 수 있는지에 대한 법률적 지혜를 이끌어내어, 자유의지에 대한 여러 추상적 논의들에 대해서 균형을 맞출[즉, 세밀히 따져볼] 필요가 있다.

범죄 의도는, 언제나 법을 어긴 것에 따라서 책임을 결정하기 위한, 정당한 사안이었다. 방화범의 경우에는, 과연 범죄 의도가 있었는지의 문제가 복잡해질 수 있는 많은 방식들이 있지만, 횡령과 사기의 범죄 의도는 대부분 아주 쉽게 성립된다. 그런데 피고인이 건강한 정신상태가 아닐 경우에 복잡한 문제가 발생된다는 것은 오랫동안 잘 인식되어왔다. 형법 법전은, 피고인에 대한 공소유지가 정당한지 아닌지에 대한, 아주 특별한 기준을 다음과 같이 담고 있다. 그 피고인이 자신을 변호할 능력을 가지는가, 그리고 자신에게 부과될 죄목을 합리적으로 이해하는가? 예를 들어, 알츠하이머가 상당히 진행된 환자는 공소유지가 가능하다고 평가되기 어렵다. 그리고 만약 피고인이 공소유지가 된다고 하더라도, 그는 정신착란 때문이라는 변명이 용인될 수 있다. 정신착란(insanity)이란 변명이 합법적 법률에서 인정받으려면, 피고인이 범죄를 저지를 당시에 자신이 하는 행위가 올바르지 않다는 것을 알았는지 몰랐는지가 중요하다. 흔히 이것은 맥노튼 규칙(M'Naghten Rule)이라고 불린다.25) 일부 사법권에 따라서, 범죄 의지와 관련하여 정신착란 변명을 위한 조항이 있기도 하다. 이것은, 비록 혐의자가 자신이 하는 것이 옳지 않다는 깃을 알았지만, ㄴ가 자신의 행위를 하지 않을 수 없을 가능성을 고려해서이다.

미국에서, 의지적 목표(volitional prong)는 힌클리 재판(Hinckley trial) 이후로 논란의 쟁점이 되었다. 그 재판에서 존 힌클리(John Hinckley)는 로널드 레이건(Ronald Reagan) 대통령을 암살하려 시도한 혐의를 받았다. 배심원들은 힌클리가, 의지적 목표와 관련하여, 정신착란의 이유로 유죄가 아님을 알게 되었다. 영화배우 조디 포스터(Jodie Foster)에 대한 그의 망상은 너무 강력하여, 그가 대통령을 죽임으로써, 그 배우가 깊은 인상으로 자신을 기억해주길 바랐다. [즉, 대통령을 죽이려 한 것이 그의 원래의 목표가 아니었다.] 그의 변호사의 주장에 따르면, 심지어 자신의 행동이 그릇된 것인 줄 알면서도, 자신을 제어할 수 없었다. 그 평결에 대한 공적 반응은 일반적으로 호의적이지 않았으며, 따라서 연방정부와 대부분의 주정부에서는 의지적 목표를 변명의 조항에서 삭제하였다.26)

성인 피고인의 경우, 자기조절이 어느 경우에 문제가 되는가? 살인자에 대한 부분적 변명으로, 피고인은 자신이 굉장히 분개하여 자기조절을 상실하였다고 주장할 수 있다. 이것은 다음을 의미한다. 예를 들어, 심한 폭력에 의한 과도한 두려움과 같은 예비적 계기가 있으며, 동일 성(sex)과 유사한 나이 그리고 정상의 억제력과 인내력을 가진 정상인들은 동일하거나 혹은 유사한 양태로 반응한다. [즉, 동일 입장이라면 누구라도 그렇게 하지 않기 어렵다는 것이 인정된다.] 그러한 부분적 변명은, 예를 들어 구타당하는 아내가 자신의 남편을 죽였을 경우에, 활용되곤 한다. 과거의 법률은 자기조절 상실이 갑작스럽게 일어날 경우에 한하여 그 변명을 용인하였지만, 2009년에 발효된 개정된 법률은 자기조절이 갑작스럽게 일어나야 한다는 조항을 삭제하였다. [이런 수정은 분명 구타당한 아내가 남편을 살해했을 경우를 변호하기에 적절하긴 하므로] 어떤 측면에서 이것은 환영할 만하기는 하지만, 이러한 변화는, 갑작스럽지 않은 자기조절의 상실과 보통의 복수를 어떻게 구분할 수 있을지, [즉, 만약 그 아내가 복수하기 위해서 주도면밀히 살인을 계획했는지를 구분하기 어려운] 새로운 문제를 낳는 측면이 있다. 더 일반적으로 말하자면, 그 법률은, 자기조절을 감소시키는 주변 환경에 대한 민감도에서, 미묘하고 실천적인 측면을 고려했어야 한다.

과학이 폭력의 원인을 연구한 바에 따르면, 그러한 제안은, 만약 피고인이 자기조절을 상실할 본성적 질병소질(predisposition)이 있다는 것이 드러난다면 분명히 면책될 수 있다는 조항을 표류시킬 수 있다. 그러한 질병소질에 대해 강력한 증거를 제시한다고 해서, 그것만으로 면책사유가 충분한 것은 아니다. 그렇지만 최근에 특정 유전적 변이를 확인하는 연구는 변호사들의 관심을 끈다. 몇 가지 커다란 의역학적(epidemiological) 연구는 다음을 알려준다. 단일아미옥시다아제(monoamieoxidase-A, MAOA) 효소에 특정 유전자 변이를 가진 남성들은, 어린 시기에 학대를 받을 경우에, 자멸적이며 탄력적인 공격성을 보여줄 가능성이 높다.[27] (이 책에서 이후로 나는 "MAOA x 학대성(abuse)"이란 말을 환경적 요소에 의해서 변이 유전자를 갖는 경우를 가리키기 위해서 사용하겠다.) 그 유전자는 X 성염색체에 들어 있으며, 따라서 아주 드물게 그 유전자 변이가 여성의 두 X 성염색체 모두에서 발견되는 경우가 아니라면, 그 조건은 여성에게서는 나타나지 않을 것이다. 인간 여성에서 MAOA x 학대성의 발병은 알려져 있지 않다.

그 변이를 보유하며 학대 희생자이기도 한 양면성을 지닌 남성의 자기조절 그물망이 갖는 특징은, 정상적 MAOA 유전자를 지니기만 한 남성의 것과 다를 것이라 추정된다. 그렇지만, 뇌 내부에서 정확히

252

이러한 차이가 무엇을 말해주는지는 아직 추적되지 못하고 있다. 행동적 수준에서, 뇌 그물망 효과가 보여주는바, MAOA x 학대성 남성은, 작은 자극만 주어져도, 혹은 상상된 자극에 의해서도, 혹은 전혀 자극이 없을 경우에라도, 매우 예민해지며, 자기 파괴적이고, 공격적이 될 가능성이 매우 높다.

MAOA x 학대성 범주 내에 있는 피고인이 면책될 수 있다고 제시하는 주요 철학적 논점은 이렇다. 그들의 유전자도, 그들의 어린 시기 학대도 그들이 선택한 것이 아니다. 그들이 폭력적 질병소질을 갖는 것은 그들의 잘못이 아니다. 물론, 우리 누구도 우리의 유전자를 선택하지 않았으며, 따라서 그런 논증 부분에 대한 의미는 모호하다. 유전자 선택의 문제는 비켜놓고, 그러한 경우에 면책이 매우 권장될 만한 것인지, (더 넓은 공동체 사회라면 몰라도) 희생자와 그 가족들이라면 수용할 것 같지 않아 보인다. 엄밀히 말해서, 그러한 질병소질의 사람들은 (심지어 자극이 없더라도) 언제라도 폭력적일 가능성이 높기 때문에, 그들을 사회에 방면하는 것은 분명히 현명한 정책이 아니다. 법은 MAOA x 학대성에 대해서 어떻게 처리해야 하는가?

두 법정의 사례가 이 문제와 관련된다. 첫 번째는 이탈리아에서 있었던 경우로, 피의자 압델말렉 베이욧(Abdelmalek Bayout)은 어느 집단 젊은이들에 의해서 모욕을 받았다. 그러자 그는 칼을 들고 거리로 그들을 뒤따라가서 한 남자를 살해하였다. 흔히 일어날 법한 일로, 그 희생자는 그를 모욕했던 사람들 중의 하나가 아니었다. 재판 선고문에서, 증거가 나왔으며(학대받았는지는 명확하지 않았고, 신경병적 상태가 쟁점이었다), 그는 선고 형량에서 1년 감형되었다.[28]

두 번째는 미국 테네시 주에서 있었던 경우이다. 주거 문제로 언쟁하던 중에, 브래들리 월드롭(Bradley Waldroup)은 자신과 별거 중이던 아내의 친구를 총으로 아홉 발 쏘았고, 별거 중이던 자기 아내마저

죽이려 하였으며, 등 뒤에서 그녀에게 총을 쏜 후에, 매히트(machete, 사탕수수를 베는 큰 칼)로 그녀를 난도질하였다. MAOA x 학대성의 관련 자료가 불리한 (예비유죄판결) 단계에서 증거로 제시되었지만, 그 살인 죄목은 의도적 살인으로 돌려졌다.29)

이러한 증거에 비추어 하나의 중요한 문제는, 형법이 이러한 종류의 유전적 실험 결과를 특별히 수용해야 하는가이며, 만약 그래야 한다면, 구체적으로 어떻게 해야 하는가이다.30) 그러한 실험 결과가 전적으로 고려되어야만 하는가? 만약 그렇다면, 재판 과정의 어떤 단계에서 고려해야 하는가? 오직 판결하는 단계에서인가, 아니면 불리한 (예비유죄판결) 단계에서인가? 매튜 바움(Matthew Baum)은 위의 두 경우에 대한 주의 깊은 분석을 통해서 이렇게 주장하였다. 만약 있어야 한다면, 형법의 수정을 위한 가장 적절한 시점은, 베이욧의 경우에서 그러했듯이, 형벌의 경감에 적절하도록, 유죄판결 후 그러한 증거를 참작하는 것이다.31) 그러한 경우들을 참고하도록 법을 바꿔야 한다는 바움의 일반적 관점은, 나도 동의하는 것으로, 상당한 신중이 요구된다. 한 가지 지적하자면, 여전히 미해결의 과학적 의문들이 있기 때문이다. 예를 들어, MAOA x 학대성 피검자의 연구에 대한 한 가지 염려는 이렇다. 그 연구 집단이 특이하게도 동질적(homogenous, 동일 조상에서 나온, 뉴질랜드에서 태어난 사람과 스웨덴에서 태어난 사람)이었으며, 그리고 MAOA의 유전적 변이와 폭력적 질병소질 사이의 연결고리가 더 일반적으로 유지되는지가 아직 밝혀지지 않았다.32) [즉, 법률적 적용을 위해서는 다양한 인종에 대한 연구와 함께, 그 유전적 변이와 그러한 질병적 소양이 인과적으로 관련되는지 살펴보는 연구가 있어야 한다.]

MAOA x 학대성 개인들이 폭력적 질병소질과 관련된다는 보고는, 그들에 대한 치료 방법과 관련하여, 몇 가지 문제를 제기한다. 논증적으로 귀결되는바, 그러한 개인들에 대해서, 처벌하기보다 치료함으로써 정의가 더 잘 구현될 듯싶다. 특별히 그들은 폭력에 대한 질병소질을 선택하지 않았기 때문이다. 비록 이러한 이야기가 유용한 논의 주제가 될지는 모르지만, 그 치료법 선택은 가설적 세계에서나 가능하다. 현재로서는 그러한 경우들을 효과적으로 치료할 어떤 수단도 없으며, 언제 그 치료법이 개발될 수 있을지 예측도 어려운 상태에 있다.

더 일반적으로 말해서, 만약 치료법이 그러한 범법자에 대해서 구금하는 것이 실행 가능한 대안이라면, 만약 그 대안이 공정한 마음을 소유한 국민들이 수락할 대안이 된다면, 분명히 그들에 대한 치료법의 효용에 대한 문턱은 아주 높이 세워져야만 한다. 즉, 그 치료법은 충분히 효과적이어서, 재범 가능성이 거의 없다는 것이 드러나야만 한다. 그 치료법이 이따금 어떤 경우에서만 작동한다는 것에 머물지 않고, 그 효과가 충분히 확립되어, 그 치료법이 정말로 재범을 막는 데 효과적임을 우리가 보증할 수 있어야 한다. 이것은 강한, 그렇지만 전혀 불가능하지는 않은, 요건이다. 왜냐하면 범죄자들은 종종 재범하기 때문에, 이 요건은 매우 강력해야만 한다.

성폭력 범죄자들의 재범을 줄이기 위한 치료는 독일, 프랑스, 스웨덴, 네덜란드 등 많은 국가에서 설득력을 얻고 있다. 치료하지 않았을 경우에 상습 범행 비율은 약 27퍼센트이지만, 치료받을 경우 약 19퍼센트로 낮아진다. 치료 방법은 약물과 (자발적 거세(castration)와 같은) 외과수술에서부터 인지-행동 치료까지 광범위하다. 심리학자 마틴 슈머커(Martin Schmucker)와 프리드리히 뢰셀(Friedrich Lösel)은, 가용한 여러 (그 상당수가 방법론적으로 확증되지 않은) 연구들에 대한 주의 깊은 메타 분석을 통해서, 약물, 외과수술, 인지-행동 등의 치료를 받을 경우 상습 범죄가 약 30퍼센트 감소한다는 것을 밝혀냈다.[33]

거세는 성폭행범의 상습 범행을 약 5퍼센트 줄이는 것으로 밝혀졌다. 슈머커와 뢰셀은 거세를 받은 범죄자들이 특별히 재범을 회피하게 해준다고 지적했음에도 불구하고, 그 정도의 결과에 불과하였다. 이 연구가, 일반적 성폭력범 집단에 비해서 훨씬 낮은 상습 위험을 가진 사람들에 맞춰졌음에도 불구하고, 그러했다.34) 테스토스테론 수준을 줄이는 호르몬 치료법(항남성호르몬 요법(antiandrogen treatment))을 받은 범죄자들 또한 상습 범죄를 의미 있게 줄여주는 것을 보여주었다. 항남성호르몬 요법을 적용하는 데 한 가지 실천적 문제가 있다. 그 치료를 받는 개인 범죄자들이 구금상태에서 풀려날 경우에, 그들은 비만을 포함하여 부작용을 원하지 않기 때문에, 그 치료를 멈출 수도 있다. 불행히도, 항남성호르몬 요법을 받고 나서 중단하는 경우에는 기준치보다 상습 범죄율이 더 높게 나타나는 경향이 있다. 더구나 거세를 한 후에 외인성 테스토스테론을 사용한다면, 그 효과를 역전시킬 수도 있다. 이러한 두 치료법을 모두 사용하는 것에 대해서, 슈머커와 뢰셀은 이렇게 경고한다. 그 치료 결과를 주의 깊게 고려해야만 한다. 왜냐하면, 여러 연구에 따른 여러 치료 방법들을 일관성 없이 적용하면 유의미한 유사 문제를 일으키기 때문이다. 법률적 전망에서 볼 때, 이러한 여러 연구들은, 그 치료법들이 구금상태를 대체할 수 있을지의 문제보다, 구금상태 중에 그리고 그 이후에도 치료를 해야 하는 문제와 가장 긴밀히 관련된다.35) [즉, 치료를 받는 것만으로 구금상태에서 풀어주어도 좋을 것이라고 생각하는 것은 현명하지 않다.]

다르게 고려되어야 할 것으로, 전전두피질의 안와 영역(orbital region, 눈 윗부분 피질)을 압박하는 종양을 가진 범죄자의 경우가 있다. 안와 영역은 자기조절에 중요한 역할을 담당하는 것으로 알려져 있다.36) 그러므로 어느 신중한 변호인은 이렇게 주장할 수 있다. 이 폭력 범죄자는 그 부위의 종양으로 인해서 폭력적이 되었으므로, 그 종양만 제거하고 나면, 다시 그 범죄를 반복할 가능성은 0퍼센트로 낮아진다. 그리고 그 범죄자의 종양 뇌 영상 사진이 법정에서 매우 유용한 증거로 채택될 수 있으며, 배심원들에게 상당히 영향을 미칠 가능성이 높다. 그것은 그 배심원들 중에 자신들이 본 영상에 대한 의미를 평가할 과학적 전문지식을 가진 사람들이 거의 없기 때문이다.37) 다른 경우들처럼, 그러한 영상을 증거로 채택하는 것이 과연 적절한 것인지는 상당히 논란의 여지가 있다. 그 이유는 대체적으로, 위와 같은 상황이, 어느 사람으로 하여금 범죄를 저지를 결심을 하도록 인과적으로 영향을 미쳤는지를, 과학이 아직 확정적으로 말해줄 수 없기 때문이다.

의학적 관점에서 보면, 그러한 종양이 혐의자의 전반적 인지 기능에 어떤 영향을 주었다고 말할 수 있다. 그렇지만 법률적 관점에서 보면, 좀 더 정교하게 질문해볼 필요가 있다. 그 종양이, 그 혐의자로 하여금 자기 아내를 교살하도록, 인과적으로 작용하였는가?38) [종양이 폭력적 행동에 인과적으로 영향을 미쳤다는] 주장이 논증되기 어렵게 만드는 것이 있다. 그러한 종양을 가진 사람들 중, 아주 드물게만 폭력적인 범죄를 저지른다는 사실이다. 이러한 사실은, 어떤 특별한(아내를 교살하는) 폭력적 행위가 어떤 특별한 종양이 있어서라고 설명될 수 있다는, 특이한 주장을 하기 어렵게 만든다. 이 말은 어쩌면 (알려지지 않은) 다른 요소들이 중요함을 의미한다. 왜냐하면 자기조절과 정서를 통제하는 신경회로에 대한 세부 사항들이 아직 알려지지 않은 채로 남아 있기 때문에, 그리고 미시신경회로(microcircuitry)의 개인적 차이가 인과적 관계를 추적하기 매우 어렵게 만들기 때문에, 판사와 법정에 참여한 변호사들이 (주의하지 못하여) 잘못된 길을 선택하기 쉽다.

치료법의 문제와 관련하여 간략히 언급하면서, 지금 내가 하려는 이야기의 핵심은 이렇다. 폭력 범죄자들에 대한 치료는 여러 실천적인 문제들을 안고 있다. 감옥의 유감스러운 환경으로 인하여, 선한 의도를 가진 사람들은 구금보다 범법자들에 대한 치료법이 왜 활용되지 못하는지 의문을 가질 수 있다. 불행하게도 성공적인 치료법에 대한 열망이 아무리 크다고 하더라도, 과학은 아직 그런 생각을 실천에 옮길 정도로 충분히 효과적인 치료법을 내놓지 못하고 있다. 공공 시민의 보호가 (필수적으로) 범죄 정의 시스템을 작동시킴에 있어 언제나 중요한 요소이므로, 그리고 치료법이 재범률을 극히 낮춰줄 수 있으며 공적으로 용인될 수준에 이를 때까지, 격리구금 방식이 지속적으로 중요한 역할을 담당할 것이다. 나는 이 시점에서 이러한 쟁점들이 매우 복잡한 문제이며, 따라서 이 주제와 관련하여 논의되어야 할 것이 많다는 것을 서둘러 덧붙여 말한다.

과학자들은 자신들의 전문지식을 법률에 적용 가능한 것으로 제공해야 한다는 인식에서 거창한 의무감을 갖는다. [그렇다고 해서, 성급한 마음에] 누구도 처벌받지 않아야 한다는, 무모한 선험적 논증을 누가 제안한다면, 그것은 무책임할 뿐만 아니라, 생산적 논의를 꺾어놓는 일이다. 그래서 감옥을 비울 수 있다고? [미국에서, 법의 권위에 맞서 정의 심판을 하려 결성된 단체인] 자경단(vigilante)의 정의는 아마도 즉각적으로 그런 가정을 수용하려 들지도 모르며, 심지어 불완전한 범죄 정의 시스템보다 비참한 결과를 우리에게 가져다줄 수도 있다. 감옥이 텅 빌 것이므로 처벌도 없어질 것이라고 가정하는 것은 바보 같은 기대이다. 처벌로 위협하는 형법은 개인들이 끔직한 일을 하지 못하게 막지 못할 것이라고 가정하는 것도 바보 같은 생각이다. 세금을 포탈하더라도 어떤 처벌도 받지 않는다고 가정해보라. 그럼에도 불구하고, 대부분 사람들이 자신들의 수입에 따라서 세금을 납부

해야 한다는 신념을 가질까, 아니면 그들이 자신들의 수입을 일부 은 폐하여 세금을 축소하려 들까, 그것도 아니면, 어쩌면 그들은 마음이 내키는 대로 지불하려 할까? 변호사들과 판사들이 자신들에게 폭넓은 이해와 논증을 제공할 신경과학의 위와 같은 국면들에 관해서 배울 필요가 있듯이, 과학자들과 철학자들도, 범죄 정의 시스템의 역사, 사건 규정, 사법제도 유지 논의 등에 대해서 조금 알아야 한다.

이따금 당신이 억누르는 충동은 [스스로 그것을 가지고 있다고] 믿는 충동이다. 균형 잡기[즉, 가늠해보기]와 [심사숙고에 의한] 판단하기는 당신의 심적 생활 속의 정서적-인지적 요소이며, 당신은 균형 잡기와 판단하기에 의존하여 이렇게 말한다. "아니요, 나는 살구 씨(apricot pits)가 난소암을 치료해줄 것이라고 확신하지 않습니다." 혹은 "아니요, 나는 자칭 심령술사가 잃어버린 어린아이를 찾게 해줄 것이라고 확신하지 않습니다." 혹은 "아니요, 나는 지금의 투자가 앞으로 20년간 연 12퍼센트 이익을 낼 것이라고 확신하지 않습니다." 당신은 불행이 자신에게 발생되지 않기를 기대하지만, 그런 가능성에서 보험을 해지하지는 않는다. 당신은 스키를 타면서 엉망으로 굴러 떨어지지 않을 것을 기대하지만, 사고에 대비하여 발에 잘 맞는 부츠를 신고 헬멧을 쓴다. 어떤 부모든 자신들의 아이가 프랑스어 수업에서 낙제하지 않을 것이라 믿고 싶어 하지만, 하여튼 사실을 대면하는 것이 최선일 것이다.

모든 문제들이 생물학적인 만큼, 특정 종의 각자마다 아주 많이 서로 다를 수 있다. 어떤 이들은 대기만성으로 호인이지만, 다른 이들은 의심이 많아 자신들을 무력하게 만든다. 그런가 하면, 어떤 이들은 무모하지만, 다른 이들은 극히 조심스럽기도 하다. 자기조절은 당신이 무엇을 하기로 결정한 것들에서 만큼이나, 당신이 믿는 모든 것들에 대해서도 어떤 역할을 한다. 의심하고 다시 한 번 더 돌아보는 습관은 종종 생존의 유리함이 된다. 그렇지만, 특정한 조건 아래에서, 아마도 혹독한 전쟁터라면, 충동에 의한 행동이 아마도, 다시 한 번 더 돌아보는 것보다 더 큰 유리함일 수 있다.

내가 이 장에서 남겨두고 있는 주제는, 과도하게 조절된 행동을 포함하여, 우리 의사결정과 행위 내의 무의식적 활동의 역할에 관한 것이다. 그러므로 다음 장의 중심 주제는 무의식적 뇌에 관한 이야기이다.

8장

은닉된 인지기능

무의식적으로 똑똑해져라

어느 칵테일파티에서 당신이 상사의 남편을 만나는 상황을 가정해보자. 당신은 무의식적으로 다음과 같이 행동하게 된다. 우선은 자신을 소개하려 하며, 그와 재잘거리며 대화하고, 그 사람의 웃음과 몸짓 그리고 말씨까지 따라할 가능성이 높다. 이번에는 그가 당신을 따라 하도록 만들 수도 있다. 우선은 그가 어떤 음료수를 선택하면, 당신도 그렇게 해보라. 그가 팔짱을 끼면, 잠시 후에, 당신도 그렇게 하라. 그런 후에 당신이 "놀랍네요!" 하고 감탄사를 말해보라. 그러면 몇 초 후에 그도 "그래요, 놀랍네요!" 하며 메아리를 울려준다. 이렇게 복잡 미묘한 무의식적 **모방하기**(mimicry)는, 두 사람이 처음 만나면 흔히 일어나며, 분명히 위와 같은 경우에서만 일어나는 것이 아니다. 우리 모두 언제나 상대를 모방하는 행동을 하며, 단지 처음 만나는 사람들에 대해서만 그렇게 하는 것은 아니다. 심리학자들이 실험적으로 면밀히 관찰한 바에 따르면, 썰렁한 상황만 아니라면, 두 사람은 정규적으로 그리고 미묘하게 서로 타인의 사회적 행동을 흉내 낸다. 그렇다. 우리 모두는 서로 흉내 내며 살아간다.

대부분 이런 종류의 모방하기는 의식적 의도에서 이뤄지지 않는다. 다시 말해서, 당신은 그것을 하려 한다는 것을 알지 못하며, 심지어 그것을 하고 있다는 사실조차 모른다. 더구나, 그것은 상황에 민감하다. 당신이 더 중요하게 호감적인 인상을 주고 싶을수록, 혹은 사회적으로 스트레스를 받을수록, 당신은 더 많이 그리고 더 자주 남을 따라서 행동한다. 당신은 일반적으로 자신의 행동이 따라 하는 중인 줄 알지 못할 뿐만 아니라, 다른 사람이 나에 대응하여 저자세로 따라 하는 것 역시 알아채지 못한다. 그럼에도 불구하고 모방하기가 당신이 상대를 평가하는 데 있어 어떤 영향을 미친다. [즉, 사실상 우리는 그것을 무의식적으로 인지한다.]

당신과 내가 그리고 대부분 모든 사람들이 흉내 내기를 상당히 정규적으로 하고 있다는 증거가 있는가? 사회심리학자들은 다음과 같은 전형적 실험 계획(protocol)에 따라서 많은 연구를 진행한다. 어떤 대학생이 방 안에 놓인 테이블에 앉아 있으며, (실제로는 실험적 조력자인) 다른 사람과 함께 어떤 당혹스러운 문제 혹은 어떤 다른 무의미한 과제를 수행하도록 요청받는다. 관찰자는 숨어서, 그 학생이 모방하는 경우마다 그 수를 센다. 비디오로 영상을 기록하면 그 모방하기를 쉽게 확인할 수 있다. 만약 그 학생이 그 실험 참여에 앞서 사회적으로 스트레스를 받았다면, 모방 횟수가 증가한다.

당신은, 학생들이 모방하기 효과를 더 높게 하거나 혹은 전혀 하지 않도록, 그 실험 계획을 변화시킬 수도 있다. 그 변화를 위해서, 조력자는 학생의 몸짓, 신체적 자세 등등을 따라서 하거나, 혹은 (반대로) 주의하여 따라서 하기를 자제한다. 그 실험실에서 나온 후에, 그 조력사에 대해서 어떻게 평가하느냐고 피실험자에게 질문해보라. 만약 조력자가 따라서 하기를 했다면, 피실험자는 아마도 그를 좋아한다고 대답할 것이다. 그리고 만약 조력자가 따라서 하기를 자제하였다면, 피실험자는 아마도 그를 좋아하지 않는다고 대답할 것이다. 이러한 효과를 실제로 알아보기 위한 다른 실험도 있다. 만약 조력자가 명확히 실수로 필기구 통을 떨어뜨리면, 조력자에 의해서 모방되던 학생은, 모방되지 않았던 학생에 비해서, 필기구를 주워 담는 일을 더 많이 도와줄 것이다. 실험이 끝난 후에 그들의 몸짓이 모방되고 있는지를 알아챘느냐고 물어보면, 그 학생들은 전혀 눈치를 채지 못했다고 대답한다.[1]

물론 모방하기는 고의적 의도에서도 수행될 수 있어서, 이따금 판매원들은, 자연스럽게 매출을 올리는 방법으로, 적시에 따라서 하기를 할 줄 아는 정교한 기술을 전수받기도 한다. 판매원들이 그렇게 교육받는 까닭은, 우리가 상대방에 의해서 모방되는 경우에 더 편안한 느낌을 가진다는 사실 때문이다. 또한 정신과의사들은 환자들이 편안한 마음을 갖게 해주기 위해서, 고의적으로 환자들의 행동을 자주 따라서 한다고 나에게 말해주었다. (만약 환자의 학력이 높지 않을 경우에, "안녕하십니까"라는 인사말을 일부러 "안녕하십니꺼"라는 식으로 어눌한 발음으로 인사하기도 한다.)

왜 우리는 상대를 따라 하는가? 사회심리학자들이 믿는 바에 따르면, 여러 사회적 상황에서 이러한 종류의 따라서 하기는 서로가 다른 이들에 대해 신뢰를 강화하는 경향이 있다. 만약 내가 대화 중에 당신을 전혀 따라서 하지 않으면, 당신은 상당히 불편함을 느끼는 경향이 있으며, 당신을 따라서 할 때보다, 내가 공감(*sympatico*)을 약간 덜 갖는다고 생각하는 경향이 있다. 그렇다면 왜 그렇게 하면 편안함을 느끼게 되는가? 이것에 대해서 확립된 이론은 아직 없다. 내가 곰곰이 생각해보니 이러한 생각이 든다. 비록 내가 저자세를 보여주더라도, 만약 당신이 나와 유사하게 행동한다면, 어떤 중요한 사회적 측면에서 당신은 나와 유사하다. 만약 내가 그것을 안다면, 당신의 행동은 내가 보기에 덜 예측 불가능하다. 당신의 행동은 내 부족민, 혹은 내 친족들의 행동과 유사하다. 그리고 뇌는 예측 가능성을 **좋아한다.**2)

당신은 또한 이러한 것을 알게 된다. 당신이 상당히 노력하지 않고선, 자신이 이러한 사회적 모방에 참여하는 것을 쉽게 저지할 수 없다. 더구나, 만약 당신이 모방하기를 억누를 수 있게 된다면, 당신은 사회적으로 성공하기 매우 어렵게 될 가능성이 높다. 당신은 다른 사람에게 당신이 싫어한다고 느끼게 만들 수도 있다. 즉, 당신은 자기 자신에게 동의하기 어렵게 만드는 것이다. 만약 당신이 군인이거나 혹은 CIA 요원이라면, 당신은 매우 미묘한 상황에서 협상해야 하는 경우에 그 사회적 행동을 조절하도록 훈련받을 수도 있다. [즉, 우리는 일부러 어려운 훈련을 받지 않고선, 상대를 따라서 하는 사회적 행동을 조절하기 어렵다.]

이 시점에서 우리가 여기에서 사용하는 **용어의 의미**를 간략히 언급할 필요가 있겠다. 단어, unconscious, nonconscious, 그리고 subconscious 등은 아마도 여러 과학 분야에서 다양하게 쓰이는 만큼, 서로 미묘하게 다른 의미를 가질 것 같다. 그럼에도 불구하고, 이 여러 단어들이 공통적으로 의미하는 것이 있다. 그런 것들의 작용(processes)이란, 우리가 의식적으로 알 수 없는 것들이다. 즉, 비록 그러한 작용들이 우리 행동에 어떤 영향을 미치더라도, 우리는 그것들에 대해서 명확히 말할 수 없다. 이런 식으로 예를 들어 설명하는 것은 위의 용어들에 대한 적절한 의미를 정의하는 것은 못 된다. [어쩌면 그 용어들에 대해서 지금 적절한 정의를 내릴 수 없을 수도 있다.] 적절한 의미란 과학의 발달과 함께 변화되기 때문이다. **의식적/무의식적 경우**

들에 대해서, 뇌과학은 그다지 발달되지 못해서, 우리가 무엇을 의식하거나 의식하지 못하는 경우에 어떤 일이 일어나는지를 명확히 말해주지 못한다.

엄밀한 정의를 내려줄 과학의 연구 결과를 기다리는 동안에, 우리가 지금 할 수 있는 일은 전형적인 경우들을 꼽아보는 것이다. 예를 들어, 일반적으로 동의되는바, 당신이 어떤 얼굴을 그것이 얼굴이라고 알아보는, 그 작용을 당신은 알지 못하며, 당신이 구토하려고 하거나 재채기하려고 한다는 것을 스스로 알게 해주는 그 작용을 당신은 알지 못한다. [즉, 뇌에서 어떤 작용이 있어서 자신이 알게 되는지를 의식적으로 알지 못한다.] 당신이 구토하려고 하거나 재채기하려고 한다는 것을, 당신은 그저 알 뿐이다. 당신은 자신이 깊은 수면에 빠져들 경우에, 혹은 혼수상태에 또는 식물인간 상태에 들어갈 경우에, 여러 감각자극을 의식적으로 알지 못한다. 당신은 자신이 잠에서 깨어났을 때, 여러 사람들의 얼굴을 본다는 것을 알며, 이상한 냄새가 난다는 것을 의식적으로 안다. 누군가가 자신을 부적절하게 말한다는 것을 당신이 알게 되는 그 작용을 당신은 알지 못한다. [뇌 내부의 어떤 과정으로 인해서 자신이 무엇을 알게 되는지를 우리는 아직 명확히 말할 수 없다.] 그러므로 비록 당신이 내가 무의식, 의식 이하, 비의식 등을 구분하여 말해주어야만 한다고 여기더라도, 우리의 목적을 위해서, 그것은 마치 쥐덫을 잘 닦는 일과 같다. 즉, 그 일이 반드시 필요한 것은 아니다.

당신의 무의식이 말하는 주체이다

당신이 가장 최근에 대화하던 순간을 떠올려보라. 자신이 했던 말에서 어떤 단어를 사용했는지를 의식적으로 지적해낼 수 있는가? 그리고 당신은 자신이 말했던 문장의 구조와 어순 그대로 다시 의식적으로 재구성할 수 있는가? 당신은 자신의 말을 듣는 사람들의 기분을 거슬린다고 알고 있던 말을 회피하려고 의식적으로 노력하였는가? 거의 확실히 말하건대, 그렇지 않았다. 보통의 대화는 의식하지 못하는 메커니즘의 안내에 따라서 이루어진다. 말을 할 때 무의식적으로 말하려 의도한 것만을 오직 당신은 정확히 의식할 수 있다. 당신은 자신이 대화하는 사람에 따라서, 즉 어린이, 대학 교수 동료, 학생, 혹은 학장 등에 따라서 말을 바꾼다. 당신은 아마도 그것을 거의 대부분 의식적으로 실행하지 않는다.

역설적으로 말해서, 일상적으로 우리는 말하는 것을 의식적 행동이라고 여긴다. 즉, 말이란 대표적으로 우리가 책임져야 할 행동이다. 확실히 말해서, 말을 하려면 의식을 가져야만 한다. 그러니까 의식이 없는 깊은 수면 중에 혹은 혼수상태에서 당신은 누구와 대화를 하지 못한다. 그럼에도 불구하고, 자신의 말을 밖으로 발화하기 위한 활동은 의식적 활동이 아니다. 말을 할 수 있으려면 고도의 훈련된 기술이 요구되지만, 그 기술을 습득한 후에도 당신은 정확히 무엇을 말할지, 그리고 어떻게 말할지를 알기 위해서 무의식적 지식에 의존해야 한다.

프로이트(S. Freud)는, 비록 정신분석(psychoanalysis)을 창안한 인물로 우리에게 가장 잘 기억되는 인물이긴 하지만, 신경증(노이로제)을 치료할 수 있다는 그의 의도적인 생각보다 훨씬 더 중요하다고 논의될 만한, '의식에 관한 이론'을 내놓기도 하였다. 젊은 시절의 프로이트는 신경학자였으므로, 중풍에 의해서 혹은 다른 형태의 뇌손상에 의해서 보여주는 언어능력의 상실(실어증(aphasia))을 전문적으로 연구하였다. 그러한 연구를 하던 중에 프로이트는 이렇게 생각하게 되었다. 우리가 서로 대화를 나누거나 강의하거나, 혹은 인터뷰를 할 때,

우리는 우리가 말하려는 것이 무엇인지를 의식한다. 그렇지만 단어의 선택과 그 단어로 문장과 논증을 구성하는 것은 모두 무의식 작용에 의해 조정된다. 우리는 우리가 말하려는 것의 일반적 요지를 의식적으로 알지만, 그 세부적인 사항들은 무의식적 뇌의 작용으로부터 나온다. 대부분의 경우에, 그 "일반적 요지"가 무엇인지를 우리는 단어로 명확히 말할 수 없다. 그것은 단지 모호한 이미지와 같은 것으로 우리에게 떠오를 뿐이다. 이따금 우리는 자신이 말하려는 것이 무엇인지를 기껏해야 어설프게 알 수 있기도 하다.

　당신도 인식했겠지만, 만약 당신이 다음에 무슨 말을 할지를 의식적으로 정확히 대비하려고 말을 멈출 경우, 갑자기 말문이 막혀버린다. 그러면 당신은 결코 정상적인 모습으로 말하지 못하게 된다. 나는 이따금 다음과 같은 경험을 하면서 놀란다. 내가 강의에서 말하려는 것을 일반적 개요로만 알고 있다면, 내 말은 그냥 유창하게 쏟아져 나오며, [세부적으로 준비하면 오히려 유창한 강의가 어렵게 되므로] 어느 정도 그렇게 해야만 하며, 단어 한마디 한마디를 계획하는 것은 나의 무의식적인 뇌가 나를 위해 준비시켜준다. 내가 최초로 공개 강의를 했을 때, 나는 과도한 준비를 의도했고, 정확한 문장을 기억하려고 노력했다. 그 결과 그 강의는 최악이 되었다. 내 말은 굳어지고 유창함을 상실했다. 실제로 그러했다. 그 이후로 나는 나 자신을 신뢰하기로 마음먹고, 내가 알고 있다고 믿는 지식, 즉 말해야 하는 요점을 표현해보았더니, 단어들이 저절로 나왔고, 그것도 대부분 맘에 드는 형태로 흘러나왔다.

　나는 이제 무의식적 뇌의 역할이 무엇인지 알기에, 내가 강의할 때 보여주는 놀라운 나의 능력이 어떤 것인지를 이해하게 된다. 다행스럽게도 나는 완전히 부적절하거나 맥락에서 벗어나는 말을 결코 하지 않는다. 비록 내가 친구들과 있을 때는 악담을 섞는 습관이 있어, "살벌한 이것" 그리고 "살벌한 저것" 등을 말하지만, 내가 강의할 때는 "살벌한" 무엇에 대해서도 결코 말하지 않는다. 심지어 강의 중에 나는 남을 비방하는 어떤 말을 떠올리는 것조차 하지 않는다. [그러므로 나는 이렇게 말하고 싶다.] 당신의 무의식적 뇌를 흔들어 깨워라.

많은 사람들도 말할 때의 그러한 경향을 알고 있을 것이다. 그렇지만 프로이트는 흥미로운 질문으로 나아갔다. 그러한 무의식 처리 과정이 심적(mental)인가? 그는 그렇다고 생각했다. 어떤 의도(intention)가 무의식적이며 동시에 심적인 것이라는, 프로이트의 1895년 주장은 사람들을 열광케 하였다. 왜냐하면 1890년대에, 대부분의 일반적인 사람들과 마찬가지로, 많은 과학자들은 이원론자였기 때문이다. 간단히 말해서, 그들은 이렇게 믿었다. 개 짓는 소리를 듣거나 후지산에 대해 생각하는 것과 같은, 심적 상태들은 비물리적 영혼의 상태이며, 물리적 뇌의 상태가 아니다. 그러므로 결국 그것들은 심적 상태들이다.

프로이트의 신경학 연구원들은, 말할 수 있게 해주는 작용이 뇌의 작용이라는 의견에 동의하였으며, 그러한 이유에서 그들은 그러한 작용이 심적이 아닐 수 있다고 주장하였다. 심적인 것이 아니라면, 그러한 작용은 생물학적으로 이해될 수 있으며, 따라서 그것은 지성적 문제 해결과 같다기보다 반사작용에 가까운 것이었다.

프로이트는 자신의 주장에 대한 기초를 이렇게 마련하였다. 말을 하도록 해주는 작용이 심적이면서도 동시에 물리적이라고 그가 생각했던 한 가지 이유는 이렇다. 당신과 내가 대화를 하고 당신이 특별한 문장을 발화하려는 순간에, 짐작되는바, 당신은 스스로 말한 것을 말하려 의도는 했지만 아직 그 문장을 첫 번째로 자신의 의식적 마음 안에 형식화하지 않았고, 그래서 그것을 말로 내놓지 않았다. 그러므로 어떤 의미에서, 그 의도는 무의식적이다. 그렇지만 당신이 논평하는 경우는 (누군가 당신 뒤로 살금살금 다가와 갑자기 큰 소리로 말할 때, 명확히 드러나는, 놀라는 반응과 같은) 반사작용과는 전혀 다르다. [즉, 이 경우에 당신의 의도는 의식적 과정일 것이다.]

프로이트 시내의 관습적 지혜에 따르면, 무의식을 설명하기에 적절한 어휘는 뉴런(neuron), 반사작용(reflex), 원인(cause) 등과 같은 단어들을 포함하여, 의도(intention)와 이성(reason) 등과 같은 단어들을 포함하는 용어들 역시 심적인 현상들을 설명하기 위해서 사용되었다. 그리고 그 두 쌍의 용어들은 결코 서로 만나서 어울릴 수 없었다. 뇌는 이성적일 수 없지만, 마음은 이성적일 수 있다. 뇌는 뉴런을 가지지만, 마음은 그렇지 않다. 당시의 관습적 관점에 따르면, '무의식적 지각 혹은 생각 혹은 의도'라는 그 생각 자체가 역설적이다. 그것은 사람들에게 납득되기 어려웠다. 왜냐하면 그것은 당시의 관습적 견해를 따르지 않는 언어 사용이기 때문이다. 프로이트는 이것을 더 깊이 생각해보았다. 말을 지원하는 작용은 (놀라는 반응이 반사적 작용인 것처럼) 조금도 반사적이지 않다. 그 작용은 똑똑하며, 적절하고, 의도적이다. 그 작용은 무의식적이다. 그리고 그것들은 뇌의 상태임에 틀림없다. 왜냐하면 그것이 그런 상태 이외에 무엇일 수 없었기 때문이다.

프로이트는, [자신의 스승인] 헬름홀츠와 마찬가지로, 심적인 것과 생물학적인 것을 대비하는 이원론이 그릇되었다고 인식하게 되었다. 이원론의 반대편에서 숙고해보면 데카르트 이래로 이원론을 괴롭혀온 모든 문제들이 드러난다. 그 문제는 2장에서 이미 논의되었듯이, 다음과 같은 의문들이다. 물리적인 것과 영혼적인 것 사이에 관계는 어떤 본성을 가질까, 즉 그것들이 서로 다른 것에 어떻게 인과적인 영향을 미칠 수 있을까? 만약 영혼이 물질이 아니며, 그래서 공간적 연장(길이)도 가지지 않고, 물리적 힘의 장(force field)에 놓여 있지 않다면,

이 모든 속성들을 지닌 뇌가 어떻게 그러한 실체와 인과적으로 상호
작용할 수 있겠는가? 더구나, 다윈의 진화론을 고려하여 생각해볼 때,
영혼은 어디에서부터 출현된 것인가? 영혼은 언제 육체로 들어가며,
어떻게 그렇게 할 수 있는가? 뇌에 영향을 주고받는, 영혼이란 존재가
어떻게 물리학에 어울릴 수 있어서, 에너지 보존의 법칙과 운동량 보
존의 법칙에 적용될 수 있겠는가? 기억이 비물리적 영혼의 일부라면,
뇌가 피질조직을 상실할 경우에 기억은 왜 소멸되는가?

프로이트의 생각을 재구성하고 단순화시켜보면, 이렇게 생각할 수
있다. 프로이트는 우리가 심적인 것이라고 말하는 것이 사실은 신경
생물학적인 것임을 알아챘다. 아무리 이러한 생각이 우리의 직관을
밀쳐내더라도, 그러하다. 그는 무의식적인 추론, 의도, 생각 등을, (예
를 들어, 남의 말이 특정 의미를 가지는 것으로 알아듣는 것처럼) 복
잡한 지각과 (예를 들어, 의도적으로 그리고 목적을 가지고 말하는 것
처럼) 복잡한 운동 활동으로, 설명하도록 촉진될 필요가 있다고 이해
했다. 더구나 그는, 결국에 우리가 필요한 것은, 의식적인 것과 무의
식적인 것 모두를 아우르는, 단일하고 통합된 용어라고 추정했다. 궁
극적으로, 아주 장기간에 걸쳐서 "궁극적으로" 이루어질, 그러한 용어
는 뇌와 행동에 대한 과학의 발전을 변영시킬 것이다.

프로이트의 입장을 고려해보면, 그때까지는 (당시가 1895년임을 고
려할 때) 뇌과학이 거의 발달하지 않았으므로, 사람들은 당시에 가지
고 있던 용어로 어떻게든 설명해보아야 했다. 그는 뇌와 행동 과학을
아우르는 용어가 무엇일지 본질적으로 전혀 알 수 없다는 것을 인식
했다. 그의 결론은 이러했다. 우리가 아는 것, 즉 결함이 있으며 오해
를 키우는 용어인, 의도, 이성, 믿음 등등으로, 무의식 상태를 기술하
는 것 이외에 달리 방안이 없다. 그러므로 우리가 가진 과학으로 해명
해야만 한다는 인식을 갖는다면, 그것이 바로 우리가 무의식적 의도

(unconscious intention)라고 말함으로써, 의도를 넘빌한 형태로 규정하는 장점을 볼 수 있다. 이것이, 짧은 문구로 프로이트가 자신의 동료들에게 제시했던 논증이다.

이런 문제와 관련하여, 헬름홀츠와 프로이트는 당시에 전성기를 누렸으며, 그들의 통찰로부터 새로운 문제가 등장하였다. 무의식적 의도를 의식적인 것으로 만들어주는 메커니즘이 무엇인가? 이 문제에 대해서 프로이트는 사색해보았고, 그는 놀라울 정도로 현대적인 방식으로 생각하였다. 그의 생각에 따르면, 감각 지각(sensory perception)에 대해서는 의식적인 것으로 되도록 하는 어떤 무의식적 의도가 필요치 않다. 그보다 감각 처리 과정의 결과는, 뇌가 조직화된 방식에 따라서, 의식적인 것이 된다. 만약 당신이 눈을 뜬다면, 당신은 얼굴, 개, 자동차 등등을 의식적으로 재인할(알아볼) 것이다. 만약 자동차 엔진 소리를 경청한다면, 당신은 그 소리를 들을 수 있다. 만약 당신이 까마귀의 소리를 경청한다면, 그것을 들을 수 있다. "아, 그래요. 저것이 윈스턴 처칠의 얼굴입니다"라는 것을 인식하기 위해서, 어떤 의식적인 작용도 (어떤 방식으로든) 필요치 않다.3)

그렇더라도, 프로이트는, 여러 착상들 중에서, 사람들이 의식을 가지려면 "언어 그물망(language network)을 통과해야"만 한다고 추정했던 것 같다. 그가 추정했던 모델은 바로 말하기이다. 나는 내가 말할 때에 말하고 싶었던 것을 정확히 알고 있어야만 한다. 마찬가지로 나는 내가 (마음속으로) 혼잣말로 말할 때에 내가 생각한 것을 반드시 알아야만 한다. 이렇게 프로이트는 의식적 사고를 위해서 언어 그물망이 필수적이라고 잘못 생각했던 듯하다. 최종적으로 밝혀진바, 엄청나게 많은 의식적 사고가 (감각, 동기, 정서, 동작 등의 이미지들과 같은) 이미지 형식을 취할 수도 있다.

모든 추론적 사고가 언어 같은 형태를 갖는 것은 아니다. 우리는 까마귀와 코끼리 같은 지능을 가진 동물들이 여러 문제들을 해결하는 행동을 보고 그렇다는 것을 이미 알고 있다. 다이애나 라이스(Diana Reiss)가 실험적으로 보여주었듯이, 코끼리는 거울 속에 자신을 비춰볼 줄 알며, 돌고래도 그러하다.4) 번 하인리히(Bern Heinrich)는 까마귀가 새로운 다단계의 문제를 단 한 번의 시도만으로 해결할 수 있음을 보여주었다.5) 그렇게 동물들은 무언가를 파악할 줄 알고 있으며, (내 책에 따르면) 그것이 바로 생각하기이다. 주장컨대, 복잡한 의식적 이미지들(즉, 비언어적으로 사고하기)이 "언어 그물망을 통과하는"[즉, 언어적으로 사고하는] 것들보다 더 근본적인 생각하기이다. 물론, 만약 당신이 생각하기를 "언어로 이루어져야만 하는" 것이라고 독단으로 규정하고서, 그러므로 생각하기 위해서 언어가 필요하다고 추론할 수도 있지만, 그것은 하나 마나한 논증이다. 그런 식의 생각은 우리를 질리게 만든다.

사고하기와 문제풀이가 언제나 언어에 의존하는 것이 아니라는 주장을 신뢰하게 하는 다른 이유가 있다. 언어를 배우기 이전의 어린이들은, 감각 이미지와 동작 이미지에 의존하여 (예를 들어, 장난감이 어디에 숨겨졌는지 등의) 여러 문제를 해결하고 추론할 줄 안다. 물론, 언어 습득과 함께, 어린이들의 사고는 더욱 복잡해져서, 방언의 복잡성까지 반영하여 생각할 줄 알게 된다. 마침내 그들은 말을 자제할 줄도 알게 되며, 어린이의 은밀한 언어는, 감각 이미지와 운동 이미지와 더불어, 자신의 의식적 사고의 일부를 구성하게 된다. 그리고 물론 프로이트가 올바르게 믿었듯이, 이 모든 것들이 뉴런에 의해서 수행된다. 뉴런들은 그물망을 이루어 공동으로 복잡한 일을 수행해낸다.

나는 또한 프로이트가 '언어'와 '다른 형태의 행동' 사이에, 적절하다기보다, 더 엄격한 구분을 지었다고 짐작한다. [그렇지만 과연 그러한 예리한 구분이 옳을지, 나는 아래 예를 통해서 의심해본다.] 만약 당신이 하키나 농구와 같은 빠른 경기를 하고 있다면, 당신은 아마도 다음 동작을 하기 전까지 어떤 동작을 해야 할지를 모를 수 있다. 당신은 그저 대략적인 의도만을 가질 것이다. 또한 내가 수프를 만드는 중에도, 나는 그 안에 무엇을 넣고 끓일지 대략적인 의도만을 가질 뿐이다. 나는 냉장고와 찬장의 내용물에 따라서 요리를 진행하면서, 다른 양념 같은 것들을 수프에 첨가하는 것으로 마무리한다. 추정컨대, 당신은 아마도 내가 완성할 때까지 어떤 수프를 만들려고 했는지 알지 못한 채 진행했다고 말할 수도 있다.

그렇다. 언어는 인간의 인지에 중요한 요소이다. 그렇지만, 댄 데넷(Dan Dennett)과 같은 일부 철학자들은, 뇌의 전망에서, 그 중요성을 과장하는 측면이 있다. 비록 데넷이 프로이트처럼 사고와 언어 사이의 관련성을 제안하기는 하지만, 그는 그 관련성을 의식적 경험의 모든 측면에까지 확장시켜 주장한다. 예를 들어, 데넷은 오직 언어를 지닌 것들만이 실제적으로 의식을 갖는다고 길게 논증한다.

> 나는 마침내 나의 『설명된 의식(*Consciousness Explained*)』(1992)에서 이렇게 논증한다. 우리 인간이 지닌, **의식을 위해 가장 중요하게 필수적으로 앞서 갖추어만 하는**, 그런 종류의 정보 통합은 우리가 그 능력을 가지고 태어나는, 즉 우리가 선천으로 "뇌에 내재한(hardwiring)" 것이 아니라, 인간 문화에 녹아 있는 엄청난 규모의 인공물이다.[6]

여기에서 언급되는 인간 문화의 부분은, 그가 명확히 언급한 바에 따르면, 바로 언어이다. 그런 주장은 다음의 확신에 근거한다. 의식은 이야기를 하기 위해서 필수적이며, 그리고 이야기를 할 수 있기 위해서 우리는 언어를 갖추어야만 한다. 의식을 지니기 위해 필수적인 인지기관에 대해 데넷은 이렇게 주장한다. "그것은, 하나의 종(specie),

즉 우리 종에서 순식간에 성취되며, 다른 종에서는 그렇지 못한, 하나의 조직화이다."[7]

이렇게 말하는 중에, 데넷은 삼가 표현하는 부류의 사람은 아니다. 그의 말은 그가 말한 것을 그대로 의미한다. 그의 말은, 언어를 지니지 못한 동물은 의식을 지니지 못한다는 것을 의미한다. 그것도 언어를 갖지 못한 인간도 포함해서 말이다. 1992년에 그는 이렇게 논증하였다. [인간의 뇌가] 언어를 획득하게 되면 의식을 위한 뇌로 개편된다. 이런 주장은 매우 강하여, 따져볼 필요가 있다. 왜냐하면, 신경과학이 지금까지 이런 주장을 지지하는 어떤 증거도 내놓지 않았기 때문이다. 그러한 확신을 갖는다는 측면에서, 데넷은 다음 신경과학자들과 완벽히 대조된다. 안토니오 다마지오(Antonio Damasio), 자크 판크셉(Jaak Panksepp) 등은, 우선적으로, 인간은 물론 다른 포유류들도 정서, 배고픔, 통증, 분노, 차가움과 더움 등을 경험한다고 본다.[8]

이 쟁점은 다음 장에서 다시 논의될 것으로, 거기에서 우리는 어떤 뇌의 작용이 의식을 가지게 해주고 조절하는지를 이해하는 발전적 논의를 해볼 것이다. 데넷의 생각을 회의적으로 바라보는 단초의 씨앗을 볼 수 있게 하기 위해서, 나는 여기에서 판크셉의 논점을 보여주려 한다. 판크셉은 신경생물학적 접근법으로 여러 종류의 포유류들의 뇌활동을 연구하였으며, 그 연구는 인간의 뇌에 대해서, 깨어 있을 때, 깊은 수면 중에, 꿈꾸는 중에, 혼수상태에서, 발작을 일으키는 중에, 마취 상태에 있을 때에, 주의집중 중에, 그리고 의사결정을 하는 중에 등등의 다양한 경우들에 대한 연구도 포함하였다. 다양하게 변화하는 상태의 여러 포유류들의 뇌들에서 상당한 정도의 유사성이 드러난다면, 의식의 기초가 그렇게 다양한 포유류 종들에 대해서도 (인간이 획득하는 유사성으로) 발견될 가능성이 있다. 새들의 뇌는 그 조직에서 약간 다르므로, 이러한 방식으로 추적 연구되기 어렵다.

판크셉이 요약하듯이, 쟁점은 이렇다. 의식을 가지려면 언어 습득이 필수적이며, 다른 방식으로는 불가능하디. 만약 당신이 의식을 갖지 못한다면, 사람들이 비의식적일(nonconscious) 수 있는 다양한 방식들로, 당신은 (언어는 물론이고) 상당히 많은 어느 것들을 학습하지 못할 것이다. [역자: 과연 이러한 주장 혹은 관점에 우리가 동의할 수 있을지 다음에서 살펴보자. 이 쟁점을 탐구함에 있어, 우리가 언어와 무관하게 무엇을 배울 수 있을지 살펴보는 것부터 필요하다.]

습관 형성

습관은, 당신의 여러 의식적, 무의식적 뇌 활동들이 고스란히 통합되는, 또 다른 방식이다. 습관이 형성됨으로써, 젖소에서 우유를 짜는 등의 많은 일들이 당신의 의식적 뇌로부터 당신의 무의식적 뇌로 전환되며, 그럼으로써 당신은 아주 효과적인 방식으로 이 세계를 살아갈 수 있다. 물론, 당신은 젖소에서 젖을 짤 때 의식적이어야만 한다. 내 말은 단지 숙련된 젖 짜는 사람이 초보자보다 그 일에 훨씬 덜 집중하면서도 일을 잘해낸다는 의미이다. 습관 형성이란 하나의 은총이다. 당신은 습관 형성을 위해 많은 분야에서 고군분투한다. 예를 들어, 골프를 치면서, 자전거를 타면서, 기저귀를 갈아주면서, 그리고 완두콩을 까면서. [어떻게 하면 더 정확하고 쉽사리 그러한 일들을 더 잘할 수 있을지 노력한다.] 습관 형성은 당신의 의식적 마음이 다른 방식으로 작동할 수 있도록 해주기도 한다. [즉, 무의식적 습관이 의식적 활동에까지 영향을 미친다.]

습관을 가짐으로써 특정 행동들이 자동화된다는 것은, 그만큼 당신이 삶을 더 부드럽고 정교하게 영위할 수 있게 되는 것과 같다. 당신은 어린 아기 시절에 습관을 형성함으로써, 사회적 세계 내에서 혼자서도 잘 살아갈 수 있게 되었다. 이제 당신은 "실례해요" 그리고 "고마워요"란 말을 하기 위해서 특별히 생각할 필요가 없으며, 공공장소에서 방귀를 뀌지 않기 위해서, 혹은 볼꼴 사나운 사람을 말끄러미 쳐다보지 않기 위해서, 특별히 생각할 필요가 없다.

숙련된 입담꾼들은 어떻게 "대화에 끼어드는지"를 알며, 그들은 매번 그것을 의식적으로 파악하려 할 필요가 없다. 숙련된 배우들은 별로 노력하지 않고서도 "역할에 몰입한다." 숙련된 자동차경주 선수들은 너무 많이 생각하지 않는 것이 핵심이라고 말한다.9) 당신이 어떤 숙련된 활동을 성공적으로 수행해내면, 즉 청중들 앞에서 피아노로 바흐의 변주곡(Bach partita)을 연주해내는 경우에, 당신은 이런 느낌으로 말한다. "그게 바로 나야! 내가 해냈어." 그렇다. 그 일을 해낸 것은 바로 당신과 당신의 무의식과 의식, 모두의 작용이다. 당신의 무의식적 습관은 정말로 당신의 일부분이다. 당신은 무의식적 습관에 항상 의존한다. 즉, 당신은 그런 습관이 부드럽게 작동하여 일을 잘 수행해낼 경우에 편안해진다.

어떤 무의식적 습관에 대해서 우리는 좋아하지 않기도 한다. 예를 들어, 과거에 있었던 일이 떠오르며, 지난번에 말했어야 했는데, 다음에 말해야지 등등이 머릿속에서 맴돌며 떠오르고 또다시 떠오르며 자꾸 생각나는 경우에 그러하다. 심지어 그런 생각들이 부질없다는 것을 잘 알고, 옛날 일을 다시 떠올리지 않기로 의식적으로 결심하고 나서도, 요리를 하거나 일터로 가기 위해서 운전하는 중에도, 그 사건의 기억에 대해서, "~했어야 했고, 할 수 있었고, 했을 텐데"라는 식에다가 공상까지 덧붙여져서, 계속 따라다닌다. 우리의 무의식은 이따금 우리를 성가시게 하기도 한다.

반면에, 일부 무의식적으로 조절된 습관이 의식적 노력에 의해서 변화되기도 한다. 당신은 자신의 어떤 동료가 모임에서 장황한 말을 늘어놓는 경우에 강한 부정적 정서를 가지고 반응하는 경향이 있다는 것을 알아챌 수 있다. 나는 한때 이런 생각을 해보았다. 당신이 누군 가에 대해서 짜증나는 경우, 이렇게 조절할 수 있다. 직장 동료가 단 조로운 이야기를 계속 늘어놓을 경우, 그를 당신 앞에 놓인 작은 벌레 라고 상상해보아라. 그리고 천천히 의도적으로 그것을 잡아서, 마치 당신이 실제 벌레를 실제 유리컵에 넣듯이, 그의 앞에 놓인 물 컵에 넣는 상상을 한다. 나는 이런 방법을 시도해보았고, 완전히 조용히 앉 아 있는 동안, 지루한 연설을 성공적이며 즐거운 마음으로(흡족한 마 음으로) 넘길 수 있었다. [무의식적으로 짜증이 나는 경우에 이처럼 의식적 노력으로 조절하는 것이 가능하다.]

매우 자동적으로 실행될 수 있는 습관과 기술을 익힌다는 것은 뇌 가 그렇게 하도록 관여하여, 시간을 절약하고, 에너지를 절약하도록 도와준다. 그 두 가지를 절약하는 것은 동물들에게 생존과 복지를 위 해 중요하게 도움이 될 수 있다. 지금의 당신 자신은, 의식적인 일과 무의식적인 일 모두가 면밀히 직조됨으로써(interweaved, 서로 얽힘으 로써) 살아간다.

나 그리고 무의식적인 뇌

나는 호기심에 이렇게 의문을 갖는다. 현재의 나는 그러한 모든 무 의식적인 것들을 포함하는 나인가? 아니면, 오직 의식적인 것들만을 포함하는 나인가? 내 생각에, 나의 뇌는 의식적 작용 이상으로 훨씬 더 많은 뇌 활동을 포함한다. 뇌의 여러 의식적, 무의식적 활동들은 매우 상호 의존적이며, 서로 얽혀 있으며, 통합된다. 잘 조율된 무의식적인 활동들이 당신의 의식적 생활에 잘 맞춰지지 않았다면, 당신은 지금의 당신이 아닐 수도 있었다. 그렇지만 당신은 그러한 무의식적인 활동을 위해서 의식적으로 생활하지는 않는다. [만약 무의식적 활동이 의식적 활동에 잘 조율되지 못했다면] 예를 들어, 당신은 자신의 자전적 과거의 특정한 일을 기억하지 못할 수도 있다. 당신은 "차갑고도 차가운 심장"이란 말이 어떤 의미인지, 혹은 엘리자베스 여왕이 누구인지를 알지 못할 수도 있다. 당신은 말과 코끼리를 구별하지 못할 수도 있다. 왜냐하면 그러한 능력은 학습된 구분법과 그 학습된 내용의 무의식적 기억 회복에 의존하기 때문이다. 당신은 자신과 자신이 아닌 것을 구분하지 못할 수도 있다.

당신의 의식적 뇌는 당신의 무의식적 뇌를 필요로 하며, 그 반대도 성립된다. 당신의 의식적 생활의 성격과 특징은 당신의 무의식적 활동에 의존한다. 그리고 물론 의식적 사건은 거꾸로 무의식적 활동에 영향을 미칠 수 있다. 예를 들어, 만약 당신이 할머니 집 모양을 의식적으로 기억하려 노력한다면, 이런 노력이 무의식적 기억 회복 작용을 촉발한다. 그래서 갑작스럽게 당신은 거실의 벽난로와 그 옆쪽에 있었던 식당에 대한 생생한 시각적 이미지를 떠올릴 수 있게 된다.

언젠가 내 친구 콜린(Colleen)은 여행 중에 운전하는 지루함을 달래기 위해서 책을 읽어주는 테이프를 듣고 있다가, 자기 집으로 들어서는 마지막 골목길을 찾지 못했으며, 더 충격적인 것으로, 바로 30분 전에 들었던 그 책 내용의 사건들을 자신이 전혀 기억하지 못한다는 것을 알았다. 그녀는 어쩔 수 없이 다른 길로 들어서야 했는데, 그러다가 앞차의 브레이크 등이 들어와 자신도 브레이크를 밟는 반응을 하던 중에, 갑자기 올바른 길을 찾아내었다. 어떻게 그럴 수가 있었는가? 그녀는 마침내 자기 집 앞에 이르렀고, 그 책, 『추운 나라에서 온 스파이(The Spy Who Came In from the Cold)』의 구체적인 내용들도

278

기억할 수 있었다. 그런데 그녀는 자신이 집으로 돌아온 길의 경로를 전혀 기억해내지 못했다. 그녀는 무의식적으로 운전하였던가? 분명히 그렇지는 않았을 것이다. 대부분 사람들이 그러하듯이, 그녀의 의식 집중은 운전하고 그 이야기를 듣느라 정신이 오락가락했으며, 그런 결과로 나중에 그녀는 그 이야기에 대해서 거의 기억하지 못했던 것이다. 그러므로 그녀는 아마도 운전하는 내내 무의식적이지는 않았으며, 약간은 무의식적이기도 했을 것이다.

당신은 가족들과 잡담을 나누는 토요일 아침에 혹은 어느 여름 저녁 모닥불 주위에 둘러앉아서, 긴장이 이완되고 아무 생각 없이 자발적으로(무의식적이며 자동적으로) 반응할 때, 그러한 당신이 바로 실제의 당신이라고 느낄 수 있다. 그런 경우에 당신은 경계하거나 주의할 필요가 전혀 없다. 그때에 당신이 바로 당신 자신일 수 있다. 놀랍게도 어쩌면, 심지어 당신이 이야기하고, 웃고, 몸짓을 하는 등등의 경우에서, 당신의 자발성(spontaneity, 자동적 행동)은 전적으로 당신의 무의식적 뇌에 의존하여 나온다. 그러므로 집 안에 있는 토요일 아침의 **당신**, 즉 바로 그 **실제적인** 당신은 자신의 여러 무의식적 활동들에 깊게 뒤엉킨다. 당신은 고도로 통합된 덩어리이며(그렇지만 언제나 고도로 조화되지는 않는), 여러 의식적, 무의식적 상태들이 결집되어 당신의 행동을 구성하는 덩어리이다. [그렇게 무의식과 의식은 명확히 구분되기 어렵다.]

무언가가 당신을 충격적으로 재미있게 만들어주면, 당신의 기분은 어쩔 수 없이 상승되면서, 당신은 웃게 된다. 서로 다른 사람들은 서로 다른 것에서 재미를 발견하며, 당신이 신경생물학적으로 이해하지 못하는 어떤 방식으로, 당신이 재미있다고 생각하는 것은 당신 자신(즉, 당신에게 최근에 우연히 일어났던 다양한 사건들은 물론, 당신의 나이, 당신의 과거의 여러 경험들, 당신의 개성 등)을 반영한다. [영국의 한 시트콤] 『폴티 타워스(*Fawlty Towers*)』 단막극에서, 배우 존 클리즈(John Cleese)는 자신의 똥차 때문에 몹시 속상해서, 근처 나무에서 가지를 떼어다가 자기 차를 때린다. 그러자 청중들이 웃음을 터뜨린다. 당신 자신에게 물어보라. 정말로 웃음이 나왔냐고. 당신은 이것이 재미있다고 의식적으로 결정했는가? 거의 분명히 말하건대 그렇지 않았다. 무엇이 그 장면을 웃기게 만들었는지 당신이 말할 수 있기 전에, 이미 당신은 웃기 시작했다. 만약 당신이 의식적으로 웃자고 결정했다면, 그것은 강요이며 따라서 자발적으로 웃는 즐거움을 갖지 못하게 된다. 당신의 자발적 환희의 촉발은 당신의 무의식적 뇌에 의해서 시작되었으며, 게다가 그러한 뇌는, 당시 상황에서 그것을 보고 웃으면, 무례할지 혹은 부적절할지 혹은 위험한지 등에 민감하게 반응한다.

'나'와 '나 아님'의 구별에 대해서

당신이 나룻배를 타고서 항구의 부두에 있는 탑을 내다보는 중에, 그 나룻배가 매우 조용하면서도 미끄러지듯이 움직이기 시작한다면, 당신은 도크가 움직이며 자신은 정지해 있다고 잠시 착각할 수 있다. 물론, 그렇게 생각했던 착시는 어느새 제자리를 잡는다. 이러한 경험으로부터 우리는 다음과 같은 어려운 의문을 가지게 된다. 어느 쪽이 움직이는 것인지를 우리가 알게 해주는 뇌의 메커니즘은 무엇일까? 2장에서 살펴보았듯이, "무엇이 움직이는지" 문제를 해결하려면 신경학적인 많은 복잡한 이야기가 필요하다. 심지어, 예를 들어, 초파리(과일파리)가 바람에 날리는 가운데 날갯짓으로 착륙하려는 장소에 내려앉을 수 있듯이, 인간보다 아주 단순한 동물일지라도 움직이는 것이 무엇인지(나인지 아니면 저쪽인지)를 알아야 하며, 그렇게 해야 비행 방향을 조정할 수 있다. 쏜살같이 내닫리는 토끼를 잡아채야 하는 올빼미, 혹은 싸움꾼 순록을 끌어내리기 위해 협력하는 늑대 무리는 그보다 훨씬 어려운 문제를 풀어야 한다.

이 시점에서 자아/비자아(self versus nonself) 구분을 논의하려는 첫 번째 이유는 이렇다. "무엇이 움직이는지" 문제를 해결하는 일은 동물들의 신경계 진화에서 아주, 아주 기초적인 일이었다. 두 번째 이유는 이렇다. 만약 뇌가 "무엇이 움직이는지" 문제를 해결할 수 있으려면, 나와 나 아님 사이에 근본적인 구분을 할 수 있어야 한다. 다른 어려운 문제들에 대한 해결은 이 문제 해결에서부터 확장시켜 해결될 것이다.

자아/비자아 구분 문제 해결을 위한 기반은 이렇다. 뇌의 일부 영역에서 나온 동작 계획 신호(movement-planning signal)는 뇌의 감각 영역과 더 중심 영역으로 되먹임되어(looped back), 그 영역들로 "내가 이 방향으로 움직이려 한다"는 신호가 효과적으로 전달된다. 그래서 당신의 머리가 움직일 때 당신의 시각 시스템(visual system)은, 시각 운동 정보(visual motion)를 삭제하여, 자기밖에 아무것도 움직이지 않는다는 것을 알 수 있다. 만약 동작 계획 신호가 시각 시스템으로 전달되지 않았다면, 감지된 운동 신호는 나 아님의 운동으로 포착될 수도 있다. [즉, 내가 움직이면서 외부 대상이나 환경이 움직인다고 착각할 수 있다.] 그러므로, 나룻배가 미끄러지듯 움직일 때, 당신이 동작하려 하지 않았으므로, [자신이 움직이려 한다는 동작 계획 신호 또한 전달되지 않으므로] 당신의 뇌는, 자신이 아니라, 부두가 움직인다고 일시적으로 잘못 결론 내리게 된다. [물론, 나중에 여러 정보들이 수집되어 당신의 뇌는 사실상 배가 움직여 자신이 움직이고 있는 중임을 알게 된다.]

2장에서 논의되었듯이, 동작 계획 신호는 되먹임되어, 내-동작 신호가 복사되는 것이므로, 보통 원심성 복사(efference copy)라고 불린다. [역자: 중추신경계에서 나온 신호가 근육을 움직이기 위해 말초로 나가는 신호는 원심성(efferent) 또는 수출성(exporting)이라 불리며, 감각신호가 중추신경계로 들어오는 반대 방향 신호는 구심성(afferent) 또는 수입성(incoming)이라 불린다.] 이렇게 두(내가 움직임/저것이 움직임) 신호를 구분하는 일은 동물에게 다음과 같은 유리함이 된다. 그렇게 함으로써 동물들은 세계의 사건들을 더 잘 예측할 수 있으며, 그 결과 자기보존을 위해 상황을 더 잘 포착할 수 있다. 그 시스템의 논리는 이렇게 간단하지만, 원심성 복사 신호를 전달하는 뉴런들을 추적해 따라가는 일은 그리 간단치 않아서, 많은 의문들이 여전히 남아 있다.10) 지금의 맥락에서 주요 논점은 이렇다. 모든 이러한 운동의 원천을 구분하는 일은, 의식이 개입되지 않고서도, 성취될 수 있다. 당신은 의식적 사고 없이 그냥 그것을 안다.

나는 그것을 그냥 아는 행위자라는 입장에서 추가적으로 다음 의문을 갖게 된다. 그러한 나에게, 그 움직임의 결과가 예측되는가? 만약 그 결과가 전적으로 예측되지 않는다면, 나는 그 사건이 나에 의해서 일어나지 않았다고 생각하기 쉽다.11) 그 결과가 예측될 수 없는 한 가지 중요한 가능한 방식은, 그 사건의 시점이 안 맞는 경우이다. 즉, 그 사건의 결과가 과거 경험에 비추어 기대했던 것보다 너무 늦게 발생되거나 너무 일찍 발생되는 경우이다. 만약 당신이 당구에서 큐볼(흰색 공)을 맞추었는데 빨간색 공이 아주 늦게 구멍 속으로 떨어진다면, 당신은 자신이 한 행동이 빨간색 공을 떨어지도록 만들었다는 사실을 의심하게 된다.

[이것을 설명해주는 다른 예를 들어보자.] 당신은 스스로를 간지럽게 만들지 못한다. 왜 안 되는가? 그 대답은 이렇다. 당신의 뇌는 원

심성 복사를 만들어내며, 그 복사는 감각 시스템으로 되먹임되어, 그 간질이는 동작의 원천이 바로 자신임을 알게 된다. 우리가 그것을 어떻게 아는가? 여기 몇 가지 증거가 있다. 만약 당신이 어떤 장치를 고안하여, 당신이 손을 움직이면 깃털이 자기 발을 간질이도록 만들 경우에, 당신의 뇌는 그렇게 하는 것이 당신 자신임을 안다. 그렇지만 만약 당신이 그 장치에 시간 지연(delay)을 부여하여, 당신이 손으로 작동하는 것과 그 깃털이 작동하는 것 사이에 몇 초 시간을 지연시킨다면, 당신은 자신을 간질일 수 있다. (물론, 당신이 간지럼을 잘 타는 사람이기 때문일 수도 있지만, 그것은 다른 이야기이다.) 기본적으로, 그런 시간 지연이 있게 되면, 당신은 자신의 뇌를 속여서 그 동작이 자신의 것이 아니라고 생각하게 할 수 있다. 이것은 다음을 의미한다. 뇌는 "내-동작" 신호의 시간에 매우 민감하다.

당신이 "나는 우유를 사러 가야 해!"라고 큰 소리로 외칠 경우에, 동작을 계획하는 어떤 신호가 뇌를 떠나며, 동시에 감각 뇌(영역)로 되먹임되어, 그 소리의 원천을 알게 해준다. 당신이 "나는 우유를 사러 가야 해"라고 단지 **생각한다면**, 이것은 은밀한 발화(내적 발화)이다. 다시 말해서, 동작 계획 신호가 그 은밀한 발화의 원천에 관하여, 즉 그것이 **나임**을, 감각 뇌(영역)에 알려준다. 적지 않게, 그 메커니즘은 아직 알려지지 않은 여러 이유들로 인하여 실수하기도 한다. 그러므로 이따금 사람들은 "나는 우유를 사러 가야 해"라고 생각할 것이지만, 원심성 복사 신호가 없거나 혹은 적절한 시점에 일어나지 않는다면, 그는 자신의 생각이 실제로 **자신의** 것이라고 인식하지 못하게된다. 그럴 경우에 그는 곧바로, FBI 요원이 자신의 뇌 안에 송신기를 삽입하고서, 자신의 뇌에 음성을 송신한다고 믿을 가능성이 있다. 정신분열증(schizophrenia) 환자들에게 환청(auditory hallucinations)은 드물지 않게 일어나는 특징이며, 그것을 설명해줄 유력한 가설은, 당신이 바로 그러한 생각의 원천임을 알게 해주는, 바로 그 원심성 복사 메커니즘이 고장 난 때문임을 알려준다. 어쩌면, 그것은 시간 조절의 정확성이 요구되는 메커니즘이 부정확해서 일어난 것일 수도 있다.

'원심성 복사'와 '자아 의미'와의 관계에 대해서 신경생물학적으로 이해되자, 신경과학자 크레이그(A. D. (Bud) Craig)는 의식에 기초하는 메커니즘에 관한 가설을 탐구하게 되었다. 크레이그가 제시하는 바에 따르면, 뇌가 '저-밖의-동작' 대비 '내-동작'을 구분하기 위해서 원심성 복사를 이용하듯이, 원심성 폐회로에 의해서, 내 신체적 **변화**(즉, 신체적인 나)를 표상하는 심적 상태와, 내가 화가 날 경우에(즉, 심적인 나) 그 심적 상태를 아는 것과 같은, 내 **뇌의 변화**를 표상하는 심적 상태를 구분하는, 더 높은 추상적 차원의 기능들이 있다. 신체적인 나에 대한 나의 지식은 "내가 뛰고 있다" 혹은 "말하고 있다"는 등을 아는 것에 관련한다. 반면에 심적인 나에 대한 나의 지식은 "내가 느끼는 고통이 나의 고통이다", 혹은 "내가 느끼는 두려움이 나의 두려움이다" 등을 내가 알도록 해준다. 이런 기능은 나로 하여금 내가 무엇을 아는지를, 예를 들어, "징글벨(Jingle Bells)"이란 말을 내가 안다는 것을, 포착하게 해주며, 혹은 내가 관대한 사람인지 아니면 까칠한 사람인지를 포착하게 해준다.

정상적으로 생각해보면, 마땅히 다음과 같이 놀라운 생각을 하게 된다. 뇌의 일부는 뇌의 다른 일부가 무엇을 계획하는지를 알기 위해서, 그렇게 해주는 어떤 메커니즘이 필히 있어야 한다. 그렇다면, 정신분열증 환자에게서 나타나는 극적인 혼란스러움에 대해서, 우리는 혹시 그것이 그런 메커니즘의 고장 때문은 아닌지 생각하게 된다. 게다가, 많은 정신분열증 환자들은 자신들을 간지럽게 할 수 있을 것이라고 주장될 수도 있다. 또한 환청을 보여주는 환자는 원심성 복사 신호가 부정확한 시간에 전달되기 때문이라는 다른 단편적 증거도 있다.

그 원심성 복사 메커니즘의 기능장애는, 아마도 뇌 내부의 도파민 불균형 때문이며, 또한 이런 장애는 소위 다음과 같은 자동적 쓰기(automatic writing)라 불리는 관련 현상을 아마 설명해줄 것이다. 어떤 피검자는 글씨를 쓰고 있지만, 그는 무엇을 쓰려고 의도하지 않았기 때문에, 자신의 손은 다른 누군가에 의해서 조정당한다고 확신한다(쓰는 사람이 그렇다고 말한다). 그에게 종이 위에 쓰기 동작은 그냥 일어나는 작동이다. 어쩌면 그러한 쓰기 동작은 피검자 자신의 생각과 관념을 반영하지 않는다. 즉, 목적 있는 행동이 아니다. 그러므로 그런 행동은 어떤 혼백 혹은 외계인 혹은 유령의 조작임에 틀림없다고 생각하게 된다.

네가 한 것인가?

신경심리학자인 페터 브루거(Peter Brugger)는 루트비히 스타우덴마이어(Ludwig Staudenmaier, 1865년 출생)의 놀라운 이야기를 자세히 전한다. 스타우덴마이어는 종교적 배경을 가진 전문 화학자이며, 친구의 제안에 따라서 자동적 쓰기를 실험적으로 해보기로 하였다.12) 그 당시는 활기론(spiritualism)이 한창이던 때이며, 많은 사람들은, 혼백(spirit)이 그 손을 조절하는 동안에, 손으로 연필을 쥐면, 자신들이 죽은 친척들과 대화할 수 있다고 진지하게 믿었다. 혼백이 대화하기 위해서 왜 그러한 이상한 방법을 선택하는지 그 이유는 깊이 따져보지도 않았다. 아마도, 혼백이 기대보다 하는 것이 없다는 것을 모르지 않고서도, 자동적 쓰기를 시도하는 일부 사람들은 그 과정을 따라 해보기도 하였을 것이다.

처음에 스타우덴마이어는 그런 연습을 다소 재미로 시작하였지만,

나중에 그는 실제로 자신이 혼백이나 외계인과 정말로 대화하며, 그들이 자기 뇌를 조절하고, 자신도 놀랄 만한 기이한 생각을 쓴다는 등을 확신하게 되었다. 1912년에 출판된 그의 자서전에서 그는 그 처음 경험을 이렇게 회상했다.

며칠이 지나지 않아, 나는 이미 내 손가락 끝에서 연필을 왼쪽에서 오른쪽으로 비스듬히 움직이게 하는 것 같은 특별한 이끌림을 느꼈다. 그러한 느낌이 점점 더 명확해져갔다. 연필을 가능한 한 부드럽게 붙잡고 있는 동안에, 나는 이런 이끌림에 대한 생각에 집중하였으며 그렇게 이끌리도록 하였다. 나는 그러한 이끌림을 거들며 강화시키려 노력하였다. 그렇게 2주일이 지나자, 이러한 과정은 점점 더 쉽게 성취될 수 있었다.[13)]

혼백의 세계와 소통한다는 이러한 생각은 강한 호소력이 있었으며, 스타우덴마이어는 그 목적을 위해서 심지어 더 많은 시간을 들여 노력하게 되었다. 자동적 쓰기에 쉽게 빠져들 수 있게 된 지 그리 오래되지 않아, 그것은 자동적 듣기(automatic hearing)로 대체되었으며, 그리고 소통하기 위해서 자동적 쓰기가 더 이상 필요치도 않아서, 그 과정을 하지도 않게 되었다. 왜냐하면 그렇게 하는 것이 느리기 때문이다. 그의 기록에 따르면, 다양한 유령들과 외계인들이 자신과 대화하곤 했으며, 그는 그들에게 특별히 이름을 붙여주기도 했다. 맑은 정신 상태에서도, 그는 이러한 경험이 뇌 때문이라고 믿고 싶어 했는데, 왜냐하면 상당히 숙련된 화학자로서, 그는 그 목소리를 외계인으로 돌리는 자신의 기괴한 본성을 알아차렸기 때문이었다.

그럼에도 불구하고, 시간이 흘러도 계속해서 그 환영은 매우 강력해졌으며, 자신의 회의적 생각이 쇠퇴하였고, 그는 자신이 실제로 유령이나 외계인 등과 소통하고 있다고 믿는 쪽으로 기울어졌다. 그가 악마의 얼굴을 보려 하거나, 웃음소리를 듣고 싶어 히거나, 그것의 악취를 맡으려 하면, 시각과 후각의 망상들이 청각 망상과 더불어 나타났다. 그는 나중에 자신이 여러 물건들을 마음으로 움직일 수 있다는 확신까지 가지게 되었으며, 이따금 그는, 자신이 그렇게 마음으로 던져 올렸다고 추정되는, 여러 종류의 컵들이 하늘을 날아다닌다고 기록하였다. 마침내 그는 심한 망상증을 가지게 되어, 자신의 직장(rectum) 속에 폴터가이스트(poltergeist)가 있으며, 어떤 심술궂은 폴터가이스트는 그가 추위를 느낄 때 자신의 왼발로 오른쪽 발목을 강제로 걷어차게 만든다고 상상하였다. [역자: 폴터가이스트란 집 안에서 원인 모를 소리나 사건을 일으키는 요정을 말한다. 한국식으로는 냄비귀신 같은 것이다. 역자의 어린 시절에, 물을 끓이고 바닥에 내려놓은 냄비가 저절로 떨리는 것은 그것을 담당하는 귀신이 있기 때문이라고 일반적으로 믿어졌다. 사실은 냄비 안의 물이 식으면서 외부 공기가 뚜껑 틈새로 들어가면서 냄비를 떨게 만든다.] 원두당원(Roundhead)으로 알려진, 다른 폴터가이스트는 이따금 그의 입 안에 머물면서, 그가 얼굴을 찡그리고, 그가 의식적으로 억제하려는 것을 말하게 만든다. [역자: 원두당원, 즉 둥근 머리를 가진 당원이란 1642-51년 내란에서 왕당파에 대적하여 머리를 짧게 깎았던 청교도의 별명이다.]

스타우덴마이어의 증세의 전형적인 특징에 따르면, 그가 정신분열증에 걸렸다는 것이 가장 적절한 해석이다. 물론, 스타우덴마이어가 초기에 자동적 쓰기를 장난친 것이 망상을 일으키게 하였다고, 브루거는 생각하지 않았으며, 그보다 그 장난은 그 질병의 시작 단계의 징후처럼 보인다고 생각했다. 그렇지만 생각해보면, 그 장난이 훨씬 심각하게 그의 능력을 상실시키는 망상증의 전조라는 것은 성급한 생각이다. 브루거는 신경과학자였으므로 그 입장에서 보면, 스타우덴마이어의 사례는 특별히 매력적인 연구 주제이며, 따라서 그는 더욱 폭넓게 탐구하고 나서 이렇게 생각했다. (소리 나게 만드는) 유령과 (물건들을 움직이는) 폴터가이스트가 환자에게 나타난다는 것이 바로 자아-비자아 메커니즘의 기능장애를 보여주는 증거이다. 유령은 다름 아닌, 자신에게 알려지지 않은, 그 환자 자신이다. 그러므로 스타우덴마이어 자신의 목소리에 대해서 그는 악마의 것 혹은 유령의 것으로 잘못 귀착시키며, 사과가 방 안에서 날아다닐 때 그는 자신이 사과를 던지는 어떤 역할도 하지 않았다고 주장하게 된다. 그는 이렇게 말한다. "내가 아닙니다. 악마가 틀림없어요." 자기 활동을 남의 것으로 잘못 귀착시키는 것은 일반적으로 놀라우며 명확히 상상하기조차 어려운 일이다. 그렇지만 그런 일은 우리 자신의 무의식적 작용의 (깊이 자리 잡고서 자연스럽게 작동하는) 기능적 본성을 반영한다. 자기 활동을 남의 활동으로 잘못 귀착시키는 일은 도파민과 세로토닌 같은 신경조절물질 작용을 포함한다.

그러한 조건에 놓인 사람은, 그러한 생리학적 특징들이 원심성 복사 시간을 잘못 맞췄다거나 도파민 살포를 균형 있게 조절하지 못했다는 것을, 전혀 의식적으로 알지 못한다. 그 자신의 확신이 너무도 강력하여, 이렇게 의식화된다. "그것은 내 목소리가 아니다. 나는 그 사과를 던지지 않았다." 자아-비자아 경계 짓기 고장은, 정신분열증 환자들이 일단 어느 상태에만 이르면, 그들의 행동에서 잘 드러나며, 그러한 경계 짓기 고장은 모든 행동에서 엄청난 혼란(분열)을 일으킨다.14)

브루거는 스타우덴마이어 사례에 대한 흥미로 불똥이 튀어, 자동적 쓰기보다 이제는 더 멋져 보이는 현상, 즉 조력 소통(facilitated communication)과의 관련성에 의문을 가지게 되었다. 조력 소통을 열렬히 주장하는 사람들에 따르면, 자폐인 사람들은 실제로 언어나 지성에 장애가 있지는 않으며, 다만 그들은 소통만을 하지 못할 뿐이다. 그들에게 어떤 소통수단을 제공하기만 한다면, 그들도 소통할 수 있다. 이러한 가정에서, 심각한 자폐아를 둔 부모들은 자기 아이와 소통할 어떤 방법(어느 방법이라도)을 찾으려 필사적이다. (이런 그들의 행동이 이해되기는 한다.) 더구나 그런 부모들은 그러한 음모이론에 쉽게 휘말릴 수 있다. 어떤 특별한 초능력을 지녔다는 사람들에 의해서, 혹은 의료적으로 효과를 보았다는 고백에 의해서, 그 은밀한 비밀이 묘사되기 때문이다. 예를 들어, 어떤 사람들은 자신들이 극히 소통 불가능한 사람들과 대화를 중개할 특별한 재능 혹은 힘을 지닌 소통자라고 말한다. 그들은 그 독특한 힘을 어떻게 가질 수 있게 되었는지 알지는 못하지만, 단지 그 능력을 지녔다고 주장한다. 그들은 어린이와 컴퓨터의 키보드 사이에 특별한 매개를 할 수 있어서, 자폐아와 대화를 나눌 수 있게 해준다고 제안한다.

자폐아가 손을 키보드에 올려놓고, 소통자가 그 아이의 손 위에 자신의 손을 올려놓는다. 자판이 눌리고 "나는 엄마를 사랑해요" 혹은 "그래요, 나는 말을 할 수 있어요" 등과 같은 메시지가 화면에 나타난다. 그러면 부모들은 감동에 젖는다.

우리는 조력 소통을 믿을 수 있는가? 그 조력자는 왜 자신의 손을 아이의 손 위에 올려놓아야만 했는가? 그 효능에 대한 한 실험이 있었다. 어린이에게 그림(배)을 보여주고, 그 조력자에게는 다른 그림(샌드위치)을 보여주고는, 어떤 대답을 키보드로 타이핑하는지 살펴보라. 그 실험에서 조력자는 어린이가 보는 것을 볼 수 없게 해야만 한다. 그 실험 결과는 이렇다. 그 대답은 조력자가 본 그림(샌드위치)과 일치하며, 어린이가 본 그림과는 일치하지 않는다. 다시 반복해보라. 역시 같은 결과만 나온다.15) 이 실험과 관련된 다른 실험들이 23명의 서로 다른 조력자들에게 수백 번에 걸쳐서 이루어졌으며, 그 응답은 언제나 조력자가 본 것만을 반영할 뿐, 어린이가 본 것을 반영하지 않았다. 단 한 번도 소통자들은 어린이가 본 그림을 보고하지 못했다. [즉, 소통자들은 전혀 어린이와 매개되지 못했다.] 더구나 그런 어린이들은 종종 키보드 근처의 다른 어딘가를 바라보며, 근본적으로 어떤 자판이 어떤 글자를 타이핑하는지 아무것도 모른다. [즉, 조력자가 어린이와 소통을 한다고 하더라도, 어린이가 그런 내용을 치려면 키보드를 칠 능력을 갖추었어야만 한다.]

이러한 실험 결과는 언제나 한결같았으며, 실망스러운 것이었다. 그렇지 않다고 반박하는 데이터로, 그런 신념을 지닌 수많은 사람들이 있으며, 수백만 달러의 공적인 돈이 학교에서 그런 조력자를 채용하기 위해 사용된다. 또한 상당히 관련되는 사항으로, 조력자들은, 자폐 아들과 마찬가지로, 혼수상태의 환자들에게도, 그들이 무엇을 원하는지, 즉 집에서 간호를 받고 싶으며 부모와 함께 있고 싶다는 등등을, 말할 수 있게 하려는 목적으로 활용된다. 그러한 표현들은 실제로는 조력자들의 말일 뿐이며, 환자들의 말은 아니다. 환자의 가족들 입장에서, 그 상황은 처절하여, 그들은 그것을 믿고 싶어 한다. 그러나 실험 결과는 조력 소통에 대한 믿음을 철저히 무너뜨린다. 그것은 실제가 아니다.

그 조력자들이 사실상 날조하는 것일까? 그렇게 뻔히 드러날 거짓으로? 많은 경우들에서, 그 조력자는 아마도 정말로 키를 선택하는 것이 어린이이며 그리고 자신의 역할에 대해서 자신은 전혀 인식하지 못한다고 말할 것이다. 많은 조력자들은 자신들이 할 수 있다고 생각하는 것을 철저히 믿는다. 그렇지만 내가 보기에 일부 조력자들은 자신들이 그리하는 것에 대한 진실을 아는 것 같아 보인다. 한 통탄할 증명 실험에서, 어느 조력자는 자폐아가 실험 중에 이렇게 생각했다고 말한다. "나는 아주 화가 나요. … 제발 우리가 주님의 나라에 이르도록 용기를 주시고, 이 더러운 세상에서 우리를 구제해주세요." 브루거가 주목했듯이, 조력자들의 진지함과, 조력자들이 그 메시지에 대한 자신의 인과적 역할을 알았다는 것을 부인하는 것은, 스타우덴마이어의 경우에서 드러났듯이, 자동적 쓰기를 다소 떠올리게 한다.

병리학적으로 운동을 혼동하는 경우들에 대한 브루거의 유추가 조력 소통에도 적용되는지, 혹은 그 대부분이 단지 일상적 바람에 불과한지, 나는 알지 못한다. [즉, 그의 유추에 동의하긴 어렵다.] 그렇지만 그의 가설은 주목할 만하다.

자아-개념을 잘못 가지기

우리는 인간 행동에서 자기기만(self-deception)의 다양한 형태를 볼 수 있으며, 지금까지 우리가 듣도 보도 못한 기만의 형태는 우리를 어리둥절하게 만든다. 예를 들어, 완전히 다른 종류의 한 망상은, 동작하는 사람이 누구인지를 관련시키지 않는 형태로, 코타르증후군(Cotard's syndrome)으로 불린다. 이 증후군을 앓는 환자는 자신의 일부 장기들이 사라졌다거나, 혹은 자신의 팔과 다리가 마비에 걸렸다거나, 혹은 자신의 겉모습은 그대로이지만 실제로는 죽었다는 등을 확신하는 경향을 보인다. 한 사례에서, 어떤 환자는 자신의 위가 사라졌으며, 그래서 실제로 한 달 사이에 몸무게가 약 9킬로그램 줄었다고 믿었다.

코타르증후군에서 나타나는 전형적인 망상 형태는, 특이한 정신과적 상태를 드러내는 것으로 보이며, 심한 우울증의 일부 모습, 예를 들어 양극성 장애(bipolar disorder, 조울증)에서 우울증 단계, 혹은 일부 다른 정신이상 상태에서 우울증 단계 등을 보여준다. 이 증후군은 또한 매우 드물게, 외상성 뇌손상(traumatic brain injury) 이후에, 혹은 신경성 매독(neurosyphilis)이나 다발성 경화증(multiple sclerosis)의 결과로 발병된다. 그 환자는 먹거나 움직이거나 말하는 등을 거절하는, 다른 신경학적 징후를 가질 것이다.16) 성공적 치료 전략으로 항우울제(antidepressants), 전기충격요법(electroconvulsive therapy), 도파민 강화 약물 등이 있다.

마찬가지로 우리를 당혹하게 해주는 다른 망상 형태가 상급 신경성 무식욕증(anorexia nervosa)을 지닌 환자에게서 흔히 나타난다. 그런 환자들은 거울에 비친 자신의 모습을 보면서 자신들의 몸이 통통하다고, 그래서 살을 빼야 한다고 말한다. 이것은 우리를 어리둥절하게 한다. 그녀는 자신의 거울에 비친 이미지를 스스로 왜곡하기 때문이다. 그것을 보여주는 흥미로운 실험이 있었다. 거식증 환자에게 특별히 좁은 문을 보여주고, 자신의 몸이 그 문을 지나갈 수 있는지, 그리고 건강한 대조군 피검자가 그 동일한 문을 지나갈 수 있는지 묻는다. 그 건강한 대조군 피검자에 비추어볼 때는, 그 거식증 환자가 "그래요"라고 대답하지만, 자신에 대해서만 고려할 경우에는 "아니요"라고 대답한다. 자신은 그 문을 지나기에 너무 뚱뚱하다고 말한다.17) 여기에 한 가지 의문이 생긴다. 그 환자의 자신의 신체에 대한 평가는, 빵빵한 배불뚝이를 바라보는 동안에, 우리가 [상대적으로 덜 뚱뚱한] 자신의 신체 이미지를 보면서 스스로 날씬하다고 고집부리는 우리 자신들의 평가와 어떻게 다를까?

여러 종류의 망상 형태들은 일반적으로 신경학적으로 설명하기 매우 어렵다. 그것은 인과적 요소들이 폭넓게 분산되어 있을 것이며, 그 요소들마다 다양한 의미를 가질 것이기 때문이다. 그럼에도 불구하고 버드 크레이그(Bud Craig)의 개념 체계는 코타르증후군의 망상에 대해서 한 가지 추측을 제공한다. 그런 종류의 망상증은, 뇌가 신체 상태에 관한 여러 신호들을, 평가적이며 정서적인 신호로 통합하기 위해서 필수적인 경로가 붕괴되었기 때문이다. 그러한 신경경로가 와해된 환자는 아마도 자신의 발이 다쳤다는 감각을 등록(register)하지만, 그에 따른 통증 자체는 좋은 것으로도 나쁜 것으로도 등록하지 못한다. 그렇게 되면, 그 환자는 그러한 상처에 무관심해진다. 신체 상태에 대한 보고에서, 중요하게 문제가 되는 그 느낌(정서적 유의성(emotional valence))이 떨어져나간다. 아무것도 더 이상 문제가 되지 않는다. 그 느낌은 죽은 상태나 다름없다. [그렇다면, 뇌의 각 영역들을 연결하는 중요 부위인] 뇌섬엽(insula)이 그 환자를 코타르증후군으로 망쳐놓은 것인가? 그럴 수도 있지만, 그 영역은 아주 복잡하게 얽혀 있다. 양 외측 뇌섬엽(bilateral insula)에 손상을 입고도 자기-앎(self-awareness)을 유지하고 있는 환자의 보고에 비추어 아래와 같이 추론된다. 자기-앎은 다차원적이며, 여러 영역들이 집단적으로 서로 얽혀 있으며, 아마도, 안토니오 다마지오가 오랫동안 주장했듯이, 뇌간(brainstem)도 포함된다.[18]

의사결정, 무의식 작용, 그리고 자기조절

우리는 깨어 있는 동안에 매 순간마다 의사결정을 하며 보낸다. 많은 의사결정은 판에 박힌 것들이며, 대부분 우리의 충직한 습관에 의해 이루어지며, 아주 조금의 입력 정보만이 의식적 지각과 느낌으로 다가올 뿐이다. 그러나 이따금 어떤 상황은 우리가 주의집중을 하게 만드는데, 지각 입력 정보가 애매하거나 예상 밖일(저 말이 다리를 저는가? 이 전기톱에서 톱날 체인이 끊어졌나?) 경우에 그러하다. 이따금 우리는 중대한 의사결정을 해야만 하며, 그럴 경우에 우리는 더 많은 시간을 들여, 정보를 수집하고, 다른 선택 사항들을 찾아보는 등등을 하게 된다. 예를 들어, 어느 혼자된 부모님이, 허약하고 약간 정신착란 증세도 있는 자신의 노모를 집에서 지내도록 두어도 되는지, 혹은 보호시설로 보내는 것이 최선일지를 결정하려 고심할 수도 있다. 혹은 어느 남자아이가 심각한 주의력결핍과잉행동장애(attention-deficit-hyperactivity disorder, ADHD)로 진단되고, 지나치게 파괴적이라는 이유에서, 학교생활을 중단하기도 한다. 그럴 경우에 그 부모는 자기 아이가 메틸페니데이트(methylphenidate, 리탈린(Ritalin))를 복용해야 할지를 결정해야만 한다. 혹은 어느 여성이 유방암으로 진단된다면, 어느 치료법을 선택해야 할지를 결정해야만 한다. 이러한 경우들에서 의사결정은 아주 어렵다.

좋은 의사결정(decision)을 위해서, 우리가 따라야 할 어떤 정확한 처방, 즉 어떤 알고리즘(algorithm, 계산 규칙)도 존재하지 않는다. 단지 매우 일반적인 단편적 지혜들이 있을 뿐이다. 예를 들어, 합리적이되어라, 최선을 다해라, 깊이 생각해보라, 그렇지만 우유부단하지는 말아라. 더 많은 자료를 기다리느라 무작정 의사결정을 미루는 것은 이따금 재앙이 되기도 한다. 증거를 평가하지 않고 "직감"에 기초하여 빠르게 내려진 의사결정은 멍청한 짓일 수도 있다. 모든 의사결정은 시간적으로 적절하게 이루어져야 하며, 무의식적 뇌는 그때가 언제인지를 아주 잘 파악하는 경향이 있다.

일단 적절한 증거가 모이고, 할 수 있는 한 최대로, 미래의 결과를 예측하고 평가한 후에 내려진 의사결정이라도 실제로 항시 불확실성을 지닌다. 이따금 그 불확실성이 엄청나게 크기도 하지만, 그렇다고 하더라도, 어떤 결정은 다른 것보다 명확히 더 나쁘기도 하다. 여러 느낌과 정서들이 의사결정에 어떤 영향을 미치긴 하지만, 그리 크게는 아니다. 그리고 다른 사람의 충고 역시 어떤 영향을 미치겠지만,

그렇게 크게는 아니다. 의사결정(decision making)은 일종의 억제 만족 과정(constraint satisfaction process)이다. 이 말은 우리가 특정한 것들에 가치를 부여하며, 여러 제약조건에 따르게 됨을 의미한다. 그래서 우리는 아마도 단기와 장기 모두에 관해서, 많은 목표와 열망을 가질 것이며, 그리고 좋은 결정을 통해서 우리는 그중에서 가장 중요한 것 몇 가지를 만족하게 된다.

예를 들어, 나는 내가 타는 지프차(SUV)가 낡았기 때문에, 그것을 바꾸고 싶어 한다고 가정해보자. 나는 새 차를 사려고 한다. 나는 어떤 요건을 갖춘 차를 원하는가? 신제품이며, 개를 태울 공간이 있고, 안전성도 높으며, 후방 카메라를 갖추고, 가죽 시트가 있고, 사륜구동이면서, 너무 비싸진 않고, 주행거리가 좋고, 고장률이 낮으며, 안락하기도 한 것이다. 이러한 여러 목표들이 어쩌면 모두 만족될 수 없다는 것을, 나는 에드먼즈 닷컴(Edmunds.com, 마음에 드는 차를 골라주는 웹사이트)에서 여러 차종 목록을 살펴본 후에 알게 된다. 그러므로 일부 내가 원하는 목표를 "그런대로 쓸 만한" 정도로 낮추어야만 한다. 어쩌면 나는 가격은 올리고 가죽 시트 부분은 낮추어야만 하거나 또는 사륜구동에서도 기대를 버려야만 한다. [그래서 이런 질문도 스스로 해본다.] 나한데 실제로 그것이 필요하긴 할까? 혹은 어쩌면 나는 다른 기대를 바꾸기도 한다. 과거에 나는 일본 차에 가장 신뢰가 간다고 생각했던 것이 이제는 미국산도 더 싸다는 점에서 신뢰가 동일해졌다는 것을, 아마도 알게 될 것이다. 그런 식으로 계속 이모저모를 따져볼 것이다. 엄밀히 말해서, 내가 이러한 것들을 따져보는 동안에 나의 친애하는 늙은 뇌가 무엇을 하는지, 아직 모두 알려지지 않았다. 다시 말해서, 우리는 그것을 억제 만족 과정에 의해서 생각할 수 있지만, 우리는 억제 만족 과정이 실제로 무엇인지를 신경학적 용어로 여전히 설명하지 못하는 부분이 있다.[19]

대략적으로 말해서, 우리는 다음을 안다. 억제 만족 과정에서, 뇌는 여러 종류의 기술들, 지식, 기억, 지각, 정서 등등을 통합하여, 우리가 정확히 이해하지 못하는 어떤 방식으로, 어떻게든 단일 결과를 산출한다. 나는 오직 한 대의 차만을 살 수 있다. 나는 골프와 수영 중에서 오직 하나만을 할 수 있으며, 동시에 둘 다를 할 수는 없다. 어떻게든 다양한 조건들이 고려되고 평가되며, 어떤 평가는 새로운 자료가 들어옴에 따라서 변경될 수도 있고, 반면에 다른 평가는 고정된 채로 남아 있을 수도 있다. 만약 우리가 자신들의 과거 의사결정에서 특정 종류의 오류를 범하는 경향이 있음을 알게 되었다면, 예를 들어, 시간이 경과함에 따라서 싼 차에 이끌리거나 혹은 품질이 더 좋은 흰색 차보다 붉은 광채가 나는 차에 현혹되었던 과거의 일을 기억한다면, 우리는 앞으로 그러한 것을 수정하려 노력할 수도 있다.

무의식적 뇌는 억제 만족의 과정에 깊게 관여한다. 현명한 평가와 지적 의사결정은 그러한 뇌 없이는 불가능할 것이다. 학습과 생각 그리고 여러 좋은 습관들을 개발함으로써, 우리는 우리의 무의식적 뇌가 더 잘 작동할 도구를 가지게 한다. 이것은 마치, "24시간 내에 이반(Evan)의 별난 이메일 메시지에 절대로 응답하지 말라"고, 당신의 컴퓨터에 주의 메모를 붙여두는 것처럼, 일부 자기조절을 개발하는 일이다.

여러 신경과학 실험실에서, 의사결정에 대한 의문은 원숭이와 쥐의 실험을 통해서 연구되고 있다. 그 연구의 한 가지 목적은, 뉴런들이 하나의 감각 자원으로부터 들어오는 여러 신호들을 시간 경과(증거 누적)에 따라서 어떻게 통합하는지를, 기초적으로 이해하려는 데에 있다.20) 그 연구의 또 다른 목적은, (예를 들어, 소리와 촉감처럼) 서로 다른 여러 감각 자원들로부터 들어오는 여러 신호들이 어떻게 통합되어 판단을 가능하게 해주는지를 이해하려는 것이다.21) 그것이 밝혀지고 나면, 신경망이 다른 정보들을 어떻게 통합하는지가 해명될 것이다. 예를 들어, 적절히 관련된 여러 기억들이 어떻게 회상되고 통합되어, 그 동물의 목표 관련 특정 감각신호의 의미가 평가되는지가 설명될 수 있게 된다. 물론 이러한 연구는 우리가 진보를 이루게 될 가장 생산적인 출발점이 될 것이며, 따라서 그 출발은 너무 복잡하지 않아서 우리가 그 실험 결과를 해석 불가능하지 않은 것에서 시작할 필요가 있다. 의사결정을 연구하기 위해서 이루어지는, 여러 정보들의 통합에 대한 연구는, 자기조절과 보상 시스템(reward system)에 대한 연구와 함께, 우리로 하여금 우리 인간들이 어떻게 의사결정을 하는지를 더 풍부하게 이해할 수 있도록, 점차 함께 뒤엉켜 직조될 것이다.22)

일부 경제학자들은 인간 의사결정 행동을, 치밀하게 조절된 실험조건 아래 탐구하면서 결과를 내놓고 있다. 신경경제학(neuroeconomics)이라 이름 붙여진 이러한 연구는 구조화된 게임을 통해 이루어지며, 피검자들은 실제 돈을 걸고 도박을 한다.23) 극단적 선택(Ultimatum)이라 알려진 이 게임은 다음과 같다. 게임을 시작함에 있어, 한 사람은 약간의 돈(천 원 지폐로 10장, 혹은 10달러)을 받는다. [그 돈을 그 사람이 가지려면] 그는 그 돈을 자신이 받아도 되는지 다른 사람, 즉 응답자에게 허락을 받아야 한다. 그러므로 제안자는 응답자에게 약간의 돈(0원부터 1만 원 사이에서 자신이 결정한 금액)을 받으라고 제안할 수 있다. 만약 제안자가 제안한 금액을 응답자가 받아들인다면, 그들 모두는 그 돈만큼을 나눠 가지게 된다. 그렇지만 [그 돈이 너무 적다는 이유에서] 응답자가 거절한다면, 제안자 역시 돈을 받지 못하게 된다. 다시 말해서, 응답자가 제안자의 제안을 거절하면, 그 두 사람 모두 아무런 돈도 갖지 못한다.

이 실험은 이렇게 이루어진다. 첫째, 이 게임은 정확히 한 번만 이뤄지며, 그 게임에 참여하는 두 사람은 서로 일면식도 없이 모르는 사람이며, 이후로 서로 다시 볼 일이 전혀 없다는 점을 주지해야 한다. 그러므로 경제학자들에 따르면, 두 사람이 완벽히 합리적이라면, 응답자는 제안자가 아무리 적은 돈을 제안하더라도 그것을 거절하지 말아야 한다. 다시 말해서, 단지 1천 원만을 제안하더라도 그 돈이 아무것도 못 받는 것보다는 더 나은 것이기 때문이다. 그럼에도 불구하고, 많은 요소들이 응답자가 어떻게 행동할지에 영향을 미치며, 이것은 1천 원이 0원보다 항상 나은 것이 아닐 여러 이유가 있을 수 있음을 의미한다. 예를 들어, 많은 실험에서, 만약 제안자가 4천 원보다 적은 돈을 내놓겠다고 하면, 응답자들은 대체로 모욕감을 느끼며, 모욕이라 평가되는 제안자의 제안을 받아들이기보다 차라리 아무것도 받지 않는 편을 선택한다. 만약 실험자가 처음 제공하는 금액을 상당한 정도로 올리게 될 경우, 응답자는 이성을 상실할 가능성도 있다. [즉, 만약 제공자가 1억을 받으면서 단지 1백만 원만 내놓겠다고 한다면, 응답자는 분노할 것이다.] 제안자는 응답자가 알고 있거나 앞으로 알고 지낼 사람이 전혀 아니다. 더구나 제안자들은 자신의 제안이 전체 금액에서 너무 적다고 인식하는 것 같아 보이며, 따라서 대부분 제안자들은, 응답자가 불공평하다고 거절할 금액을 제안하지는 않는다.

응답자에게 적은 금액 제안이 문제가 될까? 그렇지만 우리는 그러하다. 나도 그렇다. 내가 생각해보니, 4천 원보다 적은 금액을 제안하면, 응답자로서 나는 모욕감을 느끼면서 거절할 것 같다. 나 또한 제안자 입장이라면, 응답자가 기분 나빠 할 위험을 감수하지 않도록, 5천 원을 내놓을 것이다. 추측건대, 많은 경제학자들은 이러한 모습이 기묘한 바보짓이라고 여길 것이다. 그렇지만 이것이, 처음 그리고 숙고 후[즉, 직관적으로도 그리고 이성적으로 생각해본 후에도], 모두의 경우에 나온 나의 반응이었다. 그 결정의 순간에, 나의 뇌는 아마도 나에게, 그리고 경제학자들에게, 뭔가 유용한 것을 알려줄 듯싶다.

이 실험의 문제는 이렇다. 대부분 우리의 사회적 상호 활동은 이러한 실험실의 인공적 게임 상황과 동일하지 않다. 나는 대부분 앞서 만난 적이 있거나 어쩌면 이미 잘 알고 있는 사람들과 관계를 이루며, 그 사람들은 내가 아는 사람들과도 절친한 사이일 것이고, 나는 앞으로도 그들과 함께 계속해서 일을 할 것이다. 그러므로 어린 시절부터 습득된, 예의범절과 공평함에 점철된, 나의 여러 습관들은 모욕이 될 것 같은 제안을 수락할 것인지, 아니면 거절할 것인지를 가늠해볼 것이다. 중요하게도, 이러한 신경경제학 연구에서 나온 중요한 결과는 이렇다. 도덕적으로 선한, 그리고 지성적인 의사결정에서 정서의 역할이 중요함을 밝혀냈으며, 그리고 합리성(rationality)에 대해서, 금전적 이익을 극대화하는 것으로, 그동안 좁게 정의해왔던 것을 새롭게 고려하는 계기가 되었다.

또한 합리성은, 미래에 친구와 친척들과 상호작용에서, 내 행동이 충격으로 평가될 것을 포함한다. 만약 당신이 모욕적인 제안을 수락한 것에 평판 받게 된다면, 다른 사람들 사이에서 당신의 존재감이 낮아질 것이다. 그것은 사회적 비용(social cost)이며, 돈으로 평가될 것은 아니지만, 실제적 비용이다. 이것은 어쩌면 낮은 제안에 대한 일부 거절을 설명해줄 듯싶다. 크든 적든, 그것은 바로 마음속으로 평판과 관련된 자신의 평가를, 비합리적으로, 유지하려 하기 위함이다. 만약 내가 인색하다거나 혹은 유약하다는 식으로 내 평판이 손상된다면, 나는 배려하는 마음으로 후자(5천 원)를 지불할 것이다. 나 자신에 대한 이러한 계산은 분명 무의식적으로 이루어지지만, 그러한 계산이 내가 내리는 결정에 중요한 역할을 담당한다.

아리스토텔레스는, 많은 후세의 철학자들처럼, 물론 데이비드 흄(David Hume)과 아담 스미스(Adam Smith)도 포함하여, 정서가 현명한 의사결정을 위해 중요한 역할을 담당한다는 것을 이해했다. 그들은, 합리성을 이성적으로 보이는 하나의 규칙 혹은 원리를 따르는 것으로 규정하는 것은 (비록 그것이 단순한 논리적 호소력을 보여주긴 하지만) 이따금 참담한 결과를 낸다는 것을 알았다. 그것은 어떤 단일 규칙도 세상에서 우후죽순으로 나오는 모든 우연적 사건들을 감당할 수 없기 때문이며, 또한 어떤 우연적 사건들은 너무 놀라운 것이어서 현명한 판단이 요청될 뿐만 아니라, 하나의 규칙에 찰싹 달라붙지는 않기 때문이다.24)

심지어 보편적으로 존중된다고 보이는 황금률(Golden Rule, 남에게 대접받고 싶다면 먼저 남을 대접하라)조차도 모든 우연적 사건들을 아우르지 못한다. 예를 들어, 만약 당신이 [미국의 한 신흥종교의] 사이언톨로지스트(scientologist)라면, 당신은 내가 사이언톨로지스트가 되어줄 것을 간절히 원할 수 있다. 그것은 당신이 나의 입장이라면, 당신도 역시 내가 당신에게 그러하기를 원할 것이라는 전제에서 그렇다. 그렇지만 나는 사이언톨로지스트가 되고 싶어 하지 않는다. 그러므로 나는 이렇게 요청한다. 내가 사이언톨로지스트가 되도록 노력하더라도 당신은 나의 그 행동을 말리겠다고 말하라. 더구나 어떤 정말로 끔찍한 일들이, 이 규칙을 적용하는 것이 옳다는, 확신 아래에서 일어날 수 있다. 20세기 초에 좋은(선의) 의도에서 캐나다 관료들이 인디언 어린이들을 그들의 집과 가족이 있는 숲에서 데리고 나와, 집에서 멀리 떨어진 위니펙(Winnipeg)과 에드먼턴(Edmonton) 같은 도시의 기숙사가 있는 학교로 데려다놓았다. 그렇게 한 것은, 그들이 더 넓은 백인 사회에 잘 융합할 수 있게 해주려는 기대에서였다. 그들이 그렇게 생각했던 것은, 자신들이 숲 속의 인디언 부족들 속에서 살았다면 자신들도 그것을 원했을 것이라는 이유에서이다. 그러나 그 결과는 재앙이었다.25) 이러한 이야기가 의미하는 바는, 황금률이 **어림셈**

(rule of thumb, 주먹구구식)에 불과하다거나 혹은 교육적 도구로서 유용하지 않음을 의미한다는 뜻이 아니다. 이 이야기가 의미하는 바는 이렇다. 우리가 언제나 따라야 할 어떤 기초적 도덕규칙이 있다고, 우리는 쉽게 가정하지 말아야 한다.

심지어 황금률의 덜 강제적인 번안, 즉 "다른 사람이 너에게 행하기를 원치 않는 것을 다른 사람에게 행하지 마라" 역시 여러 문제를 안고 있다. 이 번안은, 우리 모두가 상당히 동일한 도덕적 전망을 가지며, 우리 모두가 도덕적으로 관대하다는 가정에 의존한다. 정말로 사악한 인간들은 이 규칙을 자신의 목적을 위해 이용할 수 있다. 그래서 나치는 이렇게 말했다. "좋다, 만약 내가 유대인이었다고 하더라도, 나 또한 당신이 나를 가스실로 보내지 않기를 바라지 않겠다." 어떻게 이렇게 말할 수 있었는가? 단지 일관성 있는 나치가 되는 것만으로, 그러했다. [역자: 이러한 예는 영국의 현대 윤리학자 헤어(R. M. Hare)가 이상주의자(Idealists)를 논박하기 위해 사용했던 예이다.]

그렇다고 지금까지 이야기가, 우리는 항상 조심하여 생각하기 위해서, 자신의 느낌만을 신뢰하고 남의 충고를 전적으로 무시하라는 것을 의미하는 것도 아니다. 전도사들, 정치 선동가들, 그리고 광고주들 모두는 우리의 열정을 자신들의 이기적 목적을 위해서 언제라도 기꺼이 조작할 준비를 하고 있다. 그런 면에서 분명히 (이성이 정확히 무엇이라 하든) 이성적으로 생각할 필요가 있으며, 또한 가능한 한 여러 결과들을 평가하는 일에서 여러 정서들을 균형적으로 고려할 필요도 있다.26)

아리스토텔레스는 이승 세계의 사람이었으며, 따라서 그는 이러한 쟁점에 대해서 지성적으로 설명하였다. 즉, 신이나 사후의 삶을 언급하지 않는다. 그는 다음과 같이 현명하게 충고하였다. 우리는 모든 면에서 중용의 습관을 길러서, 삶의 위험을 더 잘 모면할 수 있도록 해야 한다. 그는 또한 우리에게 이렇게 충고한다. 용기를 가지되, 무모하지 않으면서도 겁쟁이가 되지 않아야 하며, 그리고 검소하되, 인색하지 않으면서도 사치하지 않아야 하고, 그리고 관대하되, 너무 과하지도 미흡하지도 않아야 하고, 그리고 완고하되, 언제 방침을 바꿔야 할지를 알아야 하고, 그리고 건강을 돌볼 때에는 너무 게으르지 않으면서도 너무 몰두하지 않도록 해야 한다. 그리고 그는 기타 사항들을 감각적으로 충고하였다. 그는 분명히, 텔레비전에 나오는 전도사 혹은 토크쇼의 진행자가 그러하듯, 카리스마를 내세우는 인물은 아니었다. 그는 행복과 복된 삶을 살기 위한 어떤 특별한 비책을 가지고 있다고 공언하지도 않았다. 그는 특별한 어떤 의식을 가지라고, 혹은 규칙을 따르라고, 혹은 어떤 옷과 모자로 외모를 갖추라는 등을 권하지 않았다. 그러한 것들 대신에, 그는 다른 어느 것을 추천하지도 않았다. 그는 단지, 자신이 신중하게 판단하는 중에, 사람들이 각자의 인생을 잘 살게 해줄 것으로 무엇이 필요한지를 주의 깊게 관찰하라고 조언했을 뿐이다. 지금 내가 생각해보건대, 그의 충고는, 우리를 현혹시키지 않으면서, 심원해 보인다. 반면에 현혹적인 제안들은 대부분 어떤 소름 끼치는 동기나 권력의 욕망을 감추고 있을 것 같다.

　내가 뇌의 무의식적 작용과, 그것이 의식적 작용과 어떻게 서로 얽히는지를 더 많이 알면 알수록, 의식을 이해하려면 우리가 무의식 작용에 관해서 더 많이 이해할 필요가 있다는 것을 더 잘 인식하게 된다.27) 우리가 (지각이든, 의사결정이든, 혹은 인과적인 사회적 행동이든) 무의식적 작용에 관해서 알게 된 것들을 조망해보면, 우리는 자기라는 개념(self-conception)을 확장하게 된다. 다시 말해서, 우리는 자

신들을 더 깊게 이해하게 된다. 내 생각에, 프로이트(후기)는, 말실수 (slips of the tongue) 혹은 자유로운 연상(free association) 혹은 꿈의 분석(dream analysis) 등을 통해서, 우리가 무의식에 관해서 많이 알게 되었다고 생각했을 때, 그는 [자아에 대한 이해로 나아가는] 그 출발선에서 멀어졌다. 나는 그러한 전략으로 무언가를 많이 알게 될 수 있다고 신뢰하기 어렵다. 반면에, 시각과 다른 환영들에 대해서 연구하는 심리학자들, 뇌손상 인간 환자들에 대해 연구하는 신경학자들, 보상 시스템을 연구하는 신경과학자들, 그리고 의사결정에 대해서 연구하는 신경경제학자들이 우리에게 자아에 대해서 더 많은 것을 알려주고 있다. 그들은, 단지 사색만으로 혹은 꿈을 분석하는 것만으로 우리가 알 수 없는 것들을 발견하기 때문이다.28)

그렇다면 의식에 관해서는 어떠할까? 뇌가 어떤 종류의 일을 하는가? 우리가 아는 것은 무엇이며, 또 앞으로 알게 될 것은 무엇일까? 이것이 다음 장의 주제이다.

9장

의식적 삶 돌아보기

의식을 연구하는 신경생물학 내의 여러 연구들은 저마다 서로 다른 전략을 가지더라도, 다음 질문에 대답하려는 공동의 목표를 갖는다. 우리가 '의식을 가질 때'의 조건과 '의식을 갖지 못할 때'의 조건 사이에, 뇌에 어떤 차이가 있는가? 일단 그 차이가 무엇인지 명확히 드러난다면, 그 연구는 다음 질문으로 이어진다. 어떤 뇌의 메커니즘이 의식 상태를 지원하며, 통제하는가? 이러한 두 질문에 대해서 대답하는 진척이 이루어짐에 따라서, 우리는 배고픔과 갈증, 혹은 청각과 시각, 혹은 시간 경과와 그에 따른 공간적 관계 등이 그러그러한 독특한 방식으로 경험되는 이유를 설명하는 일에 착수해볼 수 있다. 의식에 대한 신경생물학 연구는, 예를 들어, 옥시토신(oxytocin) 수용기의 구조가 단일 문제이듯이, 단일 문제가 아니다. 그것은 많은 요소들이 관여되는 문제이다.

우리는 이러한 문제를 현재 우리가 아는 무엇, 즉 즉 깊은 수면 중에 의식이 상실된다는 사실에서부터 탐구를 시작해볼 수 있다.

수면과 의식경험의 상실

우리 모두는 잠을 잔다. 물론 우리는 서로 다른 양의 수면을 취하며, 서로 다른 시간에 맞춰 수면을 취한다. 누구는 아침 형이고, 다른 이들은 올빼미 형이다. 어떤 사람들은 다른 사람들보다 수면에서 더 쉽게 깨어난다. 그렇지만 모두가 잠을 자야 한다는 것만은 동일하다. 우리는 대략 인생의 3분의 1의 시간을 수면으로 소모한다. 그렇지만 그것이 우리가 게으른 때문은 아니다.

우리 모두가 의식 있을 때와 의식 없을 때 사이의 차이를 동일하게 보여주는 가장 기초적인 경험은 수면에 들 때이다. 깊은 수면(deep sleep) 상태에서, 우리는 근본적으로 앎을 갖지 못하며, 의식적 경험을 가질 수도 없다. 그러므로 우리는, 사과를 집어 드는 일과 같은, 어떤 목적에서 나오는 행위를 할 수 없다. 수면 중에 우리는 목표와 계획을 세우지 못한다. 게다가 깊은 수면 중에 무슨 일이 있었는지를 우리는 전혀 기억할 수 없다. 그때는 마치 의식적 자아가 존재하지 않는 것과 다름없다. 그럴 때 우리 의식은 꺼진 모닥불과 같다.

결론적으로 말해서, 수면은 의식에 관해 다음과 같은 의문을 갖게 될 때 오랫동안 우리를 안내하는 유력한 출입문이었다. 우리가 의식을 가질 때와 의식을 갖지 못할 때에 뇌에 어떤 차이가 있을까? 만약 우리가 깊은 수면 중과 깨어 있을 때, 혹은 꿈꾸는 중에 무슨 일이 일어나는지를 신경생물학이 명확히 대답해주는 진척이 이루어진다면, 분명히 그 대답은 우리가 다음 질문에 대답할 수 있도록 도움이 된다. 뇌가 의식경험(conscious experience)을 어떻게 만들어내는 것인가?[1]

수면은 모든 포유류와 조류, 그리고 아마도 모든 척추동물에게 필수적일 것이다. 놀랍게도 심지어 일부 무척추동물도 수면이 필요해 보인다. 랄프 그린스판(Ralph Greenspan)이 논증적으로 보여주었듯이,

초파리조차도 잠을 잔다. 더구나 카페인은 초파리를 깨어 있게 만들며, 그놈들은 인간이 그러하듯이 에테르와 같은 마취제에 반응한다. 잠을 잘 때면 그놈들은 어떻게 행동하는가? 그놈들은 마치 새들이 그러하듯이 앉은 재로 꼼짝 않고 있다. 이 말은 초파리가 깨어 있을 때면 의식을 갖는다는 것을 의미하는가? 어느 누구도 아직 이 질문에 그렇다고 대답할 정확한 이유를 알지 못하지만, 그것을 한번쯤 생각해볼 필요는 있다. 하여튼, 초파리가 잠을 잔다는 발견은, 수면이 놀라울 만큼 (진화론적으로 말해서) 오래전부터 있었던 것임을, 단적으로 보여준다.

더구나 수면은 필수적이다. 수면이 박탈된 동물들은, 만약 수면이 허락될 경우, 즉시 수면을 취한다. 이것은 **수면반발**(sleep rebound)로 알려진 현상이다. 초파리에게 잠을 못 자게 한 후에, 잠을 잘 수 있게 해주면, 역시 수면반발을 보여준다. 설치류 연구에서 밝혀진 바에 따르면, 수면을 박탈당한 쥐들은, 그렇지 않으면 나타나지 않았을, 일정 범위의 비정상을 상당히 빠르게 보여준다. 예를 들어, 체중감소, 체온 변화, 면역체계 등의 변화를 보여준다. 그리고 지속적으로 수면을 하지 못하게 만들면, 그놈들은 수주일 만에 숨을 거둔다.[2] 이것은 아마도 인간의 경우에도 거의 참이다.[3]

대학생들은, 만약 자신들이 평상시보다 잠을 덜 잔다면, 더 효과적이며 더 많은 공부를 할 수 있다고 번번이 확신하곤 한다. 그들은 이렇게 가정한다. 수면은 시간 낭비라고. 이것은 완전히 사실과 다르다. 당신의 뇌는 당신이 수면을 취하는 중에 아무 일도 하지 않는 것이 아니다. 수면 중에 뇌가 하는 일 중 하나는, 기억을 공고히 굳히는 일이다. 수면 중에 뇌는, 낮 동안에 획득한 중요한 정보들 중에서 중요하지 않은 것들을 골라내버리고, 대뇌피질의 장기 저장소로 옮겨 조직화한다. 그러므로 학생들이 만약 스스로 잠을 덜 자도록 만든다면,

그것은 자신들이 성적을 위해서 바라는 바로 그것, 즉 뇌가 기억을 굳히는 일을 하지 못하게 만들 것이다.4)

우리가 수면을 줄이려 노력하더라도, 각자의 뇌는 필요한 수면 양이 정해져 있으며, 개인적으로 약간의 차이가 있긴 하지만, 대체적으로 동일 종(species)의 동물들은 비슷한 양의 수면을 취한다.5) 잠을 자지 않고 일했던 전설적인 인물로, 토머스 에디슨(Thomas Edison)과 윈스턴 처칠(Winston Churchill)이 있지만, 그들 역시 잠을 잤으며, 단지 짧게 나누어 수면을 취했을 뿐이다. 결국 이렇게 말할 수 있다. 수면을 통제하려는 자명종과 카페인은 수면을 취하라는 생물학적 명령에 역행하는 것들이다. 수면 시간을 줄이려 노력한 후에, 깨어 있는 우리 생활의 효율성이 떨어지는 것을 경험하고 나서, 우리 모두는 일정 양의 수면이 필요함을 깨닫게 된다. 그렇지만 수면이 진화론적으로 고대 동물들에게도 있었다는 점에는, 우리가 아직 알지 못하는, 훨씬 더 중요하고 깊은 생물학적 이유가 중요하게 있을 것 같다. 수면의 중요 기능이 기억을 공고하게 하는 일인지, 초파리에게도 과연 그러할지 의심스럽다. 그렇지만, 수면은 초파리에게 이득이 될 것이며, 분명히 인간에게도 수면은 상당히 유사한 방식으로 이득이 될 것이다.6)

잘 자라 내 아기, 밤새도록 편안하게

아름다운 노래인 웨일스 지방의 자장가(Welsh lullaby)의 첫 노랫말은 이렇게 이야기한다. "평온함에 깃들라. 진정, 이 밤에 평온한 잠을 자는 것은 축복이며, 불안한 잠은 불행이다." 세상에는 다양한 종류의 수면장애(sleep disorders)가 있으며, 일부 수면장애는 특별히 심각하다. 그러므로 신경과학자들은 깊은 수면과 꿈꾸는 수면 사이의 신경적 기반이 무엇인지, 그리고 그러한 여러 종류의 수면상애들이 어떻게 서로 다르고 또한 그것이 깨어 있는 상태와는 어떻게 다른지 등을 밝히려고 노력하는 중이다.[7] 우선 첫 번째로 몽유병(sleepwalking)에 대해서 알아보자.

스코티(Scotty)는 수면 중에 걸어 다닌다. 이것은 묘기(stunt)가 아니다. 몽유병은 위험하며 심각한 생물학적 뇌질환이다. 스코티는 총명하고, 성실하며, 친화력이 있고, 잘 양육된 아이이다. 그는 많은 친구들을 가지고 있으며, 대학 생활에서 촉망받는 학생이었다. 현재 그의 나이는 20대이고, 그는 한 달에 여러 번 몽유병 증상을 겪는다. 여전히 걱정스럽긴 하지만, 이 정도가 어린 시기에 매일 밤마다 몽유병(somnambulism)을 앓았던 것에서 개선된 상태이다. 세 살 때 그는 (가위에 눌려서) 한 시간 반 동안 소리를 질러대기 시작했고, 그것 때문에 걱정하는 부모는 그의 침대 곁에서 분투해야만 했다. 만약 그의 방문을 잠그지 않으면, 그는 자신의 행동과 의도를 희미하게 아는 상태에서, 계단을 걸어 내려와, 대문을 나서고, 외양간으로 걸어가곤 하였다. 혹은, 그는 냉장고를 급습하거나 뒤뜰의 차고에 웅크리고 앉아 있곤 하였다. 왜 그랬는가? 그는 그 이유도 그리고 어떻게 그럴 수 있었는지도 전혀 알지 못한다.

여덟 살이 되었을 때, 스코티는 자기네 농장 끝에 있는 샛강의 다리 위에 앉아 있다가 깨어나 자신의 모습을 보았다. 차가운 날씨가 마침내 그를 깨웠으며, 스스로 놀라고 당황한 채, 그는 자기 집으로 터덜터덜 걸어 돌아왔다. 모든 이러한 일련의 사건들로 인해서, 그는 밧줄 한쪽을 자신의 다리에 묶고 다른 쪽은 침대 기둥에 묶어, 자신을 밤 동안 그 방 안에서 나가지 못하게 해보았다. 아무런 소용이 없었다. 아침이 되자 그 밧줄은 풀어진 채 침대 옆 바닥에 놓여 있었다.

한번은, 그가 집 밖으로 걸어 나가, 돼지우리 문을 열어놓았다. 아침이 되자, 돼지 다섯 마리가 어디로 갔는지 보이지 않았고, 자유롭게 정원의 꽃나무들을 먹어치우는 돼지들을 우리로 몰아넣느라 그날 하루 종일 애써야만 했다. 그는 자신의 잠자는 뇌의 성향을 교묘히 극복할 방안으로, 물을 뿌리는 병을 고안하여, 자신이 침실 문고리를 돌릴 때 자신의 얼굴로 물이 쏟아지도록 장치해놓았다. 이 장치는 이따금 자신을 놀라게 하여 깨어나게 했지만, 어떤 때에는 이 장치를 부수기도 하였다.

스코티는 몽유병 중에 일어난 어떤 사건들에 대해서도 전혀 기억하지 못했다. 아침이 오면, 예를 들어, 자신이 돼지를 풀어놓았다는 것을 알았지만, 밤 동안에 자신이 기만되었던 일에 대한 기억은 완전하고 철저하게 비어 있었다. 그는 슬퍼했고 난처해하였다. 이제 스코티는 잠자리에 들고자 할 때면, 단지 몽유병 상태에 들지 않기를 간절히 소망한다.

스코티가 몽유병 상태에 있는 것은 무엇과 같을까? 그는 무엇을 알아보는가? 스코티가 아무것도 회상하지 못하므로, 그 자신도 역시 이러한 의문을 가졌을 것이다. 분명히, 그가 몽유병 상태에 있을 때 그의 뇌는 주변에 대해서 충분히 민감하므로, 길의 방향을 파악하고, 밧줄을 풀며, (심지어 잠긴) 문도 열 수 있을 것이다. 그는 눈을 뜨고 있지만, 아마도 주변의 상황을 포착하는 정상적 시각을 갖지는 못했을 것이다. 그는 문을 바라보더라도 자신의 곁에 서 있는 부모를 보지 못한다. 그는 자신의 화난 느낌을 알거나, 혹은 적어도 정확히 그 느낌에 반응하는 것 같으며, 이따금은 날카로운 음성으로 "해봐, 해봐(Get it, get it)!"라고 말한다. 그러나 그 시기 동안 그의 의식은 정상이 아니며, 적어도 그렇다고 말할 수 있다. 스코티는 "뭘 하라는 거야(Get what)?"라는 질문 혹은 명령에 대답하지 않는다. 그럼에도 한번은 그의 형이 졸리고 화가 나서, 그의 손을 찰싹 때리며 "내가 했어!"라고 소리를 질렀다. 그러자 스코티는 갑자기 편안해지며 건강한 수면 상태로 돌아갔다. 몽유병 상태에 있을 때, 그는, 속옷 차림에 맨발로 농장을 돌아다니는 등의 자신의 어떤 부적절한 행동도 알지 못한다. 그는 다만 자신의 행동이 얼마나 기괴하였는지를 정상의 깨어난 상태에서 괴롭게 알게 될 뿐이다. 이렇게 자기-앎을 갖지 못하는 일은 수면 중에 있으며, 깨어난 상태에서는 그렇지 않았다.8)

수면을 연구하는 과학자들에 따르면, 몽유병 장애(사건수면(para-somnias))에서, 깨우는 것은 깊은 수면에 방해가 되기도 한다. 대부분 사람들에게, 깊은 수면과 깨어 있는 상태, 두 뇌의 상태는 극히 다른 상태이다. 당신이 수면 중이면서 꿈을 꾸지 않을 때, 의식은 완전히 닫히는 것으로 보인다. 당신은, 아마도 침대에서 뒤척이는 것 이외에, 어떤 목적을 지닌 행동을 하지 못한다. 깊은 수면 상태에서 당신은, 비록 큰 소음과 같은 강한 자극에 깨어날 수 있지만, 아무것도 알지 못한다. 반면에 당신이 깨어서 주변을 경계할 때면, 당신은 주변에 무슨 일이 일어나는지, 당신의 행동 동기와 의도, 그리고 생각 등을 알 수 있다. 깊은 수면과 깨어 있는 상태 사이의 이러한 차이점은 두피에 전극을 설치한 뇌파검사(electroencephalograph, EEG) 기록에 그대로 반영된다. 깊은 수면 중에, EEG 뇌파는 길고 느리며, 깨어 있을 때에 뇌파는 뾰족하고 빠르다. 이러한 차이가 두피 아래의 뉴런 활동에서 의미하는 바가 무엇인지, 현재의 단계에서 부분적으로만 이해될 뿐이다. 이 기초적 의미는 이렇다. 그 두 경우의 뇌파 형태는 수백만 뉴런들의 활동의 총체를 반영한다.

스코티는 단지 자신의 꿈에 따라서 행동한 것인가? 밝혀진 바에 따르면, 그렇지는 않다. 이러한 판단에 대한 증거는 다음 몇 가지 관찰에 근거한다. 첫째, 여러 전극들이 설치된 특별한 모자는 큰 범위의 뇌 사건들을 기록할 수 있는데, 그 모자를 쓰고 측정한 기록에 따르면, 스코티의 몽유병은 꿈을 꾸는 중에는 일어나지 않는다(그림 9.1). 우리가 이것을 어떻게 아는가?

20세기 중반, 수면을 연구하는 과학자들은 다음과 같은 흥미로운 관계를 발견하였다. 당신이 수면에 들어간 특정 시간 동안에, 감고 있는 당신의 눈은 빠르게 왔다갔다 움직인다. 만약 이때 당신을 깨우면, 당신은 자신이 생생하게 꿈을 꾸고 있었다고 말할 것이다. 더 나아간 실험적 연구에 따르면, 이러한 **빠른안구운동**(rapid eye movement, REM)은 깊은 수면 중에는 일어나지 않으며, 따라서 과학자들은 이것에 **비-빠른안구운동**(non-REM) 수면이라 이름 붙였다. 수면 연구 과학자들은, 빠른안구운동은 당신이 아마도 꿈을 꾸고 있다는 것에 대한 행동적 표시라고, 가정하였다. 그것은 정말 편리한 가정이긴 하지만, 더 심도 깊은 연구에서 밝혀진 바에 따르면, 무안구운동 수면 중에서 깨어난 피검자들은, 비록 **빠른안구운동**(REM) 수면에서처럼 시

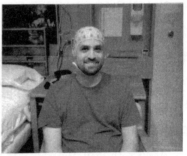

[9.1] 왼쪽의 사진은 얼굴과 두피(scalp) 위에 수면단계를 기록하는 EEG 전극을 붙인 채로 잠들어 있는 어린아이를 보여준다. 오른쪽 사진은 전극들이 일정한 위치에 고정된 EEG 모자를 보여준다. 이것은 여러 전극을 두피에 붙이는 것보다 약간 사용하기 편리하다. 왼쪽 사진은 레베카 스펜서(Rebecca Spencer, University of Massachusetts Amherst)의 양해를 얻었고, 오른쪽 사진은 닐 다쉬(Neal Dach, Harvard University)의 양해를 얻었다.

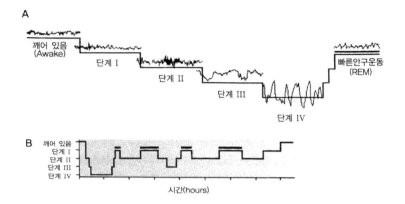

A

깨어 있음
(Awake)

단계 I

단계 II

단계 III

단계 IV

빠른안구운동
(REM)

B 깨어 있음
단계 I
단계 II
단계 III
단계 IV

시간(hours)

[9.2] 수면의 여러 단계. (A) 네 단계의 수면 동안에 그리고 깨어난 상태에서, EEG를 이용하여 기록된, 명확히 구분되는 활동 패턴들. 단계 IV는 또한 깊은 수면으로 알려져 있다. REM은 빠른안구운동을 가리키며, 이것은 꿈을 꾸는 수면의 특징이다. REM 시기는 검은 선 막대로 표시되었다. (B) 8시간 수면 시간 동안 유사한 시간 간격으로 각기 다른 지점에서 각 단계가 변화된다. 깊은 수면 단계가 수면 주기 내에 아주 초기에 발생되는 경향이 있음을 주목하라. 반면에 꿈을 꾸는 단계(REM)는 밤 동안 초기에 자주 일어나지 않지만, 시간이 지날수록 증가한다. 이러한 것들은 개인마다 차이가 있으며, 개인적으로도 출생에서 노인에 이르기까지 변화된다. 다음에서 인용하였다. Edward F. Pace-Schott and J. Allan Hobson, "The Neurobiology of Sleep: Genetics, Cellular Physiology and Subcortical Networks," *Nature Reviews Neuroscience* 3 (2002): 591-605. Nature Publishing Group의 허락을 받아 인용함.

각적으로 생생한 형태는 아니지만, 특정 종류의 정신작용을 보고할 것이다. 비-빠른안구운동(non-REM) 수면 상태에서 깨어난 피검자들은 아마도, 예를 들어, 자신들이 어떤 시험을 보려고 생각하는 중이었다고, 대답할 것이다. 혹은 그들은 자신들이 아무것도 알지 못한다고 말하기도 한다. (수면의 여러 단계와 그것들 사이의 변화를 그림 9.2에서 보라.)

스코티가 몽유병이 발병되는 동안 그의 뇌를 기록해보니, 그가 꿈을 꾸지 않고 있다는 것이 드러났다. 게다가, 빠른안구운동(REM) 수면 중에 기록된 뇌파는, 깊은 수면 중에 기록된 것보다, 깨어 있는 중에 기록된 뇌파에 더 가까웠다. 그렇지만, 꿈꾸는 것은 깨어 있는 것과 유사하지 않다. 왜냐하면 당신의 꿈 내용이, **그렇다**는 것을 자신이 인지하지 않고서도, 기괴해질 수 있기 때문이다. 양이 날아다니고, 곰이 말을 하며, 오래전 돌아가신 고조할아버지가 나무에 오르고, 그런데도 당신은 놀라지 않는다. 깨어 있을 때와 꿈꾸는 중에 뇌 활동에 대한 비교 연구에서 밝혀진 바에 따르면, 전전두피질(prefrontal cortex, PFC)이 깨어 있는 상태보다 꿈꾸는 중에 훨씬 덜 활동적이다. 전전두엽의 활동이 낮아지는 것은 당신의 중요한 뇌 기능들이 둔해지는 것과 관련되며, 따라서 곰이 말하더라도 놀라는 일은 없다.

스코티가 비록 자신의 꿈에 따라서 활동하지 않는다고 하더라도, 잠을 자면서 자신의 꿈에 따라서 활동하는 수면장애는 정말로 있다. 이런 종류의 수면장애는 파킨슨병이나 알츠하이머병과 같은 퇴행성 질병을 지닌 노인에게서 가끔 나타난다. 그러나 전형적으로 몽유병 증세는 꿈에 따라서 행동하지 않으며, 비-빠른안구운동(non-REM) 수면 단계 동안 발생한다. 앞의 3장에서 살펴보았듯이, 뇌간(brainstem)의 메커니즘은 우리가 꿈에 따라서 활동하지 못하도록, 수면 중에 우리 신체를 마비시킨다.

스코티가 몽유병 상태에 있는 동안 가지는 의식은 당신이 꿈꾸는 상태의 의식과는 다르다. 그리고 당신이 완전히 깨어 있는 상태와도 같지 않다. 그 상태에서의 의식은 꿈꾸는 경우와 (지금의 당신처럼) 완전히 의식을 가진 경우 모두와 다르다. 이런 점을 생각해볼 때, 다음과 같은 의문을 갖게 된다. 우리가 충분히 의식을 가질 때에 뇌는 무엇을 하는 중인가, 그리고 의식을 갖지 못할 경우에 뇌는 무엇을 하는가? 양자 사이에 분명히 어떤 차이가 있어야만 한다. 이러한 식의 비교 연구는 의식의 뇌 기반을 이해하려는 노력에 도움이 될 것이다. 그러므로 우리는 이렇게 묻게 된다. 그 차이의 본성은 무엇인가? 꿈꾸는 상태는 깊은 수면 상태와 깨어 있는 상태 모두와 어떻게 대비되는가?

이러한 질문들에 대답하려는 신경과학 연구에 따르면, 여전히 그 연구는 초보적 수준에 있지만, 한 발씩 앞으로 나가는 중에, 과학자들은 철학자들의 생각을 흔들어놓을 정도의 아주 대단한 진보를 이루었다.

의식에 대한 과학적 연구

[의식과 관련한 탐구 역시 현재 우리가 알고 있는 것에서 출발해야 한다.] 우리가 무엇을 아는가? [우리는 의식과 관련하여 명확히 다음을 안다.] 첫째, 의식경험의 자리로 알려진, 어떤 규정된 뇌 위치, 즉 어떤 독립적으로 분리된 모듈 같은 것은 전혀 없다. 저기가 바로 의식이 있는 곳이라고, 지적하면서 말해줄 수 있는 어떤 단일 장소도 없다.9) 그렇지만 한편으로, 기억, 자기조절, 행동 조직화, 그리고 기타 등등에 대해서는 그렇다는 것이 참이다. 의식은 결코 한쪽 반구가 배타적으로 할 수 있는 일이 아니며, 그렇다고 다른 쪽 반구가 홀로 할 수 있는 일도 아니다. 둘째, 뇌의 전체 부분이 의식경험을 위해 필수적으로 요구되진 않는다. 당신은, 예를 들어, 왼쪽 눈 위 영역[즉, 안와영역]의 꽤 큰 피질 덩어리를 상실하더라도, 정상적으로 의식적 감각경험을 여전히 가질 수 있다. 만약 당신이 그렇다면 오른쪽 눈 위의 마찬가지 피질 덩어리를 상실한다면, 비록 당신의 정서적 반응은 전

과 달라지긴 하겠지만, 여전히 상당한 정상적 감각경험을 가질 수 있다. 예를 들어, 당신은 거리에서 시끄럽게 떠드는 광경을 목격한다면 다소 혼란스러움을 느낄 것이며, 혹은 저녁에 초대한 손님이 당신이 준비한 음식을 먹지 않겠다고 거절한다면 사회적으로 다소 거북한 느낌을 가질 것이다. 아주 대략적으로 말해서, 그러한 상태는 전전두 절제술(prefrontal lobotomy), 즉 전전두피질을 다른 여러 구조들로부터 단절시키는 외과적 조치를 취한 사람의 상태와 같다. 이런 수술은 대략 1943년부터 1955년까지 일정 범위의 여러 정신과적 상태들에 대해서 매우 권장되고 이용된 수술법이었다.

다른 한편, 의식을 유지하기 위해 필수적인 뇌의 특별한 구조가 있다. 이런 구조들은 순환 고리 모습으로 형성되어 있다. 이러한 구조들과 그 연결고리를 탐구하는 것은 매우 좋은 결실을 보여주는 것으로 드러났다.

그 이야기에 대한 서두로, 우선 다음 구분에 주목할 필요가 있다. 어느 것이든 의식하도록 지원하는 구조와, 이것 혹은 저것의 의식, 소위 의식내용(contents of consciousness)에 기여하는 구조를 구분하는 것이 유익하다. 만약 당신이 (예를 들어) 혼수상태(coma)에 있다면, 어느 것이든 보거나 듣거나 냄새 맡은 것을 전형적으로 알지 못한다. [기초적으로 의식을 지원하는 구조물이 시상에 있으며, 그 구조물이 정상적으로 기능하지 못하면 의식 자체가 가능하지 않을 것이다.] 당신이 깨어난다면, 예를 들어, 개의 모습, 개가 짓는 소리, 그 개의 냄새 등을 알 수 있다. 그러한 것들이 소위 의식의 내용, 즉 특정 사건들에 대한 앎이다. [역자: 만약 어떤 내용을 의식하려면, 이미 학습되고 기억된 내용을 담은 구조, 즉 피질로부터 정보가 활용될 수 있어야 하며, 만약 그렇지 못하면 특정 정보 관련 의식이 가능하지 못할 수 있다. 이런 측면에서, 의식을 연구하려면 두 구조를 구분하여 생각할

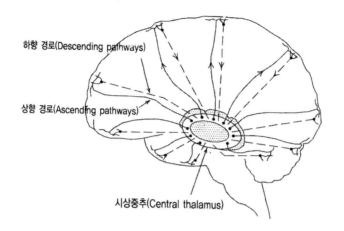

하향 경로(Descending pathways)

상향 경로(Ascending pathways)

시상중추(Central thalamus)

[9.3] (시상 내에 신경핵들을 연결하는 고리 모양의) 시상중추(central thalamus) 와, 피질의 상위 층으로 향하는 투사 패턴을 아주 도식적으로 그린 그림. 폴 처 칠랜드(Paul Churchland)로부터 양해를 구함.

필요가 있다. 아래 설명을 계속 읽어보라.]

니콜라스 쉬프(Nicholas Schiff)는 의식장애를 연구하는 신경학자이 다. 그는 우리가 무엇을 전혀 알지 못하게 될 경우에 무엇이 잘못인지 밝혀내려 노력한다. 그는 시상중추(central thalamus)와 그곳으로 들어 오고 나가는 경로를 탐구하게 되었다.10) 쉬프의 가설에 따르면, 어느 것을 의식하려면 시상의 중심부 띠 모양 뉴런들이 활동해야 하며, 그 활동 자체는 진화론적으로 매우 오래된 구조, 즉 뇌간의 뉴런들에 의 해 통제되어야 한다(그림 9.3). 시상중추라고 불리는 (시상의 **내층판 핵**(intralaminarnuclei)이라고도 불리는), 그 뉴런들은 (비록 듬성듬성 하지만) 피질 모든 부분의 꼭대기 층으로 뻗는 경로를 가진다. 이러한 조직은 독특하며, 다음을 시사한다. 의식은 전체 피질의 상향 통제

(upregulation)에서 나타나며, 반면에 그 반대, 즉 의식의 상실은 하향 통제(downregulation)와 관련된다. 그 두 경우 모두에서, 변화는 시상 중추 뉴런의 활성에 따라서 일어난다.

시상중추 내의 여러 뉴런들에 대해서 알려진 다른 눈에 띄는 사실은 이렇다. 시상중추로부터 피질 상위 층으로 뻗어 올라갔다가, 시상 중추의 띠 모양 뉴런으로 바로 돌아오는 연결, 즉 회귀 뉴런들 (looping neurons)이 있다. 뒤로 회귀하는 경로는, 예를 들어, 우리가 특정한 감각 사건 혹은 느낌에 주의집중하는 동안에, 일정 시간 동안 특별히 굳건하면서도 일시적인 연결을 유지한다.

시상중추로 연결되는 투사 패턴(projection pattern, 뻗어 연결하는 패턴)이, 왜 의식을 연구하는 중요한 단서가 될 수 있어 보이는지를 이해하려면, 정보를 전달하는 시상의 중추 영역의 조직을 감각기관과 비교하여 생각해볼 필요가 있다. [감각기관의 신경경로를 말하자면] 예를 들어, 망막에서 나오는 뉴런들은 시상의 특정 영역(lateral geni-culate nucleus, LGN, 외측무릎핵)으로 연결되지만, 다음에 LGN은 오직 일차시각피질 영역(V1)으로만 투사(뻗어 연결)될 뿐이며, 모든 곳으로, 혹은 모든 시각피질로 뻗어 연결되지는 않는다(그림 9.4). 유사한 방식으로, 소리를 감지하는 와우(cochlea) 뉴런들은 오직 일차청각 피질 영역(A1)으로만 투사된다. 그리고 다른 감각 시스템들도 동일한 방식으로 특정 영역으로만 연결된다. 이런 투사 패턴은 특정 신호에 대한 시스템마다 서로 다르게 발달된다는 것을 시사하며, 반면에 시상중추의 연결 패턴은 여러 기능들이 한 세트로 엮이는, 즉 '깨어 있음-경계' 혹은 '통제 저하-졸음'으로 묶인다는 것을 시사한다. 이렇게 시상의 구조와 기능을 분리하여 생각하는 것은, '어느 것이든 알기'와 '구체적이며 특정한 무엇을 알기' 사이의 주요한 차이점을 반영하는 것 같아 보인다.

318

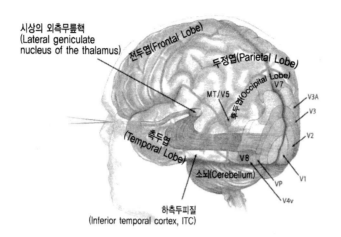

시상의 외측무릎핵
(Lateral geniculate
nucleus of the thalamus)

전두엽(Frontal Lobe)

두정엽(Parietal Lobe)

후두엽(Occipital Lobe)
V7

MT/V5

V3A

V3

측두엽
(Temporal Lobe)

V2

V8

소뇌(Cerebellum)

V1

VP

V4v

하측두피질
(Inferior temporal cortex, ITC)

[9.4] 망막에서 시각교차(optic chiasm)로 연결되는 경로는, 여기에서 두 경로가 서로 교차한 후에, 시상의 외측무릎핵(lateral geniculate of the thalamus)으로 연결된다. 시상의 이 영역에 있는 많은 섬유들이 일차시각피질 영역(the first visual area of the cortex), V1으로 연결된다. 청각신호의 경로를 여기에서 보여주지 않지만, 귀에서 시상의 중앙무릎핵(medial geniculate)으로 연결되며, 그 다음에 일차청각피질 영역(the first auditory area of the cortex), A1으로 연결된다. 또한 유사한 경로 패턴이 촉각(touch)과 미각(taste)을 위해서도 존재한다. Terese Winslow의 허락을 받아 인용함.

시상중추의 역할과 감각-종류들에 따른 다른 시상피질 시스템들의 역할을 구분하는 다른 방식이 있으며, 그것은 신경활동 양태에 따른 구별이다. 시상중추 뉴런이 독특한 연결성을 갖는 만큼, 또한 독특한 활동을 보여준다. 깨어 있는 상태와 꿈꾸는 상태 동안에, 시상중추 뉴런들은 보통 1분당 800-1000회(헤르츠)의 높은 비율로 격발하며, 이 것은 신경계 어느 곳에서도 볼 수 없을 정도로 대단히 많은 에너지를 소모하는 활동이다. 그런데 깊은 수면 상태에서 이 뉴런들은 그러한 격발 패턴을 보여주지는 않는다.11) 깨어 있는 상태와 꿈꾸는 상태에서 시상중추 뉴런들의 신경 격발은, EEG 검사상으로는, 전형적으로 20-40헤르츠(hertz)를 보여주는데, 이것은 신경활동의 통합이다. [역자: 시상중추 뉴런들의 활동이 40헤르츠로 나타나는 것은 EEG 측정이 단지 두개 표피에서 측정되기 때문이다.]

종합적으로 말하건대, 이 이야기가 의식을 연구하는 실마리를 제공하는 이유는 이렇다. 뉴런 띠, 즉 시상중추는 뇌간의 활동에 의해 조절되며, 그러면 뉴런 띠가 피질 뉴런들을 통제하여, 그것들이 의식적인 일을 준비할 수 있도록 해준다. 이 세 부분(뇌간 + 시상중추 + 피질)이 정렬을 이루는 상태가 바로 '어느 것이든 의식하게 해주는' 구조이다.

시상중추의 손상(lesion(외상))은 의식에 심각한 결과를 초래한다. 만약 시상중추 한쪽 측면이 손상된다면, 그 사람은, 영향 받은 측면과 관련된 사건들을 의식하거나 관여하지 못하는 경향을 가진다. (뇌의 측면과 신체의 방향은 언제나 반대로 대응하는데, 그것은 뇌 내부의 신경경로 교차 때문이다. 오른쪽 뇌는 왼쪽 신체를, 그리고 왼쪽 뇌는 오른쪽 신체를 통제한다.) 그런데 양쪽 측면 모두에 손상이 발생되는 경우 어떤 일이 발생할까? 그 사람은 혼수상태에 든다. 이것이 바로 시상중추가 의식에서 특별한 역할을 가진다는 첫 번째 실마리이다. 만약 그 손상 정도가 적다면, 혼수상태는 일시적일 수도 있다. 어떻게 그럴 수 있는가? 시상중추의 다른 뉴런들이 건강하기만 하다면, 그것들이 섬유를 뻗어 죽은 세포들의 기능을 대신할 수 있기 때문이다. 니콜라스 쉬프가 연구했던 놀라운 환자를 살펴보자.

쉬프는 돈 허버트(Don Herbert)란 환자를 담당했는데, 그 환자는 9년이나 혼수상태에 있었다. 그는 소방대원이었으며, 팀원들과 함께 불과 싸우던 빌딩 지붕이 무너질 때 산소가 박탈되는 사고를 당했다. 비록 그가 잠깐 의식을 회복하긴 했지만, 이후에 점차 다시 혼수상태로 빠져들었으며, 그 상태에서 그는 9년이란 오랜 세월을 보냈다. 그에 대한 뇌 스캔 검사는 그가 정상적 대뇌피질을 가지고 있다는 것을 보여주었으며, 그 영상에서 어떤 손상, 즉 구멍(hole)이나 위축(atrophy)도 보이지 않았다. 뉴런 활동에 민감한 스캔, 즉 PET 스캔 검사에서는 시상중추 활동이 감소한 것을 보여주었다. [역자: PET 스캔은 방사성 동위원소를 표시한 포도당을 뇌에 공급한 상태에서 촬영하여, 포도당을 소모하는 뇌 영역을 촬영할 수 있어서, 그 영역의 활동 정도가 파악된다.] 언제까지나 희망을 포기하지 않은 그의 가족들은, 비록 그가 휠체어에 앉아 고개를 축 늘어뜨린 채, 주변 사건들을 알아보지 못함에도 불구하고, 그를 가족의 일원으로 대했다. 그러던 어느 날, 그의 외과의사는 그의 상태를 유지시켜주는 일상적인 약물을 바꿨으며, 암비엔(Ambien, Zolpidem 성분)을 추가로 투여하였다. 그것은 그를 수면으로 유도하게 해주는 성분의 약물이었다. 모든 사람들이 놀랄 정도로, 허버트는 몇 주일 후에야 그 잠에서 깨어났다. 그리고 그는 자신이 어디에 있는지 혼란스러워했지만, 언어를 사용하여 무슨 일이 있었는지 물었다. 그 약물 암비엔이 혼수상태에서 그를 깨어나도록 어떤 역할을 했을 것 같긴 하지만, 그 인과적 관계가 아직 확실히 밝혀진 것은 아니다.

이렇게 놀랍고 갑작스러운 회복을 우리는 어떻게 이해해야 할까? 쉬프는 자신이 알고 있던 뇌 생리학에 대한 지식에 근거하여, 이렇게 가정해보았다. 화재 현장에서 산소 결핍에 의해 시상중추의 뉴런 띠가 정상적으로 기능하지 못하게 되었으며, 따라서 그 뉴런 띠가 경계하고 각성하게 해주는 정상적 뇌 활동을 중지시켰던 것이다. 그것은 마치 허버트가 지각적으로 깊은 수면의 상태, 즉 일어날 수 없는 깊은 수면 상태에 머무는 것과 같다. [즉, 마치 깊은 수면 상태에 빠진 채로 사물을 바라보는 것과 같다. 아마도 활동하지 못하며, 깨어나지 못하는 몽유병 환자 상태와 같아 보이는 상태라고 할 수도 있겠다.] 추정컨대, 암비엔 약물이 아마도 동면 상태에 있었던 수면/깨어남 사이클에 시동을 걸었으며, 그 결과로 그가 깨어났다. 그는 주변에서 일어나는 것들에 대한 의식 능력을 회복했다. 그는, 비록 자신의 아들이 성장하긴 했지만, 가족 구성원들을 알아보았으며, 자신의 과거 사건들을 기억하였다. 만약 그의 대뇌피질이 심각히 손상되었다면, 그러한 그의 기억 회복은 아마도 불가능했을 것이다. 그러나 그는 건강한 피질을 지닌 채, 깨어남/의식 양태로 전환될 날을 다소 오래 기다리다가, 중추 띠 뉴런들이 격발하기 시작하자, 깨어난 상태로 돌아왔고, 마찬가지로 시각, 소리, 촉각 등에 대해서도 의식할 수 있게 되었다.12)

[이러한 결과를 보고, 누구라도 식물인간 상태에서 암비엔으로 깨어나게 할 수 있다고 기대해도 좋을까?] 만성적 혼수상태 혹은 지속적 식물인간 상태에 있는 환자들 대부분은 허버트와 거의 같지 않다는 점을 주시할 필요가 있다. 그들은 대체적으로, 뇌 스캔 영상에서 알아볼 정도로, 피질의 큰 영역에서 심한 손상이 있다.

위의 연구 결과로부터 우리는 스코티와 그의 몽유병을 다시 되돌아보지 않을 수 없다. 몽유병 발병 동안에 그의 시상중추의 일정 부분이 깨어 있는 상태인 반면에, 다른 부분, 예를 들어, 전두엽으로 연결되는 시상중추 부분은 그렇지 않은 상태일 수 있지 않을까? 몽유병 상태 동안에 그의 행동을 안내해줄 감각피질의 활동은 충분히 작동하고 있지만, 완전한 경계와 기억을 도와줄 전전두 영역에서는 그런 활동이 작동하지 못한다고 가정해보자. 다음 단원에서 알아볼 것이지만, 그런 일이 불가능해 보이지는 않는다.

여기에서 더 나아간 연구 하나를 처음 언급해야겠으며, 이것은 간질(epilepsy)과 관련된다. 많은 유형의 간질이 있지만, 의식 메커니즘을 탐구하게 해줄 기회를 제공하는 간질은 결여발작(absence seizures)이다. 이러한 발작은 어린이에게 흔하게 일어나며, 일시적 뇌 활동의 정지에 따라 일어나고, 약 10초간 지속된다. 이 시기 동안에 그 어린 아이의 마음은 어딘가에 가고 없는 것 같으며, 따라서 멍해지는 상태가 된다. 그래서 그 이름이 **결여발작**이다. 그 발작 동안에, 어린아이는 다소 온건한 경련(twitching) 혹은 손가락 두드림(finger tapping)이 일어나지만, 그 이상은 아니다. 하던 말이 갑자기 중단되기도 한다. 그 아이가 정상적인 활동을 한다고 여길 때 그 발작이 일어나며, 본인은 그 경과에 대한 기억을 전혀 하지 못하고, 아무 일도 일어나지 않았던 것처럼 계속 생활한다. 그 발작의 정도는 환자들마다 다양하다. 만약 결여발작 동안에 그 사람의 뇌를 영상으로 찍어보면, 가장 일관성 있게 다음이 드러난다. 일부 전전두 영역의 뇌 활동이 감소하며, 특히 전전두 영역과 이 영역과 피질하 구조 사이의 연결 부위에서 활동이 감소하며, 다른 영역에서는 오히려 증가한다.[13]

'아무것에 대한 의식'과 '특별한 것에 대한 의식' 사이의 관련

아기가 울고 있다는 것, 혹은 베이커 산(Mount Baker)의 풍경을 의식하려면, 뇌간(brainstem), 시상중추(central thalamus), 피질 상부층(upper layer of cortex) 등을 포함하는 시스템이 켜진 상태여야만 한다. 그리고 시상중추 뉴런이 폭발적으로 격발하여, [EEG 검사에서] 대략 40헤르츠 정도의 저주파수의 뇌파를 발생시킬 수 있어야만 한다. 게다가, 시상의 (특별히 시각과 청각을 위한) 특정 영역이 관련 피질 영역과 소통해야만 한다. 이것은 하나의 가설이다.

다음을 가정해보자. 당신은 카누를 타고 노를 저어 강을 내려가는 중이며, 물길을 주의해서 살펴본다. 특히 굽어지는 물길 너머에 무엇이 있는지를 살핀다. 당신 앞에 펼쳐진 장면은 복잡하므로, 당신은 그 것을 원근감으로 살피던 중에, 갑자기 수컷 무스(bull moose)가 강둑의 초크체리(chokecherry) 나무 덤불 속에서 당신을 바라보고 있음을 빠르게 인식한다. 그러자 당신은 이렇게 생각한다. 지금은 짝짓기 계절이며, 그 수놈은 공격적이 되는 시기이다. 당신은 염려되어, 시야가 트인 넓은 정박 장소로 방향을 돌린다. 또한 당신은 물 흐름의 변화를 알아보려고 강물소리의 변화에 귀를 기울이며, 근처에 다른 무스 소리가 나지 않는지 귀를 기울인다. 이런 일들은 어느 것도 저절로 이루어지지 않아서, 이 모든 것들을 위해서 당신은 각성되어 있어야 하며, 기술을 연마해야 하며, 기억된 지식을 불러내야 한다.

수컷 무스를 인식하도록 유도하는 기초 작용은 의식을 위해 활용되지 않는다. 가을 발정기에 무스의 행동에 관한 정보를 기억에서 꺼내는 작용 역시 의식을 위해 활용되지 않는다. 깨어 있고 주의집중을 바꾸게 해주는 그 작용 역시 의식을 위해서 활용되지 않는다. 그 모든 것들은 당신의 앎 이하 수준의 작용들이기 때문이다. 그런 작용들은 침묵의 사고이며, 암흑-에너지의 사고이다. [즉, 의식적으로 파악되지 않는다.] 그러나 그 풍경에 대한 의식적 앎과 물의 움직임을 주시하는 당신의 주의집중 그리고 무스의 행동 등은 의식에 필수적으로 활용된다. 당신은 수면 중에 이런 것들을 할 수 없다. 이 모든 것들이 어떻게 작동하는가?

대략 1989년쯤에 심리학자 버나드 바스(Bernard Baars)는, 의식을 연구하기 위한 하나의 체계를 제안하였으며, 그것은 심리학과 신경생물학의 공진화(coevolution)를 기대하는 관점에서 나왔다. 바스는 이렇게 생각했다. 우리가 특정 사건들을 어떻게 의식하는지를 이해하려면, 뇌 전체에 관해서 많이 알아야 한다. 예를 들어, 신경 집단들 사이에 신경경로의 본성이 무엇인지, 그리고 피질하 구조가 여러 피질들과 어떻게 상호작용하는지 등, 많은 것들을 알 필요가 있다. 그는 현안 문제가 무엇인지를 명확히 밝히기 위해서, 우선적으로, 우리가 (의식을 가질 때에) 특정 사건들을 아는 것과 관련하여, 어떤 중요한 심리학적 속성들과 능력들이 있는지 목록을 작성해보았다.14) [그 목록의 내용은 아래와 같다.]

첫째, 그는 다음을 강조한다. 당신이 의식하는 여러 감각신호들이 낮은 수준의(의식하지 못하는) 뇌 그물망에 의해서 고도로 통합되고 고도로 처리된다. 예를 들어, 당신이 비행기를 타고 가는 중에, 그 비행기가 안개로 인하여 연착될 것이라는 기장의 말을 들었다. 그러한 설명을 듣는 중에 당신은 다음과 같이 의식적으로 나열하지는 않는다. 예를 들어, 첫 번째로 일련의 소리를 의식적으로 알고 나서, 그 일련의 발음이 어떻게 단어로 끊어지는지를 의식적으로 알고 난 후에, 그 단어가 어떤 의미인지를 의식적으로 알아내고, 그 후에 그 단어 모두를 문장의 의미로 이해되도록 의식적으로 나열한다. [즉, 당신이 누구의 말을 들을 때에 감각정보로부터 문장을 구성하여 의미를 이해하는 과정에서 각 단계를 모두 의식적으로 파악하지는 않는다.] 당신은 기장의 말을 즉각적으로 알아듣는다. 당신은 그가 말한 것을 그냥 알아듣는다.

둘째, 가을철에 무스의 행동에 관한 그리고 강물의 흐름의 변화에 관한, 이미 저장된 여러 정보들은, 당신이 새로운 환경에서 무엇을 할 것인지를 결정할 경우에, 갑작스럽게 유용하다고 의식화된다. 이 말은 다음을 의미한다. 감각신호들이 의식화되려면, 그것이 관련 배경지식, 즉 저장된 정보와 통합되어야만 한다.

셋째, 의식은 제한된 능력이다. 당신은 한 번에 두 가지 대화를 동시에 할 수 없으며, 속셈으로 긴 계산문제 풀기와 빠르게 흐르는 강물의 위험한 소용돌이 바라보기를 동시에 할 수 없다. 우리가 다중으로 사고한다고 여길 때에도, 사실은 두 가지 혹은 세 가지 과제에 대해서 분주하게 왔다 갔다 관심을 이동하여 가능하다. [즉, 순간적으로 과제를 바꿔가면서 한 가지씩 처리한다.] 물론, 각각의 과제가 매우 익숙하다면 우리는 별로 주의하지 않고서도 그렇게 할 수 있다. [이 경우에 우리는 그런 과제 수행을 거의 의식하지 않는다.]

넷째, 새로운 상황은 의식과 (의식적) 주의집중을 필요로 한다. 만약 당신이 헛간의 불을 끄려 노력하는 중이라면, 당신은 경계하고 각성되어 있어야만 한다. 반면에, 만약 당신이 숙련된 젖 짜는 사람이라면, 젖소에서 젖을 짜면서도 다른 것에 주의를 돌릴 수 있다.

다섯째, 의식되는 정보는 많은 다른 뇌 기능들, 예를 들어 계획 세우기, 의사결정하기, 행동하기 등에 의해서 접근될 수 있다. 그 정보는 언어 영역에 의해 접근될 수 있어서, 당신은 그것을 말로 표현할 수 있다. 말하자면, 의식적 정보는 "예열 상태"로 유지된다. 다시 말해서 그런 정보는 작업기억(working memory) 내에 몇 분 동안만 소용되며, 당신의 의사결정이 일관되고 조화롭도록 만들어준다. 의식적 사건이 널리 활용된다는 주장은, 확립된 사실이 아니라, 바스가 제안한 가설이다. 그렇지만, 그 가설은 매우 설득적이며, 다른 여러 문제들, 예를 들어, 어떻게 정보 접근이 통제되는지, 그리고 어느 기능이 접근할 수 있게 해주는지 등의 의문을 제안하게 만든다.

이러한 다섯 가지 특징들 중에 어느 것도 그 자체로 대단한 것은 아니지만, 정보가 어떻게 통합되어 우리 경험이 일관성 있도록 다듬어지는지와 같은 더 나아간 문제를 연구하도록 우리를 안내하는, 감각적이며 상당히 강력한 체계를 집약적으로 산출한다는 점만은 주목할 만하다. 현명하게도, 바스는 의식의 본질을 규명하려 노력하지 않았다. (본질을 규명하려는 것은, 여러 현상들에 대해서, 실제적 진보를 이루는 데 방해가 되는 낡은 사고방식이다.) 그의 방식은 일부 철학자들에 의해서 선호되는 접근법과 대조된다. (일부 철학자들은 의식의 정교한 속성을 규정하려 노력한다. 예를 들어, 이렇게 의식을 규정한다. 의식이란, 자기-지시적인(self-referentially) 것으로, 당신이 가려움 혹은 통증을 느낀다는 것을 자신이 안다는 것을 아는 것이다.)[15]

바스는 자신의 체계를 전체 작업공간 이론(global workspace theory)이라 불렀으며, 그는 다음과 같은 작업공간이란 은유를 사용한다. 작업공간은 서로 다른 여러 자원들로부터 나오는 정보들을 풍성하게 통합하며, 작업공간 내의 여러 정보들이 다른 여러 기능들에 활용됨에 따라서 여러 의식적 상태들이 규정된다. 이러한 작업공간이란 개념은 다음 생각을 이끌어낸다. 의식이란, 하위 차원의 산물을 활용하는 소비자이며, 의사결정과 계획 세우기 등과 같은 다른 여러 기능들은 의식하는 정보에 접속할 수 있다. 따라서 작업공간은 전체적이다.

전체적 작업공간에 대한 말 그대로의 의미는 다음과 같아 보인다. 예를 들어, 당신이 애플 컴퓨터 회사에 근무한다고 가정해보자. 오늘 당신은 현재 회사가 개발 중인 새로운 맥북에어(MacBook Air)의 진척에 관한 회의가 있다. 각 부서는 자신들이 성취한 것들을 설명할 팀장을 회의에 내보낸다. 예를 들어, 자기 플러그(magnet plug), 고체 소자(solid state component), 완전평면 케이스(superflat case), 이더넷을 위한 동글(slicker dongle for Ethernet) 등등의 팀장들이 회의에 참석한다. 회의에서 각자의 성과물을 지원한 기술적인 구체사항들을 끌어들일 필요는 없으며, 각 기술의 결과물, 즉 성과물만을 내놓으면 된다. 각 부서의 탐장들 사이의 상호 활동은 그 성과물을 개선하고, 다른 프로젝트를 위한 계획을 만들어간다. 그 회의는 간단히 끝나며, 다음 단계의 회의가 약속되고, 각 부서 팀장들은 각자의 개별 작업 구역으로 돌아간다. 다음 회의는 대략 새로운 아이폰(iPhone) 모델 개발이며,

새로이 통합적이며 실무적인 절차가 시작된다.

그런 방식으로, 당신 역시 의식하는 중에 뇌 안에서 여러 처리 과정의 결과물들이 고도로 통합된다고 가정한다면, 의식에 이르는 무의식적 작용은 어떠한가? 의식 없는 작용과 의식적 작용 사이에 뇌의 차이는 무엇인가? 한 가설에 따르면, 시각 신호, 말하자면 인쇄된 글자 dog(개)는 시각 영역에서 의식 없이 첫 번째로 처리되며, 그 후에 그 신호가 더 앞의 (측두, 두정, 전두 등, 그림 9.4) 여러 피질 영역에 있는 여러 영역들에 도달하게 되면, 비로소 개란 말로 의식적으로 지각된다. [역자: 그림 9.5의 하위두정소엽(Inferior Parietal Lobule)은 여러 감각신호들의 통합과 관련되는 연합 영역이다.] 마찬가지로, 청각 신호는, 그 신호에 더 앞의 여러 뇌 영역들이 응답하기 전까지, 의식적으로 지각되지 않는다.

이런 가설에 대한 증거는 무엇인가? 스타니슬라스 드엔(Stanislas Dehaene)과 그의 연구원들은 차폐(masking)란 옛 기술을 이용하여, 그것을 새롭게 활용하는 방식으로, 실험을 고안하였다. 차폐가 작동되는 방식은 이렇게 설명된다. 만약 dog라는 글씨가 당신의 컴퓨터 스크린에 짧게 비춰지고, 약간(약 500밀리 초)의 시간 지연이 주어진 후에, 글씨 XXXXX가 제시된다면, 당신은 (의식적으로) 처음에 dog란 글자를 볼 것이며, 그 후에 XXXXX를 보게 된다. 그렇지만 만약 글자 dog에 이어서 즉시 XXXXX가 제시되면, 당신은 dog를 보지 못한다. 당신은 오직 XXXXX만을 보게 된다. 글자 dog가 차폐되기 (masked) 때문이다. (우리는 왜 그러한지 정확히 알지 못하며, 다만 그렇다고 알고 있을 뿐이다.) 이런 기술을 활용하여, 여러 실험실에서 다음과 같은 기대에서 실험이 이루어졌다. 차폐된 상태 동안에 그리고 시각적 상태 동안에 뇌의 활동 정도를 알아보는 실험이 어쩌면 아래의 중요한 의문에 대답해줄 수 있다. 당신이 시각신호 dog를 의식

328

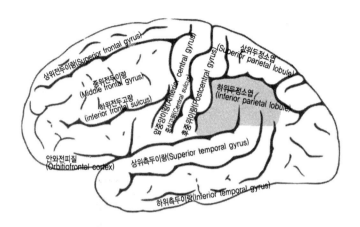

[9.5] 인간 뇌의 외측 모습. 두정엽, 측두엽, 후두엽 등의 하부영역들을 보여준다.
이 그림을 공식 도메인, *Gray's Anatomy*에서 인용하였다. 다음 책에서 처음 인
용되었다. Patricia S. Churchland, *Braintrust*, Princeton University Press. Prince-
ton University Press의 허락을 받아 인용함.

할 경우와 의식하지 못할 경우에, 뇌에 어떤 차이가 있는가?16)

이 질문에 대답하기에 앞서, 나는 이러한 차폐 현상이 지각 의식과
뇌에 관련된 여러 의문들에 대답하기 위해서만 도움이 될 범례가 아
님을 언급해야겠다. 다른 양태에서 유사한 실험 기획들이 있듯이, 이
경우에도 시각과 관련한 다른 실험 기획도 있다. 그렇지만, 나는 여기
논의를 시각 차폐에 대한 논의로 제한하면서, 다른 범례들과 양태들
에 대한 연구 결과들이 인상적으로 수렴된다는 점에 주목한다.

그렇다면, 차폐 기술과 뇌 이미지 연구에서 드러나듯이, 어떤 자극
에 대한 의식 작용과 무의식 작용 사이에, 뇌에서는 어떤 차이가 있는
것인가? 아주 간략히 이렇게 대답된다. 시각자극 **dog**가 차폐되는(의
식적으로 지각되지 못하는) 경우에, 오직 초기 시각 영역(뇌의 뒷부

전방위 전파(Feedforward propagation)
잠재의식작용(subliminal processing)
A

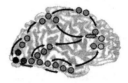

반향 전체뉴런 작업공간
(Reverberating global neuronal workspace)
의식적 접속(conscious access)

B　점화실패 전파
(Propagation with failure of ignition)

전체 작업공간 점화(Global workspace ignition)

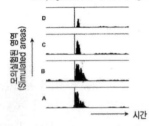

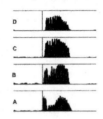

머릿속의 뇌 영역
(Simulated areas)

→ 시간

[9.6] 의식적 접속을 유발하는 사건들에 대한 도식적 그림. (A) 잠재작용과 의식작용 사이의 주요 차이를 보여주는 도식적 그림. 전방위전파(feedforward propagation) 동안에, 감각입력은 전방위전파 방식으로 감각 영역의 층위(hierarchy)를 통해서 진행된다. 다중 신호들은 상위-차원 피질 영역의 각기 다른 해석을 지원하기 위해 집결된다. 여러 상위 영역들은 하위-차원 감각 표상들로 되먹임되며, 현재 목표와 양립가능한 단일 정합적 표상을 향해 집결되는 경향이 있다. 이러한 하나의 시스템은 역학적 역치(dynamic threshold)를 보인다. 즉, 만약 들어오는 활동성이 충분한 가중치를 전달한다면, 그 활동성은 자기-지원, 반향하는(울려퍼지는), 일시적인, 준안정, 분산된 세포 집합체의 점화를 유발한다. 이 집합체는 현재 의식 내용을 표현하며, 그것을 실질적으로 모든 먼 거리의 여러 자리들로 전파한다. (B) 명확한 짧은 자극 펄스가 감각 입력에 부여된 두 단일 실험적 시도의 모의실험. 왼쪽 그래프에서 진행 중인 활동성에 부여된 요동(fluctuations)은 점화를 방해하여, 순수한 전방위 전파가 상위-차원 영역에서 소멸하는 결과를 준다. 오른쪽 그래프에서, 동일한 자극이 점화될 역치를 넘어서면, 그 결과 자기-증폭(self-amplification), 즉 전체 활동 상태를 일으킨다. 다음에서 인용하였다. Stanislas Dehaene and Jean-Pierre Changeux, "Experimental and Theoretical Approaches to Conscious Processing," *Neuron* 70 (2011): 200-227. Cell Press 의 허락을 받아 인용함.

분)만이 활동성을 보여준다. 반면에, 시각자극이 의식적으로 보이는 경우에는, 후두엽의 활동이 더 앞쪽 영역들, 즉 두정엽, 측두엽, 전두엽 등의 영역들로 확산된다(그림 9.6). 드엔과 샹쥬(Changeux)는 이것을 **전체발화**(global ignition)라고 불렀다. 이렇게 후두엽에서 전두엽으로 활동이 확산되는 패턴은 바스(Baars)의 예감을 지지하는 듯하다. 바스에 따르면, 의식 지각은 뇌의 전체 연결에 관여되며, 무의식 지각은 단지 좁은 영역에만 제약된다.

뇌 스캔에서 나온 자료들은 우리에게, 사건이 발생한 시기와 정확히 관련된, 정확한 **시간경과** 측정치(timing data)를 제공하지 않는다. 그러나 다른 기록 장치들이 그렇게 해줄 수 있다. 두피에 전극을 붙이고 뇌 활동을 집단적으로 기록하는 EEG를 이용하면, 시간 영역과 관련된 흥미로운 것이 나타난다. 의식적 지각이 일어나고 있다는 확실한 신호인, 두피 기록의 파장 형태가, 자극이 주어지고 약 300밀리 초 후에 나타난다. 의미심장하게도, 이러한 발견은 또한 다른 양태들에서도 유지되는 것으로 나타난다.

이러한 실험 결과는 다음을 보여준다. 감각자극의 앎을 산출하기 위해 필요한 (뒤에서 앞으로) 전체발화는 약 300밀리 초, 약 1/3초 걸린다. 이 시간이 납득되는 이유는 이렇다. 한 뉴런에서 다음 뉴런으로 신호가 전달되기 위해 걸리는 시간이 있으며, 그 신호가 망막으로부터 전전두피질까지 전달되려면 많은 영역들을 거쳐야 한다.

전체발화를 지원하는 연결과 관련하여 중요한 발견이 하나 있었다. 모든 포유류(어쩌면 모든 동물들)의 뇌는 하나의 작은-세계 조직기관(small-world organization)을 가지는 것처럼 보인다. [즉, 작은 집합들이 모여 하나의 전체 집단을 형성하는 방식이다.] 모든 뉴런들 각각이 모든 다른 뉴런들과 연결되지는 않는다. 만약 그렇다면 우리 뇌가 현재보다 매우 커져야만 한다. 신경과학자 올라프 스폰스(Olaf Sporns)

와 그의 연구원들이 보여주었듯이, 임의 뉴런은 단지 몇몇의 뉴런들과 연결을 이루며, 대부분의 다른 뉴런들과 떨어져 있다. 뇌는 "여섯 단계 분리" 조직기관이다.17)

일부 사람들처럼, 일부 뉴런들은 특별히 잘 연결되어 있다. 예를 들어, 내 친구 에릭(Eric)은 신경학자인데, 뉴욕의 방송인들과 잘 연결되어 있으며, 그리고 그 방송인들은 워싱턴 D.C.의 기자들과 잘 연결되어 있다. 그러므로 에릭을 통해서, 나는 단지 서너 단계만 거치면, 예를 들어, 앤더슨 쿠퍼(Anderson Cooper, CNN 뉴스 앵커)와도 연결될 수 있다. 일부 뉴런 그룹들은, 잘 연결을 이루지 못하는, 어떤 뉴런들을 다른 뉴런들로 연결시키는 허브(hubs)이기도 하다. 그렇게 특별히 잘 연결된 뉴런들을 표현하는 용어는 부자 모임 뉴런(rich club neurons)이다. 따라서 어떤 신호는 아마도 이러한 단계로 전달된다. 한 국소 연결 뉴런(locally connected neuron)에서 분배 뉴런(feeder neurons)으로, 그리고 부자 모임 뉴런으로, 그리고 다른 분배 뉴런으로, 그런 후에 새로운 국소 뉴런으로 연결된다(그림 9.7).

부자 모임 조직은 매우 효과적이다. 이것이 의미하는 바는 이렇다. 뇌가 연결하는 비용을 낮출 수 있으며, 머리 크기가 적절한 부피 내로 제약될 수 있게 된다(그림 9.6). 연결이 에너지를 소모해야 하며, 공간을 차지하기 때문이다. 따라서 허브를 활용하는, 작은-세계 조직기관은, 모든 뉴런들이 다른 뉴런들과 연결을 이루는 것보다, 더 효과적이다. 그리고 부자 모임에 의한 일시적 연결을 이루는 것은, 매우 빠르며, 간결하고, 효과적이다.18) 물론, 욕구, 충동, 목표, 그리고 다른 내적 신호들 또한, 당신이 특정한 것을 의식할지 아닐지에 영향을 미치며, 따라서 그에 따르는 연결이 저 부자 모임보다 이 모임 클럽을 통과할지 아닐지에 영향을 미친다. 일부 사건들이 특정 맥락에서 중요하다면, 그것은 다른 맥락에서 전적으로 무시될 수 있다.

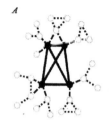

A

● 부자 모임 노느(Rich Club Node)
○ 비-부자 모임 노드(Non-Rich Club Node)

— 부자 모임 연결(Rich Club Connection)
-- 분배 연결(Feeder Connection)
···· 국소 연결(Local Connection)

B 공동체: 모듈
(Communities: Modules)

노드(Node)
변두리(Edge)

● 허브(Hubs)　　● 부자 모임(Rich Club)　　● 코어(Core)

[9.7] (A) 부자 모임 뉴런들과 비-부자 모임 뉴런들 사이의 관계를 보여주는 도식적 그림. 국소 상호 연결 집단 내의 뉴런들은, 부자 모임 경로를 통과함으로써, 다른 국소 집단에서 나오는 정보에 접근할 수 있다. (B) 그물망 공동체(모듈)는 (밀집하여 상호 연결된 뉴런들의) 여러 집단[흰색 원]으로 구성된다. 여러 공동체들로 구성된다는 것이 모듈식 그물망의 특징이다. 각 모듈-내부의 연결은 모듈-사이의 연결보다 거리가 더 가까울 가능성이 높다. 이런 방식으로, 여러 공간적 [공동체] 모듈들은 회로 연결과 소통에 관련된 비용을 낮춰주며, 국소적으로 전 문화 신경계산 효과를 높여준다. 여러 모듈들 사이의 기능적 통합은, 공간적으로 멀리 떨어진 뇌의 여러 영역들 사이에 상호 연결을 통해서 이루어지며, 이것을 위해서 높은-비용인 긴-거리 축삭 연결이 추가되어야만 한다. 결국, 접속 허브가 증가되어야 하며, 이 허브는 (일정하지 않은 수의) 긴-거리 모듈 간 연결을 받아들여, 높은 참여 목록을 가지고, 전체 그물망 내에, 위상학적으로(topologically) 더 중심적인 혹은 "잠재적 병목(potential bottleneck)" 역할을 담당한다.
(A) 부분은 다음에서 가져왔다. Martijn P. van den Heuvel, René S. Kahn, Joaquín Goñi, and Olaf Sporns, "High-Cost High-Capacity Backbone for Global Brain Communiction," *Proceedings of the National Academy of Sciences* 109, no. 28 (2012): 11372-77. (B) 부분은 다음에서 가져왔다. Ed Bullmore and Olaf Sporns, "The Economy of Brain Network Organization," *Nature Reviews Neuroscience* 13 (2012): 336-49. 허락을 받아 인용함.

부자 모임 체계가, 우리로 하여금 시상중추(우리가 어느 것이든 의식할 수 있는 이유가 무엇인가?)에 대한 연구를, 전체 작업공간 체계(우리가 **특별히** 무엇을 의식하는가?)와 관련지을 수 있게 해줄까? 그렇다, 정말로. 감각신호에 대한 의식은 상당히 분리된 뇌 영역들을 공간적으로 연결시켜주며, 그 여러 영역들은 단기적으로 서로 밀착되어 체결될 수 있다. 주의집중이 이동함에 따라서, 지배적이던 결합은 약해지고, 다른 뉴런 집단들이 강한 연결을 이루면서 그 자리를 대신하게 된다. 내 생각에, 그 결합은 집단적 뉴런들의 활동에 공조활동(synchrony)을 유도한다. 그러므로 만약 당신이 장 세균(gut microbes)에 대한 강의를 듣던 중에, 은행에 갈 시간이 될지 걱정하는 쪽으로 주의집중을 이동하면, 피질 활동은 청각피질로부터 뇌의 중앙선(midline) 부근 영역으로 일시적으로 변경되었다가, 당신의 관심이 다시 강의에 집중함에 따라서, 다시 본래대로 돌아간다.

그러므로 현재 선호되는 가설은 이렇다. 뉴런 집단들의 활동은 일시적 공조활동을 통해서, (말하자면) 그 강의 요지에 대해서, 일관된 의식경험을 제공한다. 그 공조활동은 시상중추의 뉴런들에 의해 펼쳐지는 극파(spikes) 폭발에 의해서 일어날 수 있다. 그 집단 내 뉴런들의 국소 연결은 우리가 무엇을 맥락으로 생각하는지를 결정한다. 즉, 많은 종류의 세균들과 소화를 위한 그것의 역할에 대한 당신의 지식을 결정한다. 그 공조활동이 그러한 효과를 정확히 어떻게 성취하는지는 아직 알려져 있지 않지만, 여러 연구자들이 열심히 추적 중이다.

[여러 연구들 중에 다음이 주목할 만하다.] 마취가 어떻게 작동하는지에 대한 연구는 이 가설에 대해서 중요한 도움이 된다. 마취에 대한 많은 세부 사항들이 알려지지 않은 채로 남아 있지만, 다음은 밝혀진 사실이다. 마취의 일반적 효과는 뉴런들 사이에 통합적 교류를 필히 감소시킨다. 마취는 소통의 연결을 바꾼다. 즉, 일부 허브들이 당장의

요청에 대답하지 않는다. 그것들은 마치 졸고 있는 형국이다. 마취의 주요 효과는 뉴런들 사이의 소통을 엉망으로 만들어버린다. 첫째, 마취는 다음을 의미한다. 감각신호를 대뇌피질 뒤쪽으로부터, 전전두 영역과 같은, 더 앞쪽 영역으로 전파하게 도와주는 전체발화가 와해된다.[19] 둘째, 마취는 다음을 의미한다. 부자 모임 뉴런들 사이의 효과적 교류 연결이 와해된다. 간단히 말해서, "마취는, 정보를 통합하는 뇌 활동을 차단시키는 방식으로, 무의식을 일으키는 것 같다."[20]

이러한 이유에서 의식에 대한 신경생물학이 특별히 말해줄 것 같은 세 가지 속성이 있다. (1) 부자 모임 뉴런들은 다른 뉴런 모임들과 빠른 연결을 할 수 있어서, 풍부한 정보통합을 위한 발판을 제공한다. (2) 뇌 사건들을 위한 전체발화는 의식에 이르게 해주며, 그리고 (3) 시상중추는 깨어 있거나 꿈꾸는 중에 특정한 앎의 내용을 가지게 해준다. 뇌의 이러한 세 가지 속성은 완전히 새로운 실험적 연구를 시도하도록 확실히 유도하는 발판을 제공한다. 행운이 따른다면, 이러한 발전들이 마침내 의식에 관여하는 메커니즘의 구체적 본성을 이해하게 해줄 것이다.

인간이 아닌 다른 포유류와 조류 모두의 의식에 대하여 한마디

뇌 해부학은 포유류 전반에 동일하게 그대로 적용된다. 인간의 경우에 의식을 지원한다고 가정되는 뇌의 기초 조직은 포유류 뇌의 진화 과정에서 매우 잘 유지되어왔으며, 따라서 모든 포유류들 사이에 놀라울 정도로 매우 유사하다. 뇌간의 여러 구조들이 매우 유사하며, 시상의 조직이 매우 유사하고, 정서를 통제하는 구조 매우 유사하며, 피질조직 역시 유사하다. 간단히 말해서, 모든 것을 의식하도록 지원하는 주요 요소들은 모든 포유류에 걸쳐서 매우 유사하다. 피질의 크기는 종에 따라 다르지만, 본질적으로 피질이 달라서 오직 인간만이 의식을 가진다는 것을, 신경과학자들이 발견한, 어떤 증거도 없다. 오히려, **어떤 형태로든** 의식이 모든 포유류와 조류의 뇌가 갖는 특징이라는 것이 전반적으로 설득력이 있어 보인다.

확실히 뉴런의 수와 대뇌피질 구조의 크기에서 약간의 차이라도 그것이 어떤 기능적 차이를 만들기는 하겠지만, 나의 개 더프(Duff)가 여행 가방을 꾸리는 나를 바라보고, 그 가방 뚜껑 위에 누워 슬픈 얼굴을 할 때면, 그는 곧 있게 될 이별의 슬픔을 느낀다는 이야기가 점차 설득력을 얻는다.21) 만약 그와 내가 뇌와 행동에서 유사성을 갖는다면, 분명 그가 두려워하거나 기뻐하는 느낌 또한 나의 느낌과 유사할 것이다. 장난칠 때의 느낌 역시 매우 유사할 것이다.

나는 우리 둘 사이를 구분해줄 장막으로 "어딘가"란 말을 사용하겠다. 왜냐하면 우리 둘 사이에 약간의 차이가 있다는 것을 인정하고 싶기 때문이다. 예를 들어, 나의 개 더프가 배고픔을 느낄 때에 그의 경험은 아마도 내가 경험하는 것과는 '어딘가' 다를 것이다. 예를 들어, 내가 배고픔을 느낄 때, 나는 토마토 수프를 마음속에 그리겠지만, 그는 분명히 생고기를 기대할 것이다. 그렇다면 당신과 나 사이에도 역시 그런 측면에서 차이가 있을 것이며, 그리고 의식을 가진다는 점에서, 그것이 문제될 것은 없다. 나는 다음 주에 유콘 강으로 여행할 날짜가 다가오고 있음을 알 것이지만, 더프는 그와 같은 복잡한 생각을 알지는 못할 것이다. 반면에, 그가 냄새 맡는 세계는 내 것에 비해 비교되지 않을 정도로 넓으며, 따라서 우리가 밖으로 산책을 나갈 때면, 그는 내가 전혀 맡지 못하는 것(정확히 말해서 **무후각**(anosmic))에 매우 흥분되곤 한다.

포유류들이 근본적으로 수면을 취할 능력을 공유하고 있으며, 수면을 통제하는 뇌간 메커니즘이 본질적으로 모든 포유들에 걸쳐 동일하다는 사실은, 깨어 있는 상태 동안에도 근본적으로 유사한 경험을 가진다는 것을 시사한다. 예를 들어, 신체의 위치, 통증, 배고프거나 목마른 느낌, 피곤하거나 추운 느낌 등을 동일하게 경험한다.22) 그럼에도 불구하고, 우리가 8장에서 살펴보았듯이, 일부 철학자들과 일부 심리학자들은 오직 인간만이 참된 의식을 가진다고 상당히 확신해왔다. 그 이유는 오직 사람들만이 언어능력을 가지기 때문이다. 그들의 구체적인 논증은 무엇인가?

한 관점에서 나오는 논증은 이렇다. 의식이란 누군가 보고, 느끼고, 들은 것의 문제이며, 오직 언어를 가진 동물만이, 자신들이 무엇을 보거나 느끼거나 들었는지 혹은 아닌지를, 우리에게 말해줄 수 있다. 당신은 자기가 배고픔을 느낀다고 나에게 말할 수 있다. 내 개에 대해서, 나는 단지 그의 행동만으로 추측할 수 있을 뿐이다. 이런 논증이 갖는 한 가지 문제는 이렇다. 당신이 나에게 자신이 배고픔을 느낀다고 말할 때에, 당신의 말 역시 [일종의] 행동이다. 그것만으로 나는 당신의 경험에 직접 접촉할 수 없다. 나는 당신의 배고픔을 느끼지 못한다. 나는 단지 "나는 배고파"라는 당신의 말을 들을 뿐이다. 그러므로 이런 측면에서, 당신의 행동이든 혹은 내 개의 행동이든, 나는 오직 행동에 의존해서 무엇을 파악할 뿐이다. 이런 내 지적이 설득력을 가질 것이다. 그렇지만 나는 내가 의식을 가질 경우에만, 내가 배고프다고 **말할 수 있다.** [즉, 우리가 말을 할 수 있다는 것은 곧 의식을 가졌기 때문이다.] 그것이 참이라고 가정하자. 어떤 결론이 따라 나오는가? 의식은 언어를 위해서 필수적이라는 것뿐이다. 그렇지만 [반대로] 언어를 위해서 의식이 필수적이라는 것은 도출되지 않는다. [즉, 언어를 가지는 경우에만 의식을 가질 수 있다는 결론은 도출되지 않는다.]

다른 논증은 이렇다. 의식은 내적 언어(inner speech)를 가지기 위해서 필수적이며, 당신이 언어를 가지지 못한다며, 당신은 내적 언어를 가질 수 없다.[23] 이런 식의 논증이 갖는 주된 문제는 그 주장을 지지해줄 뇌와 행동에 대한 증거가 없다는 점이다. 더 나아가는 문제는 (나의 것이든 누구의 것이든) 의식은 언어보다 매우 많은 것들을 포함한다는 점이다. 실제로 우리는 언어로 정확히 규정하지 못하는 많은 것들을 경험한다. [즉, 언어로 말할 수 없는 것들을 의식할 수 있다.] 예를 들어, 우리는 계피 냄새와 토끼풀 냄새의 차이를 구분하며, 힘이 충만한 느낌과 흥분된 느낌 사이의 차이를 구분하며, 오르가슴 (orgasm)이 어떤 것인지를 경험한다. [이런 것들을 우리는 언어로 표현하기 어렵다.] 만약 언어는 대화를 위해서 필수적 도구라고 인정하는 입장에서, 의식을 위해 언어가 필요하지 않다는 사실에 우리가 놀라워할 이유는 없다.[24] [즉, 우리 인간들이 대화를 위해 필히 언어를 갖추어야 하겠지만, 그렇다고 언어가 없으니 의사소통을 할 수 없다고 추론하는 것은 옳지 않다.] 게다가, 결정적 반박으로, 많은 동물들은 인간 언어와 아주 유사해 보이는 것을 가지지 않지만 의사소통을 상당히 잘한다. 대표적으로, 늑대들 사이, 돌고래들 사이, 까마귀들 사이, 앵무새들 사이, 명주원숭이들 사이 등등에서 의사소통이 이루어지고 있다는 점을 생각해보라.

지금까지 앞에서 살펴보았듯이, 특정한 무엇을 의식하기 위해서, 예를 들어, 곰이 물고기를 잡는 것을 의식하기 위해서, 어떤 것이 필요할지와 관련한 유력한 가설은, 외부 자극으로부터 들어온 신호들이 뇌의 앞쪽 영역으로 전달될 필요가 있다는 것이었다. 의식을 위해서 전체발화가 이루어져야만 한다. 그런데 전체발화가 언제나 언어 영역을 활성화시키는가? 뇌 스캔 실험을 통해서 밝혀진바, 그렇게 생각해야 할 어떤 이유도 없었다. 만약 감각신호가 (곰이 물고기를 잡는 장면의) 시각적인 것이라면, 혹은 (고래가 노래를 부르는) 청각신호라면,

혹은 만약 그것이 (거대한 콩 나무줄기와 같은 시각 이미지와 같은) 상상의 산물이라면, 뇌 스캔은, 언어를 위해 중요하다고 믿어지는 영역들을 확인시켜주지 못한다. 그러한 실험은, 언어는 그러한 사건들을 우리가 아는 데 필수적인 부분이 아님을, 보여준다. 분명히 나는 말하지 않고도 그러한 것들을 알 수 있으며, 심지어 나 자신에게 말하지 않고도 그것들을 알 수 있다.

언어가 의식을 위해 필수적이라는 가설에 반대하는 추가적인 새로운 증거가 있다. 전전두엽에 종양이 생긴 환자에게, 외과의사는 제거 수술에 앞서, 혹시 그것을 제거하는 수술이 언어 영역까지 제거하여 언어능력에 손상이 생기지는 않을지 염려해서, 확인하는 실험을 하게 된다. 그 실험은 탐지두개자기자극(navigated transcranial magnetic stimulation, nTMS)을 활용하여 이루어졌으며, 그 기술은 뉴런 활동을 안전하고 일시적으로 중단시킨다. 만약 그 기술에 의해서 언어가 갑자기 중단된다면, 자극된 영역이 언어를 위해 중요한 부위라고 추정될 수 있다. [의사는 환자에게 말을 시키면서, 제거하려는 영역들을 자극하여, 혹시 언어가 중단되는지 확인한다.] 그렇게 확인한 후에 외과의사는 종양 부위를 주의해서 도려낼 수 있다. [즉, 종양 수술 후에 그 환자가 언어능력을 상실하지 않도록 세심한 수술이 이루어진다.]

그 환자의 말이 탐지두개자기자극(nTMS)에 의해서 중단되는 경우에, 그 환자는 의식도 상실하게 될까? 그렇지 않았다.25) 더구나 이러한 발견은 신경외과의사 조지 오제만(George Ojemann)의 개척 연구에서 나온 상당량의 초기 자료들과 일치한다. 그는 수술에 앞서 직접 전기자극을 하여 언어 영역을 시험했다.26) 언어 중단을 보여주었던 환자들은 의식을 잃지 않았다. 그럼에도 불구하고, 탐지두개자기자극의 사례가 결정적이지 않다고 주장될 수도 있다. 그 환자는 왼손잡이이며, 언어 영역이 오른쪽 반구에 있어서, 그 영역이 탐지두개자기자극에 의해서 영향 받지 않을 가능성이 남아 있기 때문이다. 그래서 탐지두개자기자극을 이용한 추가적인 확인 실험이 이루어진다면, 이마저도 명확히 드러날 것이다.

작업기억

당신이 찾아가려는 건물의 주소를 듣고 나서, 낯선 도시의 도로를 지나 운전하여 그곳에 도착하려면, 그 주소를 기억해야만 한다. 당신은 그 주소를 잊기 쉽다는 것을 알고 있으므로, 몇 번이나 마음속으로 그 주소를 되풀이해서 기억하려 애써본다. 그렇게 하고서도, 몇 분이 지나면, 당신은 그 주소를 이미 잊었다거나 혹은 적어도 당신이 그 주소를 정확히 기억한다고 확신하기 어렵다는 것을 알게 된다. 당신은 그런 기억이 오직 잠깐만을 위한 것이며, 이후에 사라질 것임을 이미 알고 있었을 것이다. 이렇게 일시적으로 유지되는 정보는 작업기억(working memory)이라고 불린다.

우리가 몇 분 동안, 오직 몇 분 동안만을 위해서, (우리가 의식을 가지는 경우에) 무언가를 생생히 기억할 수 있는 것은 어떻게 가능한가? 전전두피질(특별히 배외측 전전두피질(dorsolateral PFC))에 있는 단일 뉴런들(single neurons)의 활동성을 기록하는, 앞선 연구에서 다음 결과가 드러났다. 특정 사건에 대해 (당신이 1-2분 동안 회상할 수 있는) 작업기억이 작동되려면 전전두피질 활동이 유지되어야 한다. 특정 뉴런들의 활동은, '그 정보를 학습하기'와 '그 정보를 행동에 활용하기' 사이에 잠시 "기다리는" 동안만, 그 정보를 유지하게 해준다. 아마도, 비록 그 정보가 사색적인 것일지라도, 시상중추 뉴런들이 배외측 전전두피질을 "활성화시키지" 않는다면, 그러한 뉴런들은 그 신호를 작업기억 내에 코드화(code)하지 못하며, 따라서 그 정보를 유지하지도 못하게 된다. 그 뉴런들은 "임무에서 해제된다."

작업기억에 대한 이러한 특징들은, 아마도 스코티가 몽유병이 발병하는 동안에 여러 사건들에 대한 장기기억(long-term memory)을 완전히 상실했던 것을 설명해줄 것 같다. 아마도 그의 전전두 영역들이 시상중추에 의해서 활성화되지 못했기 때문에, 비록 그의 감각피질이 작동한다고 하더라도, 작업기억은 작동하지 않았을 것이다. 더구나, 특정 사건들에 대한 장기적 저장 또한 그 사건에 대한 의식이 있어야 하므로, [그리고 의식을 가지려면 역시 시상중추에 의해서 전전두피질 영역이 작동되었어야 하는데, 그렇지 못했으므로] 스코티는 장기기억 역시 전혀 갖지를 못한다.

그러므로 낙관적인 관점에서 말하자면, 당신은 아마도 이제 다음 두 가지가 어떻게 그러한지를 잘 이해할 수 있을 것이다. [내가 앞에서 설명한] '무엇이든 의식하기에 대한 설명'과 '특정한 사건을 의식하기에 대한 설명'이 서로 잘 맞아떨어지고, [의식을 가지려면] 욕구와 목표에 관련된 평가적 신호들이 어떤 역할을 해야만 한다. [나는 지금껏 이 두 문제를 설명해왔다.] 이러한 낙관적인 생각은 앞으로 구체적인 여러 실험들을 고무할 것이다. 그리고 희망컨대 우리는, 이러한 두 가지 설명을 연결시켜주는 새로운 생각이 앞으로 우리에게 무엇을 알려줄 것인가에, 관심을 기울일 필요가 있다.

주의집중(attention)은 어떤 역할을 하는가? 그리고 주의집중이란 무엇일까? 주의집중은 추정컨대 당신의 뇌가 하는 평가적 일의 일부로서, 의식적 앎이 제한적 능력을 가지므로[즉, 우리는 동시에 여러 가지를 의식할 수 없으며, 따라서 미처 의식하지 못하는 다중적 사건이 발생되는 환경의 위험을 회피하기 위해], 필요한 기능이다. 과학자들은 주의집중을 이렇게 두 가지로 나누어 생각한다. 첫째는, 예를 들어,

큰 소리, 갑작스러운 담배연기, 혹은 밝은 불빛 등과 같은 자극, 즉 당신의 관심을 "끌어당기는" 자극들에 당신이 몰두하게 만드는 것이다. 그런 주의집중은 상향식(bottom-up)이며, 이것은 생존에 명확히 관련되므로, 현재의 목표를 능가하는 갑작스러운 위험에 우선권을 주어야 할 시기를 반영한다. 다른 종류의 주의집중은 하향식(top-down)이며, 선호하는 것은 물론, 단기적 그리고 장기적 목표들을 반영한다. 이러한 종류의 주의집중에 관여하는 뇌 영역은 뇌의 앞 영역들에서 더 많이 관련된다.

당신이 벅찬 과제, 예를 들어, 자신의 아이 발에 박힌 가시를 빼주는 일을 하려는 경우에, 당신은 그 과제에 집중해야 한다. 그 목표 달성을 위해서 필요한 바늘과 족집게를 들고서, 가시를 빼주려는, 무엇보다 우선하는, 그 목표에 온통 마음을 쏟아야 하며, 우선적으로는 알코올 솜으로 상처를 깨끗이 씻는 일부터 시작해야 한다. 이런 경우에, 당신은 자신의 목표를 성취하는 데 방해가 될 간섭들을 의도적으로 무시한다. 예를 들어, 만약 그 간섭이 화재경보와 같이 정말로 중요한 일만 아니라면, 전적으로 무시한다.

당신의 의식 상태 내용은, 당신이 다른 곳으로 주의를 돌리게 되면, 따라서 바뀌게 된다. 예를 들어, 당신이 어떤 대화에 집중하다가, 시계를 바라보고, 그 다음에 아기 침대에 집중하다가, 다시 대화로 돌아옴에 따라서, 당신의 의식 내용은 바뀐다. 앞서 이야기했듯이, 우리가 경험하는 것에 따라 바뀌는 이러한 의식 내용은, 아마도 넓게 분산된 뉴런 풀들(pools of neurons) 사이에 회로 연결이 바뀜에 따라서, 빠르게 바뀔 것이다. (이미 고려되었듯이) 그 회로 연결은 고도로 연결된 허브들 사이의 (조정된) 활동 패턴에 의해서 조정될 것이다. 그리고 그 허브들의 연결은 아마도 뇌의 리듬에 의해서 조정될 것이다.

하향식 주의집중은 무엇을 안내하는가? 뇌는 무엇을 무시하고 무엇에 집중할지를 어떻게 아는가? 이것은 거의 이해되지 않고 있다. 그렇지만 당신이 무엇에 집중해야 할지를 밝혀내기 위해서, 당신의 뇌를 이용하는, 당신의 뇌 안에 자리 잡은 어떤 작은 놈이 존재하지 않는다고 말하는 것이 적절하겠다. (이렇게 어쩔 수 없는 유감스러운 이야기를 할 수밖에 없을 것 같다.)

당신이 의식을 가지게 되면 주의집중은 그냥 사라지는가? 비록 이 양자가 밀접하게 관련되긴 하지만, 아마도 그렇지 않을 것이다. 주의집중과 의식을 구분해야 한다는 생각은 다음 발견으로부터 따라 나왔다. 본질적으로, 독서와 같은 특정 과제를 수행하는 동안에 어떤 형태의 비의식적 주의집중(nonconscious attention)이 작동한다. 우리는 그것을 어떻게 알았는가? 당신이 독서할 때, 당신의 눈은 일정 글씨 덩어리(약 7-20글자)에 고정되며, 그 다음에 다른 글씨 덩어리로 갑자기 옮겨간다. 물론 독서하는 사람에게는 그렇다고 느껴지지 않겠지만, 눈동자 추적 실험을 해보면, 실제로 당신의 눈은 고정에서 점프 이동하는 형태를 명확히 보여준다. 독서란, 당신의 현명한 뇌가 아주 부드럽게 읽어나가는 것처럼 보이지만, 실제로는 한 줄 내에서 한 토막씩 글자 덩어리를 점프하면서 단속적으로 점프 이동하여 읽어나가는 것을 보여준다.

실험에서 밝혀진바, 눈이 다음 점프(단속적 안구 이동(saccade))를 하기 전에, 당신의 비의식적 주의집중은, 다음 글자 토막을 스캔하고, 당신의 시선 중심에서 밝게 보이는 실속 있는 내용의 글자('정말'과 같은 단어가 아니라, '살인자'와 같은 글자)를 선택하고, 그에 따라서 눈동자 이동을 안내한다. 이런 안내는 주의집중의 예측 능력에 따라서 수행되며, 이런 예측 능력은, 예를 들어, 사냥, 요리, 아기 돌보기 등 많은 다른 복잡한 일과 숙련된 동작을 할 때에도 수행된다. 다시 말해서, 이런 현상은, 당신이 어떤 연속적인 장면을 볼 경우에, 주의

집중이 적절한 요소 중심으로 바뀌는 중에도 일어난다. 이것은 우리가 기껏해야 몇몇의 주의집중만을 (무의식적으로) 할 수 있을 뿐임을 보여준다. [즉, 우리는 동시에 여러 가지에 주의집중할 수 없다.] 아직 경험적으로 밝혀지지 않은 부분은, 우리가 주의집중하지 않고서도 어떻게 무엇을 알 수 있는가에 관한 문제이다. 심리학자 마이클 코헨(Michael Cohen)과 그의 연구원들이 지적했듯이, 주의집중은 의식을 가지기 위해서 **필수적이긴** 하겠지만, **충분하진** 않아 보인다.27) [다시 말해서, 주의집중은 의식을 위한 필요조건이지, 충분조건은 아니다. 즉, 우리는 무의식적으로 주의집중할 수 있다.]

주의집중(attention), 의식(conscious), 의사결정(decision making) 등의 본성과 관련된 많은 질문들에 대해서 공백을 채워줄 충분한 대답은 아직 나타나지 않았다. 그렇지만 뇌의 기능에 관한 새로운 구체적인 연구 결과는 그 공백의 틈새를 메우고 있는 중이다. 예를 들어, 뇌의 신경회로 연결(brain wiring)이 고리 모습으로(loopy) 이루어져 있다고 현재 잘 알려졌으며, 그 고리 형태의 구조로 인해서, 저장된 정보들은 수입 신호들(incoming signals)에 얹어져서 불러내어질 수 있으며, 뇌가 빠르고 복잡한 해석을 할 수 있기도 하다. 예를 들어, 당신은 무엇이 자동차인지 아니면 자전거인지를 즉각적으로 재인할(recognize) 수 있으며, 심지어 그 대상이 삐딱한 각도에서 보이더라도, 특별히 방해된 상태라서 그 일부 형태만 보고서도, 혹은 대략적 윤곽만 보더라도, 즉각적으로 그것이 무엇인지 알아볼 수 있다.

당신은 다음과 같은 생각에서 불만족스러움을 표출할 수도 있겠다. 부자 모임 뉴런들 사이 연결이 수시로 바뀐다(shifting linkages among rich club neurons)는, 혹은 전체발화(global ignition) 개념 등이 아주 초안의 생각일 뿐이며, 그 구체적인 메커니즘에 대해서 충분한 설명은 없다. 이러한 당신의 지적은 매우 적절할 것이다. 일시적으로 연결되는 뉴런들의 활동을 조절하는 메커니즘이 의식경험을 낳을 것이라는 추측은 아직 명확히 밝혀지지 않았다. 이러한 우리의 무지에도 불구하고, 우리를 흥분시키는 것은, 현재 신경과학자들이 의식을 탐구하게 해줄 무언가를 (불명확하지만) 가지고 있다는 사실이다.

만약 당신이 의식이란 주제를 장기적 관점에서 바라보게 된다면, 매우 인상적인 인식을 가질 것이다. 50년 전에 비해서, 과학은 상당히 많은 것들을 얻어냈으며, 그리고 모든 수준에서 뇌 기관에 대한 많은 연구들은 지금 출현한 그림에 나름의 상당한 기여를 해왔다. 단일 뉴런의 응답 시간 지연 속성에 대한 연구, 뇌 그물망이 고리 모습으로 연결된 효과에 대한 연구, 뇌 전반에 걸친 큰 범위 연결의 본성에 대한 연구 등, 이 모든 연구들과 그 외 많은 연구들은, 과학자들이 '어떻게 뇌가 의식을 가지는지'를 찾게 해줄, 이론적 도약을 마련할 것이다. 어느 단일 실험 결과가, 스웨터 전체를 실타래로 풀어헤치게 해줄, 시작점이 될 수 있을까? 예를 들어, 왓슨(Watson)과 크릭(Crick)의 의식에 대한 연구가 그러할까? 개인적으로 나는 그럴 가능성을 의심한다. 그보다 나는 다음과 같이 조심스럽게 예측한다. 조금 중요한 수백만 개의 연구 결과들이, 수렴되고(converge), 공진화하고(coevolve), 획기적인 새로운 연구를 탄생시켜냄으로써, 조만간에 우리에게 전리품을 가져다줄 것이다.28) 의식과 관련하여 두 종류의 극단적인 이론적 주장이 있으며, 그 중 하나는 의식의 비밀을 이미 밝혀내었다는 주장이고, 다른 하나는 의식에 대한 뇌의 메커니즘은 결코 밝혀질 수 없다는 주장이다. 우리는 이렇게 극단적으로 상반된 두 주장 모두에 대해서 경계할 필요가 있다.

균형 잡힌 행동

신경과학은 신경계가 어떻게 작용하는지를 이해하는 놀라운 진보를 이루었다. 새로운 도구와 기술의 발달은, 실험기술과 함께, 이러한 발전을 가능하게 해주었다. 그러한 예리한 칼날에 의해서 성취된 결과들을 보여주는 여러 논문집과 블로그에 접속할 수 있어서, 그것들을 손쉽게 찾아볼 수 있다는 것은 또한 얼마나 놀라운 일인가? 그렇지만 그 여러 연구 결과물들의 질적 수준은 저마다 차이가 있다. 우리는 실한 알곡들을 여물통 속에서 어떻게 골라낼 수 있겠는가? 자기 자신에 대해서 사랑 박사(Dr. Love)라고 부르면서, 우리가 행복해지려면 하루에 여덟 번씩 포옹해야 한다고 말하는, 위세 등등한 경제학자의 말을 믿어야 할지 말아야 할지를 우리는 어떻게 알아내겠는가?[1]

명확히 말하건대, 우리는 여러 과학적 발견들을 정확히 그리고 이해 가능하도록 보도해줄 매체를 필요로 한다. 그렇게 보도할 재주는 상당한 지식을 갖춘 기자들이 담당하며, 그런 기자들은 언제 땅으로 떨어질지 모를 그 성과물들을 치켜세우는 글재주를 지녔다. 과학자들은 연구를 하며, 그 결과물의 의미를 이해하기에 가장 적절한 입장에 있으므로, 그들은 기자들을 도와 그들이 자신들의 결과물에 관한 이야기를 솔직히 표현하도록 도와야 할 특별한 책무를 지닌다.

그렇지만 경우에 따라서, 그러한 기자에게 정보를 제공하는 과학자가 기본적인 충동에 굴복하기도 한다. 그 과학자가 지면에 자신의 이름을 부각시켜 알릴 수 있는 좋은 기회를 포착하고 싶어 하며, 그가 근무하는 공적인 관련학과는 기자에게 부풀려 이야기하도록 촉발하기 때문이다. 쑥스럽게도, 혹은 어떤 경우에는 뻔뻔하게도, 그 과학자는 기자의 관심을 끌기 위해서 여기저기로 그 이야기를 퍼 날라 자신을 알리려 할 수도 있다. 혹은 기자 자신이 주목받고 싶은 욕망에서, 그 이야기를 대단한 머리기사로 올리려 하고, 자신의 블로그에 띄우려 할 수도 있다.

그러한 사례를 보자. 새로운 기술을 소개하는 웹사이트, TechNewsDaily.com은 다음 제목의 이야기를 실었다. "해커(Hack)가 당신의 뇌를 몰래 훔쳐볼 수 있을까?" 다음은 그 이야기의 핵심을 발췌한 내용이다.

연구자들은 P300 반응이라 불리는 것을 찾아내었는데, 그것은 어떤 사람이 무엇에 관심을 가지거나 인지할 때 나타나는, 매우 명확히 드러나는 뇌파 패턴이다. 예를 들어, 만약 당신이 자신의 어머니 사진을 바라볼 때, 혹은 종이에 쓰인 자신의 주민등록번호를 바라볼 때, 특정 뇌파 패턴이 명확히 드러난다. 이 기술이 누군가가 우리 뇌 안에 직접 들어가 살펴볼 수 있게 해줄 수는 없지만, 그러한 방향으로 나아가는 첫 걸음이다. 그러나 이런 방법으로 가치 있는 정보를 산출할 수 있게 하려면, 많은 조건들이 정확히 맞아야만 한다.

이런 기사의 이야기는 "당신의 뇌를 해킹할 수 있는 날이 그리 멀지 않았다"는 것을 의미한다. 우리는 이런 기대를 가지고 싶어 한다. 조만간에 그렇게 해줄 어떤 전자장비가 개발될 것이며, 그러면 당신이 어떤 생각을 하는 중인지 당신의 뇌파를 분석함으로써 알아낼 수 있을 것이다. 소위 "그것은 그런 방향으로 내딛는 명확한 일보 전진이다." 이것은 겁나는 이야기이다. 그리고 그런 이야기는 우리에게 얼마나 솔깃하게 들리는가? 내 뇌가 해킹당하지 않도록, 평소에 나는 [뇌파가 밖으로 새나가지 않도록 혹시] 은박지로 만든 모자를 쓰고 다녀야 하지는 않을까? 아니다. 그런 이야기는 근거가 없으며, 나는 이것이 왜 그렇다는 것인지를 지금 설명하려 한다.

우리는 앞서 의식에 대한 논의를 하는 중에 P300 파장에 대해서 간단히 언급한 적이 있지만, 여기에서 나는 조금 더 자세히, 그것이 무엇이며, 뇌파가 무엇인지, 그리고 쟁점이 되는 위 기사와 같은 주장에 대해서도, 조금 더 잘 살펴보려 한다. [역자: EEG 검사와 P300에 관한 조금 더 구체적인 이야기를 역자가 번역한 책에서 참고할 수 있다. 『뇌과학과 철학』, 298-316쪽]

다음을 가정해보자. 30개 기록 전극을 모자 밖에 둘러 붙이고서, 그 모자를 내 머리에 조이도록 쓰면, 전기신호를 추적하는 장비를 통해서 전기신호가 흘러나오고, 그 신호가 프린터로 출력된다. 이것이 뇌파 검사(electroencephalograph, EEG)에서 이루어지는 실험 과정이다. 마치 심전도 검사(electrocadiogram) 같아 보이지만, 심장에 대한 것이 아니라, 뇌에 대한 검사이다(그림 9.1을 보라). EEG는 간질병 증세를 진단하는 데 매우 유용한 의료장비이다. 매우 비정상적인 뇌파 형태가 간질 발작이 일어나는 동안에 나타나며, 이러한 이상적 뇌파 형태는 간질의 진단에서 필수적이다. 뇌가 발작 활동을 일으키는 시작이, 간질 특성을 보이는 뇌파 형태가 EEG 검사에서 처음 나타나는 시기를 관찰함으로써, 확인될 수 있기도 하다.

이러한 뇌파는 무엇을 나타내는가? 첫째로 중요하게 알아야 할 사실은 이렇다. 그러한 뇌파는 수억 개의 뉴런들에서 발생되는 집합적 전압의 변화량을 나타낸 것이다. 그러한 뇌파가 특정 사고 내용과 관련될 수 있으므로, 당신이 그 기록을 보고서 내가 고양이나 소를 생각하는 중인지 아닌지를 말할 수 있을까? 아니다. 어림없는 이야기이다. 그것은 마치 미식축구 경기장에서 관중들이 질러대는 고함소리를 기록한 것에 비유된다. 당신은 그 고함소리 기록으로부터, 아마도 그 고함소리가 언제 더 커졌다가 작아지는지, 그리고 그 골이 점수를 냈을지 아닐지 등을 알아볼 수 있을 것 같긴 하다. 그러나 당신은 그런 고함소리 속에서, 85열 67번 좌석에 앉은 테드(Ted)가 무슨 말을 하는지, 혹은 그가 어떤 내용이든 말을 하고 있는지 아닌지 등을 알 수는 없다. 이런 것을 고려할 때, P300이 보여주는 그래프란 마치 테드가 자동차 키를 떨어뜨려서 바닥 여기저기를 손으로 더듬는 어둠 속과 같다. 관중의 고함소리는 그 관중들의 모든 목소리의 총합이기 때문이다.

그렇다면 P300이란 무엇인가? 만약 당신이 EEG 검사를 이용하면서 자극을 제시한 정확한 시간을 측정해본다면, 제시된 자극에 따라서, 상대적으로 EEG 검사 펜이 오르락내리락 변화하는 시간 경과를 볼 수 있다. 그렇지만 당신이 여러 번의 검사를 통해서 펜이 오르락내리락한 많은 개별 그래프들을 평균으로 계산하지 않는다면, 당신은 그 어느 특별한 그래프 형태를 볼 수 없다. 당신은 실제의 개별 그래프들을 깨끗이 지우고, 오직 평균 그래프만을 바라볼 경우에, 자극이 주어진 후 대략 300밀리 초 근처쯤에서 포지티브(positive, 양의) 파장이 나타나는 것을 볼 수 있다. (그래서 P300이라 불린다.) P300을 고려하는 초기 연구에서, 피검자가 [예측하지 못한] 뜻밖의 무엇을 볼 때에 P300이 매우 뚜렷이 나타나는 것을 보여주었다. 그래서 일부 연구자들은 P300이 기억을 새롭게 갱신하는 것과 관련될 수 있다고 생각했다. 중요하게도 P300은, 예를 들어, 고양이를 보는 것과 같은, 특정한 자극에 따른 특이성을 보여준 적이 없으며, 단지 뜻밖의 자극에 대해서만 특이 파동 형태를 보여줄 뿐이다. 의식에 대한 연구에서 드엔(Dehaene)과 샹주(Changeux)는 이렇게 제안하였다. P300파의 후기 성분은, 자극이 피검자의 특정 경험에 대한 잠재의식이나 차폐 상태보다 의식 상태일 경우에 나타난다. 그러나 그들은 P300이 '고양이 그림'보다 '소 그림'을 의식한다는 등을 나타낸다고 주장하지 않는다.

그렇다면 당신이 EEG 검사 기술을 이용하여 내 뇌를 해킹할 수 있을까? 내 질문은 구체적으로 이렇다. 이 기술을 이용하여, 내가 무엇을 생각하는 중인지, 예를 들어, 과자를 굽고 싶다고 생각하는 중인지를 당신이 정확히 말할 수 있겠는가? 우리가 추적하는 것이 고작해야 시초 자극에 따른 어떤 변화이며, 그리고 그것에 대해서 평균 낸 그래프를 우리가 볼 수 있음을 생각해보라. 말도 안 되는 이야기이다. 당신이 EEG 검사 장비를 가지고 내 마음을 읽을 수 있다고 생각해야 할 어떤 이유도, 우리는 발견할 수 없다.

그럼에도 불구하고, 이런 나의 이야기에 당신은 어쩌면 이렇게 응대할 수도 있다. 원리적으로 우리는 FBI로부터 어떤 장비를 구해서, 미식축구 팬인 테드가 말하는 것을 무엇이든 알아낼 수도 있을 것이다. 왜냐하면, 우리는 뉴런에 의한 작용으로 생각하지 않는가? 그러나 이런 생각을 불식시키는 비유로, 다음 이야기를 해보겠다. 테드가 "나는 콜츠(Colts) 팀이 승리할 거라고 생각해"라는 말을 하는 것은 단일 뉴런의 속성에서 나온다. 특별히 그것을 기록하는 장비는 그의 생각을 꺼낼 수 있다고 가정해볼 수도 있다. 그러나 오소유스 호수(Osoyoos Lake)에 대한 나의 생각은 단일 뉴런의 속성이 아니다. [나의 그런 생각을 만들어내려면, 그 생각의 내용과 무관한 수많은 뉴런들도 관여된다.] 오소유스 호수에 대한 나의 생각은 의식을 포함하며, 따라서 의식을 지원하는 뉴런들의 활동이 있으며, 게다가 그 특별한 생각에 주의집중하게 해주는 뉴런들의 활동도 있어야 한다. 또한 기억을 이끌어내는 뉴런들의 활동이 있어야 하며, 당신이 의식하든 안 하든, 의식에 활용될 수 있도록 기억을 지원하는 뉴런들 또한 활동해야 한다. 시각과 체성감각 이미지를 만들어주는 뉴런들 또한 작동되어야 한다. 오소유스 호수에 대한 나의 생각은, 수천 개 뉴런들의 덩어리 수백 개가 내는 분산된 효과이며, 게다가 그중 많은 뉴런 덩어리들은 내가 호스플라이 호수(Horsefly Lake)에 관해 생각할 때에도 관여한다. 그러므로 비록, 단일 전극 신호, 즉 두피에서 기록하기보다 직접 뇌에 전극을 꽂아 기록을 얻는다고 가정되더라도, 그것조차 쓸모없을 것이다. 물론, 그런 기록이 유용할 수도 있다. 그러나 그것을 어디에 넣을지 당신은 알 수 있을까? 당신은 알 수 없다. 하여튼, 나는 당신이 그렇게 해서 내 생각을 꺼내가도록 허락해주지도 않을 것이다.

뇌를 해킹한다는 이야기를 억지스러운 주장이라고 판정하게 해주는 더 나아가는 이야기가 있다. 그것이 억지스러운 주장인 이유는 우리가 심지어 그렇게 해줄 장치와 유사한 어떤 것도 만들 가능성이 없기 때문이다. 비록 당신과 내가 쌍둥이이며, 우리 모두 오소유스 호수를 생각하고 있다고 하더라도, 우리가 정확히 동일한 뇌의 활동 패턴을 갖지는 못하며, 심지어 우리 뇌의 동일한 뉴런들이 관여되지도 않는다. 왜냐하면, 우리는 뭔가 서로 다른 방식으로 각자의 지식을 획득했으며, 따라서 미시적 차원에서 우리의 뇌는 뭔가 다르게 조직화되어 있기 때문이다. 또한, 우리는 서로 약간 다른 생화학적 조건을 가지며, 그에 따라서 서로 다르게 후성 조건을 변화시켜, 서로 다르게 뇌 회로를 연결시키는 과정을 가지게 된다. [살아오는 동안에] 당신은 뇌진탕

(concussion)[즉 머리를 부딪친 충격]을 열두 번 겪었지만, 나는 열네 번 겪었다. 게다가, 내 뇌 안에서조차, 내가 오소유스 호수를 생각할 때마다, 언제나 정확히 동일한 뉴런들이 활동하지 않는다. 나의 뇌는 시간에 따라서 변화하며, 따라서 가장 최근에 활동했던 뇌세포가 죽었을 수도 있으며, 그러면 다른 세포들이 관여해야 하므로, 전체 역학적 패턴이 바뀔 수 있다.

이 단원의 요지는 이렇다. 우리는 뇌과학의 실험 결과에 대한 열광을 의심의 눈초리로 저울질해볼 필요가 있다. 이렇게 집요하게 물어야 한다. 그것이 어떻게 작동하는가? 정확히 그 증거가 무엇인가? 비록 그러한 비판적 질문을 하는 가운데에서도, 즉 우리가 주의하여 질문하더라도, 그 주장에 대해서 권위적으로 평가되는 부분만은 수용할 필요가 있다. 일부 두렵거나 논란이 될 주장에 대한 균형 잡힌 평가를 우리는 어디에서 알아보아야 하는가? 충분히 성장한 과학자가 되기에 부족한 지금, 우리는 무엇이 미신이고 무엇이 사실인지를 어떻게 알아볼 수 있겠는가?

여기 한 가지 방안이 있다. 신경과학학회는 뇌 연구의 사실을 확인시켜줄 웹페이지, Brainfacts.org를 출범시켰다. 이 사이트는 오직 이 일에 전일제로 근무하는 전문 연구원들을 채용하므로 신뢰할 만하다. 이 사이트는 카빌리 재단(Kavli Foundation)과 개츠비 재단(Gatsby Foundation) 두 곳으로부터 지원을 받는다. 유명한 신경과학자 닉 스피처(Nick Spitzer)가 대표 편집인이며, 그는 훌륭한 여러 편집인들을 모집하였는데, 그들 각자는 대단한 성과를 낸 것으로도 유명한 분들이다. 그 사이트 내에서 "전문가에게 물어봐(Ask an Expert)"라는 한 섹션은, 다음과 같은 질문, 즉 당신이 들었던 내용이 쓰레기에 불과한지, 혹은 대단히 과장되었는지, 혹은 어려운 사실을 약간 부풀렸는지, 아니면 놀랍긴 하지만 일반적으로 정확한지 등을 질문할 수 있다. 그렇지만, 심지어 신경과학이나 언어학과 같은 분야 내에서조차, 그 연구 결과가 정확히 무엇을 의미하는지 의견의 일치가 이루어지지 않는 것들이 흔히 교육된다는 점도 주목할 필요가 있다. 왜냐하면, 기초 원리를 비롯하여 많은 것들을 포함하는, 아주 많은 것들이 아직 명확히 밝혀지지 않았기 때문이다. [그러므로 이 사이트에서 모든 것을 질문만 하면 알 수 있을 것이라고 기대하지는 않는 것이 현명하다.] 더구나 신경과학은 아직 젊은 과학이다. 그러므로 Brainfacts.org 사이트의 전문가들 역시 당신의 질문에 대해서 대답하는 중에 "아직 알려지지 않은 것이 많다"라는 단서를 달 것이다.2)

앤드류 웨이크필드(Andrew Wakefield)는, 1998년 학회지 『란세트(Lancet)』에 기고한 보고서에서, 자폐증(autism)이 홍역-볼거리-풍진 백신(measles-mumps-rubella vaccine, MMR)에 의해서 일어난다고 주장하였다. 이런 주장은 사기이며, 훗날 그의 논문은 그 학회지에서 취소되었다. 웨이크필드는 전문가로서 부적절한 행동으로 유죄판결을 받았고, 따라서 그는 의사 자격증도 박탈되었다. 다방면의 굵직한 연구들에서 밝혀졌듯이, 자폐가 MMR 백신과 관련이 있다는 그 어떤 단편적 증거도 없다. 그럼에도 많은 환자들은 웨이크필드의 설명을 믿었으며, 아직도 많은 사람들이 그의 주장을 믿고 있다. 왜 그러한가? 그의 주장은, 실제로 극히 복잡하며 완전히 질리게 만드는 의학적 질병에 대해서, 단순하게 대답해주기 때문이다. 환자와 가족들은 대답을 듣고 싶은 열망이 너무나도 강렬하여, 엉터리 증거를 신뢰하기 쉽다. 웨이크필드의 사기에서 드러나듯이, 공모된(조작된) 이론들은, 그 연관성을 부정하는 증거를 외면함으로써, 치켜세워진다. 그런 믿음은 상황을 더욱 악화시킨다. 많은 부모들은 자신의 아기에게 대해서 백신 예방접종을 선택하지 않는다. 그 결과 당연히 홍역, 볼거리, 풍진 등이 창궐하는 재앙이 뒤따르게 된다. 그러한 질병들은 환자들에게 평생 상처를 남기며, 경우에 따라서는 죽게 만들기도 한다. 이러한 사기성 조작은 누구를 다치게 하지 않는 (보통의) 사기와는 다르다. 그와 마찬가지 이야기가, 인간면역결핍바이러스(human immunodeficiency virus, HIV)가 에이즈(AIDS)와 인과적으로 관련된다는 것을 부정하는 사람들의 입에서 나온다.3) 이런 그릇된 지식과 믿음이 바로 많은 사람들에게 피해를 입히는 쓰레기들이다.

균형을 잡아야 한다. [즉, 믿을 수 있는 것인지 잘 가늠해보아야 한다.] 아리스토텔레스가 지적했듯이, 모두 저울질해봐야 한다. 당신은 너무 의심이 많다는 주위의 평가를 염려하여, 과학의 발전이 제공하는 유리함을 거의 배우지 않으며, 그로 인해서 그 이득도 얻지 못한다. 당신은 너무 잘난 척한다는 주위의 평가를 염려하여, 과학에서 배울 것이 전혀 없다고 생각한다. 오직 극단적인 무지함이 다음과 같은 거짓 믿음, 예를 들어, 여성이 성폭행에 당하면 임신될 수 없으며,4) 혹은 오레가노(oregano, 향신료로 쓰이는 박하향의 허브) 오일은 백일해(whooping cough, 전염성의 위험한 질병)를 치료한다는 등을 믿게 만든다. 게다가 당신은 귀가 얇다는 주위의 평가를 염려하여, 어느 과학 블로그라도 그것이 과학 블로그이기만 하면 모두 좋은 내용을 전달할 것이라고 추정한다. 더욱 나쁜 것으로, 당신은 어쩌다 선호하게 된 연구 결과들을 선별하여 믿으려 하지 않는다. [즉, 훌륭하다고 평가되는 연구 결과가 포함하는 내용이기만 하면, 당신은 그것 모두를 쉽게 믿으려 한다. 또한 당신은 자각하지 못하는 가운데 스스로를 기만하여, 선별하지 못하는 경향을 갖기도 한다.] 선별이란 말이 의미하듯, 정성스레 골라내는 것이 자기기만(self-deception)에 대한 처방이다.

심지어, 이따금은 선도적인 학술지가 철저히 틀릴 수도 있다. 학술지들은 놀라운 연구 결과를 출판하지만, 경우에 따라서, 그 연구 결과가 재현 가능하지 않아서 수정되기도 하며, 위장된 것으로 드러나거나, 통계적임이[즉, 정확한 인과관계를 밝히지 못하는 경우로] 드러나기도 한다.5) 학술지들은, 정통 이론을 발전시킨 가설이 아니라는 이유에서, 극히 중대한 논문을 외면하기도 한다. 그 새로운 연구를 언제나 올바로 판정할 사람은 아무도 없다. 과학은, 우리가 그 결과를 검토할 때 상당히 질타되지 않고서는 결코 발전하지 못한다는 것을 항시 마음에 새기는, 동료 연구자들에 의해서 검토되는 것보다 더 나은 검증 시스템은 없어 보인다.

만약 우리가 너무 부드러운 태도와 감상적 마음으로 시작한다면, 만약 우리가 친구에게 특별한 선물을 제공하거나 혹은 대단한 힘 앞에 머리를 조아린다면, 과학은 총체적으로 부식되어버린다. 우리는 어쩔 수 없이 상대를 공정하고 솔직하게 비평해야 한다. 우리는 어쩔 수 없이 실험 결과만이 아니라, 그 방법까지도 상세히 살펴보아야만 한다. 우리는 진실을 말해야만 한다. 이것이 이따금 아끼는 과학자 동료들에게 엄격해질 수밖에 없는 이유이며, 특히, 그들이 사람들에게 진실이라고 열정적으로 원하게끔 만드는 어떤 이야기를 퍼뜨리려 한다면, 더욱 엄격해져야 한다. 가장 어려운 부분은 우리가 간절히 소망하는 연구 결과가 참임을 냉정하게 입증하는 일이다.6)

뇌에 익숙해지기

나는 엘리베이터를 타면서, 최근 채용된 한 인류학자를 만났다. 나의 반가워하는 인사는 그녀를 격노하게 만들었다. 그녀는 나에게 이렇게 꾸짖었다. "당신은 환원주의자(reductionist)입니다! 어떻게 당신은 오직 원자 이외에 아무것도 없다고 생각할 수 있습니까?" 누가, 내가? 나는 소스라치게 놀랐다. 그녀는 마치 환원주의자라는 말을 게슈타포나 방화범 혹은 살인청부업자와 같은 범주로 포함시키는 것 같았다. "나는 뇌를 미워합니다"라고 말했던, 어느 철학자의 비탄처럼, 이러한 분노는 나의 마음을 상하게 하였다.

어떤 고차원[정신] 현상들이 실제로 존재하지 않는다고 주장한다는 측면에서, 환원주의(reductionism)는 종종 **사라져야 할** 입장처럼 들린다. 그렇지만 잠시만 다시 생각해보라. 불이 실제로는(즉, 불의 실제적 기초 본성이) 빠른 산소결합(oxidation) 현상이라는 것을 우리가 학교에서 배운다고 해서, 불은 존재하지 않는다고 결론 내리지는 않는다. 그보다 우리는 거시적 차원의 현상을 미시적 차원과 그 조직에 의해서 새롭게 이해하게 된다. 그것이 환원이다. 만약 우리가 간질병이 뉴런 집단의 갑작스러운 공조 격발 때문이며, 그 격발이 피질의 다른 영역으로 유사한 공조 격발을 일으키는 현상이라고 이해한다면, 이것은 한 현상에 대한 설명이다. 그 설명이 그 현상의 **존재**를 부정하는 것은 아니다. 이것이 환원이다. 이렇게 뇌에 기반하여 간질을 설명하는 것은 과거의 초자연적 설명을 밀쳐내었다. 그러나 그 성공은 뇌과학이 엄청난 증거를 수집함으로써 이루어진 결과물이다.

사람들이 실제로 존재한다고 생각했던 많은 것들, 예를 들어, 인어, 질의 이빨(veginal teeth)[부적절한 성관계를 하면 그 이빨이 물어 상처를 준다고 경고되는], 악마의 지배(demonic possession), 생기(animal spirits, 혼백) 등등은 이제 존재하지 않는 것으로 인정될 것 같다. [존재한다고 가정되는] 어떤 것들의 본성이 무엇일지 질문하는 가운데, 우리는 이따금, 무엇이 존재하는지, 혹은 무엇은 존재하지 않는지 등을 새롭게 이해하게 된다. 인간들이 존재한다고 생각지도 않던 것들이 사실상 존재하는 것으로 밝혀지기도 한다. 네안데르탈인(Homo neanderthalis)과 호모 에렉투스(Homo erectus)와 같은 멸종된 인류의 종들을 포함하여, 많은 멸종된 동물 종들(species)의 존재의 발견은, 작은 요정(leprechauns)이 결코 존재하지 않는다는 발견보다 훨씬 더 놀라운 것이었다. 전자파의 존재는, 19세기 후반에 발견되기 이전까지 그 존재가 가정되지 않았으며, 그 발견은 우리를 깜짝 놀라게 만들었다.

점차 우리들에게 인정되는바, 만약 꿈, 학습, 기억, 의식적 앎 등이 물리적 뇌의 활동에 의한 것이라면, 그러한 것들이 실제로 존재하지 않는다고 말할 수는 없다. 다만 여기서 말하려는 논점은, 그러한 실제적 존재가 신경적 존재에 의존한다는 데에 있다. 만약 그러한 설명을 위해서 환원주의가 필수적이라고 해서, 누군가 슬퍼하거나 질책하려 든다면, 논점을 벗어난다.[7] 신경계는 분자적 수준에서 뇌 전체의 수준에 이르기까지 많은 차원의 조직을 지니며, 그 모든 차원들에 대한 연구는 우리에게 세계를 바라보는 이해의 폭과 깊이를 더 넓고 깊게 해준다.[8]

과학주의(scientism)는 이따금, 우리가 무엇을 설명하려 할 때에 증거를 찾게 만드는 과학주의를 깎아내리는, 표식이 되기도 한다. 이러한 표식은 모욕적인 의도에서 이용되며, 다음과 같은 비난이 따르기 마련이다. 과학주의자들은, 과학만이 삶에서 유일하게 중요하며 과학의 문제가 아닌 것은 없다고, 바보스럽게 주장한다.

참으로 안타깝다. 물론, 삶에는 과학 이외에 많은 것들이 있다. 물론, 과학이 전부는 아니며, 과학이 세상의 끝이 아니다. 오늘 아침 나는 카약을 타고 노를 저으며, 고요하고 장엄한 보웬 섬(Bowen Island) 주변의 수면 위를 누볐다. 저 멀리 건너편 후트 섬(Hutt Island)에서 어미 물개가 새끼를 데리고 나와 아침으로 물고기를 사냥하고 있었다. 우리 집 개 리트리버는 내가 해변에 도착하고, 뭍으로 카약을 끌어올릴 때를 기다리고 있었다. 지난주에는 까마귀 한 마리가 뒷문으로 날

아들었고, 흔들의자 위에 앉았다. 그놈은 그렇게 들어와 앉아서 아주 당당해했고, 굉장히 덩치가 컸다. 아주 매력적인 놈이었다. 나는 그놈에게 재빨리 말을 걸었는데, 그러자 그놈은 문밖으로 날아 자기 길을 가버렸다. 친애하는 아리스토텔레스는 말했다. 균형 잡아라(저울질해 보아라), 그리고 잘 따져보라.

과학이란 확장된 상식이다. 과학은 체계화된 상식이다. 아인슈타인은 과학을 이렇게 보았다. "나의 긴 인생 여정을 통해서 배운 바에 따르면, 우리의 모든 과학은 실재를 왜곡하여 측정하며, 원시적이고 어린아이 같다. 그럼에도 우리가 가진 가장 값진 것이다." 과학주의를 이런 식으로 혹평하는 것은 아마도 그 어떤 것보다도 바보스러운 짓이다.

다시 반복해서 강조하건대, 어떻게 심적 생활을 가질 수 있는지를 신경과학으로 설명하기 위해서 우리가 해야 할 아주 많은 연구들이 남아 있다. 심각한 난제들이 아주 많이 남아 있다. 그렇다고 실재를 매도하는 태도는 우리에게 결코 도움이 되지 못한다. 그와 달리, 우리에게 유익한 태도는 이렇다. 우리 스스로 아는 것들을 통합할 방법을 모색하고, 무엇이 연결되며 그리고 무엇은 연결되지 않는지, 재고해야 할 것은 무엇이며 그리고 새로운 접근법을 도입해야 할 곳은 어디인지 등을 찾아보는 태도이다.

결국 우리가 죽게 된다는 염려로 인하여, 우리의 심적 생활이 우리 뇌의 활동에 의한 산물임을, 우리는 자연스럽게 인식하지 못하게 될 수도 있다. 그러나 사실이 보여주는바, 뇌의 죽음은 필연적으로 마음의 죽음을 이끈다. 우리가 삶을 소중히 여기는 만큼, 다소 그런 사실에 저항하기 쉽다. 드물지 않게, 상상력은, 죽은 후에 영혼이 가야 할, 어떤 다른 세상에 대한 여러 관념들을 창작하게 만든다. 영혼이 있는가? 만약 영혼이 있다면, 우리의 기억, 기술, 지식, 기질, 느낌 등등,

모든 것들이 뇌 안의 뉴런들의 활동에 의한 것들인데, 영혼은 어떻게 존재할 수 있는가? "글쎄, 어떻게든 있겠지." 우리가 영혼이 거주하게 될 세상이라고 알게 될, 영혼이 있을 장소가 어디일까? "글쎄, 어디라도 있겠지. 왜냐하면, 그런 세상이 존재할 수 없다고 누구도 확실히 알지 못하기 때문에." 그런 식으로 생각하는 상상력은 우리를 다소 안심시키는 측면이 있기는 하겠지만, 그런 세상이 어떤 것인지에 대한 구체적인 내용을 흐릿하게 남겨둔다.

그러한 안심은 이따금 틀리기도 하여, 너무 높은 인지적 대가를 치르는 경우를 드러내기도 한다. 그중 한 가지로, 그런 안심은, 상식 밖의 잘못을 저지르는 것으로, 우리가 사실적 설명에 따라야 할 방식을 혼란스럽게 만든다. 내 경험에 비추어볼 때, 아이들은 우리가 진실로 생각한 것을 듣고 싶어 하는 경향이 있으며, 어른들이 자신들에게 위로하는 식의 이야기를 하고 있다는 것을 재빨리 알아차린다. 내 어린 시절에 교회의 주일학교 선생님들은 천국에 대해 이야기할 때면, 시골농장의 꼬맹이 우리에게 실제로 신뢰를 완전히 잃었다. 우리는 그 선생님들이 이야기를 지어내어 말하는 중임을 즉시 알아차렸다. 그들의 이야기 앞뒤가 맞지 않았기 때문이다. 이런 식이다. [천국을 이야기하다가 이렇게 이야기하기도 했다.] "달 위에 뭐가 있을까? 달 위에는 별들이 있고, 그 별들은 태양보다 실제로 멀리 있지. 누가 거기에서 살 수 있겠니?" 여전히 인간의 뇌는 매우 효과적으로 상호관계를 고려하지 않고 구획을 나누려는 습성을 가져서, 당신이 죽음과 운명에 대해서 생각할 때면, 당신은 우울해지며, 그렇게 되는 경우에 ("확실히 아는 사람은 없잖아?"라고 말하고 싶은) 그 불확실성을 붙들게 된다.

그런 생각이 도움이 되는 경우가 있기는 했다. 주일학교 선생님은 이렇게 말하기도 했다. 우리는 각자의 조부모님과 부모님이 돌아가신

이후에도 계속해서 살아남도록 운명되어 있다. 그러므로 우리는 그분들이 [죽었지만 어딘가에서 지켜볼 것이므로] 자랑스러워할 일을 해야만 한다. 우리는 그분들의 성취를 더욱 높게 만들어야 하며, 혹은 [돌아가신] 그분들이 영예롭고 유용하다고 생각할 새로운 여러 방안들을 찾아내야 한다. 이런 이야기는 우리에게 설득력을 얻었다. 우리 각자는 모두 각자 삶의 여러 실존적 문제들을 현명하게 잘 대처해나가야만 한다.

나는 앞에서 내가 세상을 어떻게 보는가에 관하여 이야기하였지만, 그러나 그것은 단지, 내가 세상을 보는 하나의 방식일 뿐이다. 천국을 기다리고 천국의 문에 들어설 수 있도록 준비하는 일이, 지금 여기 이승에서 살아가는 나를 변화시킬 정도로, 그다지 나에게 압박이 되지는 못한다. [그 이유는 이렇다.] 천국에 가기를 희망하는 사람들의 영혼을 위해 기도하느라 대부분의 시간을 보내는 수도사들보다, 조지 워싱턴(George Washington)과 토머스 제퍼슨(Thomas Jefferson)에게, 나는 더욱 감사한다. 만약 내가 피임법을 사용하면 나의 영혼이 심판을 받게 될 것이라고 경고하는 사람들보다, 안전하고 효과적인 피임법을 발명한 사람에게, 나는 더욱 감사한다. 단지 무지의 아름다움을 찬양하는 사람들보다, 알츠하이머병의 원인을 이해하기 위해서 오랜 시간 노력한 사람들에게, 나는 더욱 감사한다.

나는 1984년에 샌디에이고로 이사 온 이후 얼마 되지 않아 요나스 설크(Jonas Salk)를 만나는 대단한 행운을 가졌다. [역자: 패트리샤 처칠랜드는 UCSD 철학과 교수이면서 동시에 설크 연구재단의 연구교수를 겸임했다. 그곳에서 그녀는, DNA의 나선형 구조를 규명하여 노벨상을 수상한 크릭(Crick)을 만났고, 뇌의 기능을 계산학적으로 접근하는 세호노브스키(Sejenowski)를 만나는 행운을 누렸다.] 1951년에 우리 마을은 척수성 소아마비(polio, poliomyelitis)에 의해서 참혹한 피해를 입었다. 푸줏간 아저씨는 6개월간 감압통(iron lung, negative pressure ventilator, 소아마비 치료를 위한 장치) 속에 갇혀 살았기에 생존할 수 있었으며, 당시 그는 언제 그곳에서 꺼내질 수 있을지 알지도 못했다. 그 마을의 아이들 서너 명은 다양한 방식으로 그리고 다양한 정도로 다리를 절었다. 어떤 환자는 짧은 기간 앓는 약한 경우도 있었다. 우리 모두는 두려움에 떨었다. 50년 전에 나의 아버지는 네 살 나이에 소아마비를 앓았다. 그는 그 질병에도 생존하였지만, 다리 한쪽이 쇠약해져서 한쪽 다리를 전다. 그것은 농장에서 일하는 농부로서 쉽지 않은 장애이다. 이 모든 염려가 이제는 사라졌다. 나는 요나스를 잘 알게 되었고, 너무 안심이 되어, 1955년 그의 백신이 사용된 일이 우리에게 얼마나 대단한 의미를 지니는지 그에게 감사의 말을 하지 않을 수 없었다.

철학자이며 수학자인 버트런드 러셀(Bertrand Russell)은 이런 말을 남겼다.

> 과학의 창이 열리자, 처음엔 전통적으로 인간을 교화시켜온 신화의 아늑한 보금자리 뒤에서 우리가 떨었지만, 종국에 신선한 공기가 활력을 불어넣어주어, [우리의] 위대한 생활공간은 화려한 빛을 발하게 되었다.9)

그렇다. 아주 좋은 생각이다. 바로 그런 마음으로 살아야 한다, 버티(Bertie, 러셀의 애칭).

주 석

1장 나, 자아, 나의 뇌

1) 일부 이러한 염려를 다음에서 발견할 수 있다. Christof Koch, *Consciousness: Confessions of a Romantic Reductionist* (Cambridge, MA: MIT Press, 2012). 또한 그 책에 대한 리뷰 논문에서도 볼 수 있다. Stanislas Dehaene, "The Eternal Silence of Neuronal Spaces," *Science* 336 (2012): 1507-8.

2) 갈릴레오가 그러한 참담한 일을 겪은 반면에, 코페르니쿠스는 왜 그렇지 않았던가? 그들 모두는 처벌을 의식했으며, 코페르니쿠스는 살아 있는 동안에 자신의 책을 출판하는 모험을 감행하지 않았고, 따라서 교회의 처벌도 받지 않았다. 그럼에도 불구하고, 코페르니쿠스가 충분히 예상했음직한 대로, 교회는 그의 책을 금지하였다. 그 금지령은 별 힘을 발휘하지 못해서, 그 책의 내용이 세상에 알려지게 되었다.

3) 갈렌이 분명 바보는 아니었다. 오히려, 그는 많은 해부 경험을 가졌으며, 해부학에 중요한 기여를 하였다. 동물의 신경을 자르면서, 그는 뇌와 척수에서 나온 신경이 근육을 조절한다는 것을 알게 되었다. 그런데 진짜 문제는 이러했다. 당시 외과의사는 자신의 연구 결과를 권위적이며 의심할 수 없는, 혹은 옳은 것으로 간주해야만 했으므로, 갈렌 자신의 어떤 점이 아마 용기를 내지 못하게 하였을 것이다. 신체가 어떻게 작용하는지에 관해 아는 것이 거의 없었다는 것이 그에게 특별한 불행이었다.

4) *De Motu Cordi* (*On the Motion of the Heart and Blood in Animals*), 초판이 1628년 프랑크푸르트에서 발행되었다. Prometheus Books가 1993년 다시 출판하였다.

5) Thomas Wright, *William Harvey — A Life in Circulation* (New York: Oxford University Press, 2012).

6) 이 주제에 대해서 다음을 보라. Owen Flanagan, *The Problem of the Soul: Two Visions of the Mind and How to Reconcile Them* (New York: Basic Book, 2002).

7) 이 말은 헉슬리의 말로 널리 알려져 있지만, 정확히 어디에서 그리고 언제 그가 말했는지는 찾아볼 수 없었다.

8) 확실히 말하건대, 일부 철학자들은 신경과학을 온정으로 품으며, 그들 중에 잘 알려진 학자를 꼽아보면 다음과 같다. Chris Eliasmith, Owen Flanagan, Andy Clark, David Livingston Smith, Clark Glymour, Tim Lane, Jeyoun Park(박제윤), Brian Keeley, Warren Bickel, Walter Sinott-Armstrong, Carl Craver, Leonardo Ferreira Almada, Thomas Melzinger, Dan Dennett, Ned Block, and Rick Grush. 또한 Massimo Piglucci의 철학 웹사이트, http://rationally speaking.blogspot.com/, 그리고 Nigel Warburton의 철학 인터뷰와 강의록 (podcasts), http://www.philosophybites.com/, 그리고 Julian Baggini의 웹사이트, http://www.microphilosophy.net/.

9) O. Flanagan and D. Barack, "Neuroexistentialism," *EurAmerica: A Journal of European and American Studies* (2010): 573-90.

10) "신경학의 바이블"이라 불릴 정도로 영향력이 있는, 가장 최고로 알려진 교과서이며, 지금 50판 인쇄된 책으로, Eric Kandel et al., *Principles of Neural Science* (New York: McGraw-Hill Medical, 2012). 탁월한 소개서로 현재 4판이 인쇄되었지만 새로운 편집이 진행되고 있는 것으로, Larry Squire et al., *Fundamental Neuroscience* (Elsevier, 2003). 다른 좋은 책으로, Dale Purves et al., *Neuroscience*, Fifth Edition (Sunderland, MA: Sinauer, 2011). 아주 간결하면서 유용한 소개서로, Sam Wang and Sandra Aamodt, *Welcome to Your Brain* (New York: Bloomsbury, 2008).

11) 다음을 보라. Matt Ridley, *The Rational Optimist: How Prosperity Evolves* (New York: Harper, 2010).

12) 이러한 이야기를 처음 나에게 인식시켜준 사람은 브라이언 캔트웰 스미스 (Brian Cantwell Smith)이며, 그는 당시에 Xerox PARC에서 일하고 있었다.

2장 영혼 찾아보기

1) 이러한 이야기는 다음 책에 잘 설명되어 있다. Rodolfo Llinas, *I of the Vortex* (Cambridge, MA: MIT Press, 2001).

2) 데넷 또한 이렇게 지적한다. Daniel Dennett, *Consciousness Explained* (Boston: Little, Brown, 1992).

3) 이러한 가설에 대한 훨씬 나은 설명을 폴의 책에서 보라. Paul Churchland, *Plato's Camera* (Cambridge, MA: MIT Press, 2012).

4) M. J. Hartmann, "A Night in the Life of a Rat: Vibrissal Mechanics and Tactile Exploration," *Annals of the New York Academy of Sciences* 1225 (2011): 110-18. 세상에 대해서 잘 살아가는 쥐의 능력에 관한 유쾌한 논의를 다음에서 보라. Kelly Lambert, *The Lab Rat Chronicles* (New York: Perigee, 2011).

5) 실험에 따르면, 둘째손가락에 30센티미터 길이의 "털"을 붙이고, 눈을 가린 피실험자들은 공간적 과제를 빠르게 학습할 수 있지만, 그 경험이 무엇과 같을지에 대해서 그 피실험자들은 보고하지 못한다. A. Saig, G. Gordon, E. Assa, A. Arieli, and E. Ahissar, "Motor-Sensory Confluence in Tactile Perception," *Journal of Neuroscience* 32, no. 40 (2012): 14022-32. doi: 10.1523/JNEUROSCI.2432.2012.

6) L. Krubitzer, K. L. Campi, and D. F. Cooke, "All Rodents Are Not the Same: A Modern Synthesis of Cortical Organization," *Brain, Behavior and Evolution* 78, no. 1 (2011): 51-93.

7) 이 점에 대해서 그리고 까마귀(crow)와 갈까마귀(raven)의 행동에 대한 다른 놀라운 설명을 다음에서 보라. J. Marzluff and T. Angell, *Gifts of the Crow* (New York: Simon and Schuster, 2012).

8) 다음을 보라. V. S. Ramachandran and S. Blakeslee, *Phantoms in the Brain* (New York: HarperCollins, 1999).

9) G. Bottini, E. Bisiach, R. Sterzi, and G. Vallar, "Feeling Touches in Someone Else's Hand," *NeuroReport* 13, no. 2 (2002): 249-52.

10) 탁월한 논의를 보티니(Bottini) 사례에서 보라. T. Lane and C. Liang, "Mental Ownership and Higher-Order Thought," *Analysis* 70, no. 3 (2010): 496-501.

11) P. Redgrave, N. Vautrelle, and J. N. Reynolds, "Functional Properties of the Basal Ganglia's Re-entrant Loop Architecture: Selection and Reinforcement," *Neuroscience* 198 (2011): 138-51.

12) 이 실험은 당시 박사후과정의 모험적 연구였고, 지금은 난처해할 입장을 고려하여, 나는 그의 이름을 여기에서 알리는 데 주저한다. 당시에 그는 그것에 관

해서 내게 말했으며, 우리는 함께 기대를 가지고 한껏 부풀었다.

13) *The Works of Aristotle*, Vol III, translated by W. D. Ross (Oxford: Clarendon Press, 1931). *De Anima* I 1 402a10-11.

14) *Catholic Encyclopedia, General Resurrection.*
다음의 웹사이트를 보라. http://www.newadvent.org/cathen/12792a.htm.

15) 여기서 내가 다루지 않은 뛰어난 사상가로 토마스 아퀴나스(Thomas Aquinas)가 있다. 그는 아리스토텔레스에게서 상당한 영향을 받았지만, 신학은 신체의 부활이란 기독교 믿음에서 신학을 연구하였다. 그러므로 어떤 특별한 공적이 없다. 여러 철학적 쟁점들에 대한 아퀴나스의 특별한 논의를 여기에서 참조하라. *Philosophical Topics* (vol. 27, no. 1, 1999).

16) 분리-뇌(split-brain) 환자 조(Joe)에 대한 비디오를 여기에서 볼 수 있다.
http://www.youtube.com/watch?v=ZMLzP1VCANo.

17) M. S. Gazzaniga and J. E. LeDoux, *The Integrated Mind* (New York: Plenum Press, 1978).

18) 이러한 이야기는 거의 대부분 뉴런에 대해서 참이지만, 놀랍게도 오징어는 아주 커다란 운동 뉴런(motor neuron)을 가지며, 그것은 물로 추진력을 내는 근육을 조절한다. 그리고 그 뉴런의 축삭(axon)은 맨눈으로 보인다. 그 큰 크기 때문에, 오징어의 거대한 축삭은 20세기 신경과학의 초기 단계에서 유용한 연구대상이 되었다. 호지킨(Hodgkin)과 헉슬리(Huxley)는 그러한 연구를 통해서 뉴런이 정보를 보내고 받는 메커니즘을 밝혀내었다.

19) 뉴런이 어떻게 작용하는지를 보여주는 훌륭한 웹사이트가 있다.
Gary Matthews, http://www.blackwellpublishing.com/matthews/animate.html.
이것보다 더 발전된 자료가 있다.
http://books.google.com/books/about/Introduction_to_Neuroscience.html?id=1dRyEQwJcEAC. [역자: 이 웹사이트에 접속되지 않는다.]

20) Edmund Taylor Whittaker, *A History of the Theories of Aether and Electricity: From the Age of Descartes to the Close of the Nineteenth Century* (Forgotten Books: Originally published 1910, reprinted 2012).

21) 노암 촘스키(Noam Chomsky)가 이러한 주장을 한다.
http://www.youtube.com/watch?v=s_FKmNMJDNg&feature=related.

22) Colin McGinn, *The Mysterious Flame: Conscious Minds in a Material World* (New York: Basic Books, 1999).

23) Stuart Firestein, *Ignorance: How It Drives Science* (New York: Oxford University Press, 2012).

24) David Chalmers, *The Conscious Mind* (New York: Oxford University Press, 1997).

25) J. A. Brewer, P. D. Worhunsky, J. R. Gray, Y. Y. Tang, J. Weber, and H. Kober, "Meditation Experience Is Associated with Differences in Default Mode Network Activity and Connectivity," *Proceedings of the National Academy of Sciences USA* 108, no. 50 (2011): 20254-59.

3장 나의 천국

1) 수즈 오먼(Suze Orman)은, CNBC에서 토요일 저녁 방송되는, 자금 운영에 관한 주제를 다루는 텔레비전 쇼를 진행한다.

2) 소아과를 위한 뇌사 지침서(*Brain Death Guidelines for Pediatrics*)를 다음에서 보라.
http://pediatrics.aappublications.org/content/early/2011/08/24/peds.2011-1511.

3) 혼수상태의 조건은 명확한 구분하기 어려운 정도의 차이를 보여주며, 정확한 진단을 위해 다음을 참고하라.
Glasgow Coma Scale: http://www.unc.edu/~rowlett/units/scales/glasgow.htm.

4) 그녀의 뇌 스캔 영상을 보려면, 구글(Google)의 이미지에서 Terri Schiavo를 검색하라.

5) 이와 관련된 좋은 리뷰 논문이 있다. Dean Mobbs and Caroline Watt, "There Is Nothing Paranormal About Near-Death Experiences: How Neuroscience Can Explain Seeing Bright Lights, Meeting the Dead, or Being Convinced You Are One of Them," *Trends in Cognitive Sciences* 15, no. 10 (2011): 447-49.

6) 이와 관련하여 다음을 참조하라. Michael N. Marsh, *Out-of-Body and Near-Death Experiences: Brain-State Phenomena or Glimpses of Immortality?* (New York: Oxford University Press, 2010).

7) 약물 섭취에 대한 현명하고 통찰력 있는 올리버 삭스(Oliver Sacks)의 논의를 여기에서 보라. http://www.newyorker.com/online/blogs/cultrure/2012/08/video-oliver-sacks-discusses-the-hallucinogenic-mind.html.

8) Pim van Lommel, Ruud van Wees, Vincent Meyers, and Ingrid Elfferich, "Near-death Experience in Survivors of Cardiac Arrest: A Prospective Study in the Netherlands," *Lancet* 358 (2001): 2041.

9) Oliver Sacks, *Hallucinations* (New York: Knopf, 2012).

10) J. Allan Hobson, *Dreaming: An Introduction to the Science of Sleep* (New York: Oxford University Press, 2003).

11) M. Paciaroni, "Blaise Pascal and His Visual Experiences," *Recenti Progressi*

in Medicinia 102, no. 12 (December 2011): 494-96. doi: 10.1701/998.10863.

12) http://ehealthforum.com/health/topic29786.html.
http://psychcentral.com/lib/2010/sleep-deprived-nation/.

13) "브레인 버그(brain bugs)"는 신경과학자 딘 부오나마노(Dean Buonamano)가 환각과 같은 사건들에 부여한 이름이다. (그의 책을 보라. *Brain Bugs*, 2011.)

14) 갠트리(Gantry)란 이름은 싱클레어 루이스(Sinclair Lewis)의 소설 속에 나오는 가공의 인물 이름이다.

15) 이 말은 일반적으로 러셀이 한 말로 알려져 있지만, 나는 그 출처를 찾지 못했다. 그는 엄청난 저술과 강연 활동을 했다.

16) 이러한 주장은 미주리의 상원의원 토드 아킨(Todd Akin)이 하였고, 텔레비전 배우 크릭 캐머런(Kirk Cameron)이 따라했으며, 그는 실제로 샌프란시스코에서 모유를 먹는 게이 남자를 위한 병원을 세우려 하는 중이다. 그런데 한 가지 어려운 점은 기꺼이 모유를 제공하려는 여성들이 거의 없을 것이라는 전망이다. http://dailycurrant.com/2012/08/29/kirk-cameron-ready-start-curing-gays-breastmilk/

17) D. Pauly, J. Adler, E. Bennett, V. Christensen, P. Tyedmers, and R. Watson, "The Future for Fisheries," *Science* 21 (2003): 1359-61.

18) T. Lane and O. Flanagan, "Neuroexistentialism, Eudaimonics and Positive Illusion," in Byron Kaldis, ed., *Mind and Society: Cognitive Science Meets the Philosophy of the Social Sciences*, Synthese Library Series (New York: Springer, 2012).

19) 다음을 참조하라. S. Salerno, "Positively Misguided: The Myths and Mistakes of the Positive Thinking Movement," *eSkeptic* (April 2009); http://www.skeptic.com/eskeptic/09-04-15/#feature. 반대 의견을 다음에서 보라. M. R. Waldman and A. Newburg, *eSkeptic* (May 27, 2009), and Salerno's reply: http://www.skeptic.com/eskeptic/09-05-27/.

4장 도덕성의 근거, 뇌

1) 다음 소설에 기초한 이야기이다. Joseph Boyden, *The Three Day Road* (New York: Penguin, 2005).

2) 이러한 이야기가 다른 일상의 관습과 완전히 무관하게 보인다면, 다비드(David) 왕의 고난에 관한 성경 이야기를 보라 (2 Samuel 12:11-14 NAB). "그래서 주님이 말씀하셨다. '나는 가정을 버린 너에게 벌을 내릴 것이다. 나는 네가 살아서 볼 수 있는 동안에 네 아내를 데려다, 너의 이웃들에게 줄 것

이다. 그들이 벌건 대낮에 너의 아내와 누울 것이다. 너는 이러한 행위를 비밀리에 해야 했지만, 나는 그것을 이스라엘 전역에 허락할 것이며, 태양이 내려다보는 데에서 이루어지게 하겠다.'

그러자 다비드가 나단(Nathan)에게 '나는 주님에게 죄를 지었습니다'라고 말했다. 나단이 다비드에게 대답했다. '자신의 입장에서 주님은 너의 죄를 용서하셨다. 너는 죽지 않을 것이다. 그러나 네가 이러한 행위로 주님을 감히 경멸했으니, 너에게 태어난 아이가 분명히 죽게 될 것이다.' " [그 아이는 일주일 후에 죽었다.]

3) 8장의 "Hot Blood"를 참조하라. 이것은 다음 책에서 언급된다. Nick Lane, *Life Ascending: The Ten Great Inventions of Evolution* (New York: W. W. Norton, 2009), 211.

4) S. R. Quartz and T. J. Sejnowski, "The Constructivist Brain," *Trends in Cognitive Sciences* 3 (1999): 48-57; S. R. Quartz and T. J. Sejnowski, Liars, *Lovers and Heroes* (New York: Morrow, 2003).

5) T. W. Robbins and A. F. T. Arnsten, "The Neruopsychopharmacology of Fronto-Executive Function: Monoaminergic Modulation," *Annual Review of Neuroscience* 32, no. 1 (2009): 267-87

6) S. J. Karlen and L. Krubitzer, "The Evolution of the Neocortex in Mammals: Intrinsic and Extrinsic Contributions to the Cortical Phenotype," *Novartis Foundation Symposium* 270 (2006): 146-59; discussion 159-69.

7) 다음을 보라. L. Krubitzer, "The Magnificent Compromise: Cortical Field Evolution in Mammals," *Neuron* 2 (2007): 201-8; 또한 다음을 보라. L. Krubitzer, K. L. Campi, and D. F. Cooke, "All Rodents Are Not the Same: A Modern Synthesis of Cortical Organization," *Brain, Behavior and Evolution* 78, no. 1 (2011): 51-93.

8) L. Krubitzer and J. Kaas, "The Evolution of the Neocortex in Mammals: How Is Phenotypic Diversity Generated?" *Current Opinion in Neurobiology* 15, no. 4 (2005): 444-53.

9) Y. Cheng, C. Chen, C. P. Lin, K. H. Chou, and J. Decety, "Love Hurts: An fMRI Study," *NeuroImage* 51 (2010): 923-29.

10) Stephen W. Porges and C. Sue Carter, "Neurobiology and Evolution: Mechanisms, Mediators, and Adaptive Consequences of Caregiving," in *Moving Beyond Self-Interest: Perspectives from Evolutionary Biology, Neuroscience, and the Social Sciences*, ed. S. L. Brown, R, M. Brown, and L. A. Penner (New York: Oxford University Press, 2011.); 또한 다음도 참조하라. E. B. Keverne, "Genomic Imprinting and the Evolution of Sex

Differences in Mammalian Reproductive Strategies," *Advances in Genetics* 59 (2007): 217-43.

11) C. S. Carter, A. J. Grippo, H. Pournajafi-Nazarloo, M. Ruscio, and S. W. Porges, "Oxtocin, Vasopressin, and Sociality," in *Progress in Brain Research* 170, ed. Inga D. Neumann and Rainer Landgraf (New York: Elsevier, 2008), 331-36; L. Young and B. Alexander, *The Chemistry Between Us: Love, Sex and the Science of Attraction* (New York: Current Hardcover, 2012).

12) K. D. Broad, J. P. Curley, and E. B. Keverne, "Mother-Infant Bonding and the Evolution of Mammalian Social Relationships," *Philosophical Transactions of the Royal Society B: Biological Sciences* 361, no. 1476 (2006): 2199-214.

13) F. L. Martel, C. M. Nevison, F. D. Rayment, M. J. Simpson, and E. B. Keverne, "Opioid Receptor Reduces Affect and Social Grooming in Rhesus Monkeys," *Psychoneuroendocrinology* 18 (1993): 307-21; E. B. Keverne and J. P. Curley, "Vasopressin, Oxytocin and Social Behavior," *Current Opinion in Neurobiology* 14 (2004): 777-83.

14) 그 변화는 복잡한 작용에 의해 일어나며, 나는 여기에서 간략히 간추려 이야기했다. 다음을 참조하라. A. Veenema, "Toward Understanding How Early-Life Social Experiences Alter Oxytocin- and Vasopressin-Regulated Social Behaviors," *Hormones and Behavior* 61, no. 3 (2012): 304-12.

15) Stephen W. Porges and C. Sue Carter, "Neurobiology and Evolution: Mechanisms, Mediators, and Adaptive Consequences of Caregiving," in *Moving Beyond Self-Interest: Perspectives from Evolutionary Biology, Neurosciecne, and the Social Sciences*, ed. S. L. Brown, R. M. Brown, and L. A. Penner (New York: Oxford University Press, 2011); 또한 다음도 참조하라. E. B. Keverne, "Genomic Imprinting and the Evolution of Sex Differences in Mammalian Reproductive Strategies," *Advances in Genetics* 59 (2007): 217-43.

16) Jaak Panksepp, "Feeling the Pain of Social Loss," *Science* 302, no. 5643 (2003): 237-39. 그렇지만, 앨리게이터(alligators)는 어린 다람쥐일지라도 둥지를 방어한다는 사실을 주목해야 한다. 시냅시드(synapsids), 즉 파충류 같은 포유류는 대략 3억 1천 5백만 년 전에 사우롭시드(sauropsides, 파충류)로부터 분파되었다고 믿어진다.

17) P. S. Churchland and P. Winkielman, "Modulating Social Behavior with Oxytocin: How Does It Work? What Does It Do?" *Hormones and Behavior* 61 (2012): 392-99. 옥시토신이 종에 따라서 뇌 내에서 활동하는 방식이 다르

다고 주장하는 아주 최근의 논문으로 다음을 참고하라. James L. Goodson, "Deconstructing Sociality, Sociality, Social Evolution, and Relevant Nona-peptide Functions," *Psychoneuroendocrinology* (2013). 웹페이지로, http://www.elsevier.com/locate/psychoneunen. 굿슨(Goodson)이 제시하는 함축에 따르면, 비록 매력적이긴 하지만, 초원들쥐는 인간 사회 행동을 위한 모델이 될 수도 있지만, 아닐 수도 있다. 우리는 인간에 대해서 더 많이 알 필요가 있다. 다음도 참고하라. http://neurocritic.blogspot.com/2012/07/paul-zak-oxytocin-skeptic.html.

18) C. L. Apicella, D. Cesarini, M. Johanneson, C. T. Dawes, P. Lichtenstein, B. Wallance, J. Beauchamp, and L. Westberg, "No Association Between Oxytocin Receptor(OXTR) Gene Polymorphisms and Experimentally Elicited Social Preferences," *PLOS ONE* 5, no. 6 (2010): e11153.

19) Jay Schulkin, *Adaptation and Well-Being: Social Allostasis* (Cambridge, UK: Cambridge University Press, 2011).

20) George P. Murdock and Suzanne F. Wilson, "Settlement Patterns and Community Organization: Cross-Cultural Codes 3," *Ethnology* 11 (1972): 254-95.

21) George P. Murdock and Suzanne F. Wilson, "Settlement Patterns and Community Organization: Cross-Cultural Codes 3," *Ethnology* 11 (1972): 254-95. 프란스 보아스(Frans Boas, 1888/1964, p.171)의 기록에 따르면, 자신이 관찰한 에스키모인들 중에는 일부일처가 일부다처보다 훨씬 많았다. 선사시대의 일부다처에 대한 유전적 증거를 다음에서 볼 수 있다. I. Dupanloup, L. Pereira, G. Bertorelle, F. Calafell, M. J. Prata, A. Amorim, and G. Barbujani, "A Recent Shift from Polygyny to Monogamy in Humans Is Suggested by the Analysis of Worldwide Y-Chromosome Diversity," *Journal of Molecular Evolution* 57, no. 1 (2003): 85-97.

22) L. Fortunato and M. Archetti, "Evolution of Monogamous Marriage by Maximization of Inclusive Fitness," *Journal of Evolutionary Biology* 23, no. 1 (2010): 149-56.

23) L. Fortunato and M. Archetti, "Evolution of Monogamous Marriage by Maximization of Inclusive Fitness," *Journal of Evolutionary Biology* 23, no. 1 (2010): 149-56.

24) K. Izuma, "The Social Neuroscience of Reputation," *Neuroscience Research* 72 (2012): 283-88.

25) J. Decety, "The Neuroevolution of Empathy," *Annals of the New York Academy of Science* 1231 (2011): 35-45.

26) 다음을 참조하라. S. Blackburn, *Being Good: A Short Introduction* (New York: Oxford University Press, 2001); P. S. Kitcher, *The Ethical Project* (Cambridge, MA: Harvard University Press, 2012).

27) 다음을 보라. Dale Peterson, *The Moral Lives of Animals* (New York: Bloomsbury Press, 2011).

28) 이것은 실명이 아니다.

29) 적어도 내가 기억하는 한 그러하며, 그 기억이 틀릴 수도 있다.

30) 캐나다에 거주하는 스코틀랜드인에 대한 재치 있는 책으로 다음을 보라. John Kenneth Galbraith, *The Scotch* (Boston: Houghton Mifflin, 1985).

31) 프랭크 브루니(Frank Bruni)가 최근에 지적하였듯이, 이러한 정서가, 펜실베이니아 주에서 (유죄로 판결된) 어린이 성도착증을 가진 제리 샌더스키(Jerry Sandusky)로 하여금 계속해서 여러 소년들에게 성폭력을 할 수 있게 했으며, 캔자스 시의 성직자 라티건(Father Ratigan)이 어린이를 계속 학대할 수 있게 하였다.

32) P. S. Kitcher, *The Ethical Project* (Cambridge, MA: Harvard University Press, 2012).

33) E. A. Hoebel, *The Law of Primitive Man: A Study in Comparative Legal Dynamics* (Cambridge, MA: Harvard University Press, 2006), Chapter 5.

34) 현 시대에 우리는 이런 희망을 갖는다. 정부의 정책이 그 목표를 성취하기에 적절한지가 심각히 고려될 필요가 있다. 실제, 벤 골드에이커(Ben Goldacre)는 거의 그렇지 못하다고 지적한다. 다음을 보라.
http://www.badscience.net/2012/06/heres-a-cabinet-office-paper-i-co-authored-about-randomised-trials-of-government-policies/#more-2514.

35) 다음의 논의를 보라. Christine Korsggard, "Morality and the Distinctiveness of Human Action," in *Primates and Philosophers: How Morality Evolved*, ed. Frans de Waal, Stephen Macedo, and Josiah Ober (Princeton, NJ: Princeton University Press, 2006), 98-119.

36) 카푸친원숭이의 불공정에 대한 반응을 발(Waal)의 TED 이야기에서 보라.
http://www.youtube.com/watch?v=-KSryJXDpZo.

37) Sarah F. Brosnan, "How Primates (Including Us!) Respond to Inequity," in *Neuroeconomics* (*Advances in Health Economics and Health Services Research*, vol. 20), ed. Danieal Houser and Kevin McCabe (Bingley, UK: Emerald Group, 2008), 99-124.

38) 대화 중에.

39) 다음을 보라. J. Decety, G. J. Norman, G. G. Berntson, and J. T. Cacioppo, "Neurobehavioral Evolutionary Perspective on the Mechanisms Underlying

Empathy," *Progress in Neurobiology* 98, no. 1 (2012): 38-48.

40) 다음을 보라. Lynn Hunt, *Inventing Human Rights: A History* (New York: W. W. Norton, 2007).

41) 다음을 보라. D. L. Everett, *Don't Sleep, There are Snakes: Life and Language in the Amazonian Jungle* (New York: Pantheon, 2009).

42) 다시 이것을 보라. E. A. Hoebel, *The Law of Primitive Man: A Study in Comparative Legal Dynamics* (Cambridge, MA: Harvard University Press, 2006), Chapter 5.

43) 이들은 또한 이고로트(Igorot) 부족이라 불리는 더 커다란 부족에 속하는 것으로 알려져 있으며, 산악지역에 거주한다.

44) 다음을 보라. E. A. Hoebel, *The Law of Primitive Man: A Study in Comparative Legal Dynamics* (Cambridge, MA: Harvard University Press, 2006), 104.

45) 다음을 보라. E. A. Hoebel, *The Law of Primitive Man: A Study in Comparative Legal Dynamics* (Cambridge, MA: Harvard University Press, 2006), 104.

46) Loyal Rue, *Religion Is Not About God: How Spiritual Traditions Nurture Our Biological Nature and What to Expect When They Fail* (New Brunswick, NJ: Rutgers University Press, 2005).

47) R. N. Bellah, *Religion in Human Evolution: From the Paleolithic to the Axial Age* (Cambridge, MA: Harvard University Press, 2011); Brian Morris, *Religion and Anthropology: A Critical Introduction* (Cambridge, UK: Cambridge University Press, 2006); K. Armstrong, *A History of God: The 4000-Year Quest of Judaism, Christianity and Islam* (New York: Ballantine Books, 1993).

48) Scott Atran, *In Gods We Trust* (New York: Oxford University Press, 2002).

49) M. Killen and J. Smetana, "Moral Judgement and Moral Neurosciences: Intersections, Definitions, and Issues," *Child Development Perspectives* 2, no. 1 (2008): 1-6; Y. Park and M. Killen, "When Is Peer Rejection Justifiable? Children's Understanding Across Two Cultures," *Cognitive Development* 25 (2010): 290-301.

50) B. Schwartz and K. Sharpe, *Practical Wisdom: The Right Way to Do the Right Thing* (New York: Riverhead Books, 2010).

51) 이것은 나의 책에 명확히 설명된다. *Braintrust: What Neuroscience Tells Us About Morality* (Princeton, NJ: Princeton University Press, 2011), p.9.

5장 공격성과 성(sex)

1) 또한 한 명의 라틴아메리카계의 경찰관은 무죄로 석방되었다.

2) 다음을 보라.
   http://www.youtube.com/watch?v=PmsKGhLdZuQ&feature=related.

3) 다음을 보라. http://www.youtube.com/watch?v=M1W_sfJant8; 또한 다음도 보라. http://www.youtube.com/watch?v=9loSB5zMaoQ&feature=related.

4) 다음을 보라. http://www.youtube.com/watch?v=M1W_sfJant8.

5) 그의 최근 저서는 이렇다. Jonathan Gottschall, *The Storytelling Animal: How Stories Make Us Human* (Boston: Houghton Mifflin Harcourt, 2012). 그는 지금 남성 폭력에 대한 책을 쓰고 있는 중이다.

6) D. Lin et al., "Functional Identification of an Aggression Locus in the Mouse Hypothalamus," *Nature* 470 (2011): 221-26.

7) Jaak Panksepp, *Affective Neuroscience* (New York: Oxford University Press, 1998).

8) Jaak Panksepp, *Affective Neuroscience* (New York: Oxford University Press, 1998).

9) 다음 내셔널 지오그래픽의 비디오를 보라.
   http://video.nationalgeographic.com/video/animals/mammals-animals/dogs-wolves-and-foxes/wolves_gray_hunting/.

10) 다음 책을 보라. Read Montague, *Why Choose This Book: How We Make Decisions* (New York: Dutton, 2006).

11) 암컷 회색곰이 자신의 새끼를 공격하려는 늑대 무리를 회피하려 하는 것을 볼 수 있다. http://video.nationalgeographic.com/video/animals/mammals-animals/dogs-wolves-and-foxes/wolves_gray_hunting/.

12) 다음을 보라. http://www.youtube.com/watch?v=5hw4iRcWbV4.

13) 소설가 세라(D. A. Serra)가 대화 중에 지적하였다.

14) Craig B. Stanfrod, *Chimpanzee and Red Colobus: The Ecology of Predator and Prey* (Cambridge, MA: Harvard University Press, 2001).

15) Massimo Pigliucci and Jonathan Kaplan, *Making Sense of Evolution: The Conceptual Foundations of Evolutionary Biology* (Chicago: University of Chicago Press, 2006).

16) Matt Ridely, *The Red Queen: Sex and the Evolution of Human Nature.* (New York: HarperCollins, 1993); Hans Kummer, *Primate Societies: Group Techniques of Ecological Adaptation* (Chicago: Aldine-Atherton, 1971);

Shirley Strum and Linda-Marie Fedigan, *Primate Encounters: Models of Science, Gender, and Society* (Chicago: University of Chicago Press, 2000).

17) Richard Dawkins, *The Blind Watchmaker* (New York: W. W. Norton, 1996).

18) 다음을 보라. http://wn.com/Greater_Sage-Grouse_Booming_on_Lek.

19) 많은 저술과 논문들은 남성과 여성의 뇌 사이에 차이를 확인하는 주장을 펼친다. 일부는 부끄럽게도 확인되지 않은 것이며, 일부는 단지 옛 믿음을 신경적으로 재확인하는 것이며, 그리고 일부는 호르몬(hormone)과 헤어핀(hairpin)의 차이도 알지 못해서 하는 것이기도 하다. 많은 대중들로부터 실제로 두드러지게 평가되는 한 권의 책은 도날드 파프(Donald Pfaff)에 의해 쓰인 책이다. 그는 록펠러 대학(Rockefeller University)의 신경내인성 약물학자로서, 일생 동안 호르몬과 뇌의 상호작용에 관해 연구했다. 그는 또한 다음의 놀라운 책을 저술했다. *Man and Woman: An Inside Story* (New York: Oxford University Press, 2011). 운이 좋게도 이것은 읽기도 용이하다. 나는 그의 연구에 깊이 심취되었다.

20) 다음을 보라. Donald Pfaff, *Man and Woman: An Inside Story* (New York: Oxford University Press, 2011).

21) 다음을 보라. Donald Pfaff, *Man and Woman: An Inside Story* (New York: Oxford University Press, 2011).

22) Ai-Min Bao and Dick F. Swaab, "Sexual Differentiation of the Human Brain: Relation to Gender Identity, Sexual Orientation and Neuropsychiatic Effects," *Frontiers in Neuroendocrinology* 32 (2011): 214-26. 이 논문은 리뷰 논문이지만, 그 글은 특별히 명확하며 그 그림은 매우 도움이 된다.

23) Jan Morris, *Conundrum* (London: Faber, 1974).

24) Estrella R. Montoya, David Terburg, Peter A. Bos, and Jack van Honk, "Testosterone, Cortisol and Serotonin as Key Regulators of Social Aggression: A Review and Theoretical Perspective," *Motivation and emotion* 36, no. 1 (2012): 65-73; 또한 다음도 참고하라. Cade McCall and Tania Singer, "The Animal and Human Neuroendocrinology of Social Cognition, Motivation and Behavior," *Nature Neuroscience* 15, no. 5 (2012): 681-88.

25) Jack van Honk, Jiska S. Peper, and Dennis J. L. G. Schutter, "Testosterone Reduces Unconscious Fear but Not Consciously Experienced Anxiety: Implications for Disorders of Fear and Anxiety," *Biological Psychiatry* 58 (2005): 218-25.

26) David Terburg, Barak Morgan, and Jack van Honk, "The Testosterone-Cortisol Ratio: A Hormonal Marker for Proneness to Social Aggression," *International Journal of Law and Psychiatry* 32 (2009): 216-23.

27) 옥시토신과 관련하여 이런 주장과 다른 이해하기 어려운 주장들을 다음에서 찾아볼 수 있다. Paul Zak, *The Moral Molecule: The Source of Love and Prosperity* (New York: Penguin, 2012).

28) Anne Campbell, "Attachment, Aggression and Affiliation: The Role of Oxytocin in Female Social Behavior," *Biological Psychiatry* 77, no. 1 (2008): 1-10.

29) Jaak Panksepp, *Affective Neuroscience* (New York: Oxford University Press, 1998).

30) A. R. Damasio, *The Feeling of What Happens* (New York: Harcourt Brace & Company, 1999).

31) Michael Eid and Ed Diener "Norms for Experiencing Emotions in Different Cultures: Inter- and Intranational Differences," *Journal of Personality and Social Psychology* 81, no. 5 (2001): 869-85.

32) 다른 사람에 의해서, 대체로 여성에 의해서, 한 남자가 살해되는 일이 발생되고, 사람들로부터 그 행위가 납득되기 어렵다고 하더라도, 그 여성이 도망할 수 없는 한에서 묵인되기도 한다.

33) Franz Boas, *The Central Eskimo* (Washington, DC: Sixth Annual Report of the Bureau of Ethnology, Smithsonian Institution, 1888).

34) N. Chagnon, *Yanomamo* (New York: Harcourt Brace & Company, 1997).

35) 이것을 여기에서 보라. http://www.rosala-viking-centre.com/vikingships.htm.

6장 그렇게도 멋진 전쟁

1) 이 제목은 화려한 무대의 뮤지컬, 『오, 얼마나 멋진 전쟁인가(*Oh What a Lovely War*)』에서 가져왔다. 그 뮤지컬은, 찰스 칠턴(Charles Chilton)이 쓴 라디오 쇼 *The Long, Long Trail*에 바탕을 두고 만들어졌다. 이것은 제1차 세계 대전에 관련된 여러 장군들과 정치인들의 멍청한 교만함과 낙관적 생각을 흠측함과 공포로 (냉정히) 대비한 내용을 담고 있다. 그리고 그 뮤지컬은 그 전쟁의 끔찍함을 위장했던 기운찬 선전구호를 풍자하고 있다.

2) Chris Hedges, *War Is a Force That Gives Us Meaning* (New York: Public Affairs, 2002), 3.

3) 쓰기는 기원전 3,200년경에 메소포타미아 문명에서, 그리고 기원전 600년경에 메소아메리카 문명에서 출현했다고 믿어지고 있다. 이누이트 부족민의 여러 도구들에 대한 사진과 설명을 다음에서 참조하라. Franz Boas, *The Central Eskimo* (Washington, DC: Sixth Annual Report of the Bureau of Ethnology,

Smithsonian Institution, 1888).

4) 매튜 화이트(Matthew White)는 이것이 아마도 아즈텍 제국(the Aztecs) 사람들에게 참이었다는 가설을 내놓았다. 그들은 가축을 키우지 않았으며, 그 부족의 주변에는 어떤 큰 야생 짐승들도 없었다. 그의 보고에 따르면, 매년 수만 명의 인간 "희생"이 (물물교환을 포함하여, 그리고 종교적 제물과 같은) 다양한 목적을 위해서 있었다. Matthew White, *The Great Big Book of Horrible Things: The Definitive Chronicle of History's 100 Worst Atrocities* (New York: W. W. Norton, 2012).

5) 제도적 규범이 어떻게 변화되는지에 대한 통찰력 있는 논의를 다음에서 보라. Kwame Anthony Appiah, *The Honor Code: How Moral Revolutions Happen* (New York: W. W. Norton, 2010).

6) 전사자 수로 파악되는, 최악의 전쟁과 대량학살에 대한 놀라운 매력과 그 역사에 대한 간략한 요약을 다음에서 보라. Matthew White, *The Great Big Book of Horrible Things: The Definitive Chronicle of History's 100 Worst Atrocities* (New York: W. W. Norton, 2012). 물론 이 책은 매우 불온한 역사서이다. 그렇지만 그 책이 보고하는 사실들만큼은 우리를 반성하게 만들며, 우리가 그 책 전체를 외면할 수 없게 하는 요소이다.

7) Ian Morris, *Why the West Rules-For Now: The Patterns of History and What They Reveal About the Future* (New York: Farrar, Straus and Giroux, 2010).

8) 또한 다음을 참고하라. David Livingston Smith, *The Most Dangerous Animal* (New York: St. Martin's Press, 2007).

9) 이것은 또한 신경펩티드(neuropeptide) F와 관련하여서도 관찰되지만, 간략한 설명을 위해 여기에서 논의하지는 말자. 더 세부적인 내용을 나의 책에서 살펴보라. *Braintrust: What Neuroscience Tells Us About Morality* (Princeton, NJ: Princeton University Press, 2011).

10) 쉽게 이해될 수 있으면서도 과학적으로 설득력이 있는 소개서로 다음을 보라. Jonathan Flint, Ralph J. Greenspan, and Kenneth S. Kendler, *How Genes Influence Behavior* (New York: Oxford University Press, 2010). 관련된 논의를 다음에서 보라. N. Risch and K. Merikangas, "The Future of Genetic Studies of Complex Human Diseases," *Science* 273 (1996): 1516-17; H. M. Colhoun, P. M. McKeigue, and G. D. Smith, "Problems of Reporting Genetic Associations with Complex Outcomes," *Lancet* 361 (2003): 865-72; A. T. Hattersley and M. I. McCarthy, "What Makes a Good Genetic Association Study?" *Lancet* 366 (2005): 1315-23.

11) Herman A. Dierick and Ralph J. Greenspan, "Molecular Analysis of Flies Selected for Aggressive Behavior," *Nature Genetics* 38, no. 9 (2006):

1023-31.

12) 이 말이, 모든 80개의 유전자들이 문제의 행동표현형(behavioral phenotype)에 관련된다는 것을 반드시 의미하지는 않는다. 왜냐하면 일부 유전자들의 차이가 아마도, 선택된 유전자들에 따라서, [변화되는] "편승하기(hitchhiking)" 때문이다.

13) 온라인에서 다음 논문의 Supplementary Table 1을 참고하라. Dierick and Greenspan (2006). doi: 10.1038/ng1864. 그것은 그 실험 결과에 대한 극적인 논증이며, 80개의 유전자 표현이 공격적 초파리들과 무심한 초파리들 사이에 차이가 있다는 것을 보여준다. 부연하자면, 테스토스테론이 종종 공격성과 관련되기 때문에, 초파리들이 테스토스테론을 갖지 않음에도 불구하고 매우 공격적일 수 있다는 것은 주목될 만하다.

14) Jonathan Haidt, *The Righteous Mind: Why Good People Are Divided by Politics and Religion* (New York: Pantheon, 2012).

15) Dennis L. Murphy, Meredith A. Fox, Kiara R. Timpano, Pablo Maya, Renee Ren-Patterson, Anne M. Andrews, Andrew Holmes, Klaus-Peter Lesch, and Jens R. Wendland, "How the Serotonin Story Is Being Rewritten by New Gene-Gased Discoveries Principally Related to SLC6A4, the Serotonin Transporter Gene, Which Functions to Influence All Cellular Serotonin Systems," *Neuropharmacology* 55, no. 6 (2008): 932-60.

16) R. J. Greenspan, "E Pluribus Unum, Ex Uno Plura: Quantitative and Single-Gene Perspectives on the Study of Behavior," *Annual Review of Neuroscience* 27 (2004): 79-105.

17) 그 관련을 쉽게 말하기 어렵다는 것을 다음에서 보라. V. A. Vasil'ev, "Molecular Psychogenetics of Deviant Aggressive Behavior in Humans," *Genetika* 47, no. 9 (2011): 1157-68.

18) 유전자와 외부 집단 호전성에 관련된 도움이 되며 주의 깊은 논문으로 다음을 참조하라. K. G. Ratner and J. T. Kubota, "Genetic Contributions to Intergroup Responses: A Cautionary Perspective," *Frontiers in Human Neuroscience* 6 (2012): 223.

19) 그 예로 다음을 보라. Jonathan Haidt, *The Righteous Mind: Why Good People Are Divided by politics and Religion* (New York: Pantheon, 2012).

20) Robert Richardson, *Evolutionary Psychology as Maladapted Psychology* (Cambridge, MA: MIT Press, 2007).

21) 이러한 문제에 대해 지혜를 제공하는 책으로 다음을 보라. Stuart Firestein, *Ignorance: How It Drives Science* (New York: Oxford University Press, 2012).

22) Jonathan Haidt, *The Righteous Mind: Why Good People Are Divided by politics and Religion* (New York: Pantheon, 2012).

23) 현대 철학자들 중 누구보다도 이것을 잘 이해했던 학자로 매킨타이어(Alasdair MacIntyre)가 꼽힌다. 그의 고전적 논의는 아리스토텔레스 체계에 맞춰져 있다. 다음을 보라. Alasdair MacIntyre, *After Virtue: A Study in Moral Theory*, 3rd ed. (Notre Dame, IN: University of Notre Dame Press, 2007). 존 듀이(John Dewey)의 위대한 저작들에 맞춰진, 더욱 최근의 깊은 탐구로 다음을 보라. Philip Kitcher, *The Ethical Project* (Cambridge, MA: Harvard University Press, 2011).

24) Paul Seabright, *In the Company of Strangers: A Natural History of Economic Life* (Princeton, NJ: Princeton University Press, 2010).

25) 페기(Peggy)는 비서 역할에 순응하는 것으로 출발하지만, 여러 번 태도가 바뀐다. 그것은 유망한 광고인과 결혼하여 아기를 가진 후로 그 역할에 환멸을 느꼈기 때문이다. 그녀의 카피라이터 일과 비서의 굴욕적 일 사이에 현저한 차이점이 (다소 충격적이긴 하지만) 그들을 비서 역할에 순종하게 만든다.

26) 다음을 보라. Dov Cohen and Richard E. Nisbett, "Field Experiments Examining the Culture of Honor: The Role of Institutions in Perpetuating Norms About Violence," *Personality and Social Psychology Bulletin* 23 (1997): 1188-99. 아주 유익한 교과서로 다음을 보라. T. Gilovich, D. Keltner, and R. E. Nisbett, eds., *Social Psychology*, 2nd ed. (New York: W. W. Norton, 2010).

27) David Livingston Smith, *Less Than Human: Why We Demean, Enslave and Exterminate Others* (New York: St. Martin's Press, 2011).

28) Philip Zimbardo, *The Lucifer Effect: Understanding How Good People Turn Evil* (New York: Random House, 2007). 짐바도 실험은 사회심리학에서 가장 중요한 실험 중 하나이다. 그 이유는 그 실험이 인간 행동에 대해서 가장 어려운 수수께끼 중에 하나를, 주의 깊고 체계적으로, 설명하기 때문이다. 선한 사람들이 어떻게 말할 수 없을 정도로 사악한 행동을 할 수 있는가?

29) 이것을 특별히 잘 보여주는 영화로, *The Boy in the Blue Pajamas*를 보라.

30) Jonathan Glover, *Humanity* (New Haven, CT: Yale University Press, 2001), 404.

31) Jonathan Glover, *Humanity* (New Haven, CT: Yale University Press, 2001), 281.

32) Steven Pinker, *The Better Angels of Our Nature: Why Violence Has Declined* (New York: Viking, 2012). 덜 낙관적 견해로 다음을 보라. David Livingston Smith, *Less Than Human: Why We Demean, Enslave and Exterminate*

Others (New York: St. Martin's Press, 2011)

33) Sam Harris, *Free Will* (New York: Free Press, 2012).

7장 자유의지, 습관, 그리고 자기조절

1) 또한 다음을 보라. R. F. Baumeister and J. Tienery, *Will Power: Redis-covering the Greatest Human Strength* (New York: Penguin, 2011).

2) C. D. Frith and U. Frith, "How We Predict What Other People Are Going to Do," *Brain Research* 1079, no. 1 (2006): 36-46; R. Adophs, "How Do We Know the Minds of Others? Domain Specificity, Simulation and Enactive Social Cognition," *Brain Research* 1097, no. 1 (2006): 25-35; P. S. Churchland, *Braintrust: What Neuroscience Tells Us About Morality* (Princeton, NJ: Princeton University Press, 2011).

3) 다음을 보라. W. Mischel, Y. Shoda, and M. I. Rodriguez, "Delay of Gratification in Children," *Science* 244 (1989): 933-38.

4) B. J. Casey, Leah H. Somerville, Ian H. Gotlibb, Ozlem Aydukc, Nicholas T. Franklina, Mary K. Askrend, John Jonidesd, Marc G. Bermand, Nicole L. Wilsone, Theresa Teslovicha, Gary Gloverf, Vivian Aayasg, Walter Mischel, and Yuichi Shodae, "Behavioral and Neural Correlates of Delay of Gratification 40 Years Later," *Proceedings of the National Academy of Sciences USA* 108, no. 36 (2011): 14998-15003.

5) K. Vohs and R. Baumeister, eds., *The Handbook of self-Regulation: Research, Theory, and Applications*, 2nd ed. (New York: Guilford Press, 2011); A. Diamond, *Developmental Cognitive Neuroscience* (New York: Oxford University Press, 2012).

6) 여기 이야기는 실험의 원래 모습을 단순화하였지만, 핵심만은 담고 있다. 자세한 내용을 다음에서 참고하라. R. N. Cardinal, T. W. Robbins, and B. J. Everitt, "The Effects of d-Amphetamine, Chlordiazepoxide, Alpha-flupenthix-ol and Behavioural Manipulations on Choice of Signalled and Unsignalled Delayed Reinforcement in Rats," *Psychopharmacology* (*Berl.*) 152 (2000): 362-75.

7) 이것을 여기에서 보라. http://www.youtube.com/watch?v=kdTdp7Ep6AM. 출처: 내셔널 지오그래픽(National Geographic). [지금은 삭제됨]

8) 여기를 보라. http://www.youtube.com/watch?v=SIWe7cO7ThQ&NR=1&feature=fvwp. [지금은 삭제됨]

9) B. Oakley, A. Knafo, G. Madhavan, and D. D. Wilson, eds., *Pathological Altruism* (New York: Oxford University Press, 2012).

10) 다음을 보라. N. Swan, N. Tandon, T. A. Pieters, and A. R. Aron, "Intracranial Electroencephalography Reveals Different Temporal Profiles for Dorsal- and Ventro-Lateral Prefrontal Cortex in Preparing to Stop Action," *Cerebral Cortex* (pubished online August 2012. doi: 10.1093/cercor/bhs245); G. Tabibnia et al., "Different Forms of Self-Control Share a Neurocognitive Substrate," *Journal of Neuroscience* 31, no. 13 (2011): 4805-10.

11) S. R. Chamberlain, N. A. Fineberg, A. D. Blackwell, T. W. Robbins, and B. J. Sahakian, "Motor Inhibition and Cognitive Flexibility in Obsessive-Compulsive Disorder and Trichotillomania," *American Journal of Psychiatry* 163, no. 7 (2006): 1282-84.

12) P. S. Churchland and C. Suhler, "Me and My Amazing Old-Fangled Reward System," in *Moral Psychology, Volume 4: Free Will and Moral Responsibility*, ed. Walter Sinnott-Armstrong (Cambridge, MA: MIT Press, 2013).

13) S. M. McClure, M. K. York, and P. R. Montague, "The Neural Substrates of Reward Processing in Humans: The Modern Role of fMRI," *The Neuroscientist* 10, no. 3 (2004): 260-68.

14) 철학자 에디 나미아스(Eddy Nahmias: http://www2.gsu.edu/~phlean/)는 일상적인 사람들(즉, 철학자가 아닌 사람들)이 자유의지에 관해 어떻게 생각하는지를 찾아보고자 하였다. 일부 철학자들은 그가 찾아 보여준 것에 깜짝 놀랐다. 그의 탐구에 따르면, 일상적인 사람들은 자유의지에 대한 일상적 개념을, 데카르트나 칸트가 가졌던 정교한 철학적 개념보다, 법률적 개념으로 이해했다. 다음을 보라. E. Nahmias, S. Morris, T. Nadelhoffer, and J. Turner, "Surveying Freedom: Folk Intuitions About Free Will and Moral Responsibility," *Philosophical Psychology* 18, no. 5 (2005): 561-84.

15) 나는, 나미아스의 체계적인 연구에서처럼, 철학자가 아닌 사람들과 대화에 의존하여 이렇게 생각한다.

16) G. Lakoff and M. Johnson, *Philosophy in the Flesh* (Cambridge, MA: MIT Press, 1999).

17) 19세기에 이 장애에 대해 기술했던 임상의 투렛(Gilles de la Tourette)의 이름에 따라 붙여졌다.

18) 이것은 CBS 방송 프로그램에 *The Journal*이란 다큐멘터리로 방영되었고, *New Yorker*의 신문기사로 발표되었다. "A Surgeon's Life," by Oliver Sacks (March 16, 1992). 삭스(Sacks)는 도란(Doran)에 대해 칼 베넷(Carl Bennett)이란 이름을 사용하였다.

19) J. F. Leckman, M. H. Bloch, M. E. Smith, D. Larabi, and M. Hampson, "Neurobiological Substrates of Tourette's Disorder," *Journal of Child and Adolescent Psychopharmacology* 20, no. 4 (2012): 237-47.

20) 그 예로 다음을 보라. Sam Harris, *Free Will* (New York: Free Press, 2012).

21) E. Nahmias, S. Morris, T. Nadelfoffer, and J. Turner, "Surveying Freedom: Folk Intuitions About Free Will and Moral Responsibility," *Philosophical Psychology* 18, no. 5 (2005): 561-84.

22) Daniel Dennett, *Freedom Evolves* (New York: Penguin, 2003). 또한 다음 책의 내 논의도 참고하라. *Brain-Wise: Studies in Neurophilosophy* (Cambridge, MA: MIT Press, 2002).

23) J. W. Dalley, B. J. Everitt, and T. W. Robbins, "Impulsivity, Compulsivity, and Top-Down Control," *Neuron* 69, no. 4 (February 2011): 680-94.

24) Paul Seabright, *The Company of Strangers: A Natural History of Economic Life* (Princeton, NJ: Princeton University Press, 2010).

25) 의회는 1984년 정신착란 변호 개정 조례(the Insanity Defense Reform Action)를 채택했다. 다음은 그 조항이 제안하는 내용이다.

(a) 긍정적 변호 : 심각한 심적 질병 혹은 결함은, 자신의 행위의 본성과 질, 혹은 옳지 않음을 인식할 수 없게 만들므로, 불법과 혐의를 유발하는 행위의 범행 시기에, 연방정부의 기소에 대해서 긍정적 변호 사유가 성립된다. 심적 질병 혹은 결함은 달리 변호를 구성하지 않는다.

(b) 입증의 책임 : 혐의자는, 명확히 그리고 신빙성 있는 증거에 의해서, 정신착란의 변호를 입증할 책임을 갖는다.

정신착란에 대한 변경된 합법적 정의에 대해서, 다음을 참고하라. Robert D. Miller, "Part 3: Forensic Evaluation and Treatment in the Criminal Justice System," in *Principles and Practices of Forensic Psychiatry*, 2nd ed., ed. Richard Posner (London: Arnold, 2003), 183-245.

26) C. Bonnie, J. C. Jeffries, and P. W. Low, *A Case Study in the Insanity Defense: The Trial of John W. Hinckley, Fr.*, 3rd ed. (New York: Foundation Press, 2008).

27) A. Caspi, J. McClay, T. E. Moffitt, J. Mill, J. Martin, I. W. Craig, A. Taylor, and R. Poulton, "Role of Genotype in the Cycle of Violence in Maltreated Children," *Science* 297, no. 5582 (2002): 851-54; C. Aslund, N. Nordquist, E. Comasco, J. Comasco, J. Leppert, L. Oreland, and K. W. Nilsson, "Maltreatment, MAOA, and Delinquency: Sex Differences in Gene-Environment Interaction in a Large Population-Based Cohort of Adolescents," *Behavior Genetics* 41 (2011): 262-72.

28) http://www.nature.com/news/2009/091030/full/news.2009.1050.html.

29) http://www.tncourts.gov/courts/court-criminal-appeals/opionions/2011/10/20/
state-tennessee-v-davis-bradley-waldroup-jr.

30) E. Parens, *Genetic Differences and Human Identities: On Why Talking About
Behavioral Genetics Is Important and Difficult*, Hastings Center Report
Special Supplement 34, no. 1 (2004).

31) Matthew L. Baum, "The Monoamine Oxidase A(MAOA) Genetic Predispo-
sition to Impulsive Violence: Is It Relevant to Criminal Trials?" *Neuroethics*
3 (2011): 1-20. doi: 10.1007/s12152-011-9108-6.

32) 유전학자 랄프 그린스판(Ralph Greenspan)이 이것을 나에게 지적해주었다.

33) M. Schmucker and F. Lösel, "Does Sexual Offender Treatment Work? A
systematic Review of Outcome Evaluations," *Psicothema* 20, no. 1 (2008):
10-19. 또한 다음도 보라. R. Lamade, A. Graybiel, and R. Prentky,
"Optimizing Risk Mitigation of Sexual Offenders: A Structureal Model,"
International Journal of Law and Psychiatry 34, no. 3 (2011): 217-25.

34) 치료법으로 거세를 선택하게 되는 이유에 관해서 다음을 보라. L. E.
Weinberger, S. Sreenivasan, T. Garrick, and H. Osran, "The Impact of
Surgical Castration on Sexual Recidivism Risk Among Sexually Violent
Predatory Offenders," *American Academy of Psychiatry and the Law* 33, no.
1 (2005): 16-36.

35) 사회적 행동을 변화시키기 위해서 신경계를 외과적으로 간섭하는 것은, 단지
그 조치가 핵심을 벗어나거나, 유별나다거나, 제어할 수 없게 될 경우들을 "다
루는" 것을 방지할 안전장치를 마련해야만 하는 문제를 포함하여, 더 어렵고
역사적으로 미묘한 여러 문제들을 일으킨다. 다음을 보라. E. S. Valenstein,
*Great and Desperate Cures: The Rise and Decline of Psychosurgery and
Other Radical Treatments for Mental Illness* (New York: Basic Books,
1986). 또한 다음도 보라. Theo van der Meer, "Eugenic and Sexual Folklores
and the Castration of Sexual Offenders in the Netherlands (1938-68),"
*Studies in History and Philosophy of Science Part C: Studies in the History
and Philosophy of Biological and Biomedical Science* 39, no. 2 (2008):
195-204.

36) 다음을 보라. J. M. Burns and R. H. Swerdlow, "Right Orbitofrontal Tumor
with Pedophilia Symptom and Constructional Apraxia Sign," *Archives of
Neurology* 60, no. 3 (2003): 437-440. doi: 10.1001/archneur.60.3.437.

37) D. S. Weisberg, F. C. Keil, J. Goodstein, E. Rawson, and J. R. Gray, "The
Seductive Allure of Neuroscience Explanations," *Journal of Cognitive*

Neuroscience 20, no. 3 (2008): 470-77.

38) 허버트 와인스타인(Herbert Weinstein)은 자신의 아내를 교살한 후에 그녀를 뉴욕 시내 아파트에서 창밖으로 내던졌다. 이 경우와 피고인 변론의 의미에 관한 짧은 논의를 다음에서 보라. Jeffrey Rosen, "The Brain on the Stand," *New York Times*, March 11, 2007.

8장 은닉된 인지기능

1) T. L. Chartrand and J. A. Bargh, "The Chameleon Effect: The Perception-Behavior Link and Social Interaction," *Journal of Personality and Social Psychology* 76 (1999): 893-910; J. Lakin and T. L. Chartrand, "Using Nonconscious Behavioral Mimicry to Create Affiliation and Rapport," *Psychological Science* 14 (2003): 334-39.

2) 다음을 보라. M. Earls, M. J. O'Brien, and A. Bentley, *I'll Have What She's Having: Mapping Social Behavior* (Cambridge, MA: MIT Press, 2011).

3) David Livingston Smith, " 'Some Unimaginable Substratum': A Contemporary Introduction to Freud's Philosophy of Mind," in *Psychoanalytic Knowledge*, ed. Man Cheung Chung and Colin Fletham (London: Palgrave Macmillan, 2003), 54-75.

4) D. Reiss, *The Dolphin in the Mirror: Exploring Dolphin Minds and Saving Dolphin Lives* (Boston: Houghton Mifflin Harcourt, 2011).

5) B. Heinrich, *Mind of the Raven: Investigations and Adventures with Wolf-Birds* (New York: HarperCollins, 2000).

6) 다음을 보라. D. C. Dennett, "Animal Consciousness: What Matters and Why," *Social Research* 62, no. 3 (1995): 691-720. http://instruct.westvalley.edu/lafave/dennett_anim_csness.htm.

7) D. C. Dennett, "Animal Consciousness: What Matters and Why," *Social Research* 62, no. 3 (1995): 691-720.

8) 의식이 여러 종류의 느낌들과 정서들에 근거하는 이유를 설명하는, 진화론적 설명을 다음에서 보라. Antonio Damasio and Gil B. Carvalho, "The Nature of Feelings: Evolutionary and Neurobiological Origins," *Nature Reviews Neuroscience* 14 (2013) 143-52. doi: 10.1038/nrn3403. 다음도 보라. J. Panksepp, "Affective Consciousness in Animals: Perspectives on Dimensional and Primary Process Emotion Approaches," *Proceedings of the Royal Society* 277, no. 1696 (2010): 2905-7.

9) Garth Stein, *The Art of Racing in the Rain* (New York: HarperCollins, 2009).

10) Robert H. Wurtz, Wilsaan M. Joiner, and Rebecca A. Berman, "Neuronal Mechanisms for Visual Stability: Progress and Problems," *Philosophical Transactions of the Royal Society B* 366, no. 1564 (February 2011): 492-503. doi: 10.1098/rstb.2010.0186, PMCID: PMC3030829.

11) P. Haggard and V. Chambon, "Sense of Agency," *Current Biology* 22, no. 10 (2012): R390-92.

12) P. Brugger, "From Haunted Brain to Haunted Science: A Cognitive Neuroscience View of Paranormal and Pseudoscientific Thought," in *Hauntings and Poltergeists: Multidisciplinary Perspectives*, ed. J. Houran and R. Lange (Jefferson, NC: MacFarlane, 2001), 195-213.

13) L. Staudenmaier, *Die Magie als Experimentelle Naturwissenschaft* (*Magic as an Experimental Natural Science*) (Leipzig, Germany: Akademische Verlagsgesellschaft, 192), 23.

14) 자신의 행동 결과를 예측하는 것을 포함하여, 그러한 여러 종류의 실패들 역시 정신분열증의 한 요소일 수 있어 보인다. 다음을 참조하라. J. Voss, J. Moore, M. Hauser, J. Gallinat, A. Heinz, and P. Haggard, "Altered Awareness of Action in Schizophrenia: A Specific Deficit in Prediction of Action Consequences," *Brain* 133, no. 10 (2010): 3104-12.

15) 조력에 의한 대화에 대한 주의 깊고 균형 잡힌 설명으로, PBS 방영 프로그램 *Frontline*을 보라.
http://www.youtube.com/watch?v=DqhlvoUZUwY&feature=related.

16) P. Simpson, E. Kaul, and D. Quinn, "Cotard's Syndrome with Catatonia: A Case Discussion and Presentation," *Psychosomatics* (in press).
http://dx.doi.org/10.1016/j.psym.2012.03.004.

17) D. Guardia, L. Conversy, R. Jardri, G. Lafargue, P. Thomas, P. V. Dodin, O. Cottencin, and M. Luya, "Imagining One's Own and Someone Else's Body Actions: Dissociation in Anorexia Nervosa," *PLOS ONE* 7, no. 8 (2012): e43241. doi:10.1371/journal.pone.0043241.

18) 이런 생각은 또한 안토니오 다마지오에 의해서도 제안되었다. A. R. Damasio, *The Feeling of What Happens: Body and Emotion in the Making of Consciousness* (New York: Mariner Books, 2000). 다음 논문도 보라. Carissa L. Philippi, Justin S. Feinstein, Sahib S. Khalsa, Antonio Damasio, Daniel TRanel, Gregory Landini, Kenneth Williford, and David Rudrauf, "Preserved Self-Awareness following Extensive Bilateral Brain Damage to the Insula, Anterior Cingulate, and Medial Prefrontal Cortices," *PLOS ONE* 7 (2012):

e38413. doi:10.1371/journal.pone.0038413.

19) 다음을 보라. K. J. Holyoak and P. Thagard, "Analogical Mapping by Constraint Satisfaction," *Cognitive Science* 13 (1989): 295-355; P. Thagard, *Coherence in Thought and Action* (Cambridge, MA: MIT Press, 2000).

20) 예를 들어, A. Resulaj, R. Kiani, D. M. Wolpert, and M. N. Shadlen, "Changes of Mind in Decision-Making," *Nature* 461, no. 7261 (2009): 263-66.

21) 예를 들어, A. K. Churchland and J. Ditterich, "New Advances in Understanding Decisions Among Multiple Alternatives," *Current Opinion in Neurobiology* (2012): http://ncbi.nlm.nih.gov/pubmed/22554881; D. Raposo, J. P. Sheppard, R. R. Schrater, and A. K. Churchland, "Multi-Sensory Decision-Making in Rats and Humans," *Journal of Neuroscience* 32, no. 11 (2012): 3726-35.

22) Read Montague, *Why Choose This Book: How We Make Decisions* (New York: Dutton, 2006).

23) 다음을 보라. P. Glimcher, *Foundations of Neuroeconomic Analysis* (New York: Oxford University Press, 2011).

24) 이 주제와 관련된 좋은 책으로 다음을 보라. S. Blackburn, *Ruling Passions: A Theory of Practical Reasoning* (Oxford: Oxford University Press, 1998).

25) 나는 이 사례를 내 책에서 사용하였다. *Braintrust: What Neuroscience Tells Us About Morality* (Princeton, NJ: Princeton University Press, 2011), p.172. 나는 이 책 pp.168-73에서 황금률과 함께 다른 여러 문제들을 논의하였다.

26) B. J. Knowlton, R. G. Morrison, J. E. Hummel, and K. J. Holyoak, "A Neurocomputational System for Relational Reasoning," *Trends in Cognitive Sciences* 16, no. 7 (2012): 373-81.

27) 나는 여기에서 "직조하다(interweave)"보다 "깍지 끼다(interdigitate)"라는 단어를(이것이 매우 섬뜩한 느낌을 주지만 않는다면) 더 사용하고 싶었다. [역자: 아마도 저자는 'interdigitate'란 말에서 서로 단단히 결합된다는 말을 더 쓰고 싶어 했던 것 같다. 역자는 이 책에서 'interweaved'를 '직조되다' 혹은 '서로 얽히다'로 번역하고 있다.]

28) J. Allan Hobson, *The Dream Drugstore: Chemically Altered States of Consciousness* (Cambridge, MA: MIT Press, 2001).

9장 의식적 삶 돌아보기

1) G. Tononi, *Phi: A Voyage from the Brain to the Soul* (New York: Pantheon, 2012).

2) A. Rechtschaffen and B. M. Bergmann, "Sleep Deprivation in the Rat by the Disk-over-Water Method," *Behavioral Brain Research* 69 (1995): 55-63.

3) 다음 신경과학자의 동영상을 보라.
Matt Walker: http://www.youtube.com/watch?v=tADK3fvD2nw.

4) 수면이 기억에 중요하다는 리뷰 논문으로, S. Diekelman and J. Born, "The Memory Function of Sleep," *Nature Reviews Neuroscience* 11 (2010): 114-26.

5) C. Cirelli, "The Genetic and Molecular Regulation of Sleep: From Fruit Flies to Humans," *Nature Reviews Neuroscience* 10 (2009): 549-60.

6) C. Cirelli, "How Sleep Deprivation Affects Gene Expression in the Brain: A Review of Recent Findings," *Journal of Applied Physiology* 92, no. 1 (2002): 394-400; D. Bushey, K. A. Hughes, G. Tononi, and C. Cirelli, "Sleep, Aging, and Lifespan in Drosophila," *BioNedCentral Neuroscience* 11 (2020): 56. doi: 10.1186/1471-2202-11-56.

7) T. Andrillon, Y. Nir, R. J. Staba, F. Ferrarelli, C. Cirelli, G. Tononi, and I. Fried, "Sleep Spindles in Humans: Insights from Intracranial EEG and Unit Recordings," *Journal of Neuroscience* 31, no. 49 (2011): 17821-34.

8) 여기에서 매트 워커(Matt Walker)의 논의를 보라.
http://www.youtube.com/watch?v=giKIFuw5fyc.

9) C. L. Philippi, J. S. Feinstein, S. S. Khalsa, A. Damasio, D. Tranel, G. Landini, K. Williford, and D. Rudrauf, "Preserved Self-Awareness Following Extenxive Bilateral Brain Damage to the Insula, Anterior Cingulate, and Medial Prefrontal Cortices," *PLOS ONE* 7, no. 8 (2012) e38413. doi: 10.1371/journal.pone.0038413.

10) N. D. Schiff, "Central Thalamic Contributions to Arousal Regulation and Neurological Disorders of Consciousness," *Annals of the New York Academy of Sciences* 1129 (2008): 105-18; S. Laureys and N. D. Schiff, "Coma and Consciousness: Paradigms (Re)framed by Neuroimaging," *Neuroimage* 61, no. 2 (2012): 478-91.

11) L. L. Glenn and M. Steriade, "Discharge Rate and Excitability of Cortically Projecting Intralaminar Neurons During Wakefulness and Sleep States," *Journal of Neuroscience* 2 (1982): 1387-1404.

12) 쉬프는 허버트 사례를 논의하는 강의를 보여주며, 혼수상태(coma)와 식물인간 상태(vegetative state)의 차이점에 대해서도 설명한다. http://www.youtube.com/watch?v=YIznyWtXlKo.

13) 다음 리뷰 논문을 보라. H. Blumenfeld, "Consciousness and Epilepsy: Why Are Patients with Absence Seizures Absent?" *Progress in Brain Research* 150 (2005): 271-86.

14) B. Baars, *A Cognitive Theory of Consciousness* (Cambridge, MA: Cambridge University Press, 1989).

15) D. M. Rosenthal, "Varieties of Higher-Order Theory," in *Higher-Order Theories of Consciousness*, ed. R. J. Gennaro (Philadelphia: John Benjamins, 2004), 19-44. 이러한 자기-지시성은 일부 인간의 의식경험에서 중요할 수 있지만, 고래나 까마귀의 의식경험에서 중요할 것 같지는 않다.

16) 포괄적이며 도움이 될 만한 리뷰 논문으로 다음을 보라. S. Dehaene and J-P. Changeux, "Experimental and Theoretical Approaches to Conscious Processing," *Neuron* 70 (2011): 200-227.

17) 다음을 보라. Sebastian Sung, *Connectome: How the Brain's Wiring Makes Us Who We Are* (New York: Houghton Mifflin Harcourt, 2012).

18) T. B Leergaard, C. C. Hilgetag, and O. Sporns, "Mapping the Connectome: Multi-Level Analysis of Brain Connectivity," *Frontiers in Neuroinformatics* 6, no. 14 (2012): PMC3340894.

19) Melanie Boly, R. Moran, M. Murphy, P. Boveroux, M. A. Bruno, Q. Noirhomme, D. Ledoux, V. Bonhomme, J. F. Brichant, G. Tononi, S. Laureys, and K. Friston, "Connectivity Changes Underlying Spectral EEG-Changes During Propofol-Induced Loss of Consciousness," *Journal of Neuroscience* 32, no. 20 (2012): 7082-90.

20) 다음 논문을 요약했다. M. T. Alkier, A. G. Hudetz, and G. Tononi, "Consciousness and Anesthesia," *Science* 322, no. 5903 (2009): 876-80.

21) 다음을 보라. B. Heinrich, *One Man's Owl* (Princeton, NJ: Princeton University Press, 1993).

22) J. Panksepp, "Cross-Species Affective Neuroscience Decoding of the Primal Affective Experiences of Humans and Related Animals," *PLOS ONE* 6, no. 8 (2011): e21236; J. Pankesepp and L. Biven, *The Architecture of Mind: Neuroevolutionary Origins of Human Emotions* (New York: W. W. Norton, 2012).

23) 우리는 8장에서 데넷의 짧은 논의를 살펴보았다. 다음을 보라. D. C. Dennett, *Consciousness Explanined* (New York: Basic Books, 1992).

24) D. L. Everett, *Language: The Cultural Tool* (New York: Pantheon, 2012).

25) N. Sollmann, T. Picht, J. P. Mäkelä, B. Meyer, F. Ringel, and S. M. Krieg, "Navigated Transcranial Magnetic Stimulation for Preoperatve Language Mapping in a Patient with a Left Frontoopercular Glioblastoma," *Journal of Neurosurgery* (Oct 26, 2012). doi.: 10.3171/2012.9.JNS121053 (equb ahead of print)

26) G. A. Ojemann, "Brain Organization for Language from the Perspective of Electrical Stimulation Mapping," *Behavioral and Brain Sciences* 6 (1983): 90-206; G. A. Ojemann, J. Ojemann, E. Lettich, etal., "Cortical Language Localization in Left, Dominant Hemisphere: An Electrical Stimulation Mapping Investigation in 117 Patiecnts," *Journal of Neurosurgery* 71 (1989): 316-26.

27) M. A. Cohen, P. Cavanagh, M. M. Chun, and K. Nakayama, "The Attentional Requirements of Consciousness," *Trends in Cognitive Sciences* 16, no. 8 (2012): 411-17. 주의집중에 대해서 새롭고 중요한 다른 발견과, 우리가 어떤 사건들을 의식하는 중에 뇌가 주의집중 과정을 어떻게 표상하는지에 대해서, 다음을 보라. Michael S. A. Graziano, *Consciousness and the Social Brain* (New York: Oxford University Press, 2013).

28) Bernard J. Baars and Nicole M. Gage, eds., *Cognition, Brain, and Consciousness: Introduction to Cognitive Neuroscience* (New York: Academic Press, 2007). Michael S. A. Graziano and Savine Kastner, "Human consciousness and its relationship to social neuroscience: A novel hypothesis," *Cognitive Neuroscience* 2 (2011): 98-113. doi:1080/17588928.2011.565121.

후기 균형 잡힌 행동

1) 러브 박사(Dr. Love)는 폴 잭(Paul Zak)이다.
http://www.ted.com/talks/paul_zak_trust_morality_and_oxytocin.html.

2) 호기심이 많은 교육자와 일반인을 위한 다른 훌륭한 자료를 Howard Hughes Medical Institute 웹사이트에서 찾아볼 수 있다. 그 사이트로 가서 찾아보면, 번쩍이는 보물을 발견하게 된다. http://www.hhmi.org/coolscience/resources/.

3) 에이즈(AIDS)를 부정하는 사람들은, 에이즈가 인간면역결핍바이러스와 무관하며, 여러 종류의 기분 전환용 약물들, 영양실조 등등에 의해 걸린다고 생각한다.

4) 2012년 8월 미주리 주의 국회의원 토드 마킨(Todd Akin)이 이렇게 말했다.

5) 이러한 측면과 관련된 훌륭한 논문이 있다. J. P. Simmons, L. D. Nelson, and U. Simonsohn, "False-Positive Psychology: Undisclosed Flexibility in Data Collection and Analysis Allows Presenting Anything as Significant," *Psychological Science* 11 (2011): 1359-66. doi: 10.1177/0956797611417632.

6) Michael Shermer, *The Believing Brain: From Ghosts and Gods to Politics and Conspiracies — How We Construct Beliefs and Reinforce Them as Truths* (New York: Times Books, 2011).

7) 이러한 종류의 혼동에서 나오는 더 구체적인 질책을 다음에서 볼 수 있다. Raymond Tallis, *Aping Mankind: Neuromania, Darwinitis, and the Misrepresentation of Humanity* (Durham, UK: Acumen Publishing, 2011).

8) 세흐노브스키와 내가 쓴 책이 있다. Terry Sejnowski and P. S. Churchland, *The Computational Brain* (Cambridge, MA: MIT Press, 1992). 납득하기 어려운 것으로, 일부 사람들은 신경과학이 오직 분자 수준에 대해서 논할 뿐이라고 계속 추정하면서, 신경과학에 대해 허수아비 논법으로 비평하곤 한다.

9) Bertrand Russell, "What I Beleve"(1925), in *The Basic Writings of Bertrand Russell, 1903-1959*, ed. Robert E. Egner and Lester E. Denonn (London: Routledge, 1992), 370.

색 인

지은이 패트리샤 처칠랜드

캘리포니아 주립대학교 샌디에이고(UCSD)의 철학과 명예교수이다. 신경철학
(Neurophilosophy)을 개척한 공로로 맥아더학회상(MacArthur Fellowship)을 수
상했다. 샌디에이고에서 살고 있다. 패트리샤 처칠랜드의 홈페이지는 다음과 같
다. http://philosophyfaculty.ucsd.edu/faculty/pschurchland/index_hires.html

옮긴이 박제윤

현재 인천국립대학교 기초교육원 객원교수이다. 처칠랜드 부부의 신경철학을 주
로 연구하며, 패트리샤 처칠랜드의 저서 『신경철학(*Neurophilosophy*)』(1986)을
『뇌과학과 철학』(2006, 철학과현실사)으로 번역하였다. 주요 논문으로 「처칠랜
드의 표상 이론과 의미론적 유사성」(인지과학회, 2012), 「창의적 과학방법으로
서 철학의 비판적 사고: 신경철학적 해명」(과학교육학회, 2013) 등이 있다.

신경 건드려보기

1판 1쇄 인쇄	2014년 2월 15일
1판 1쇄 발행	2014년 2월 20일
지은이	패트리샤 처칠랜드
옮긴이	박 제 윤
발행인	전 춘 호
발행처	철학과현실사
등록번호	제1-583호
등록일자	1987년 12월 15일

서울특별시 종로구 동숭동 1-45
전화번호 579-5908
팩시밀리 572-2830

ISBN 978-89-7775-774-5 93470
값 20,000원